U0137922

前环衬图片：袁隆平对杂交水稻事业始终充满乐观

Volume
4

Yuan Longping Collection

袁隆平全集

第四卷

学术著作

第三代杂交水稻育种技术
稻米食味品质研究

Volume 4
Academic Monograph
Third Generation Hybrid Rice Breeding Technology
Rice Eating Quality Research

主　编————柏连阳

执行主编————袁定阳

辛业芸

「十四五」国家重点图书出版规划

湖南科学技术出版社·长沙

出版说明

　　袁隆平先生是我国研究与发展杂交水稻的开创者，也是世界上第一个成功利用水稻杂种优势的科学家，被誉为"杂交水稻之父"。他一生致力于杂交水稻技术的研究、应用与推广，发明"三系法"籼型杂交水稻，成功研究出"两系法"杂交水稻，创建了超级杂交稻技术体系，为我国粮食安全、农业科学发展和世界粮食供给做出杰出贡献。2019 年，袁隆平荣获"共和国勋章"荣誉称号。中共中央总书记、国家主席、中央军委主席习近平高度肯定袁隆平同志为我国粮食安全、农业科技创新、世界粮食发展做出的重大贡献，并要求广大党员、干部和科技工作者向袁隆平同志学习。

　　为了弘扬袁隆平先生的科学思想、崇高品德和高尚情操，为了传播袁隆平的科学家精神、积累我国现代科学史的珍贵史料，我社策划、组织出版《袁隆平全集》(以下简称《全集》)。《全集》是袁隆平先生留给我们的巨大科学成果和宝贵精神财富，是他为祖国和世界人民的粮食安全不懈奋斗的历史见证。《全集》出版，有助于读者学习、传承一代科学家胸怀人民、献身科学的精神，具有重要的科学价值和史料价值。

　　《全集》收录了 20 世纪 60 年代初期至 2021 年 5 月逝世前袁隆平院士出版或发表的学术著作、学术论文，以及许多首次公开整理出版的教案、书信、科研日记等，共分 12 卷。第一卷至第六卷为学术著作，第七卷、第八卷为学术论文，第九卷、第十卷为教案手稿，第十一卷为书信手稿，第十二卷为科研日记手稿（附大事年表）。学术著作按出版时间的先后为序分卷，学术论文在分类编入各卷之后均按发表时间先后编排；教案手稿按照内容分育种讲稿和作物栽培学讲稿两卷，书信手稿和科研日记手稿分别按写信日期和记录日期先后编排（日记手稿中没有注明记录日期的统一排在末尾）。教案手稿、书信手稿、科研日记手稿三部分，实行原件扫描与电脑录入图文对照并列排版，逐一对应，方便阅读。因时间紧迫、任务繁重，《全集》收入的资料可能不完全，如有遗漏，我们将在机会成熟之时出版续集。

《全集》时间跨度大，各时期的文章在写作形式、编辑出版规范、行政事业机构名称、社会流行语言、学术名词术语以及外文译法等方面都存在差异和变迁，这些都真实反映了不同时代的文化背景和变化轨迹，具有重要史料价值。我们编辑时以保持文稿原貌为基本原则，对作者文章中的观点、表达方式一般都不做改动，只在必要时加注说明。

《全集》第九卷至第十二卷为袁隆平先生珍贵手稿，其中绝大部分是首次与读者见面。第七卷至第八卷为袁隆平先生发表于各期刊的学术论文。第一卷至第六卷收录的学术著作在编入前均已公开出版，第一卷收入的《杂交水稻简明教程（中英对照）》《杂交水稻育种栽培学》由湖南科学技术出版社分别于1985年、1988年出版，第二卷收入的《杂交水稻学》由中国农业出版社于2002年出版，第三卷收入的《耐盐碱水稻育种技术》《盐碱地稻作改良》、第四卷收入的《第三代杂交水稻育种技术》《稻米食味品质研究》由山东科学技术出版社于2019年出版，第五卷收入的《中国杂交水稻发展简史》由天津科学技术出版社于2020年出版，第六卷收入的《超级杂交水稻育种栽培学》由湖南科学技术出版社于2020年出版。谨对兄弟单位在《全集》编写、出版过程中给予的大力支持表示衷心的感谢。湖南杂交水稻研究中心和袁隆平先生的家属，出版前辈熊穆葛、彭少富等对《全集》的编写给予了指导和帮助，在此一并向他们表示诚挚的谢意。

湖南科学技术出版社

总　序

一粒种子，改变世界

一粒种子让"世无饥馑、岁晏余粮"。这是世人对杂交水稻最朴素也是最崇高的褒奖，袁隆平先生领衔培育的杂交水稻不仅填补了中国水稻产量的巨大缺口，也为世界各国提供了重要的粮食支持，使数以亿计的人摆脱了饥饿的威胁，由此，袁隆平被授予"共和国勋章"，他在国际上还被誉为"杂交水稻之父"。

从杂交水稻三系配套成功，到两系法杂交水稻，再到第三代杂交水稻、耐盐碱水稻，袁隆平先生及其团队不断改良"这粒种子"，直至改变世界。走过91年光辉岁月的袁隆平先生虽然已经离开了我们，但他留下的学术著作、学术论文、科研日记和教案、书信都是宝贵的财富。1988年4月，袁隆平先生第一本学术著作《杂交水稻育种栽培学》由湖南科学技术出版社出版，近几十年来，先生在湖南科学技术出版社陆续出版了多部学术专著。这次该社将袁隆平先生的毕生累累硕果分门别类，结集出版十二卷本《袁隆平全集》，完整归纳与总结袁隆平先生的科研成果，为我们展现出一位院士立体的、丰富的科研人生，同时，这套书也能为杂交水稻科研道路上的后来者们提供不竭动力源泉，激励青年一代奋发有为，为实现中华民族伟大复兴的中国梦不懈奋斗。

袁隆平先生的人生故事见证时代沧桑巨变。先生出生于 20 世纪 30 年代。青少年时期，历经战乱，颠沛流离。在很长一段时期，饥饿像乌云一样笼罩在这片土地上，他胸怀"国之大者"，毅然投身农业，立志与饥饿做斗争，通过农业科技创新，提高粮食产量，让人们吃饱饭。

在改革开放刚刚开始的 1978 年，我国粮食总产量为 3.04 亿吨，到 1990 年就达 4.46 亿吨，增长率高达 46.7%。如此惊人的增长率，杂交水稻功莫大焉。袁隆平先生曾说："我是搞育种的，我觉得人就像一粒种子。要做一粒好的种子，身体、精神、情感都要健康。种子健康了，事业才能够根深叶茂，枝粗果硕。"每一粒种子的成长，都承载着时代的力量，也见证着时代的变迁。袁隆平先生凭借卓越的智慧和毅力，带领团队成功培育出世界上第一代杂交水稻，并将杂交水稻科研水平推向一个又一个不可逾越的高度。1950 年我国水稻平均亩产只有 141 千克，2000 年我国超级杂交稻攻关第一期亩产达到 700 千克，2018 年突破 1 100 千克，大幅增长的数据是我们国家年复一年粮食丰收的产量，让中国人的"饭碗"牢牢端在自己手中，"神农"袁隆平也在人们心中矗立成新时代的中国脊梁。

袁隆平先生的科研精神激励我们勇攀高峰。马克思有句名言："在科学的道路上没有平坦的大道，只有不畏劳苦沿着陡峭山路攀登的人，才有希望达到光辉的顶点。"袁隆平先生的杂交水稻研究同样历经波折、千难万难。我国种植水稻的历史已经持续了六千多年，水稻的育种和种植都已经相对成熟和固化，想要突破谈何容易。在经历了无数的失败与挫折、争议与不解、彷徨与等待之后，终于一步一步育种成功，一次一次突破新的记录，面对排山倒海的赞誉和掌声，他却把成功看得云淡风轻。"有人问我，你成功的秘诀是什么？我想我没有什么秘诀，我的体会是在禾田道路上，我有八个字：知识、汗水、灵感、机遇。"

"书本上种不出水稻，电脑上面也种不出水稻"，实践出真知，将论文写在大地上，袁隆平先生的杰出成就不仅仅是科技领域的突破，更是一种精神的象征。他的坚持和毅力，以及对科学事业的无私奉献，都激励着我们每个人追求卓越、追求梦想。他的精神也激励我们每个人继续努力奋斗，为实现中国梦、实现中华民族伟大复兴贡献自己的力量。

袁隆平先生的伟大贡献解决世界粮食危机。世界粮食基金会曾于 2004 年授予袁隆平先生年度"世界粮食奖"，这是他所获得的众多国际荣誉中的一项。2021 年 5 月

22 日，先生去世的消息牵动着全世界无数人的心，许多国际机构和外国媒体纷纷赞颂袁隆平先生对世界粮食安全的卓越贡献，赞扬他的壮举"成功养活了世界近五分之一人口"。这也是他生前两大梦想"禾下乘凉梦""杂交水稻覆盖全球梦"其中的一个。

一粒种子，改变世界。袁隆平先生和他的科研团队自 1979 年起，在亚洲、非洲、美洲、大洋洲近 70 个国家研究和推广杂交水稻技术，种子出口 50 多个国家和地区，累计为 80 多个发展中国家培训 1.4 万多名专业人才，帮助贫困国家提高粮食产量，改善当地人民的生活条件。目前，杂交水稻已在印度、越南、菲律宾、孟加拉国、巴基斯坦、美国、印度尼西亚、缅甸、巴西、马达加斯加等国家大面积推广，种植超 800 万公顷，年增产粮食 1600 万吨，可以多养活 4000 万至 5000 万人，杂交水稻为世界农业科学发展、为全球粮食供给、为人类解决粮食安全问题做出了杰出贡献，袁隆平先生的壮举，让世界各国看到了中国人的智慧与担当。

喜看稻菽千重浪，遍地英雄下夕烟。2023 年是中国攻克杂交水稻难关五十周年。五十年来，以袁隆平先生为代表的中国科学家群体用他们的集体智慧、个人才华为中国也为世界科技发展做出了卓越贡献。在这一年，我们出版《袁隆平全集》，这套书呈现了中国杂交水稻的求索与发展之路，记录了中国杂交水稻的成长与进步之途，是中国科学家探索创新的一座丰碑，也是中国科研成果的巨大收获，更是中国科学家精神的伟大结晶，总结了中国经验，回顾了中国道路，彰显了中国力量。我们相信，这套书必将给中国读者带来心灵震撼和精神洗礼，也能够给世界读者带去中国文化和情感共鸣。

预祝《袁隆平全集》在全球一纸风行。

刘旭，著名作物种质资源学家，主要从事作物种质资源研究。2009 年当选中国工程院院士，十三届全国政协常务委员，曾任中国工程院党组成员、副院长，中国农业科学院党组成员、副院长。

凡　例

1.《袁隆平全集》收录袁隆平 20 世纪 60 年代初到 2021 年 5 月出版或发表的学术著作、学术论文，以及首次公开整理出版的教案、书信、科研日记等，共分 12 卷。本书具有文献价值，文字内容尽量照原样录入。

2.学术著作按出版时间先后顺序分卷；学术论文按发表时间先后编排；书信按落款时间先后编排；科研日记按记录日期先后编排，不能确定记录日期的 4 篇日记排在末尾。

3.第七卷、第八卷收录的论文，发表时间跨度大，发表的期刊不同，当时编辑处理体例也不统一，编入本《全集》时体例、层次、图表及参考文献等均遵照论文发表的原刊排录，不作改动。

4.第十一卷目录，由编者按照"×年×月×日写给××的信"的格式编写；第十二卷目录，由编者根据日记内容概括其要点编写。

5.文稿中原有注释均照旧排印。编者对文稿某处作说明，一般采用页下注形式。作者原有页下注以"※"形式标注，编者所加页下注以带圈数字形式标注。

7.第七卷、第八卷收录的学术论文，作者名上标有"#"者表示该作者对该论文有同等贡献，标有"*"者表示该作者为该论文的通讯作者。对于已经废止的非法定计量单位如亩、平方寸、寸、厘、斤等，在每卷第一次出现时以页下注的形式标注。

8.第一卷至第八卷中的数字用法一般按中华人民共和国国家标准《出版物上数字

用法的规定》执行，第九卷至第十二卷为手稿，数字用法按手稿原样照录。第九卷至第十二卷手稿中个别标题序号的错误，按手稿原样照录，不做修改。日期统一修改为"××××年××月××日"格式，如"85—88年"改为"1985—1988年""12.26"改为"12月26日"。

9.第九卷至第十二卷的教案、书信、科研日记均有手稿，编者将手稿扫描处理为图片排入，并对应录入文字，对手稿中一些不规范的文字和符号，酌情修改或保留。如"弗"在表示费用时直接修改为"费"；如"∴"表示"所以"，予以保留。

10.原稿错别字用〔〕在相应文字后标出正解，如"付信件"改为"付〔附〕信件"；同一错别字多次出现，第一次之后直接修改，不一一注明，避免影响阅读。

11.有的教案或日记有残缺，编者加注说明。有缺字漏字，在相应位置使用〔〕补充，如"无融生殖"修改为"无融〔合〕生殖"；无法识别的文字以"□"代替。

12.某些病句，某些不规范的文字使用，只要不影响阅读，均照原稿排录。如"其它""机率""2百90""三～四年内""过P酸Ca"及"做""作"的使用，等等。

13.第十一卷中，英文书信翻译成中文，以便阅读。部分书信手稿为袁隆平所拟初稿，并非最终寄出的书信。

14.第十二卷中，手稿上有许多下划线。标题下划线在录入时删除，其余下划线均照录，有利于版式悦目。

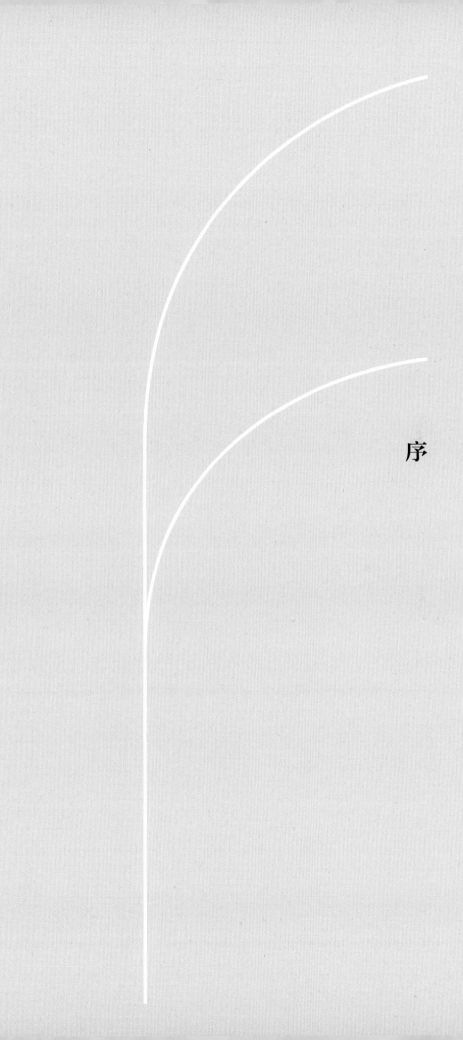

序

众所周知，粮食增产有两个主要途径：第一，依靠科学技术提高单位面积产量；第二，增加耕地面积。世界上大约有 10 亿 hm² 盐碱地，亚洲约占 1/3，中国的盐碱地面积也在 1 亿 hm² 左右。有效利用这些盐碱地，增加可耕地面积是提高粮食总产量最直接和有效的途径，这也成为农业领域的重要发展方向。

2012 年以来，为了有效地推进盐碱地稻作利用产业化，我带领青岛海水稻研究发展中心团队，联合国内外相关机构与研究者，从杂交水稻技术研发应用、耐盐碱水稻选育推广、优质稻米生产加工到智慧农业等多个领域进行了广泛深入的探索，搭建了跨学科融合创新的盐碱地稻作改良与可持续发展的新技术与新模式。

我带领青岛海水稻研究发展中心团队以"解决饥饿问题，保障世界粮食安全"为使命，联合各方面力量，实现改良 666 万 hm² 盐碱地的目标，推动现代农业产业发展，助力乡村振兴，同时进行国际推广，加快"一带一路"建设步伐，共建人类命运共同体。

袁隆平

2019 年 7 月

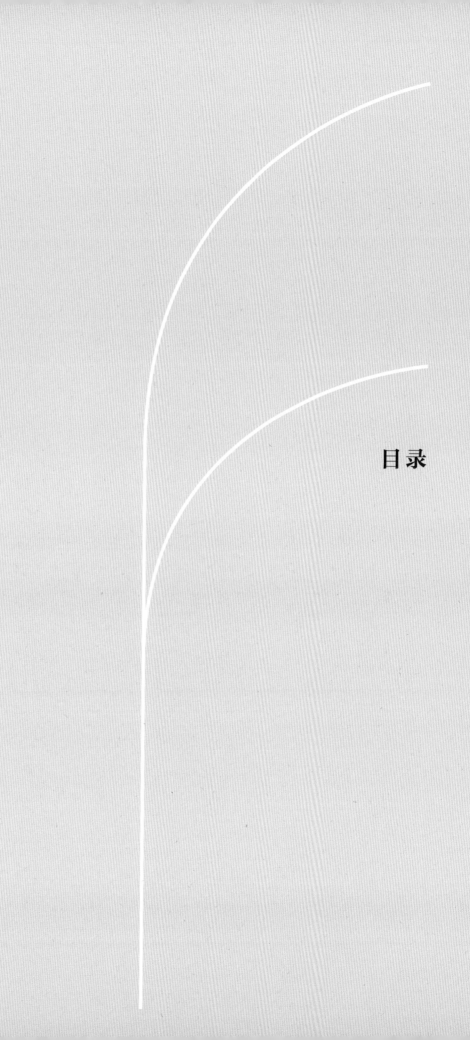

目录

上篇　第三代杂交水稻育种技术

第三代杂交
水稻育种技术

第一章

中国杂交水稻概况

稻米是中国一半以上人口的主食，因此水稻的稳产性、丰产性高低严重影响着我国的粮食供给安全。随着工业化、城市化的快速发展，工业用地、商业用地严重侵占农业生产所需的土地。目前，我国可利用的耕地总面积正在逐年减少，水稻种植面积也随之缩减。为保障我国粮食供给安全，保证稻谷总产量不变或进一步提高，提高水稻面积单位产量是最快捷有效的手段之一。

一、中国杂交水稻的发展

杂交水稻是利用杂种优势将两个在遗传上有一定差异的水稻品种的优良性状互补，通过杂交，获得具有杂种优势的第一代杂交种。由于杂交水稻来自两个不同的水稻品种，其基因型具有高度杂合性，后代出现株高、分蘖数、穗长、穗粒数等性状分离，因此需年年制种但不能留种。杂交水稻在产量和抗性方面较常规稻有较大优势，如"湘两优900"亩*产 1 149.02 kg，创造了世界上水稻单产的最新、最高纪录，但杂交水稻在米质上如直链淀粉含量、氨基酸含量、蛋白质含量等方面往往较常规稻稍差。

杂交水稻的生产面积已达水稻生产总面积的55%，其稻谷产量占全国稻谷总产量的一半以上。杂交水稻不仅在中国大面积推广，也在国外如印度、菲律宾、越南、埃及、印度尼西亚以及美国等多个国家得到推广。

---

* 亩为非法定计量单位，1 亩 ≈ 666.7 hm²。本书沿用"亩产"提法。——编者注。

（一）三系杂交水稻——第一代杂交水稻

1971 年，湖南省水稻杂种优势利用协作组用野败原始株与早籼水稻品种 6044 杂交，从其杂种 F_1 中选择不育株，1971 年冬又以二九南 1 号为父本杂交，1973 年育成二九南 1 号不育系和保持系，并与引自国际水稻研究所（International Rice Research Institute，简称 IRRI）的水稻品种 IR24 配组育成强优势杂交水稻组合南优 2 号（林世成，1991），成为我国第一个三系配套的杂交水稻。

与此同时，颜龙安等人于 1971 年以"野败"为母本，以早籼水稻品种珍汕 97 为父本，通过杂交和回交，于 1973 年育成优良杂交水稻不育系珍汕 97A 和保持系珍汕 97B。该不育系是 20 世纪八九十年代我国使用面积最大的杂交水稻不育系（林世成，1991）。湖南省贺家山原种场于 1973 年育成杂交水稻不育系 V20A 和同型保持系 V20B，是全国推广面积最大的杂交水稻不育系之一（林世成，1991）。红莲细胞质的杂交水稻不育系统称为红莲型不育系（林世成，1991）。红莲细胞质杂交水稻不育系是武汉大学遗传研究室以海南红芒野生稻为母本，以早籼水稻品种莲塘早为父本，杂交、回交筛选出来的。后由广东省农业科学院转育成的粤泰 A、粤泰 B 和 2007 年审定定名的珞红 3A、珞红 3B（武汉大学生命科学学院育成）均属于此类型。

湖南省杂交水稻研究中心张惠莲从水稻品种印尼水田谷 6 号群体中选择出不育株，以此为亲本，经杂交、回交育成了杂交水稻不育系 II-32A 和保持系 II-32B。II-32A 是我国杂交水稻中重要的不育系之一。三系杂交水稻不育系的育成是在研究过程中利用了亲缘远缘和地理远缘的细胞质基因而育成的，可见远缘基因的引入是杂交水稻成功的重要遗传物质基础。

三系杂交水稻恢复系的选育利用了国际水稻研究所选育的水稻品种 IR8、IR24 等为代表的一系列品种或其衍生系作为父本，从而配制出具有强优势的杂交水稻组合。我国杂交水稻推广面积最大、时间最久的杂交稻组合汕优 63 的恢复系明恢 63，就有国际水稻研究所选育的水稻品种 IR30 的亲缘，我国杂交水稻早期推广的强优杂交水稻组合南优 2 号的恢复系也是国际水稻研究所的 IR24，还有我国广泛应用的其他杂交水稻强优组合汕优 3 号（珍汕 97A／IR66）、汕优 8 号（珍汕 97A／IR28）、威优 6 号（V20A／IR26）、威优 30 号（V20A／IR30）等都是以国际水稻研究所选育的水稻品种作为恢复系品种（林世成，1991）。相关研究报道，我国"八五"期间和"九五"期间育成的新恢复系中有 80% 以上的恢复系来自 IR 系列品种或者它们的衍生品种如汕优 63、明恢 63、南优 2 号、汕优 3 号、威优 6 号等（阳峰萍等，2007）。

1965 年，云南农业大学的李铮友拉开了中国杂交粳稻的研究序幕，他在台北 8 号田中发现了天然杂交不育株，经过 4 年的攻关研究，最终于 1969 年育成中国第一个粳稻细胞质雄性不育系，即"红帽缨不育系"，并通过籼粳搭桥技术于 1970 年育成中国第一个粳型恢复系南 8，1973 年实现杂交粳稻三系配套。至今，滇 I 型不育系一直是中国培育粳型杂交稻组合的两个主要细胞质雄性不育系之一，主要用于培育滇杂、甬优以及津优的粳型杂交稻系列。目前，利用滇 I 型不育细胞质培育的杂交粳稻在全国年推广种植达 66.67 万 hm^2。在我国粳稻种植面积中，杂交粳稻的种植面积只占粳稻种植总面积的 3%，而常规粳稻的种植面积占粳稻种植面积的 97%（汤述翥等，2008）。粳稻中恢复系匮乏，不育系遗传基础单一，杂交粳稻产量优势和米质优势比常规粳稻不明显，且不能留种进而增加农户的投入，这些因素严重制约杂交粳稻发展，其中粳稻中恢复系匮乏和不育系遗传基础单一是最主要的制约因素。

（二）两系杂交水稻——第二代杂交稻

1973 年，石明松在湖北沔阳沙湖农场农垦 58 大田中发现了 3 株不育株，在相关单位通过自然分期播种过程中发现，它们在长日照条件下表现为不育特性，而在短日照条件下恢复育性。基于这种雄性不育特性，石明松于 1981 年提出了长日高温下制种、短日高温下繁殖（即"一系两用"）的设想，拉开了我国两系法杂交稻全面发展的序幕（卢兴桂，2003）。专家们经过多年的研究，培育出了以培矮 64S 为代表的一批两系不育系，如 Y58S、C815S、培矮 88S 等（罗孝和等，1989；李任华等，2000；郭柏生等，2001；邓启云，2005），并且配制出以"两优培九"为代表的一批高产两系杂交水稻组合，在我国大面积推广应用。

研究发现，两系杂交稻的不育系和杂交组合（F）在育性表现上存在着不稳定性，表现在杂交水稻生产上的不稳定。由于两系杂交水稻的遗传机制比较复杂，不同的研究者对此看法不同。如靳行明等认为受一对主效基因控制，朱英国等认为受两对隐性基因控制，万昕等认为应当属数量性状微效多基因控制。最后，张启发等人利用 DNA 分子标记研究发现，其光敏不育基因（prns）在第 3、第 5、第 7、第 12 号染色体上均能找到相应的基因位点，而温敏不育基因（tins）定位的研究结果是将 8 个温敏不育基因（tins）各自定位在第 8、第 7、第 6、第 2、第 2、第 5、第 9 和第 10 号染色体上（蔡春苗等，2008）。研究表明，共有 12 个控制两系杂交水稻的光温敏不育基因，是微效多基因控制的数量性状，易受环境条件如光照、温度的影响，因此在水稻生产中存在不稳定性。

1980 年，日本制定了水稻超高产育种计划，要求 15 年内育成比原有品种增产 50% 的超高产品种。后来虽然培育出了 5 个接近或达到育种目标的粳稻品种，但由于种种原因未能大面积推广。之后，1989 年国际水稻研究所提出培育"超级稻"（后称"新型株"，也称理想株型）的育种计划（袁隆平，2006），并培育出 1 个适于直播的超级热带粳稻，也未能大面积推广。

1996 年，中国农业部立项"中国超级稻育种"计划，并分期逐步实施：第一期，到 2000 年实现亩产 700 kg（中稻）；第二期，到 2005 年实现亩产 800 kg（中稻）；第三期，到 2015 年实现亩产 900 kg（中稻）（袁隆平，2008）。通过努力，已于 2000 年实现了超级稻第一期目标，2004 年实现了第二期目标。据农业部统计，至 2006 年底共有 49 个水稻品种和杂交稻组合被认定为超级稻，其中常规稻品种 14 个，杂交稻组合 35 个（邓华凤，2007；袁隆平，2008）。

在超级杂交稻中，不育系中 9A、中浙 A、Q2A、培矮 64S、C815S、P88S、Y58S 起了重要作用，恢复系 9311、Q611、蜀恢 527、明恢 86 等起了重要作用，其中蜀恢 527 已配制出 5 个农业部认定的超级稻组合，明恢 86 及其衍生恢复系（航 1 号）配制出 4 个通过农业部认定的超级稻组合。9311 与培矮 64S 配制的杂交稻组合"两优培九"在我国南方稻区推广面积最大。

（三）新"两系"杂交稻——第三代杂交水稻

中国的第一代杂交水稻是以细胞质雄性不育系为遗传工具的三系法杂交水稻，第二代杂交水稻是以光温敏雄性不育系为遗传工具的两系法杂交水稻。目前，中国杂交水稻的研究已进入第三代的研究，即以遗传工程雄性不育系为遗传工具的杂交水稻。第一代杂交水稻即三系法杂交水稻是杂交水稻育种的经典方法，其不育性表现较为稳定，但其育性受恢复系和保持系关系的制约，筛选到优良组合的概率较低；第二代杂交水稻即两系法杂交水稻，它在配组方面自由度较高，几乎大部分常规水稻品种都能恢复其育性，但其育性受环境影响较大，而天气因素非人力所能控制，若遇到极端天气（如异常低温或异常高温）会使研究结果失败。鉴于三系法和两系法都有各自的优缺点，因此我们期望找到一种可以将这两种杂交水稻育种方法结合起来，并起到互补作用的新育种方法，即"第三代杂交水稻育种技术"。

二、中国杂交水稻的推广历程

1964 年，袁隆平在安江农校实习农场发现水稻不育株，从此拉开了中国杂交水稻研究的序幕，历时 9 年的攻关研究，于 1973 年实现我国籼型杂交水稻不育系、保持系和恢复系的三系配套，育成我国第一个三系配套的杂交水稻——南优 2 号，并于 1975 年实现大面积推广种植。1976—1988 年，12 年的时间内，杂交水稻的推广种植面积从 14 万 hm² 上升到 1 266.67 万 hm²，这在中国作物良种推广史上极为罕见（覃明周，1989）。

目前已推广的杂交水稻大部分含有细胞质雄性不育系的血缘，其中主要的细胞质类型有包台型（BT 型）、红莲型（HL 型）、野败型（WA 型）、印水型（YS 型）以及冈型（K 型）。研究表明，野败型、冈型和印水型中的不育基因在起源和遗传关系方面为同一种不育类型。BT 型

不育基因 Orf79 位于线粒体基因组，其编码产物细胞毒素肽 ORF79 导致花粉失去育性，而位于水稻第 10 号染色体的基因 Rf21 即为 WA 型不育基因。

1974 年，南优 2 号、矮优 2 号等第一批杂交组合诞生，一般单产超过 7.5 t/hm²，其中广西农学院的南优 2 号单产 8.96 t/hm²，比早稻当家品种广选 3 号翻秋栽培增产 48.4%，比晚稻当家品种包选 2 号增产 61.5%，比高产亲本 IR24 增产 48.18%。1975 年，湖南、江西、广西、广东等十多个省（自治区、直辖市）试种杂交水稻 373.33 hm²，平均单产 7.5 t/hm² 以上，双季早稻和中稻比当地当家品种增产 20%~30%，双季晚稻增产幅度更高。1976 年 1 月，农业部在广州召开南方 13 省（自治区、直辖市）参加的籼型杂交水稻推广会议，决定在中国南方大面积推广杂交水稻，并由湖南向部分省（自治区、直辖市）提供三系种源。1976 年，全国杂交水稻种植面积跃升到 13.8 万 hm²，较 1975 年扩大了 369 倍，使杂交水稻推广进入 1976—1979 年的快速增长期（图 1-1）。1978—1979 年杂交水稻面积稳步扩大，为之后的推广打下了坚实的基础。1980—1981 年进入徘徊期：杂交水稻组合单一、生育期较长、抗性不强等，有些地方病虫害严重，或因抽穗扬花期受高温、低温影响，致使空壳率高，造成减产（万崇翠，1988），1980 年杂交水稻种植面积由 1979 年的 496.73 万 hm² 下降到 478.87 万 hm²，1981 年又恢复到 511.73 万 hm²。1982 年开始进入新的发展时期：通过调整组合布局，1982 年种植面积扩大到 561.67 万 hm²。1985 年由于受粮食面积缩减的影响，杂交水稻种植面积由 1984 年的 884.47 万 hm² 下降至 861.20 万 hm²。之后杂交水稻推广面积逐年稳步扩大，1992—1993 年出现 2 年的短暂下滑后，1994 年又迅速反弹，并于 1995 年达到 2 089.78 万 hm²（占水稻面积的 67.97%）的历史最大面积。1995—1999 年在 1 900 万 hm² 以上的高位维持了 5 年，之后杂交水稻面积呈现缓慢的下降趋势，至 2013 年维持在 1 617.87 万 hm²（占水稻面积的 53.37%）。1976—2013 年，中国杂交水稻总推广面积为 5.3162 亿 hm²。

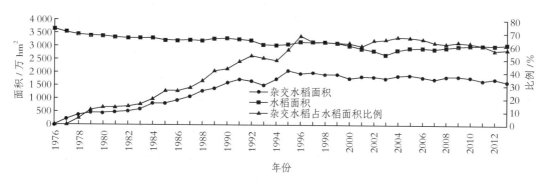

图 1-1　1976—2013 年中国杂交水稻推广面积变化动态（胡忠孝，2016）

1995 年之后，杂交水稻面积下降与水稻种植面积下降的大背景有关，如图 1-1 所示。至于水稻种植面积下降的原因，主要是随着经济发展，耕地减少，以及种植业结构从粮食作物向非粮食作物的调整。从 2004 年开始，随着国家对粮食生产重视力度的加大，水稻种植面积开始缓慢回升，但杂交水稻面积继续维持下降趋势。究其原因：一是随着人们生活水平的提高，对稻米品质的要求也逐渐提高，米质更优的常规稻获得更大的种植空间；二是杂交水稻种子价格一路走高，导致杂交水稻用种成本增加，尤其轻简栽培用种量大，农民转而种植用种成本更低的常规稻；三是随着直播、机插、机收等轻简、机械化栽培技术的推广，要求水稻品种生育期短、稳产性好、抗倒性强，而目前缺乏相应的杂交水稻品种（石萌萌，2014；陈立云，2015）。

如表 1-1 和表 1-2 所示，2013 年全国共有 17 个省（自治区、直辖市）有杂交水稻分布，其中面积最大的是湖南，达到 287.94 万 hm²，其次是江西，再次是湖北、安徽和四川，而上海、江苏、浙江、福建、河南、海南、重庆、贵州、云南和陕西的杂交水稻面积较小。

表 1-1　2013 年中国杂交水稻面积分布（胡忠孝，2016）

地区	面积 / 万 hm²	占水稻面积比例 /%
上海	2.41	18.54
江苏	20.70	7.59
浙江	45.61	46.05
安徽	182.54	70.48
福建	62.11	86.79
江西	233.65	77.98
河南	52.31	88.01
湖北	195.00	84.61
湖南	287.94	64.50
广东	111.07	59.45
广西	125.07	87.13
海南	18.21	52.58
重庆	55.84	99.69
四川	169.91	99.45
贵州	31.35	95.30
云南	21.39	57.11
陕西	8.85	100.00

陕西、重庆、四川、贵州、海南的杂交水稻占水稻面积的比例都在90%以上，河南、湖北、福建、广西在80%以上，江西、安徽、湖南为60%~80%，广东、云南、浙江为40%~60%，上海、江苏在20%以下。上海、江苏、浙江等沿海经济发达地区的杂交水稻面积所占比例较低，一方面是当地对优质常规稻的需求旺盛，另一方面是其粳稻面积比例较大，而粳稻以常规稻为主。

表1-2　2013年中国两系杂交水稻面积分布（胡忠孝，2016）

地区	面积 / 万 hm^2	占水稻面积比例 /%
上海	0.09	3.73
江苏	12.21	58.99
浙江	6.97	15.28
安徽	128.40	70.34
福建	9.80	15.78
江西	62.52	26.76
河南	23.22	44.39
湖北	113.09	57.99
湖南	116.10	40.32
广东	15.82	14.24
广西	43.00	34.38
海南	0.09	0.49
重庆	9.12	16.33
四川	1.55	0.91
贵州	1.63	5.20
云南	1.89	8.84
陕西	0.00	0.00

云南省杂交水稻比例较低的原因主要是省内粳稻区占很大比例，而粳稻以常规稻为主，虽然近年来育成了滇杂、滇优、云光等系列杂交粳稻组合，但在生产中的推广应用面积还不大。

第一代杂交水稻（1974—1982年）是在三系配套过程中，利用二九南1号A、二九矮4号A、珍汕97A、V20A、V41A、金南特43A、广陆银A、朝阳1号A、常付A等不育系与泰引1号、IR24、IR66、古154、IR665、IR26、桂选7号等有恢复能力的常规品种测交筛选育成的，其中南优2号、南优3号、南优6号推广面积最大。第一代组合虽然杂种优势明显，但也显现出明显不足，如矮优2号结实率不稳定、易倒伏，南优8号不耐高温，金优2号制种产量不稳定。另外，第一代组合均表现稻瘟病和白叶枯病抗性差。因此，最后通过调整、择优，确定不育系以珍汕97A、V20A为主，恢复系以IR24、IR26、IR66为主进行配组；调整布局，汕优2号、汕优3号主要在华南作早稻、长江流域作中稻，汕优6号、威优6号主要作晚稻。

第二代杂交水稻（1983—1995年）由恢复系改造后配组育成，表现多类型、多熟期、多抗性，代表组合有汕优30选、博优64、威优35、威优64、威优49、汕优桂8、汕优63等。同时，第二代杂交水稻的发展还伴随着不育细胞质的逐步丰富。20世纪80年代初及以前，杂交籼稻细胞质全部来自野败，从1983年开始，不育细胞质来源逐渐形成野败、冈型、D型、矮败、红莲、印水等多质源局面。经过近10年的发展，到20世纪90年代初，第二代杂交水稻逐渐覆盖了各类型、各熟期、各区域，产量优势强于第一代，对主要病虫的抗性也强于第一代。

如图1-2所示，1996—2013年年推广面积在0.67万hm²以上的杂交水稻主要品种数量持续增加，由1996年的133个增加到2013年的532个，其中1981年配组的汕优63从1987年起连续15年种植面积冠居全国。1996—2013年年推广面积在0.67万hm²以上的常规稻主要品种数量变化不大，基本稳定在240～280个。这说明随着杂交水稻育种技术的不断进步，育成并在生产上推广应用的杂交水稻品种越来越多。虽然杂交水稻品种数量增加，但此期间杂交水稻面积呈缓慢下降趋势，因此，1996—2013年单个杂交水稻主要品种的平均年推广面积逐年下降，由1996年的11.01万hm²下降到2013年的2.36万hm²。此期间单个常规稻主要品种的平均年推广面积则变化不大，基本稳定在3.2万～3.8万hm²。这说明随着品种数量越来越多，品种竞争越来越激烈，单个品种要实现大面积推广的难度也越来越大；也说明虽然育成的品种不少，但突破性品种缺乏。

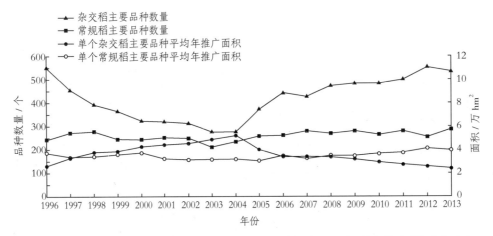

图1-2　1996—2013年中国杂交水稻主要品种数量及单个主要品种平均年推广面积变化动态

（胡忠孝，2016）

如表 1-3 所示，1996—2013 年，年推广面积前 3 名的杂交水稻品种的面积越来越小，且品种之间的差距也越来越小，年推广面积在 66.67 万 hm² 以上的品种将很难再现。

表 1-3　1996—2013 年年推广面积前 3 名杂交水稻品种名称与面积

（胡忠孝，2016）

年份	第 1 名		第 2 名		第 3 名	
	品种名称	面积 / 万 hm²	品种名称	面积 / 万 hm²	品种名称	面积 / 万 hm²
1996	汕优 63	356.40	冈优 22	128.00	汕优多系 1 号	68.73
1997	汕优 63	294.00	冈优 22	159.80	汕优多系 1 号	53.20
1998	汕优 63	230.60	冈优 22	161.27	Ⅱ优 838	49.27
1999	汕优 63	143.93	冈优 22	115.13	Ⅱ优 501	61.73
2000	汕优 63	115.87	Ⅱ优 838	79.07	冈优 22	74.33
2001	籼优 63	76.13	Ⅱ优 838	66.07	金优 207	65.13
2002	两优培九	82.53	Ⅱ优 838	65.13	冈优 725	64.20
2003	两优培九	73.07	金优 207	62.13	Ⅱ优 838	60.40
2004	金优 207	71.93	两优培九	67.13	Ⅱ优 838	53.80
2005	两优培九	65.67	Ⅱ优 838	51.93	冈优 725	50.73
2006	两优培九	77.13	金优 402	53.47	金优 207	46.07
2007	两优培九	47.07	金优 207	42.00	丰两优 1 号	39.80
2008	丰两优 1 号	36.73	扬两优 6 号	36.00	金优 207	33.73
2009	扬两优 6 号	36.07	新两优 6 号	30.40	两优 6326	28.40
2010	Y 两优 1 号	30.53	新两优 6 号	27.13	扬两优 6 号	26.27
2011	Y 两优 1 号	31.87	扬两优 6 号	24.67	新两优 6 号	24.47
2012	Y 两优 1 号	37.67	五优 308	27.93	新两优 6 号	24.33
2013	Y 两优 1 号	34.33	五优 308	33.13	深两优 5814	26.00

　　两系法杂交水稻是中国农业科研领域的一项重大原创性成果。20 世纪 70 年代，石明松发现水稻光敏不育新材料，育成了首个粳稻光温敏不育系农垦 58S，并于 1981 年提出采取"两系法"利用水稻杂种优势。1987 年国家"863 计划"将"两系法杂交水稻"立项，组织全国性协作攻关。1994 年第一批可应用于生产的两系杂交水稻组合 70 优 9 号（皖稻 24）、70 优 04（皖稻 26）和培两优特青通过省级品种审定。1995 年 8 月，在湖南怀化召开的两系法杂交中稻现场会上，袁隆平宣布两系杂交水稻取得成功，可以在生产上大面积推广。

两系杂交水稻以其程序简单、配组自由、无细胞质负效应等优势，成为杂种优势利用的重要途径，也使得两系杂交水稻面积持续快速上升（图 1-3）。两系杂交水稻研究成功的次年（1996），其推广面积便达到 18.05 万 hm^2，2013 年扩大到 544.04 万 hm^2。随着两系杂交水稻面积的扩大，两系杂交水稻占杂交水稻面积的比例也由 1996 年的 0.92% 上升到 2013 年的 33.59%。目前两系杂交水稻已经成为杂交水稻的重要组成部分。

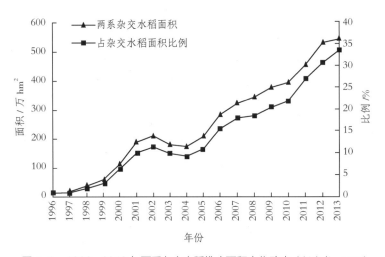

图 1-3　1996—2013 年两系杂交水稻推广面积变化动态（胡忠孝，2016）

1976—2013 年，中国杂交水稻累计推广面积 5.3162 亿 hm^2，为保障国家粮食安全发挥了重要作用。但是，杂交水稻面积及其占水稻面积的比例已连续多年呈现缓慢下降趋势，其原因是耕地减少、种植业结构调整导致的水稻生产面积减少，以及种植杂交水稻者改种常规稻等（石萌萌，2014）。对于前者，这是伴随着中国经济高速发展而不可逆转的趋势，但必须坚守 1.2 亿 hm^2 耕地面积的最后防线，以确保粮食安全。对于后者，要加强优质杂交水稻品种的选育，以适应人们不断提高的品质要求；开展杂交水稻全程机械化制种技术研究，提高制种产量，降低制种成本，从而降低种子价格，最终降低农民的用种成本；要选育生育期短、稳产性好、抗倒性强的杂交水稻品种，以适应种植大户、合作社、家庭农场等新型经营主体不断扩大的直播、机插、机收需求。

目前全世界种植水稻的国家有 110 多个，2008 年全球水稻种植面积有 1.56 亿 hm^2，可见杂交稻发展空间极大。随着杂交水稻不断走向世界，2008 年，不包括中国在内的全球杂交水稻种植面积发展到 300 万~400 万 hm^2，预计 2020 年左右超过 5 000 万 hm^2，全球每年将增收稻谷 6 000 万~7 500 万 t，可多养活 2 亿~3 亿人，同时还可带动相关产业和经济的发展。

　　中国作为拥有13亿多人口的农业大国，保障粮食安全始终是农业科技的一项重要任务。目前，杂交育种技术是农作物育种中应用最广泛、最有效的技术，而智能不育分子设计育种技术将传统杂交育种方法和现代生物技术相结合，是一项有效利用隐性细胞核不育特性进行杂种优势利用的全新方法。由于智能不育技术能克服"三系法"和"两系法"杂交水稻育种存在的技术缺陷，这种技术的运用将成为杂交水稻领域的一次新的技术飞跃，这将推动杂交水稻研究与生产应用进入一个新的时代。第三代智能不育技术在杂交水稻上的成功应用，将为在其他自花授粉作物中开展杂交育种提供良好的范例。该杂交育种技术在多种作物的广泛应用，将会带来粮食作物和经济作物的大规模增产，为确保世界粮食安全和提高人们的生活质量提供技术支持。

References

参考文献

[1] 蔡春苗，施碧红，赵明富，等. 水稻光温敏不育基因研究概况 [J]. 生物技术通报，2008（2）：23-27.

[2] 陈立云，雷东阳，唐文帮，等. 中国杂交水稻发展面临的挑战与策略 [J]. 杂交水稻，2015，30（5）：1-4.

[3] 邓华凤，张武汉，舒服，等. 南方稻区超级杂交中稻育种研究进展 [J]. 杂交水稻，2007，22（2）：732-738.

[4] 邓启云. 广适性水稻光温敏不育系 Y58S 的选育 [J]. 杂交水稻，2005，20（2）：15-18.

[5] 郭柏生，吴桂生，曾俊，等. 培矮 64S 系列组合秋制技术总结 [J]. 杂交水稻，2001，16（4）：19-20.

[6] 胡忠孝，田妍，徐秋生. 中国杂交水稻推广历程及现状分析 [J]. 杂交水稻，2016，31（2）：1-8.

[7] 李任华，罗孝和，邱趾忠. 培矮 64S 繁殖技术探讨 [J]. 杂交水稻，2000（S2）：39-40.

[8] 林世成. 中国水稻品种及其系谱 [M]. 上海：上海科学技术出版社，1991.

[9] 卢兴桂. 中国光、温敏雄性不育水稻育性生态 [M]. 北京：科学出版社，2003.

[10] 罗孝和，袁隆平. 水稻广亲和系的选育 [J]. 杂交水稻，1989（2）：35-38.

[11] 石萌萌. 杂交水稻发展推广面临新考验 [J]. 科技导报，2014，32（27）：9-19.

[12] 汤述翥，张宏根，梁国华，等. 三系杂交粳稻发展缓慢的原因及对策 [J]. 杂交水稻，2008，23（1）：1-5.

[13] 阳峰萍，胡志萍，刘海林，等. 籼型杂交水稻恢复系的选育研究进展 [J]. 杂交水稻，2007，22（2）：6-10.

[14] 袁隆平. 超级杂交水稻育种研究的进展 [J]. 中国稻米，2008，6（1）：1-3.

第二章

杂交水稻育种技术

第一节　水稻杂种优势的利用

随着世界人口不断增长，耕地面积不断减小，粮食质量安全成为全世界日益关注的热点问题。水稻是世界主要粮食作物之一，中国是世界上最大的稻米生产国和消费国，60%以上的人口以稻米为主食，稻作面积和稻谷总产量分别占全世界的23%和37%。随着杂交稻的推广应用，水稻单产与总产都大幅度提高，其中水稻总产量占粮食总产量的42%左右，单位面积产量比粮食作物平均单产高45%，水稻高产的一个主要因素就是水稻杂种优势的利用。杂交水稻的成功推广与广泛种植成为农业史的一座里程碑，它否定了"自花授粉作物没有杂种优势"的传统理论观点，丰富了作物遗传育种的理论和实践，具有较高的学术价值，是中国水稻生产史的一次大飞跃，也为粮食生产的发展做出了巨大贡献。

一、杂种优势现象

广义杂种优势指两个遗传组成不同的亲本杂交产生的杂种 F_1 在某些表现型如生物量、生长势、适应性、产量、繁殖力、抗病性、品质、抗逆性等多方面超越其双亲的现象，即不同品种甚至不同种属间杂交得到杂种 F_1，其代谢功能和生长率方面远超双亲表现，从而使得它们在器官、体型、产量、生殖力、成活力、生存力、抗病性、抗虫性、抗逆性等方面都比双亲有所提高。狭义杂种优势是指杂种 F_1 生长势的平均值或者生长势相对于双亲而言表现有所提高的现象。杂种优势一般有两种表现：一种是在某些远缘杂交子代，它们的后代只是在器官或者个体方面优于双亲，但是它们的生存和繁殖能力并没有超越双亲；另一种则是杂种 F_1 的繁殖力和生存力相对于双亲而言表现有所提高，但在器官或个体生长方面表现却不一定优于双亲。

二、杂种优势的利用

1926 年，Jones 首先提出水稻具有杂种优势，之后杨守仁指出，水稻特别是籼粳稻杂交，具有的杂种优势更加突出（杨守仁，1959）。1987 年，袁隆平将杂交水稻的发展分为品种间杂种优势利用、亚种间杂种优势利用和远缘杂种优势利用 3 个阶段，并提出三系法、两系法和一系法的利用途径。三系杂交水稻研究成功后，我国便开始了水稻两系法杂种优势利用的新探索。两系法杂交水稻研究是我国的独创，1987 年作为专题被列入国家 "863 计划"。两系法杂交水稻研究于 1995 年获得成功，育成的两系法杂交稻组合比同熟期的三系法杂交稻组合增产 10% 左右，抗性和米质均有所改进，其繁殖、制种和栽培技术也已成熟配套，进入生产应用阶段。1998 年，继两系杂交中晚稻育成后，长江流域双季稻区两系法又育成一批优质、高产早中熟的两系早籼稻。1997 年，袁隆平提出水稻株型改良和杂种优势利用相结合的超级稻育种计划，以实现水稻育种的第三次突破。

纵观世界水稻研究发展的趋势，利用杂种优势培育超高产水稻品种一直是水稻研究的重点、热点和难点。而我国水稻的杂种优势利用无论是在理论研究上还是在生产应用上，都居世界领先水平。目前，我国的杂交水稻育种研究与应用已经发展到两系法品种间和亚种间杂种优势利用阶段。研究超级稻杂种优势育种有 3 个方向：一是形态改良，二是提高杂种优势水平，三是将生物技术与常规育种结合起来。而超级稻杂种优势育种的发展是通过现代生物技术利用远缘杂种优势，如利用野生稻和其他近缘种属的有利基因、C4 植物的高光合效率基因等，特别是培育一系法远缘杂交稻。用分子标记的方法，结合田间试验，现在野生稻（O. *rufipogon*）中发现了 2 个重要的数量性状位点（Quantitative Trait Loci，QTL），分别位于第 1、第 2 号染色体上，具有比杂交水稻良种威优 64 高产 18% 的效应。因此，结合常规育种手段和分子育种技术，利用水稻的远缘杂种优势，将会在杂交水稻育种方面有重大突破。

第二节　杂交水稻育种技术发展状况

中国杂交水稻的发展史，由雄性不育水稻的发现揭开了崭新的篇章。自此之后，每发现一种新型的不育株系，都促使新的杂交育种技术迅猛发展，推动了育种的变革。

一、第一代杂交水稻育种技术

1964 年，袁隆平发现水稻天然雄性不育株，并在国内首次发表了《水稻的雄性不孕性》论文。第一代杂交水稻育种技术是指以核质互作雄性不育系为遗传工具的三系法育种技术，通过细胞质雄性不育系、保持系和恢复系（简称三系）的配套来实现。1973 年，具有旺盛的生长优势和产量优势的优良杂交水稻组合的出现，宣告我国籼型杂交水稻即第一代杂交水稻培育成功。三系杂交水稻否定了自花授粉作物没有杂种优势的传统错误论断，成功开辟了一条利用水稻杂种优势大幅提高水稻产量的新途径。

（一）水稻三系与其相互关系

所谓水稻三系，就是指水稻的雄性不育系（用 A 表示）、雄性不育保持系（用 B 表示）、雄性不育恢复系（用 R 表示）。水稻是典型的自花授粉作物，雌雄同花。水稻杂种优势的利用，就是利用雄性不育的特性，通过异花授粉的方式来生产出大量杂交种子。这种利用水稻杂种优势的方法，需要不育系、保持系和恢复系的相互配套，通常称为水稻三系法杂交优势的利用。

水稻三系之间关系密切。不育系除了雄性器官发育不正常、花粉败育不能自交结实、抽穗吐颈不彻底外，其他性状与保持系基本相同。保持系与不育系杂交，所产生的种子仍为不育系，用作下次制种和繁殖之用；而不育系与恢复系杂交，所产生的杂交水稻种子用作下季大田生产用种；保持系、恢复系都是能够自交结实的正常水稻品种，它们自交所产生的种子仍分别为下次繁殖时作种用的保持系和下次制种时作种用的恢复系。

（二）三系不育系繁殖制种技术

1. 三系不育系繁殖制种技术原理

> a. 不育系（A）× 保持系（B）——→繁殖不育系
>
> 　保持系（B）× 保持系（B）——→繁殖保持系
>
> b. 不育系（A）× 恢复系（R）——→ F_1 杂种
>
> 　恢复系（R）× 恢复系（R）——→繁殖恢复系

2. 三系不育系繁殖制种技术流程（图 2-1）

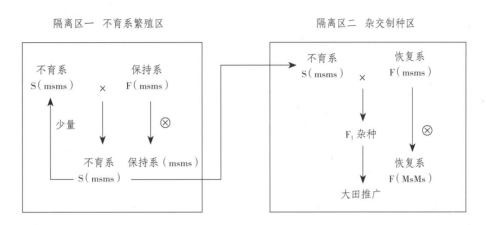

图 2-1　三系不育系繁殖制种技术流程

3. 繁殖制种技术

（1）选择试验地

基地条件直接影响繁殖种子的纯度与产量。基地应土壤肥力好，排灌方便，自然空间隔离条件好。与周围水稻（200 m 范围内）花期隔离确保 20 d 以上才能保证种子质量。制种田要求隔离距离 200 m 以上，隔离时间 15 d 以上，并在赶粉前将出现的杂株彻底除尽。

（2）强化栽培管理，创造高产苗穗群体

1）适时移栽，合理密植。父母本适时移栽，大田有效穗靠插不靠发。母本秧龄控制在 20 d 内移栽，最迟不超过 25 d，父本可推迟 2 ~ 3 d 移栽，每蔸两粒谷。父母本行比 2∶8，父本与母本之间一般留宽行，间距为 26 cm，父本株行距 20 cm×26 cm，母本株行距为 13.3 cm×16.5 cm。

2）科学管水，平衡施肥。重施底肥、早施追肥、科学管水，应特别注意加强父本的管理。中等肥力田每亩施 45% 复合肥 40 kg 作底肥，移栽后 5 ~ 7 d，每亩施用尿素 12 ~ 15 kg、磷肥 20 ~ 25 kg、钾肥 7 ~ 8 kg。进入幼穗分化期后每亩施 10 kg 复合肥作穗粒肥，父本偏施；水分管理上，采取移栽后当天不灌水，第二天灌水活蔸，以后间歇灌溉，幼穗分化开始保持较深水层，抽穗以后，干干湿湿至收割。

3）调节花期，促进授粉。为保证父母本头花不空、盛花相逢、尾花不丢的花期全遇标准，一般父本播 3 批，每期间隔 3 ~ 5 d。早中稻也可以根据播始历期推算法和积温预测法进行花期预测，中后期根据叶片预测法和幼穗抽查法进行花期预测，应用水促、旱控、偏施氮肥、增施磷钾的方法对花期进行调节（幼穗分化三期前）：

若父本早于母本，则对母本偏施氮肥，每亩施尿素 5 kg，母本撒草木灰，磷酸二氢钾 150~200 g 兑水喷施 2~3 次；

若母本早于父本，则对母本每亩施尿素 8~10 kg，灌深水，父本撒草木灰，磷酸二氢钾 150 g 兑水喷施 2~3 次。

4）喷施"九二〇"（赤霉素），辅助授粉。水稻抽穗 10%~20% 时可适当割叶，以提高结实率。割叶同时喷施"九二〇"。"九二〇"的主要作用是促进不育系穗颈伸长，克服包颈现象，同时有促进抽穗开花的作用。主要采用竹竿赶粉进行人工辅助授粉。繁殖田在试验材料抽穗 20% 左右时，每亩喷施"九二〇"4~5 g，促进穗颈伸长，减少包颈。正常气候条件下，制种田"九二〇"每亩用量 15 g 左右，分 3 次喷施：母本见穗 10% 时，每亩喷施 3 g；第二天每亩喷施 4~5 g；第三天每亩喷施 7~8 g（表 2-1）。根据父本对"九二〇"的敏感程度，给制种田父本单独加喷 2~4 g。进行人工辅助授粉，即每天当父本开花散粉时开始赶粉，一般使用双竹竿推拍授粉。

表 2-1 制种田"九二〇"施用时间与用量

次数	时间	施用量 /g	加水量 /kg
第一次	抽穗 10%	3	50
第二次	隔一天	4~5	50
第三次	隔一天	7~8	50

5）除杂去劣，严防混杂。分别在苗期、抽穗前、成熟期进行去杂，去除杂草、杂株等。为防止机械混杂，收获时要做到"五分"，即分割、分脱、分运、分晒、分贮。先收父本，当父本清理干净后才收母本。收割、脱粒过程中，要严防错乱和机械混杂。贮藏时要带有标签。

（三）水稻雄性不育系与保持系的选育

水稻雄性不育系是一种正常的水稻品种，但其本身花粉不育，因而不能自交结实。为了使其保持传种接代，需要将一种具有特殊功能水稻的花粉授给不育系使其结实，而且其杂交后代仍然保持不育，这种具有能够使不育系保持不育特殊性状的品系，便称为水稻雄性不育保持系。

在选育水稻雄性不育系时，先要获得遗传性能稳定的雄性不育株，其次要有能把雄性不育株的不育特性传递给后代的保持系材料，然后通过测交和连续成对回交的方法，完成全部核置换之后，就可育成水稻雄性不育系及其相应的同型保持系。可见，不育系是水稻杂交优势的基础。利用雄性不育系已育成具有不同细胞质来源的各种类型的细胞质雄性不育系及其相应的保持系。

1. 雄性不育株的获得途径

水稻雄性不育系和保持系是极为相似的姐妹系，一般情况下，不育系选育成功时即可获得相应的保持系。要获得水稻原始的雄性不育株，先从田间自然群体中寻找获得不育株或通过人工诱变等方法获得不育株，然后，通过远缘杂交核置换法获得不育株。

（1）寻找田间自然不育株或人工诱变不育株

在水稻大田的群体中，常常会出现个别自然突变的不育株。当水稻开花时，通过认真细致的观察，可能会获取不育株。另外，还可以用人工诱变的方法，如钴-60射线、激光等物理手段创造不育株。

（2）远缘杂交产生不育株

远缘杂交是指与亲缘关系较远的物种杂交。由于其双亲的亲缘关系较远，遗传物质差异大，通过杂交时的质核互作可导致雄性不育。当获得雄性不育株后，继续用原组合的父本回交进行核置换，取代母本的细胞核，经质核互作，形成一种新的变异类型——雄性不育系，而它的父本就是相应的保持系。

（3）雄性不育系转育

其基本原理是细胞核置换，即染色体代换。常用的方法就是测交筛选与连续回交，不育系的完全核置换与同型保持系的稳定将同步完成。

2. 保持材料的选育

（1）测交筛选法选育

获得雄性不育株后，利用国内外已育成的大量优良品种（系）与其杂交，从中挑选具有良好保持能力的材料用作保持系。

（2）人工制保法选育

人工杂交选育可采用一次杂交的方法，如保持系 × 保持系，选择2个各具有优良性状的保持材料进行杂交，然后从其杂交后代中选择符合育种目标的单株进行测交和回交转育便可。这种方法比较简单，育种速度也比较快，对改良某个不育系的个别或少数几个性状是比较有效的。还可以采用复式杂交的方法，即把多个品种（系）的有利基因综合到一个新的保持系品种中去，这种方法有利于育成优质、高抗、高异交率的不育系。

（四）恢复系的选育

恢复系制种不但要求被选择对象具有良好的经济性状，而且必须具备强配合力（优势）和恢复力（结实率），而配合力和恢复力的强弱表现，凭植株的表现型是无法决定的，只能通过人工测恢的方法进行确定。恢复系选育方法主要有以下几种：

1. 测交筛选法选育恢复系

采用广泛测交筛选法是一种最便捷、收效最快的水稻恢复系选育途径。它是利用现有品种对不育系进行测交，从中筛选出具有强恢复力的品种（系）。其具体做法：先用现有强恢复力的优良品种（系）对不育系进行授粉，然后对其杂种第一代进行结实率、经济性状、抗性等主要性状的初评；对初评入选的品种再次进行杂交，验证初测入选品种的结果；根据复测的结果，对不符合育种目标的品种进行淘汰，而入选的少量株系就是该不育系的恢复系，可作大田生产鉴定或者新品种比较试验使用。

2. 杂交法选育恢复系

（1）一次杂交法

只通过一次杂交方式就把恢复系的恢复因子导入新的品种（系），再从其后代分离的群体里采取系普法选育的杂交方法。系普法是在现有品种的群体内，根据人们的育种目标，选择有利的变异植株进行培育，经过比较鉴定后获得新的品种。最常用的方式是恢复系 × 恢复系，也可用保持系 × 恢复系或不育系 × 恢复系等方式。它是将 2 个各具不同优良性状的品种进行杂交，在其后代中得以互补和恢复基因累加，或者将恢复基因转移到优良的品种，以便培育成新的恢复系。

（2）多次杂交法

这种杂交方式可把多个品种优良的基因导入这个新品系，从而可能选育出新的恢复系。它是将 3 个及 3 个以上亲本的优良性状与恢复基因综合在一起，成为一个强优、多抗的恢复系。粳籼杂交是强优恢复系选育的重要途径。在选育强优恢复系时，可以选择偏籼型或偏粳型，以培育成籼型或粳型强优恢复系。

（3）诱变法选育恢复系

一般利用辐射引变方法，对改良已有恢复系的某个重要性状是很有成效的。如 IR36 辐、华联 2 号、华联 5 号、华联 8 号等多个早籼型水稻恢复系都是采用辐射引变方法育成的。

（五）优良配组的获取

要实现其最佳的杂交优势就必须进行强优组合的选配，而强优组合的选育关键就是亲本选配问题。多年实践证明：亲本的强弱直接影响强优杂交组合的成败。因此，在选择双亲时，应从遗传基础差异大、性状明显互补、农艺性状特优、有较强的配合力以及质优多抗等方面考虑。

1. 利用遗传基础差异大的亲本进行选配强优组合

一般情况下，其双亲的遗传物质差异越大，所产生的杂种优势就越强。而双亲遗传物质的差异，可以是血缘上、地理上及生态类型上的差异。因此，采用杂交方法培育雄性不育系，一般都以种、亚种间或者地理远缘间进行杂交较为常用。

2. 利用配合力好的亲本进行选配强优组合

配合力是指一个亲本与其他若干个品种（系）进行杂交时，能够遗传给子一代性状的平均表现。它是由亲本的基因型所决定的，并且跟它杂种优势的强弱有着直接关系。只有配合力好的亲本才有可能选配出较强优势的杂交水稻新组合。

3. 利用性状能够明显互补的亲本进行选配强优组合

利用优良性状能够互补的亲本进行配组时，如果亲本之间在生育期、株型、抗性及结实率等方面有着比较大的差异，但只要这些差异能够互补，很可能会产生强大的杂种优势。

4. 利用农艺性状及品质优良的亲本进行选配强优组合

实践证明，杂交水稻产量的高低，是由双亲产量的平均值加上互作产生的杂种优势决定的，只有配组的双亲本都具备某些优良的农艺性状及品质，才有可能选配出农艺性状及品质较好的杂交优势新组合，从而达到高产稳产、多抗优质的目的。

1973 年，中国籼型三系杂交稻实现三系配套，同时推出"南优 2 号"和"汕优 2 号"等第一批强优势杂交稻组合，宣告中国三系杂交稻育种取得成功。迄今为止，生产上大面积推广的杂交水稻属于系法品种间杂种优势利用的范畴，当前还处于兴盛时期，近期内仍将起主导作用。据不完全统计，我国已育成多种细胞质源的多对不育系和保持系、多个恢复系。育种家们经过多年的实践探索，总结出了选配强优组合的基本原则，即杂交双亲间的遗传差距要大、性状可互补、配合力效应要好。依据这一原则，育种家们利用优良不育系和恢复系材料成功地选配了数百个强优组合。

第一代杂交水稻育种技术不仅是水稻育种史上转折性的重大技术突破，加快了水稻产业的发展，更促进了其他粮食作物育种技术的创新，加快了其他作物产业的发展。第一代杂交水稻为社会创造了巨大的经济效益，随后该技术被广泛运用并逐步走向世界。1981 年，袁隆平等发明的"籼型杂交水稻"技术获得我国首个国家发明特等奖。正是这项发明成功使我国水稻育种技术一跃而居世界领先地位，也是我国第一项出口到美国等国外的农业专利技术。三系法杂交水稻突破了杂种优势在自花授粉作物中运用的技术障碍，开辟了水稻大幅度增产的新途径。数据显示，自 20 世纪 90 年代以来，我国年种植杂交水稻面积达 1 470 万 hm^2，占水稻总播种面积的 50%～55%，单产水平比主要常规水稻良种提高了 20% 左右。第一代杂交水稻解决了当时中国十多亿人口吃不饱饭的问题，为中国乃至世界的粮食安全发挥了至关重要的作用。

然而，三系法杂交水稻的不育性受细胞质和细胞核基因的共同控制，不仅不育系选育效率低，而且受恢保关系制约，配组不自由，双亲间遗传差异小，导致水稻杂种优势难以充分利用。这也是三系杂交水稻的面积和产量多年徘徊不前的重要原因。因此，在三系法基础上急需对杂交水稻育种技术进一步改进和完善。

二、第二代杂交水稻育种技术

（一）第二代杂交水稻的发展

两系法杂交水稻的研究始于 1973 年石明松发现的光敏核不育系农垦 58S，他首次提出了选育一系两用的光周期敏感核不育系培育两系法杂交水稻的设想。光温敏核不育系在一定的光温条件下其花粉是可育的，通过这种可育性可繁殖种子；而在另一光温条件下其花粉是不育的，利用其不育性，与父本杂交可生产杂交种。两系不育系最大的优点是其不育性仅受细胞核基因控制，与细胞质无关，正常水稻品种均可成为其恢复系，因而能够自由配组。所以，两系法比三系法更容易培育出产量更高、抗性更好、品质更优的杂交水稻组合。

1987 年，袁隆平提出杂交水稻从三系到两系再到一系的一种由繁到简的发展战略设想，从品种间到亚种间，再到远缘种间发展的一种杂种优势越来越强的杂交水稻育种方向。随后，国内成功选育出培矮 64S 等多个实用型两用核不育系。1996 年，两系法杂交水稻研究成功并开始进入推广和应用阶段，该技术成功突破了三系法"优而不早，早而不优"的瓶颈。生产实践证明，利用光温敏核不育系的两系法杂交水稻较三系法杂交水稻表现有以下优越性：

（1）恢复谱广，配组自由，选配强优组合概率大

光温敏核不育系的不育性由隐性主效核基因控制，与细胞质无关，不需要特别的恢复基因，几乎所有同一亚种内的正常品种（97% 左右）都能使其杂种一代育性恢复正常。

（2）遗传行为简单，有利于培育多种类型的光温敏核不育系

由于光温敏核不育性由少数隐性主效核基因控制，与细胞质无关，核雄性不育基因的转育与稳定较方便，有利于光温敏核不育系的多样化，避免了不育细胞质对某些经济性状的负效应和不育细胞质单一化的潜在危险。

（3）大大提高了不育系种子和两系杂种的纯度，降低了种子生产成本

由于光温敏核不育系能"一系两用"，在不育系繁殖过程中没有保持系，因而避免了三系不育系极易出现的机械混杂保持系的现象。

（4）光温敏核不育基因与广亲和基因相结合

通常在籼型不育系或恢复系中渗入部分粳稻血缘，有利于育成两系亚种间强优势杂交水稻组合。

（二）两系不育系繁殖技术

1. 两系杂交稻繁殖制种技术原理

$$a.\ 不育系（S）\xrightarrow{\otimes} 繁殖不育系$$
$$b.\ 不育系（S）\times 恢复系（R）\longrightarrow F_1 杂种$$
$$恢复系（R）\times 恢复系（R）\longrightarrow 繁殖恢复系$$

2. 两系杂交稻繁殖制种技术流程（图 2-2）

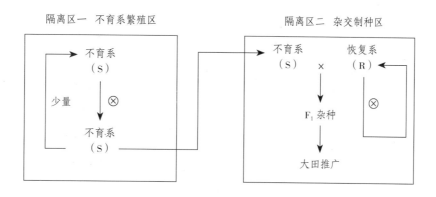

图 2-2　两系杂交稻繁殖制种技术流程

3. 繁殖制种技术

（1）保持品种种性要点

1）除杂除劣，确保种子纯度。要求繁殖田隔离条件好，一般要求隔离距离 500 m 以上，时间隔离 20 d 以上。同时全程开展除杂除劣工作，在收、晒、加工、运输、储藏过程中严格操作，严防机械混杂。

2）做好病虫防治和除杂保纯。制种田要求隔离距离 200 m 以上，隔离时间 15 d 以上，并在赶粉前将出现的杂株彻底除尽。严防收割、运输与储藏中的机械混杂。同时做好病虫防

治，特别是对稻瘟病、纹枯病、稻曲病等病虫的防治。

（2）选择安全抽穗期

选择适宜的繁殖地点与季节。为满足温敏两系核不育系其育性转换敏感期对低温的需要，在青岛繁殖田，应具有低温冷水灌溉条件，5月初播种，始穗15d左右进行冷水灌溉，具体灌溉时间可通过剥检幼穗查看抽穗进度决定；在海南三亚繁殖田，在12月初播种，气温满足其对低温的需求，不需要冷水灌溉即可繁殖。

（3）强化栽培管理，创造高产苗穗群体

1）精量用种，单本移栽。繁殖田每亩秧田播种量8～10kg，大田用种量每亩1.2～1.5kg。母本栽插密度13.3cm×16.5cm，每蔸插2粒谷苗；父本株距为23～26cm，行距为28cm，每蔸插2～3粒谷苗；父母本行比2∶14。

2）合理施肥，科学管水。中等肥力田每亩施40kg的45%复合肥作底肥，移栽后5～7d，每亩施用尿素12～15kg、磷肥20～25kg、钾肥7～8kg。进入幼穗分化期后每亩施10kg复合肥作穗粒肥，父本偏施；水分管理上采取移栽后当天不灌水，第二天灌水活蔸，以后间歇灌溉，幼穗分化开始保持较深水层，抽穗以后，干干湿湿至收割。

3）适量喷施"九二〇"（赤霉素），搞好人工授粉。繁殖田在试验材料抽穗20%左右时，每亩喷施"九二〇"4～5g，促进穗颈伸长，减少包颈。正常气候条件下，制种田"九二〇"每亩用量为15g左右，分3次喷施：母本见穗10%时，每亩喷施3g；第二天每亩喷施4～5g；第三天每亩喷施7～8g。制种田根据父本对"九二〇"的敏感程度，给父本单独加喷2～4g。进行人工辅助授粉，即每天当父本开花散粉时开始赶粉，一般使用双竹竿推拍授粉，每隔25～30min授粉一次，每天授粉3～4次。

（三）第二代杂交稻育种成果

1.品种间杂种育种

据"863计划"两系杂交稻中试示范＋联合试验1999年的结果，两优培九比汕优63平均增产5.1%，每穗总粒数提高14.2%，因此两系杂交稻具有比三系杂交稻增产的潜力。郎有忠等研究高产两系组合的形态及产量形成特征，结果表明：高产两系组合剑叶较长，穗下节间长，基部节间短且茎壁较厚，叶片直立性好，群体中、下部透光性能好；干物质总积累量大，但茎鞘物质转运率小，总库容大，源库比较小；群体穗数少，穗粒数多，粒重小，结实率稍低（郎有忠，1995）。邓华凤等研究得出：高的灌浆速率应作为选择高产组合的依据之一，两段灌浆时间差越小越有利于提高籽粒结实率和充实度（邓华凤，2002）。李伟等认为，两系杂种一代糙米率的达标率最高，而整精米率的达标率最低，糙米率和整精米率均为独立性状，垩白粒率与米粒长度呈显著负相关，与垩白度及米粒宽度呈显著正相关，而米粒长与宽呈极显著正相关（李伟，2002）。

2. 亚种间杂种育种

水稻杂种优势的表现取决于双亲的遗传背景，双亲遗传距离越大，杂种优势越强，品种间亲本遗传距离狭窄，极大地制约了品种选育的进展。为了扩大育种亲本的遗传背景，选育优势更强的两系杂交稻组合，亚种间杂种优势的利用成为继品种间育种后的有效首选育种途径。杨建昌等研究得出（亚杂组合强）弱势粒的灌浆特征为明显的异步灌浆型。强势粒开始灌浆和达到最大灌浆速率的时间早，弱势粒在开花后相当长时间内生长处于停滞状态，待强势粒生长速率下降到十分微弱时才开始灌浆；灌浆期特别是灌浆初期籽粒库的生长活性低是亚种间杂交稻籽粒充实不良的重要原因（杨建昌，1998）。严钦泉等以籼粳程度不同的 4 个两用核不育系和 11 个优良父本品系为材料，研究亲本籼粳程度与配合力效应及杂种优势的关系，结果发现：亲本籼粳程度与杂种超亲优势和特殊配合力效应三者之间两两显著相关，而亲本籼粳程度、杂种超亲优势与双亲一般配合力总效应无相关性（严钦泉，2001）。赵步洪等研究两系杂交稻籽粒充实问题，结果表明，两系杂交稻在抽穗后的净光合速率和干物质积累量明显高于三系杂交稻。两系杂交稻在籽粒灌浆期间，水分胁迫能降低其光合作用，增加贮藏性碳从茎鞘向籽粒运输，加速籽粒充实茎鞘物质的输出率，与结实率、充实率、最大灌浆速率和平均灌浆速率呈显著的正相关（赵步洪，2004）。陈光辉等认为，两系亚种间杂种籽粒充实度与其父本、母本籽粒充实度和双亲平均籽粒充实度都呈极显著正相关，两系品种间杂种的籽粒充实度与其父本、母本籽粒充实度及双亲平均籽粒充实度亦呈显著或极显著正相关，说明要提高两系杂交稻籽粒充实度，选用充实度好的亲本配组很重要（陈光辉，2000）。杨振玉提出，采用籼粳架桥，亲缘渐渗，有利基因交换，亲本遗传改良，是籼粳亚种间杂种优势利用的主要方法。架桥制恢复育种技术的作用在于，克服籼粳远缘杂交的遗传障碍，扩大籼粳亲缘，协调籼粳杂种生物优势与经济性状矛盾（杨振玉，1996）。张桂权等提出水稻特异亲和性，认为籼粳杂种的不育性由多个座位的基因控制，每个座位的基因只控制杂种不育性或亲和性总量中的一部分，籼粳亚种间杂种的不育性主要表现为雄性不育性；并提出通过选育和利用，粳型亲籼系能够达到克服籼粳亚种间杂种不育性的设想。易懋升利用分子标记辅助选择技术，对不同粳型亲籼系中不同分化度的特异亲和基因进行了聚合，并将 4 个抗白叶枯病基因和来源于 IR24 的两个恢复基因导入粳型亲籼系中。

杨守仁等提出理想株型与杂种利用理论。他认为理想株型是形态的增产理论，优势利用则是以功能为主的增产理论，二者有机结合才是水稻超高产育种的正确导向。Chen 等认为利用籼粳稻亚种间杂交或地理远缘杂交创造新株型和强优势，再通过复交或回交优化性状组配是选育超高产品种的有效途径。袁隆平进一步提出超高产稻株的生物学模式，并认为利用野生稻有利基因和新株型超级稻是选育超高产组合的关键。

3. 超高产育种

运用两系法育种技术培育的两系法杂交水稻取得了巨大成功。我国分别于 2000 年、2004 年和 2012 年完成了超级杂交稻单产 $10.5\,t/hm^2$、$12.0\,t/hm^2$、$13.5\,t/hm^2$ 的育种目标。2009—2011 年，我国年推广面积前 10 位的杂交稻品种中就有 5 个是两系杂交水稻，并且两系杂交水稻年推广面积连续 3 年位居前三。2012 年，全国年推广面积前 10 位的杂交水稻品种中两系杂交水稻品种达到 60%，成功超越了三系杂交水稻，此时，第二代杂交水稻已占全国杂交水稻种植总面积的 1/3 左右。2014 年，两系法超级杂交稻 Y 两优 900 在湖南溆浦百亩连片示范中平均单产 $15.4\,t/hm^2$，实现了超级稻单产 $15.0\,t/hm^2$ 的育种目标。2013—2015 年，我国南方稻区 16 省份推广和应用两系杂交稻总面积达 1 333 万 hm^2，总产量达到 900 亿 kg，增产稻谷约 50 亿 kg，增收近 90 亿元。另外，截至 2012 年，两系杂交稻在美国的推广面积占其水稻总面积的 30%，单产增加 20%。

（四）现有杂交水稻育种面临的问题

1. 三系法育种技术的缺点

当前，三系杂交稻存在的问题日趋显著，主要表现在以下几个方面：单产多年徘徊不前；缺乏强优的早稻早中熟组合；米质与抗性无突破性进展；三系杂交粳稻优势不强；不育细胞质较单一，存在某种毁灭性病虫害暴发的危险。相对于两系法而言，现有广亲和品种多数都不具有对不育系的保持性能，且农艺性状较差，需要对其进行改良，先选育广亲和保持系，再转育不育系，育种年限较长。三系法杂交制种比较烦琐，成本也比较高。三系法中用于配制杂交组合的亲本遗传资源匮乏，亲本间的遗传差异小，致使生产上的几个当家组合经久不衰。王三良、程式华等对当前杂交水稻生产和育种上广泛使用的组合和材料进行血缘关系分析后均指出，用于配制杂交组合的亲本遗传基础狭窄，遗传差异小是当前组合在产量上得不到重大突破的重要原因。何光华和唐梅等采用 DNA 分子标记手段对杂交水稻亲本及组合的研究也得到相同的结论。由于育种中骨干亲本或核心种质的"遗传瓶颈"问题未能得到解决，我国的育种工作仍在爬坡，而且产量水平或品质改良工作一直处于平台期。虽然在"八五""九五"期间育种家们协作攻关，选育出了一批新组合，但 1991—1997 年间全国杂交中籼新组合联合区试的结果显示：在全国区试参试 74 个组合中，比对照汕优 63 增产的组合有 12 个，只占 16.2%，增产幅度也不大；增产 1.0% 以下、1.1%~3.0%、3.10%~5.76% 的组合各占 1/3，抗病性、米质等重要农艺性状也无大的改观。这表明全国种植面积最大的三系杂交中籼稻虽然育成了一批产量增幅略胜于汕优 63 的新组合，但其抗性、米质均无大的起色。

2. 两系法存在的问题

与第一代杂交水稻相比，第二代杂交水稻进一步推动了杂交水稻的发展，扩大了我国农业科学技术的国际影响力，巩固了我国杂交水稻在国际上的领先地位，促进了我国农业生产和经济的发展。然而，两系法杂交水稻也存在着明显的不足，其光温敏不育系的育性不仅受遗传基因控制，还受光温等生态因子的调控。尤其是影响其育性表达的临界温度（不育起点温度）是数量性状，受微效多基因控制，随着繁殖世代的增加，不育系的临界温度可能发生漂变，从而影响其实用性，甚至使其实用性完全丧失。众所周知，自然界的天气尤其是温度，变化多端，且年际变化也很大，易导致光温敏不育系育性的波动，影响两系法杂交水稻繁殖或制种的安全性，给两系杂交水稻的生产带来严重隐患。如长江中下游地区要求安全的育性转换温度 ≤ 23.1℃，而一般籼稻生殖临界致害温度为 20℃，因此，适宜不育系种子繁殖的安全临界温度范围过窄。另外，不育系的育性转育起点温度随繁殖世代的增加及高温敏个体数的增加而上升，增加了两系法制种的风险，采用核心种子生产技术〔两用核不育系自交种的提纯和原种生产程序，单株选择→低温或长日低温处理→再生留种（核心种子）→原原种→原种制种〕可部分解决此问题，但对于大规模的生产用种则力所难及。由于生殖隔离等障碍的存在，目前的两用不育系或恢复系只能渗入部分的粳稻血缘，籼粳种间杂种优势的利用还是很有限的。因此，进一步深入研究解决第二代杂交水稻光温敏核不育系繁殖制种风险问题，是加速杂交稻发展的关键所在。

3. 杂交配组亲本的匮乏

用于配制杂交组合的亲本资源匮乏，亲本间的遗传差异小，新组合优势较小。特别是杂交粳稻，在我国的产量优势在实际应用中仅为 10% 左右，不如杂交籼稻的杂和优势强。粳型三系不育系均由 BT 型资源与主栽粳稻品种培育而成，在粳稻中很难找到恢复系，典型籼粳间的遗传障碍又导致不能直接利用籼稻的恢复基因，因此须通过"籼粳架桥"技术获得中间材料，但是这种"籼粳架桥"技术获得的中间材料，其籼粳成分必须适度，籼型成分过多不能适应北方的生态条件，籼型成分过少又不能扩大双亲间的遗传差距而扩大杂种优势。因此，尽管籼粳亚种间杂种优势十分突出，具有巨大的增产潜力，但生产上运用粳稻不育系所配杂种的优势利用实际上是部分亚种间杂种优势利用。杂交粳稻优势不强的另一个原因是亲本之间遗传基础缺乏多样性，一旦通过"籼粳架桥"技术获得中间材料即被广泛地用来转育成新的恢复系。据估计，20 世纪末国内应用的粳稻恢复系 60% 含有 C57 的亲缘，这是广泛转育的结果。有学者对北方杂交粳稻骨干亲本遗传差异进行 SSR 标记检测，结果 23 个骨干亲本中有 16 个被聚于同一组内，约占 70%，北方杂交粳稻亲本间的遗传基础比较狭窄。

杂交水稻品质育种见效甚微，主要原因是缺少优质育种材料，使得现有大面积推广的杂交稻组合除少数几个外，绝大部分组合的米质不理想，从而造成了我国大量的劣质米不受市场欢迎、国外优质大米占领我国高端消费市场的局面。

4. 杂交粳稻制种纯度和产量问题

中国杂交粳稻应用最广的三系不育系均属于 BT 型不育系，都是利用各生态稻作区的常规粳稻转育而成的。这种直接转育成的不育系开颖角度小，柱头外露率几乎为零，异交结实率低，加之细胞质的负效应导致不育系开花时间比保持系明显延迟，造成父母本花期不同步，导致杂交粳稻制种产量低，不育系繁殖困难，严重制约了杂交粳稻的推广应用。杂交制种纯度是影响杂交粳稻生产的另一重要因素。BT 型不育系的育性易受环境条件的影响，南方稻作区的高温容易使这类不育系的花药开裂、散粉而导致自交结实。另外，杂交粳稻的种子生产部门没有建立一个提纯、制种、繁殖的专业生产体系，这也是杂交粳稻种子纯度低的一个重要原因。

三、发展趋势

科技在不断发展，水稻还有很多的产量潜力可以挖掘，经过 2004 年、2005 年两届中国杂交粳稻科技创新研讨会的深入交流和讨论，杂交粳稻快速发展的时机已经成熟。在杂种优势、品质、抗性以及适应性问题上已经实现了关键技术的突破，杂交粳稻的发展不存在重大技术障碍。通过增加投入，联合攻关，加强基础理论研究，选育精品组合，加强制种技术研究，扶持龙头种业公司，促进杂交粳稻种子产业化等措施，将会对杂交粳稻的推广种植起到推进作用，为我国粮食增产做出贡献。

─────── R e f e r e n c e s ───────

参考文献

[1] 曹立勇, 占小登, 庄杰云, 等. 水稻产量性状的 QTL 定位与上位性分析 [J]. 中国农业科学, 2003 (11): 1241-1247.

[2] 陈光辉, 官春云, 陈立云. 两系杂交稻籽粒充实度亲子相关研究 [J]. 杂交水稻, 2000, 15(4): 38-39.

[3] 高一枝. 水稻短光敏雄性不育材料的发现与研究初报 [J]. 宜春农专学报, 1991, 7(1): 1-5.

[4] 郎有忠. 两个高产两系杂交稻组合形态与产量形成特征的研究 [J]. 杂交水稻, 2002, 17(4): 49-52.

[5] 李任华, 徐才国. 有利基因与有利的基因互作能够提高籼粳杂种育性 [J]. 遗传学报, 1999, 26(3): 228-238.

[6] 李伟, 郭建夫, 张建中. 籼型两系杂交稻稻米品质性状的研究 [J]. 广东海洋大学学报, 2002, 22(4): 56-61.

[7] 李新奇, 袁隆平, 邓启云, 等. 在杂交作物分子育种中利用普通核雄性不育的几个可能途径 [J]. 植物学通报, 2003, 20(5): 625-631.

[8] 孟凡荣, 孙其信, 倪中福, 等. 小麦杂交和自交种子发育前期 MADS-box 和 SerP Thr 两类家族基因差异表达与杂种优势 [J]. 农业生物技术学报, 2002, 10(3): 220-226.

[9] 孟卫东, 王效宁. 两系杂交稻短光敏核不育材料 E5-2 育性稳定性研究初报 [J]. 海南农业科技, 2001(1): 4.

[10] 牟同敏, 卢兴桂, 李春海, 等. 实用籼型水稻光温敏不育系的选育与利用研究 [J]. 海南农业科技, 1996(1): 1-6.

[11] 王勇. Cre/oxP 定位重组系统在植物雄不育和杂种优势中的利用研究 [D]. 哈尔滨: 东北农业大学, 2002.

[12] 严钦泉, 阳菊华, 伏军, 等. 两系杂交稻亲本籼粳程度与配合力及杂种优势的关系 [J]. 湖南农业大学学报 (自然科学版), 2001, 27(3): 163-166.

[13] 杨建昌, 苏宝林. 亚种间杂交稻籽粒灌浆特性及其生理的研究 [J]. 中国农业科学, 1998, 31(1): 7-14.

[14] 杨建昌, 朱庆森. 亚种间杂交稻籽粒充实不良的一些生理机制 [J]. 西南农业学报, 1998(3): 31-36.

[15] 杨振玉, 高勇, 赵迎春, 等. 水稻籼粳亚间杂种优势利用研究进展 [J]. 作物学报, 1996, 22(4): 422-429.

[16] 袁隆平. 超级杂交水稻育种研究的进展 [J]. 中国稻米, 2008(1): 1-3.

[17] 袁隆平. 种业竞争时代的科技创新: 超级杂交水稻育种研究新进展 [J]. 中国农村科技, 2010(2): 22-25.

[18] 曾汉来, 张自国, 卢兴桂, 等. W6154S 类型水稻在光敏温敏分类问题上的商讨 [J]. 华中农业大学学报, 1995(2): 105-110.

[19] 赵步洪, 奚岭林, 杨建昌, 等. 两系杂交稻茎鞘物质运转与籽粒充实特性研究 [J]. 西北农林科技大学学报 (自然科学版), 2004, 32(10): 9-14.

[20] 赵步洪, 杨建昌, 朱庆森, 等. 水分胁迫对两系杂交稻籽粒充实的影响 [J]. 扬州大学学报 (农业与生命科学版), 2004, 25(2): 11-16.

［21］郑华，屠乃美. 两系杂交稻籽粒灌浆特性及与茎鞘物质运转的关系 [J]. 湖南农业大学学报（自然科学版），2002，28（4）：274-278.

［22］朱英国，杨代常. 光周期敏感核不育水稻研究与利用 [M]. 武汉：武汉大学出版社，1992：29-32.

［23］"863 计划"中试开发项目：两系法杂交水稻新组合试验试种和示范.1999 年汇总报告."863 计划"课题交流年会，2000：5-18.

［24］FABIJANSKI S F, ARNISON PG, ALBANI D M, et al.Molecular methods of hybrid seed production[J].The United States of America, 2001（3）：57.

［25］HONG F, ATTIA K, WEI C, et al. Overexpression of the rFCA RNA recognition motif affects morphologies modifications in rice（Oryza sativa L.）[J].Biosci Rep, 2007, 27（4-5）：225-234.

［26］BRUCE A B.The mendelian theory of heredity and the augmentation of vigor[J]. Science, 1910, 32：627-628.

［27］CEDAR H.DNA methylation and gene activity[J]. Cell, 1988, 53（1）：3-4.

［28］WEN C.Creation of new plant type and breeding rice for super high yield[J]. acta agro nomica sinica, 2001, 27（5）：665-672.

［29］GUO M.Allelic variation of gene expression in maize hybrids[J].Plant Cell, 2004, 16：1707-1716.

［30］HEPBURN P A, MARGISON G P, TISDALE M J.Enzymatic methylation of cytosine in DNA is prevented by adjacent 06 methylguan ineresidues[J].The Journal of Biological Chemistry, 1991, 266（13）：7985-7987.

［31］JONES D F.Dominance of linked factors as a means of accounting for heterosis[J].Proc Nati Acad Sci USA, 1917, 3（4）：310-312.

［32］LI Z K, LOU L J, MEI H W.Over dominant epistatic loci are the primary genetic basis of inbreeding depression and heterosis in rice[J].Biomass and grain yield.Genetics, 2001, 158：1737-1753.

［33］MATZ M V, FRADKOV A F, LABAS Y A, et al.Fluorescent proteinsfrom nonbioluminescent Anthozoa species[J].Nature Biotechnology, 1999, 17（10）：969-973.

［34］NAKAMURA S, HOSAKA K.DNA methylation in diploid inbred lines of potatoes and its possible role in the regulation of heterosis[J].Theor Appl Genel, 2010, 120（2）：205-214.

［35］PEREZ PRAT E.Hybrid seed production and the challenge of propagating male-sterile plants[J].Trends in Plant Science, 2002, 7（5）：199-203.

［36］RUIZ O N, DENIELL H.Engineering cytoplasmic male sterility via the chloroplast genome by expression of β-ketothiolase[J].Plant Physiology, 2005, 138（3）：1232-1246.

［37］STUPAR R M, SPRINGER N M.Cis-transcriptional variation in maize in bred lines B 73and Mo17 leads to additive expression patterns in the F1 hybrid[J].Genetics, 2006, 173（4）：2199-2210.

［38］SUN Q X, NI Z F, LIU Z Y.Different gene expression between wheat hybrids and parental in breds in seedling leaves[J].Euphytica, 1999, 106：117-123.

［39］TSAFTAIRS A S. Molecular aspects of heterosis in plants[J].Physiol Plant, 1995, 94：362-370.

［40］TSAFTARIS A S.Bio-chemical analyses of in breds and their heterotic hybrids in maize[J].Progress in Clinical and Biological Research, 1990, 344：639-664.

［41］WILLIAMS M, LEEMANS J.Maintenance of male-sterile plants[J].United States Patent, 1999, 5977433：11-12.

［42］WOLL K.Zm Grp3: Identification of an ovel-marker for root initiation in maize and development of a robust assay to quantify allele-specific contribution to gene expression in hybrids[J].Theor Appl Genet, 2003,113: 1305－1315.

[43] XIONG L Z, XU C G, MAROOF M A S, et al.Patterns of cytosine methylation in an elite rice hybrid and its parental lines detected by amethylation sensive amplification polymorphism technique[J].Mol Gen Genet, 1999, 261: 439－446.

[44] XIONG L Z, YANG G P, XU C G, et al.Relation－ship of differential gene expression in leaves with heterosis and heterozy gosity in a rice diallel cross[J].Molecular Breeding, 1998, 4: 129－136.

[45] YU S B, LI J X, XU C G, et al.Importance of epistasis as the genetic basis of heterosis in an elite rice hybrid[J].Proc Natl Acad Sci USA, 1997, 94(17): 9226－9231.

第三章

第三代杂交水稻的创制

第一节　植物雄性不育

从分化成雄蕊原基开始到产生有功能的成熟花粉粒这段时期，植物花器官会在生理生化、形态等方面发生一系列变化，若任何因素阻碍了这一变化过程，导致雄性生殖器官发育异常（如花药、花粉或雄配子体无正常功能），而其营养生长及雌性生殖器官发育正常，这种现象在生物学上称为雄性不育（Male Sterility，MS）。植物雄性不育是高等开花植物中一种普遍存在的现象。Kolreuter 于 1763 年在杂交植物中首次观察到花药败育，发现雄性不育现象，100 多年后 Coleman 首次提出了雄性不育的概念。Kaul 统计大量研究成果后发现有 43 个科 162 个属 671 例植物由于种间或种内杂交产生了雄性不育现象，其中经济作物中禾本科、茄科、豆科和十字花科等雄性不育尤其引人重视。植物雄性不育现象的产生是一个复杂的过程，它由许多因素导致，因此，根据不同划分标准分成了不同的类型。

一、植物雄性不育的分类

雄性不育的分类方式有很多种，最常见的也最为人们普遍认识的是根据不育基因的遗传方式和细胞中的定位将其分为细胞核雄性不育、细胞质雄性不育及核质互作雄性不育。刘龙龙、张丽君、范银燕等认为这些雄性不育的材料都是十分珍贵的种质资源，对植物新品种的培育、提高育种效率具有极其重要的作用。细胞核雄性不育是由核基因控制的，分为显性核不育和隐性核不育两种。进一步根据对光温的反应又可以将植物雄性不育分为与光温无关的雄性不育和光温敏雄性不育。细胞质雄性不育则是由细胞质基因控制的，表现为母体遗传。以导致雄性败育时期及导致雄性不育是孢子体还是配子体的不同，可分为配子体不育和孢子体不育。从遗传方式和败育时期等方面对雄性不育只是简单地分类，实际上控制小孢子形成通路上的任何代谢相关的基因变异都会导致雄性不育，许多环境因素的改变也会影响育性，例如，光、温度等条件的改变对于育性有显著的影响（马晓娣，2012）。近年来，对植物雄性不育的相关基因和分子机制的研究是植物分子生物学的热点之一，并已有多项重要发现，促进了植物雄性不育的深入研究。基于这些研究结果，可将导致雄性不育的基因和分子机制分为以下几类：减数分裂异常导致的雄性不育、胼胝质代谢异常导致的雄性不育、绒毡层发育异常导致的雄性不育、花粉壁发育异常导致的雄性不育、花药开裂异常导致的雄性不育以及其他类型的雄性不育。

　　减数分裂异常导致雄性不育的主要原因是花粉母细胞过量和发育停止、染色体联会异常、染色体浓缩不规则、同源染色体过早分离、迟滞染色体和染色体桥、花粉液泡化等；胼胝质代谢异常导致雄性不育的主要原因是胼胝质壁不适时地合成与分解；绒毡层发育异常导致雄性不育的主要原因是绒毡层形成与分化异常，绒毡层缺失、延迟或提前降解、非程序化死亡、液泡化、分泌物异常等；花粉壁发育异常导致雄性不育的主要原因是花粉壁过薄、孢粉素和含油层发育缺陷、外壁物质运输和积累异常、次生壁完全停止发育等；花药开裂异常导致雄性不育的主要原因是花药形态建成缺陷、小孢子发生分化缺陷、花药迟开裂和不开裂等；其他不育的原因主要有花粉发育后期以及花粉萌发期缺陷、花药中造孢细胞和体细胞的不平衡、细胞间信号转导异常等。

（一）减数分裂异常导致的雄性不育

　　开花植物必须通过减数分裂产生单倍体的配子体，才能进行有性生殖（Dawe R.，1998）。亲本生殖细胞染色体经过一次复制、两次分裂产生单倍体细胞。减数分裂Ⅰ前期同源染色体浓缩并相互识别，其过程进一步分成 5 个亚时期，依次为细线期、偶线期、粗线期、双线期和终变期（Chen C.B.，2005）。在此过程中，一系列基因在时空上按照极为精确的顺序，不断地启动关闭，相互协调，最终完成减数分裂。减数分裂时期是对各种干扰非常敏感的发育阶段，此过程中任何一个基因发生突变都有可能影响减数分裂形成的配子的染色体数目及育性，而植物中大多数雄性不育突变都发生在减数分裂开始或减数分裂结束的某个时期（Bhatia A.，2001）。

　　1. 花粉母细胞染色体联会异常

　　在水稻的雄性不育研究中，Nonomura 等（2004，2006）发现 *PAIR*（Pairing

aberration in rice）系列基因均与减数分裂的同源染色体配对有关。其中，*PAIR1* 控制水稻性母细胞同源染色体配对和胞质分裂。*TOS17* 转座子插入该基因产生了染色体配对异常的 *PAIR1* 突变体，在其前期Ⅰ的性母细胞中，染色体缠卷成球形并粘在核仁上而不能形成正常形态及配对，在后期Ⅰ和末期Ⅰ染色体不能分离且纺锤体退化，形成多个染色体数不均的小孢子，导致小孢子完全不发育。*TOS17* 转座子插入该基因产生的 *PAIR2* 突变体性母细胞中，染色体不能正常联会，在粗线期和双线期只能看到 24 个不配对的单价体。W.Yuan 等（2009）发现 *PAIR3* 也控制着水稻同源染色体的配对及联会，其编码一个含有螺旋结构域的蛋白，优先在花粉母细胞和减数分裂中的卵细胞中表达。W207-2 是粳稻品种日本晴的雄性半不育突变体，Zhou S.R. 等（2011）研究发现 W207-2 的雄性不育性受控于一对隐性核基因 *pss1*（Pollen Semi-Sterility1）。突变体 *pss1* 的表达影响了减数分裂同源染色体分离和花药的开裂，导致了花粉的半不育性。当 *pss1* 马达结构域中第 289 位保守的氨基酸 Arg 被替换成 His 后，蛋白受微管影响的 ATPase 活性丧失，在雄性减数分裂活期Ⅰ和后期Ⅱ时，形成迟滞染色体和染色体桥，导致了花粉的半不育性。这表明 *pss1* 对水稻花粉母细胞减数分裂的染色体动力学、雄配子形成以及花粉囊开裂有着十分重要的意义。

有丝分裂和减数分裂染色体的运动依赖于染色单体通过着丝粒的结合。这一结合由一个四亚基结构来调节，REC8 是它的一个重要组成部分。*OSREC8* 突变体中，性母细胞染色体同源配对和端粒异常，减数分裂前期Ⅰ着丝粒完全结合，并于第一次减数分裂向两极定向运动，从而导致姐妹染色单体的过早分离，形成雄性不育（Shao T, 2011）。BUB1（Bub-related kinase1）是一个丝氨酸 / 苏氨酸蛋白激酶，它是纺锤体组装监控机制中的上游蛋白，可以召集其他监控蛋白定位到着丝粒上。Wang M. 等（2012）在水稻中克隆了植物的收割 *Bub1* 同源基因 *BRK1*（Bub-related kinase1）。*brk1* 突变体营养生长正常，而在生殖生长的减数分裂中期Ⅰ着丝粒和纺锤丝随机的 merotelic 连接方式不能被及时修正（例如一个着丝粒同时受到来自相反方向的纺锤丝牵引），从而使同源染色体着丝粒间的拉力异常以及纺锤体形态异常，造成减数分裂后期Ⅰ姊妹染色单体分离不同步，导致完全不育。蔺兴武（2005）发现甘蓝型油菜与诸葛菜、芥菜型油菜与诸葛菜属间杂交后代存在减数分裂中期Ⅰ和后期Ⅰ染色体落后，后期Ⅰ染色体有多种分离类型和微核产生等异常现象。

2. 花粉母细胞减数分裂停止

Hong L.L. 等（2012）通过研究水稻 *MIL*（Micros-Poreless1）基因，发现小孢子母细胞中减数分裂的启动由花药特有的机制调控。*MIL1* 编码一个 CC 型谷氧还蛋白，它能与 TGA 转录因子互作。*MIL1* 突变体花药造孢细胞和周围体细胞减数分裂不能启动，导致花药小室充满体细胞而不是小孢子，但大孢子发育正常。此外，*MIL1* 和 *MSP1* 双突变体的研究显示，由于 *MIL1* 基因的缺乏，花药小室内的细胞同样不能被激活进入减数分裂期。Nonomura 等（2003）对水稻中 *MSP1* 的研究发现，*MSP1* 突变体植株产生过多的雌雄孢子母细胞，且形成的花药壁结构紊乱，绒毡层完全消失，花粉母细胞发育停滞在减数分裂前期Ⅰ的各个阶段，不能完成减数分裂而导致雄性不育。原位杂交试验表明，基因在雌雄孢子母细胞周围的细胞中以及一些花器官组织中表达，但在孢子母细胞中并不表达。这说明 *MSP1* 控制着水稻雌雄孢子的数量和花药壁的形成。

（二）胼胝质代谢异常导致的雄性不育

减数分裂之前，正常的野生型花药其花粉母细胞外围会合成一种由胼胝质构成的细胞壁。减数分裂开始后，胼胝质沉积增厚，并在形成四分体时达到最厚，从而形成完整的胼胝质壁。减数分裂完成后，开始形成小孢子外壁，绒毡层细胞中的粗面内质网堆叠并分泌胼胝质酶，胼胝质开始降解，并将小孢子释放到花粉囊腔中（Stieglitz H.，1977）。在这一过程中，无论是胼胝质合成、积累，抑或是降解，任何一个环节出现异常都将影响减数分裂的进行和完成，从而影响植物的育性。植物 β-1,3-葡聚糖酶参与植物的防御和发育，*OSG1* 是水稻 14 个编码 β-1,3-葡聚糖酶的基因之一。Wan L. 等（2011）构建了 RNAi 载体，使 *OSG1* 基因沉默。*OSG1-R1* 植株花粉母细胞表现正常，但在小孢子早期阶段，药室中小孢子周围的胼胝质不降解，导致小孢子释放到药室的过程被延迟。该结果证明 *OSG1* 对四分体解离过程中的胼胝质适时降解是必要的。

（三）绒毡层发育异常导致的雄性不育

植物的花粉囊壁在发育初期从外到内依次是表皮、药室内壁、中层和绒毡层 4 层细胞。最内层的绒毡层包裹着小孢子母细胞，并与其发育有直接关系。绒毡层细胞包含丰富的内质网、高尔基体、线粒体等细胞器，这些细胞器向花药内室分泌大量的碳水化合物、蛋白质和脂类等，提供胼胝质降解所需的酶类，以及花粉壁的构建和小孢子的发育所需的营养（Bedinger P.，1992；Pacini E.，1993）。绒毡层对花粉的生长发育至关重要：在花粉发育早期，绒毡层包被着花粉囊；花粉发育中晚期，绒毡层降解，提供花粉发育所需的营养；花药成熟时，绒毡层彻底降解。任何影响绒毡层发育的突变都可能导致花粉的败育（周时荣，2009）。Nonomura 等（2003）通过研究水稻 *MSP1* 突变体发现，突变体花药壁的细胞层结构异常，绒毡层完全缺失。原位杂交结果显示，*MSP1* 的表达定位于雌雄孢子母细胞周围的细胞中和一些花组织中，而不在孢子母细胞中。这一结果表明水稻中的 *MSP1* 可能在限制进入孢子发育的细胞数量和启动花药壁的建成方面起重要作用。Jung K. H. 等（2005）的研究表明，水稻 *Udt1* 基因在绒毡层发育早期起着关键作用，它的缺失会使次级壁细胞不能正常分化成为成熟的额绒毡层细胞，且会影响孢子母细胞减数分裂。T-DNA 或者 *TOS17* 转座子插入 *Udt1* 基因可导致完全雄性不育。在 *Udt1* 突变体中，花药壁细胞和性母细胞在减数分裂的早期阶段是正常的，但在减数分裂过程中，绒毡层不能分化并且液泡化，小孢子发育受阻，花粉囊内无法形成花粉。Papini A. 等（1999）发现绒毡层细胞降解是一个细胞程序化死亡过程，其细胞降解残留物对于花粉的发育是必需的。绒毡层的特异分化及其降解速度与花粉的后期发育密切相关，它的提前或延迟降解都将导致雄性不育。Li N. 等（2006）发现了 *TDR*（Tapetum Degeneration Retardation）基因，在绒毡层细胞程序化死亡过程中起正调控因子的作用。*TDR* 突变体的绒毡层、中层因不能及时降解，而造成程序化死亡延迟，减数分裂形成的小孢子在释放后即被降解，导致完全雄性不育。这表明 *TDR* 基因是水稻绒毡层发育和退化降解分子调节网络的重要组成部分。

（四）花粉壁发育异常导致的雄性不育

正常花粉的花粉壁包括外壁和内壁。花粉内壁在结构上相对简单，主要由纤维素、果胶和蛋白质组成；外壁主要由脂肪族聚合物孢粉素组成，表面有特异的高度修饰，在授粉和花药萌发中起着信号识别的作用（Ma H.，2005）。花粉壁正常的结构域组成是可育花粉所必需的。

Li H. 等（2010）发现一个水稻雄性不育突变体 *CYP704B2*，其孢子体绒毡层肿胀，败育花粉粒中检测不到外壁，且其花药表皮发育不完全。化学组成分析显示，突变体花药中几乎没有角质单体。这些缺陷是由于细胞色素 P450 家族基因 *CYP704B2* 的突变引起的。*CYP704B2* 在酵母中的异源表达说明 *CYP704B2* 催化了 Ω 羟化脂肪酸的产生。脂肪酸 Ω 羟基化途径依赖于 *CYP704B* 家族基因，所以它对植株雄性生殖和孢子发育过程中角质和外壁的建成是必不可少的。蜡质在防止水分损失、病原菌入侵及适应环境胁迫等方面有重要意义。Zhang D. S. 等（2008）就水稻绒毡层延迟降解基因 *TDR* 在花粉发育中对脂类代谢调控所起的作用进行研究。发现在 *TDR* 突变体中，花粉壁结构、花药的脂类组成、一些可能涉及脂类孢粉素运输和新陈代谢的基因都产生了很大改变。*TDR* 除了促进绒毡层细胞程序性死亡，还在水稻花粉发育的各个基础生物进程中扮演着重要的调控角色。可见，不管是孢粉素的合成运输还是沉积都影响着外壁的形态构成。*WDA1*（Wax-Deficient Anther）参与水稻花粉壁角质和蜡质的形成，是花粉发育所必需的。蜡质缺陷的突变体 *WDA1*，其花药所有药室壁细胞的超长链脂肪酸合成都出现明显缺陷，花药壁外层的角质蜡层缺失，小孢子的发育迟缓，最终导致花粉外壁的形成异常。*WDA1* 在花药表层细胞强表达，且在开花期高丰度表达，其表达下调将导致雄性不育。与其他外壁脂质分子有缺陷的雄性不育突变体相比，*WDA1* 突变体绒毡层的发育缺陷出现得更早（Jung K.H.，2006）。Zhang D. 等（2010）发现 *OSC6* 在水稻减数分裂后花药和花粉壁发育过程中起重要作用。*OSC6* 是 LTP1 和 LTP2 家族成员（LTP2 是小分子富脂类转运蛋白，存在于细胞膜间转运脂类），其重组体具有油脂结合活性，在 *OSC6* 沉默的植株中，微粒体和花粉外壁均有缺陷，从而导致育性降低。

值得注意的是，这些调控小孢子外壁或内壁发育的基因的突变体，绒毡层发育大都不正常。换句话说，这些导致绒毡层发育异常的基因也会影响小孢子外壁或内壁的发育，二者紧密相关（Sanders P.，1999）。

（五）花药开裂异常导致的雄性不育

授粉受精过程的完成需要花药的适时开裂，使成熟的花粉从花药中释放出来，而花药开裂则需要隔膜和裂孔的降解。水稻和谷子等自花授粉作物，花药开裂始于中层和绒毡层的降解，接着药室内壁细胞膨大，药室内壁与连接层细胞发生纤维状沉积，到后期药室间的隔膜层降解，产生一个双药室的花药，最后连接 2 个药室的细胞降解，使花药开裂（Sanders P.，1999）。正常授粉需要花药能适时开裂以在合适的时期释放出成熟花粉，花药迟开裂、不开裂都会对育性造成影响。Zhu Q.H. 等（2004）和 Sun Y.J. 等用一个转座子插入构建了一个水稻突变体 *AID1*，该突变体部分小花显示出完全的雄性不育。基于花粉粒育性和花药开裂程度可把突变体小花分为 3 类：育性正常（20%）、淀粉积累缺陷导致的雄性不育（25%）、花粉粒可育但花药不开裂或迟开裂导致不育（55%）。*AID1* 在野生型的花和叶中都有表达，但在突变体中不表达。茉莉酸（*JA*）参与花药开裂调控的过程是花药开裂研究中一个重要发现。在拟南芥和水稻中花药开裂异常的突变体，其 *JA* 合成或信号转导大多也会出现异常，表明 *JA* 在花药开裂中起着关键性作用。

（六）其他类型的细胞核雄性不育

从最初的花形态建成到花药开裂释放花粉是一个复杂多变的过程，除前述的减数分裂、胼胝质壁、绒毡层代谢、花药开裂等异常情况外，还包括多糖、脂类和蛋白代谢的异常，其中任何一个环节发生异变都有可能导致雄性不育。Kaneko M. 等（2004）从许多 *TOS17* 转座子插入的水稻突变体中分离得到一个该基因功能缺失型突变体。用 GA 诱导该突变体，其胚

乳中没有 α 淀粉酶的表达，这显示了 *TOS17* 插入具有 *OSGAMYB* 敲除功能。该突变体营养生长阶段正常，然而生殖生长阶段花器官尤其是花粉发育异常。*GAMYB* 影响糊粉层和花药发育过程中 α 淀粉酶的表达，在糊粉细胞、花序顶端、雌蕊原基、绒毡层细胞中有高表达，在营养生长的器官和伸长茎中低表达。这说明 *GAMYB* 不仅对糊粉粒中的 α 淀粉酶敏感，对于花器官和花粉的发育也是非常重要的。Sun Y. J. 等（2007）发现受体蛋白激酶 *BAM1* 和 *BAM2* 调控着花药早期细胞的分裂和分化，二者形成一个正负反馈调节循环，控制了花药中造孢细胞和体细胞的平衡。同时 *DYT1* 基因编码一个 bHLH 家族转录因子，它联系着上游调控因子和下游目的基因，这对绒毡层发育及其功能是至关重要的。Hong L. L. 等（2010）发现 *ELE*（elongated empty glume）基因调控着水稻护颖的发育，*ELE* 突变体的护颖变得与外稃相似，它的影响还会产生异常的内外稃、浆片、雄蕊和柱头，从而产生不育。开花植物发育过程中糖分的分配在分子水平是如何调控的仍然未知。Zhang H. 等（2010）报道了一个水稻突变体 *CSA* 的特点，*CSA* 突变体叶片和茎秆中的糖含量增加，从而减少糖分和淀粉在花器官中的分配，尤其是发育后期，花药库组织中的糖分积累减少甚至出现饥饿。图位克隆显示，*CSA* 基因编码一个 R2R3 MYB 转录因子，在花药绒毡层细胞和糖分运输微管组织中优先表达，它与一个单糖转运蛋白的 *MST8* 启动子相关联。而在 *CAS* 突变体中，*MST8* 的表达大大减少。研究证明，*CSA* 是水稻雄性生殖发育过程中参与糖分配的一个关键的转录调控基因。

光温敏细胞核雄性不育是环境条件改变导致的雄性不育，利用光敏核不育和温敏核不育系的两系法杂交水稻已广泛应用于农业生产。Zhou H. 等（2012）克隆了农垦 58 中的光敏雄性不育基因 *P/TMS12-1*，粳稻农垦 58 和籼稻培矮 64S 均存在该不育基因。野生型等位基因 *P/TMS12-1* 的 2.4 kb 的 DNA 片段可以恢复 NK58S 和 PA64S 的花粉育性。*P/TMS12-1* 编码一个不翻译的 RNA，它可以产生一个含有 21 个核苷酸的小 RNA OSA-SMR5864W。而 *P/TMS12-1* 中有一个 CG 置换存在于小 RNA 中，命名为 OSA-SMR5864M。*P/TMS12-1* 的 375 bp 序列在转基因农垦 58 和培矮 64 植株中超表达，同时产生正常小 RNA OSA-SMR5864W 并使花粉恢复育性。结果显示，*P/TMS12-1* 的点突变导致 OSA-SMR5864W 的功能缺失，进而分别导致了粳稻光敏和籼稻温敏。因此，这个非编码的小 RNA 是由基因和环境共同控制的雄性发育的重要调控序列。Ding J. H. 等（2012）在水稻光敏雄性不育材料农垦 58 突变体 58S 中发现一个长度为 1 236 bp 的非编码 RNA（*lnc*RNA），并称之为长日照雄性不育相关 RNA（LDMAR），它调节水稻的光敏雄性不育，足够剂量的 LDMAR 转录物对长日照条件下植株花粉发育是必需的。该 *lnc*RNA 突变产生的 SNP 导致了 LDMAR 二级结构的改变，使 LDMAR 启动区甲基化，从而使长日照下 LDMAR 的转录减少，最终导致花药过早地程序化死亡，产生光敏型雄性不育。事实上这两项研究克隆的是同一个基因，突变的 SNP 也完全相同。很多真核生物基因组序列可转录成长链非编码 RNA（*lnc*RNAs），然而，目前只有一小部分 *lnc*RNAs 的潜在功能被发现，该雄性不育 *lnc*RNAs 的发现更促进了人们对该类基因的认识，也说明对 *lnc*RNAs 的研究还需更加努力。

从观察到雄性不育的分类和遗传研究，再到雄性不育的分子机制分析，是一个逐步深入的过程，这不仅有助于丰富植物生殖基础知识，更有助于雄性不育系的培育和杂种优势利用，提高作物产量。目前从模式植物克隆的很多雄性不育相关基因在其他物种中都有同源基因，这说明植物的花粉发育过程是相对保守的，这些基因在不同物种中可能有相同或相似的作用，这无疑将有利于我们对植物雄性不育机制的认识。同时，由于多种原因均可导致雄性不育，新的雄性不育基因在不断发现，有关研究必将进一步提升我们对雄性不育的认识，也促进雄性不育系的培育和育种利用。从目前的研究结果来看，多数研究是发现了雄性不育，首先进行遗传和基因定位与克隆，然后进行的多数是细胞学表现比较观察，实际上这些细胞学表现是一系列分子过程和网络调控的结果，只不过比雄性不育这个最终的表现型结果更深入，是基因变异在不同表现型水平上的结果。鉴于目前的研究水平和试验能力，我们还不能较为清楚地认识和了解这个过程中的分子机制，加强有关方面的生化研究有助于我们对这些分子过程和机制的认识。

二、细胞质雄性不育和核质互作不育

（一）细胞质雄性不育

细胞质雄性不育（Cytoplasmic Male Sterility，CMS）是广泛存在于高等植物中的一种自然现象，表现为母体遗传、花粉败育和雌蕊正常，可被显性核恢复基因恢复育性。迄今已在 150 多种植物中发现了 CMS。利用 CMS 培育不育系进行杂交制种，已成为国际制种业的主要趋势，其可免去人工去雄，节省大量的人力物力，并可提高杂交种子的纯度，增加农作物的产量。但在实际的选育过程中经常会遇到所选的不育系胞质单一、配合力低及不育性不稳等问题，而这些问题的解决又缺少足够的理论依据。同时它又是研究核质互作的理想材料。因此，长期以来人们对其不育机制的探讨从未停止过。

1. 细胞质遗传的发现

在孟德尔定律被重新发现后的 1909 年，德国植物学家 Correns 和 Baur 分别在紫茉莉（*Mirabilis jalapa*.L.）和天竺葵（*Pelargonium hortorum*）中发现叶色的遗传不符合孟德尔定律，而表现为细胞质遗传现象，这一发现是对孟德尔定律的挑战和补充。Correns 等对紫茉莉的叶绿体进行了遗传学研究，发现叶绿体有自己的连续性，不是由染色体基因所产生的。他发现某品种的紫茉莉有白斑植株。（白斑植株是指同一植株上有些枝条是绿色的；有些枝条是白色的，即白化，因为缺少叶绿素；有些枝条有白斑，即同一枝条上绿色和白化相间而存在，白化部分可多可少。）

该实验结果表明后代出现的颜色取决于卵子所含质体的性质，这种现象称为母体遗传。这就是说，细胞所含有的质体如果是正常的，它能够产生叶绿素，紫茉莉的枝条就呈绿色；如果它有缺陷不能产生叶绿素，紫茉莉的枝条就呈白色，表现为白化；如果形成的卵子的细胞质既含有正常的质体，也含有白化的质体，那么受精后紫茉莉就长成白斑植株。

天竺葵中叶绿体遗传的情况与紫茉莉相似。例如，天竺葵白化枝上开的花自花授粉或从白化枝条上取花粉给它授粉，结果都只产生白化幼苗，但是如果让白化枝条上的花接受绿色枝条上所产生的花粉，它们的后代就会有 3 种类型：绿色、白化和白斑。对此的合理解释是：在天竺葵的受精过程中，精子进入卵子的不仅仅是细胞核，还有一部分细胞质。精子的细胞质所含有的叶绿体不多，进入卵子的精子细胞质有的可能含有正常的质体，有的可能不含有正常的质体。含有较多正常质体的，受精卵就长成绿色植株；不含有正常质体的，受精卵就长成白化幼苗；含有很少量正常质体的，受精卵就长成白斑植株，因为受精卵经过细胞分裂所产生的细胞有的含有正常质体，有的不含有正常质体。

细胞质遗传（Cytoplasmic Inheritance）是指子代的性状由细胞之内的基因所控制，是细胞之内的基因所控制的遗传现象和遗传规律。

2. 植物细胞质雄性不育的可能形成机制

尽管从一些植物中已经鉴定出与 CMS 有关的线粒体 DNA 片段，但是人们对植物细胞质雄性不育的机制仍然知之甚少。一般推测，植物 CMS 的形成机制有两种：线粒体基因组中新的嵌合阅读框与其邻近的保守基因共转录，造成保守基因的单顺反子转录本减少，从而减少了保守基因编码的蛋白量，致使植物的某些功能异常或丧失而不育；新的嵌合阅读框编码一个毒性蛋白，该蛋白干扰保守基因的生物活性或干扰花药发育中的生理生化过程，从而中断花粉发育，形成雄性不育。

从恢复基因对 CMS 的影响来看，如果是第一种原因引起 CMS，那么相应的恢复基因就应该是通过恢复保守基因的表达量来起作用的。对几种植物 CMS 的研究显示，在恢复基因有或无两种遗传背景下，虽然嵌合基因的转录模式有明显不同，但都可以检测到线粒体保守基因转录本的存在，且在量上没有明显的区别。这表明第一种解释并不理想（Singh M.，

1991)。

对第二种解释目前有较多的实验支持（Bellacui M.，1999）。He S.C. 等（1996）将含特异启动子、线粒体高转导序列、菜豆的不育相关基因 ORF239 的序列导入烟草细胞核基因组，获得了几株含有 ORF239 的不育和半不育的转基因植株。免疫细胞学分析表明，在转基因植株中异常发育的小孢子细胞壁表达出不育相关蛋白 ORF239，认为 ORF239 序列的表达可能与转基因烟草的花粉败育直接相关。赵荣敏等（2002）将 ORF224 部分编码序列及全长序列导入大肠埃希菌，结果发现具有 ORF224 特异表达产物特征的大肠埃希菌生长减缓，推测 ORF224 可能编码一个毒蛋白。

3. 植物细胞质雄性不育系统的育性调控及其可能机制

在许多 CMS 系统中，已经鉴定了一些恢复基因。恢复基因通过改变 CMS 相关嵌合基因的表达而抑制雄性不育性状。恢复基因还可能影响到其他与雄性不育无关的线粒体基因（Li X.Q.，1998），存在"因多效"（Pleiotropic Effects）现象。恢复基因在转录后水平（转录模式的改变）和翻译后水平（CMS 相关蛋白减少或消失）对不育相关区域发挥作用的现象对不同物种都有报道。据此推测，恢复基因的作用方式可能至少有两种。一是编码种 RNA 加工酶影响转录后水平不育相关区域转录本的加工、编辑，进而导致蛋白质谱的差异，引起育性恢复，如水稻（Iwabuchi M.，1993）、向日葵（Laver H.K.，1991）、NAP143（Singh M.，1996）和 POL 胞质油菜（Stahl R.，1994）。最近的研究表明，在恢复基因引致育性恢复的过程中，RNA 编辑意义重大。恢复基因直接促使 RNA 的加工，而加工后的 RNA 趋向于更容易发生编辑作用（Delome R.，1998）。完全编辑过的 RNA 更能保持稳定并翻译出功能正常的蛋白质；而未加工过的 RNA 不能被有效编辑或完全不编辑，随后容易被降解或翻译出功能异常的蛋白质。Hemould M. 等（1993）的工作为这一假说提供了较直接的证据。将编辑过和未编辑过的小麦 ATP9 编码序列融合到酵母线粒体基因 COX4 转导肽编码序列的 3' 端并转入烟草细胞核基因组，表达的蛋白被转运到线粒体。不育和半不育的转基因植株都含有未编辑的 ATP9，而含有编辑过 ATP9 的转基因植株都是可育的。

恢复基因的另一种作用方式是编码一种蛋白酶，以翻译后作用机制、通过减少不育基因编码的蛋白质累积量而引致育性恢复（Leaver C.J.，1982）。在玉米、Ogu 胞质的油菜、Kos 胞质的萝卜等个例的研究中发现，不育相关基因的转录本长度、丰度在不育株和育性恢复株中没有差异，但是其编码的蛋白质在育性恢复株中特别是其花器官中明显减少乃至消失。

Cui X.Q. 等（1996）发现，恢复玉米 T 型不育的两个基因之一 RF1 可以使 URF13 毒蛋白的累计量减少约 80%，而另一恢复基因 RF2 不影响 URF13 的积累。RF2 已被克隆，预测 RF2 是一个乙醛脱氢酶（ALDH），可能改善了 T 型胞质的线粒体因 URF13 表达所产生的损伤。他提出 RF2 的两种可能作用机制：一是代谢假说，在 URF13 蛋白引起线粒体功能异常后，ALDH 在 T 型胞质细胞中发挥正常代谢作用，保证能量供应或清除有机代谢废物；二是互作假说，RF2 直接或间接与 URF13 互作，消除 URF13 的毒害效应。

菜豆 pvs-CMS 的恢复基因 *Fr* 的作用与其他 CMS 恢复系统明显不同。He S. 等（1995）认为 pvs-CMS 育性的恢复可能是恢复基因 *Fr* 直接在线粒体 DNA 水平消除了 *ORF239* 序列的结果，且 *Fr* 具有剂量效应。Sarria R. 等（1998）研究表明，在菜豆 pvs-CMS 不育株的各组织中都可检测到 ORF239 转录本，但 ORF239 蛋白仅在生殖组织中存在，在营养组织中检测不到。推测营养组织可能存在一种蛋白酶降解发育中形成的 ORF239，表现为翻译后的蛋白酶降解机制。对植物线粒体基因组的研究表明，由于细胞内线粒体环状 DNA 分子间和分子内的高频重组作用，线粒体基因组实际上以大小不同的多个分子形式存在（Wolstenholme D.R.，1995），即所谓的亚基因组转换现象（substoichiometric shifting）。这个转换过程严格受到核基因的控制，并且是可逆的过程（Kanazawa A.，1994）。Janska H. 等（1998）进一步证明，菜豆 pvs-CMS 不育株的育性恢复并非是因为 *ORF239* 序列的丢失，而是恢复基因的作用导致线粒体内含有 *ORF239* 序列的分子拷贝数减少、*c239* 沉默的直接结果。在 Ogu CMS 油菜中也常发现育性自然恢复现象。Bellaoui M. 等（1998）的研究也表明，与 Ogu CMS 相关的 *ORF138* 基因由于亚基因组转换而具有不同的分子形式，不同分子形式之间可能由于重组而不断地相互转换。Ogu CMS 表型恢复（不育恢复到可育）可能是含 *ORF138* 基因的优势片段超过一定阈值的结果。可以推测，植物细胞核对线粒体亚基因组拷贝数的抑制作用，是其对线粒体基因表达调控的一种有效的方式之一。植物细胞核基因通过控制线粒体相关基因的拷贝数而抑制或激活其表达，极可能是植物在核质协同进化过程中形成的另一类核质互作机制。

植物细胞质雄性不育及其育性恢复现象涉及核质相互作用、基因表达调控及环境因素影响等多方面。近十多年来，分子生物学技术和理论的迅速发展，也确实促进了对植物细胞质雄性不育及其育性恢复现象的研究。但是，这一现象涉及花粉发育乃至雄性生殖器官发育的时空调控过程，生物学过程的复杂性、不育性状和不育基因的多样性，以及恢复育性的机制也不尽相同等，使得有关分子机制的研究仍然没有明确的答案，科学研究仍然任重道远。该研究的进一步深入，还有赖于应用更可靠的研究方法对更多物种的不育基因与不育性状、育性恢复基因与不育基因间的相互作用等进行更系统的研究。科学家们已经相继完成了双子叶植物拟南芥（Unseld M.，1997）、甜菜（Kubo T.，2000）、甘蓝型油菜（Handa H.，2003）、烟草（Sugiyama Y.，2005）以及单子叶植物水稻（Notsu Y.，2002）的线粒体基因组测序工作。对这些物种进行线粒体比较基因组和功能基因组研究结果的借鉴，结合迅速发展的生物信息学技术，将有助于深入研究和认识植物细胞质雄性不育及其育性恢复的机制，最终揭示这一自然现象的本质，并用于育种生产实践。

（二）核质互作不育

核质互作不育型是细胞质不育基因（s）和相对应的核不育基因（msms）同时存在时个体表现不育，是由细胞质和细胞核两个遗传体系相互作用的结果。

1. 线粒体基因组开放阅读框与雄性不育

Schnable P. S. 等（1999）、Hanson M. R. 等（2004）等研究表明绝大多数细胞质不育的直接原因是基因重组及其产生的新的开放阅读框，这些基因共同的特点是，一般由几个已知基因的部分序列经多次重组后与未鉴定的阅读框形成嵌合基因，位于正常线粒体基因的上游。

嵌合基因被认为在花药发育的关键时期阻断了线粒体的功能，因而导致 CMS 的产生。陈喜文等对线粒体基因表达的研究发现，可育花粉中线粒体基因表达活跃，RNA 浓度很高；蛋白质分析结果表明花中线粒体数目高于叶中，这说明花药发育过程中需较多的、活性较高的线粒体。但是从 CMS 胞质所特有的嵌合基因的共同结构来看，由于它们都含有 ATP 合成酶的某一亚基基因，因此由它们编码的蛋白质含有与 ATP 合成酶某一亚基相类似的结构，可以推测它们的作用部位在 FO-F、ATP 复合物上，使得酶活性受损，结果线粒体合成 ATP 数目减少，从而阻碍花粉正常发育，最终导致花粉育性改变。

还有一些与 CMS 有关的线粒体基因与电子传递链中的细胞色素氧化酶基因重排有关。对 CMS 小麦的研究表明，CMS 相关片段 *ORF256* 与线粒体基因 *cox I* 形成嵌合基因 *ORF256/cox I* 共转录。甜菜的 *ATPA*、*ATP6* 位点和 *cox II* 位点，这些基因的改变可能影响到细胞色素氧化酶的活性，进而影响 ATP 合成，最后影响到花粉的育性。

目前，研究者已在芸薹属作物中鉴定和分离出与 CMS 有关的线粒体基因，并且都编码特异的蛋白质，如 Ogu 型萝卜的 *ORF138*、Nap 型甘蓝型油菜的 *ORF222*、Pol 型甘蓝型油菜的 *ORF224*，以及叶用芥菜的 *ORF220*、KosCMS 的 *ORF125* 位点外，还有近年来发现的 TourCMS 的 *ORF193* 位点。

2. 细胞质雄性不育性对核背景的分子水平响应研究进展

线粒体是一个半自主的细胞器，它有自己的基因组，进行 DNA 的复制、转录和翻译，可以编码自身的 rRNA、tRNA 以及少量蛋白质，但这些过程并不是线粒体完全独立地进行的，它离不开核基因组的指导与调控。线粒体基因表达所必需的一些蛋白质，如 RNA 聚合酶、核糖体大亚单位以及许多调控因子都由核基因编码，在核糖体上合成后，运输进线粒体后再起作用。线粒体功能的正常发挥需要线粒体基因组和核基因组的互作。组成呼吸链的一系列结构蛋白质是由线粒体和细胞核共同编码的，这些蛋白质的正确组装受核基因的控制。线粒体要分化成为有正常功能的细胞器并维持其组织结构，行使能量转化功能，还是需要与核基因组的共同协作指导呼吸酶的合成和组装。

任何一个物种都可归结为一种核质互作体系，它们是在长期的进化过程中相互选择、相互适应的结果。通过连续回交转育创建异源细胞质雄性不育系，原有核质互作关系被打破，需要建立新的核质互作关系。这种"打破"和"建立"，包括核质基因的对应性和默契、核质基因容量的平衡等。这种"建立"也应该是一个相互求适应的"磨合"过程，在这个过程中，细胞核基因和细胞质基因的变异是不可避免的，并非一般认为的稳定遗传。

3. 核恢复基因对细胞质雄性不育性的影响

核基因对 CMS 的最明显的影响是，当 CMS 植株授以恢复系的花粉，即引入核恢复基因后，CMS 相关基因的转录和表达受到调控作用，可矫正 CMS 的异常，从而导致花粉育性的恢复，表现为雄性可育。在自然界存在一些特殊的不育细胞质，当核基因组缺乏抑制其表型的恢复基因时，植株表现为雄性不育；反之，在存在恢复基因的核背景下则雄性可育。

例如，玉米 CMS-T 的恢复基因是显性基因 RF1 和 RF2，分别位于玉米的第 3 和第 9 染色体上，这两个显性基因同时作用才能产生正常花粉；CMS-S 的恢复基因是位于第 2 染色体的显性基因 RF3；CMS-C 型的恢复基因为 RF4、RF5 和 RF6，RF4 对育性恢复起决定作用，而 RF5 和 RF6 是重叠基因，与 RF4 有互补作用，只要有 RF4 和另外两个（RF5 和 RF6）的任何一个互补就能起到恢复作用（周洪生，1994）。

大多数植物的恢复基因并不影响 mtDNA 的一级结构，它对育性的调控作用主要发生在转录或转录后水平上。只有少数作物，如菜豆，其核恢复基因 Fr 则直接影响 CMS 系线粒体基因组的结构，通过选择性地消除与 CMS 相关的序列而使育性恢复。在转录水平上，可改变转录起始位点改变转录本的丰度，例如 ORF222 花器官发育的早期阻断花粉发育进程，核恢复基因可以降低 ORF222 的转录水平。恢复基因还可以改变转录本的数量。危文亮等用 10 个线粒体基因为探针，对 NCa 甘蓝型油菜不育系、保持系和可育 F_1 的苗期叶片、幼蕾及未成熟种子的线粒体 RNA 进行了 Northern 分析，发现 ATP9 探针在不育系中检测到 1 条 0.6 kb 的转录本，而在可育 F_1 中检测到了 0.6 kb 和 1.2 kb 两种转录本。在翻译水平上，可改变翻译产物的含量，从而影响 CMS 座位的表达。还有报道认为细胞质雄性不育可能与线粒体 RNA 编辑的不充分和偏离有关，恢复基因的引入可以提高线粒体 RNA 的编辑频率。李鹏等（2006）通过对不育系、保持系、恢复系和杂种 F_1 代线粒体 RNA 编辑频率的比较，发现引入恢复基因后，不育胞质中 cox Ⅲ 基因转录本的编辑频率明显提高，说明 cox Ⅲ 基因转录本的 RNA 编辑与细胞质雄性不育具有一定相关性。Leon P. 等（1998）推断，在高等植物中，RNA 编辑很可能通过把原来核苷酸序列中的 C 编辑为 U，创造新的翻译起始点（AUG）或终止点（UAA、UAG 或 UGA），因而改变了 CMS 相关 DNA 位点的转录本，抑制了不育型的表达。

恢复基因的另一种作用方式可能是编码一种蛋白酶，通过减少不育基因编码的蛋白质累积量而引致育性恢复。在玉米（Cui X.Q.，1996）、Kos 胞质的萝卜（Iwabuchi M.，1999）等研究中发现，其不育相关基因的转录本长度、丰度在不育株和育性恢复株中没有差异，但是其编码的蛋白质在育性恢复株中特别是其花器官中明显减少乃至消失。在 Ogu 雄性不育胞质中，恢复基因减少育性恢复株花蕾的 ORF138 蛋白，在花药发育期尤其显著。花蕾和花药多核糖体分析的结果表明，不育株和可育株 ORF138 转录物翻译效率相同，由此可以推断 ORF138 基因产物在翻译后水平上稳定性降低，从而导致蛋白累积减少而恢复育性（Krishnasamy S.，1994）。

恢复基因除了对特定的雄性不育相关基因有影响外，可能对线粒体结构有更为广泛的影响。李文强等（2009）对具有山羊草属细胞质的 4 类不育系线粒体 DNA（mtDNA）进行了 RAPD 分析，分别比较了具有同一细胞质背景的山羊草、雄性不育系，以及该类不育系与恢复系组配的可育杂种 F_1 的 mtDNA 的变异性。结果显示，供试山羊草与其对应细胞质雄性不育系在 mtDNA 上存在明显多态性，表明不育系在质核互作的影响下很可能已导致 mtDNA 发生变异；而不育系与对应的可育杂种 F_1 在 mtDNA 上也存在多态性，同样表明育性恢复核基因对不育系进行育性恢复的过程中亦可能引起 mtDNA 发生相应变异，mtDNA 变异很可能涉及不育系育性本质的改变。

4. 核背景对细胞质雄性不育系温度敏感性的影响

植物雄性不育受细胞核和细胞质两个系统的多个遗传因子相互控制，细胞质和细胞核因子因变异会发生遗传缺陷，其中一方产生的缺陷得不到弥补时就会表现为雄性不育。缺陷的性质、数量和核质间互补程度不同，使花粉败育的时期和程度不同。核质缺陷不完全互补时，表现出不同程度的雄性不育即出现微粉。

李殿荣等（1986）对同质（陕 2A 不育细胞质）异核不育系的研究表明，核基因不同，温度对其育性影响的程度和时间不同。微粉的发生决定于细胞核，微粉的多少取决于温敏基因的敏感程度。转育低代的不育系的育性较彻底，随回交代数的增加，测交一代能保持不育性的许多组合出现微粉，其原因可能是温度敏感基因逐步积累和保持系细胞核导入。

5. 细胞核背景对 DNA 转录的影响

线粒体基因组只有部分能转录表达，但转录和翻译情况比较复杂，在任一阶段都可能导致 CMS。已发现雄性不育与基因的调控水平有关，而且雄性不育基因的表达有组织特异性。核背景对雄性不育性的影响也体现在对不育相关基因乃至整个线粒体基因组的转录调控上。

裴雁曦等（2004）从茎瘤芥细胞质雄性不育系线粒体 cDNA 中扩增获得了 CMS 相关 *T* 基因的 2 个不同转录本，分别命名为 *T1170* 和 *T1243*。序列分析表明，*T1243* 是一个保留了内含子的转录本，该内含子具备 II 型内含子基本特征。裴雁曦等认为这 2 个转录本是 *T* 基因选择性剪接的产物。RT-PCR 分析表明，在苗期，*T* 基因转录水平的表达以 *T1170* 转录本为主；随着发育时期变化，该转录本表达逐渐减少，而另一个转录本 *T1243* 表达丰度增加；到盛花期，该基因的表达以 *T1243* 为主。Northern 杂交验证了这一结果。推断茎瘤芥细胞质雄性不育性和 T 基因转录后选择性剪接有关。邓晓辉等（2006）运用半定量 RT-PCR 在不同器官中对 *ORF224* 基因的表达水平进行分析，结果表明：不育系花期叶片中该基因的表达量比长度小于 0.5 mm 蕾和雄蕊中的明显偏低，在后 2 个器官中 *ORF224* 的表达量无明显差异，该结果显示 *ORF224* 基因表达上调与孢原细胞分化受阻相关。

核基因影响线粒体特定功能基因表达的实例很多。如玉米核基因 *Mct* 对线粒体基因 *cox II* 的启动子选择具有调控作用，显性 *Mct* 基因使 *cox II* 基因产生一个约 1 900 bp 的转录物，而隐性 *Mct* 则导致一个截短的转录物的产生（Newton，1995）。

易平等（2004）以国内外公认的新的水稻不育类型——红莲（HL）型细胞质雄性不育系 A、保持系 B 以及不育系与两种不同恢复系杂交得到的两种杂交一代（F_1 和 SF_1）为材料，利用一种适用于线粒体基因表达分析的差异展示方法，研究不同核背景下线粒体基因表达的变化情况。在 4 个材料间揭示出差异的引物有 9 个，这 9 个引物中有 3 个扩增出的差异条带为不育系 A 和 F_1 杂种所特有，5 个引物扩增出杂种 SF_1 特有的差异带，只有一个引物扩增的差异带是 F_1 所特有的。研究结果表明，核背景的改变对线粒体基因表达具有广泛和普遍性的影响。在两个杂种中出现的新带有可能是核基因改变了线粒体基因转录起始位点、转录物的加工位点或编辑位点的结果，也可能是核背景的变化引起的线粒体基因特异表达的结果。

6. 核质互作对花器官发育的影响

植物花由 4 种花器官组成，呈同心圆排列，形态学把这些器官所在的区域称为轮。正常的花具有 4 个轮，由外向里依次是：轮 1 为萼片，轮 2 为花瓣，轮 3 为雄蕊，轮 4 为心皮。在对模式植物拟南芥和金鱼草中影响花器官发育的同源异型基因进行遗传和分子分析的基础上，提出了花器官特征决定的 ABC 模式（Coenand E.S.，1991；Weigel D.，1994），认为有 A、B、C 三类基因参与了 4 种花器官特征的决定。如拟南芥 A 组基因包括 *APETALA1*（*AP1*）和 *APETALA2*（*AP2*），B 组基因包括 *APETALA3*（*AP3*）和 *PISTILLATA*（*PI*），C 组基因包括 *AGAMOUS*（*AG*）和 *PLENA*，B 组基因和 C 组基因共同作用形成雄蕊。近年来又发现了 E 组基因，包括 *SEP1*、*SEP2* 和 *SEP3*，为所有 ABC 族基因的上游转录因子，在花发育的所有时期均表达并调控 A、B、C 各组基因的表达。B、C、E 组基因均属于 MADS 盒家族转录因子，可特异结合在目的基因的 *CArG* 框上，形成二聚体或杂二聚体。酵母双杂交试验表明，B 组 *PI/AP3* 基因的表达的蛋白并不直接与 C 组基因作用，而是通过 E 组基因 *SEP3* 的媒介与 DNA 形成复合体，从而实现 B 组和 C 组基因的组合功能形成雄蕊（Honma T.，2001）。B 组和 C 组基因以及 *SEP* 基因在雄蕊发育的过程中持续表达，因此它们在雄蕊发育中直接负责激活很多雄蕊发育相关的基因的表达。

　　植物雄性不育性状发生时往往伴随着花器官形态的异常，这与花器官形态的改变，以及 A、B 和 C 类基因表达密切相关，这类基因表达水平的改变对应轮数花器官的（叶片、花瓣、雄蕊和雌蕊）转变，在细胞质不育材料中，花粉败育以后出现了大量异常发育的雄蕊，如线粒体突变和细胞质不育的烟草、细胞质不育的胡萝卜、细胞质不育的小麦及细胞质不育的叶用芥菜等。许多研究已经证明了 B 类和 C 类基因表达水平上的降低是出现花瓣状、丝状、心皮状及羽状退化雄蕊的原因。同时这些基因的表达有明显的时空特征，如对向日葵的研究表明，按照 Schneiter A.A.（1981）对花发育阶段的分类标准，*HapI*、*HaAG* 和 *HaAP3* 基因在 R1 至 R4 阶段其表达逐渐增加，主要在 R3、R4 时期表达，在到达 R5 阶段后表达量又急剧下降。在不育和可育的花序中，这 3 个基因的表达量有很大差异：*HaAG* 在可育花中大量积累，在不育花中表达量很低；*HapI*、*HaAP3* 则在不育花中有高丰度的表达。在胞质不育材料中，花器官的发育受系列和同源异型基因及 ABC 模型的调控，而 A、B 和 C 类基因表达水平会在核质互作系统中发生改变，在细胞质雄性不育系统中，细胞质对此类核编码的 MADS-box 型转录因子基因表达有重要的影响。运用核置换的方法创建新的雄性不育系，会产生新的核质互作关系，必然会对花器官的发育带来不同类型和程度的影响。

三、雄性不育系及其保持系选育标准

　　因为雄性不育及其保持系是同核异质的两个系，因此其选育标准集中体现在不育系上。

（一）不育系的不育性要稳定

一个优良不育系的不育度和不育株率均要达到100%，不育性稳定，不易受环境条件的影响，特别是不易随温度的变化而变化，也不因多代的自交繁育而恢复自交结实。另外，不因比较恶劣的气象条件而产生败育。

（二）具有利于异花授粉的开花习性和花器结构

开花正常，花时要早，与父本相吻合；花颖开张角度大，开颖时间长，柱头发达，外露率高；穗不包颈或包颈极轻，从而达到异交结实率高的目的。

（三）具有良好的可恢复性

不育系对普通恢复系来说，要具有良好的可恢复性，恢复品种多，接受恢复系花粉能力强，杂交结实率高，而且稳定。

（四）农艺性状优良，配合力强

不育系株高适中，株型紧凑，叶片窄厚挺举，剑叶短小，分蘖能力强，穗大粒多。一般配合力和特殊配合力要强，容易组配出强优势的杂交种。

优良的雄性不育保持系应具有稳定和较强的保持不育系不育性的能力，农艺性状整齐一致，无分离现象，丰产性好，花药发达，花粉量多，有利于种子繁育和高产。

四、雄性不育系及其保持系的选育

在水稻雄性不育系选育过程中，不论是自然产生的还是杂交产生的雄性不育株，由于连续回交，不育系与其保持系除育性不同外，其他性状几乎没有多大差别。因为是同核异质，其外部形态极为相似，主要区别在于：雄性不育系在抽穗后雄性器官发育不正常，表现为花药瘦小，形状异常花粉粒干瘪，没有授粉能力；而保持系在花药形态色泽、开裂状态表现正常，花粉形态、花粉粒形态饱满，其淀粉粒内所含淀粉、染色均正常。

（一）利用天然雄性不育植株选育不育系

水稻天然雄性不育植株的产生有两种类型：一种是细胞核基因控制的雄性不育性，难以找到保持系；另一种由自然杂交产生的雄性不育植株，其不育性大多由不育细胞质和细胞核基因共同控制，属于质核互作型，较易实现三系配套。因此，利用质核互作型的天然不育植株选育不育系已成为水稻雄性不育系选育的重要技术之一。

我国水稻生产上广泛应用的野败型不育系，就是利用中国普通野生稻中发生天然杂交而产生的雄性不育株，以它为母本与栽培稻杂交，如野败 A6044 与二九南 1 号的杂交，逐代选择倾向父本的不育株，将其作母本与二九南 1 号连续回交 4 代，最终育成二九南 1 号 A 不育系及保持系二九南 1 号 B。

（二）利用杂交法选育雄性不育系

1. 远缘杂交法

远缘杂交法是将两个遗传差异极大的亲本通过杂交和回交，使父本的细胞核基因逐步取代母本的核基因，使其具有母本的细胞质和父本的细胞核。如果母本具有雄性不育细胞质基因，父本又具有相应的细胞核雄性不育基因，二者的互作就能产生雄性不育性。

武汉大学育成的红莲型莲塘早不育系，就是利用红芒普通野生稻作母本与莲塘早栽培稻杂交并连续几次回交育成的。因莲塘早不育系的茎秆较高，生产上难以直接利用，广东省佛山市农业科学研究所和广东省农业科学院水稻研究所从红莲型不育系分别转育成矮秆的青田矮 A、丛广 41A、粤泰 A 等同质不育系。

利用野生稻与栽培稻杂交选育不育系时，要注意野生稻极易落粒的问题，杂交后要及时套袋，直至成熟。野生稻属典型的短日照水稻，在高纬度稻区种植野生稻及其低世代杂种后代均应采取短日照处理，才能正常抽穗结实。野生稻及其低世代杂种的种子还有较长的休眠期，播种前要去壳浸种和适温催芽，以提高发芽率。

2. 籼粳杂交法

籼粳是水稻的两个亚种，亲缘关系较远，但只要组合选配适合，是可以育成雄性不育系的。1966 年，日本新城长友用印度籼稻品种 Chinsurah Boro II 与粳稻品种台中 65 杂交和回交，育成稳定的雄性不育系，即包台（BT）型雄性不育系台中 65A 和保持系台中 65B。在 B_1F_1 至 BF_1 世代群体里，选择雄性部分不育植株，与台中 65 进行回交，然后自交一次，选择其中雄性完全可育株，即成 BT-1 系，以消除籼粳直接杂交造成的生理性不育。再以 BT-1 系为母本与台中 65 杂交，在 F_2 代群体中分离出完全可育的 BT-A 系，部分雄性不育的称 BT-B 系。然后用 BT-B 系作母本与台中 65 杂交，从 F_1 中分离出完全雄性不育株系，即成为 BT-C 系。再以台中 65 作母本与 BT-1 系杂交，在 F_2 中随机取出 11 株，分别与 BFC 不育系杂交。在 F_1 中，3 株表现部分雄性不育，其父本称 TB-X 系；6 株分离成部分雄性不育和完全雄性不育 1：1 的比例，其父本称 TB-Y 系；2 株表现完全不育，其父本称 TB-Z 系。因此，BT 型中的 BT-C 为雄性不育系，TB-Z、台中 65 为保持系，BT-A、BT-X

为恢复系，实现了三系配套。由于 BT-A 与 BT-C 的细胞核遗传背景组成相似，其杂种一代虽可恢复，但没有表现出杂种优势。

（三）利用保持系材料转育不育系

利用现有的不育系和保持材料为基础进行转育，也是选育水稻新雄性不育系的有效途径。转育分两步进行：第一步是广泛测交筛选具有较强保持力的品种或材料；第二步是择优回交。在测交 F_1 中，从不育度和不育株率较高的组合中选择优良的不育单株，与原测交父本进行单株成对回交。在回交进代的各世代中，选择不育性稳定、异交结实率高的株系，继续回交。从单株成对回交的群体，直到不育系选育定型为止，需要 1 000 株以上的群体进行育性鉴定。

1972 年，日本包台（BT）型雄性不育系引入中国后，辽宁省农业科学院以此为不育系，与具有保持力的日本粳稻品种黎明杂交进行回交转育，最终育成雄性不育系黎明 A 及其保持系黎明 B。

五、恢复系选育标准及恢复基因来源

（一）恢复系选育标准

一个优良的水稻恢复系必须具有以下优良性状：

（1）恢复能力强，而且恢复性稳定与雄性不育系杂交组配的杂交种（F_1）结实率不低于 85%。

（2）配合力高。恢复系要具有较高的一般配合力，而且与某些雄性不育系配组，具有较高的特殊配合力。

（3）恢复系株高要略高于雄性不育系，花药发达，花粉量多。研究表明，粳稻恢复系的产粉量与花药长度呈极显著正相关，与花药宽度也呈正相关但未达到显著水平，与花药的体积也呈极显著正相关，说明花药的长度、宽度和体积越大，粳稻恢复系的产粉量就越多。因此，在粳稻恢复系选育中，应筛选长度长、宽度宽、体积大的花药，以增加制种田的花粉量，提高粳稻制种的产种量。

（4）恢复系开花习性良好。花期长，花期与雄性不育系同步或稍晚；花时也要与不育系同时或略迟。

（5）恢复系要具有较优的农艺性状、品质性状、抗性性状，以使配制的杂交种（F_1）有可能具有较优的综合性状。

（二）恢复基因来源

籼稻和粳稻处在不同的进化阶段，其细胞核里存留的恢复基因数量是不同的。一般来说，籼稻基因型里的育性恢复基因多一些，而粳稻基因型里的恢复基因要少一些。通过对恢复系测交检验其恢、保关系的研究表明，对雄性不育系具有恢复能力的品种有相当规律的地理分布。

湖南省对不同地理来源的 731 个水稻品种进行测交鉴定，结果表明，来源于低纬度地区的品种中具有恢复性的品种较多。例如，我国华南、西南地区有 75 个品种，占测定品种总数的 35.5%；我国长江流域具有恢复力的水稻品种较少，仅有 7.6%；我国北方，以及日本、韩国等国的粳稻具有恢复基因的品种较少。

应存山等采用 5 个雄性不育系，即野败型细胞质不育系珍汕 97A 和 V20A、矮败型细胞质不育系协青早 A、Disi 细胞质不育系 D-汕 A、印尼水田谷细胞质不育系 Ⅱ-32A 作测交母本，对 510 份外国引进的水稻品种进行鉴定筛选。结果是来自东南亚的品种得到的恢复系最多，占测交鉴定总数的 20.1%，占已鉴定出的恢复系总数的 66.7%。其中，国际水稻研究所育成的 IR 系列品种和品系，我国台湾地区以及韩国的籼稻或籼粳杂交品种中具有恢复基因的品种较多。

20 世纪 70 年代初期，我国先后从国际水稻研究所引进该所选育的 IR 系列水稻品种和品系。在这些品种（系）中，有的经鉴定表现优良直接应用于生产，有的作为亲本系在水稻育种上利用，尤其作为恢复基因的来源，通过测交进行鉴定筛选，获得了含有恢复基因的强恢复系泰引 1 号、IR24、IR661，并被依次定名为恢复系 1 号、恢复系 2 号和恢复系 3 号。之后，又测交获得了强优恢复系 IR26，定名为恢复系 6 号。

林世成等（1991）对 IR24、IR26、IR66 等品种的系谱进行了分析，结果显示这些品种的原始亲本组成很丰富，其中，含有中国老水稻品种 *Cina* 和印度尼西亚品种 *Peta*，均带有恢复基因。由于 *Peta* 对野败雄性不育系具有较强的恢复能力，因此，含有 *Peta* 亲缘的 IR24、IR26 等品种作亲本选育出的恢复系及其衍生恢复系数目较多。

杂交稻育成并在生产上推广应用至今，从总体上看以野败型雄性不育系珍汕 97A、V20A 组配的杂交种最多，种植面积最大，而野败型恢复系的恢复基因主要来自以 IR8 为代表的国际稻品种及其衍生系统。IR8 性状优良、配合力高，但其恢复度低一些，而它的衍生系统的恢复力增强，IR24、IR26、IR66、IR28、IR30 和 IR36 等品种作为恢复基因来源，已育成一批各种恢复系。

六、雄性不育恢复系选育方法

（一）测交选育法

测交选育法简便、易行、收效快，是筛选恢复系的基本方法。目前，生产上应用的野败型、矮败型、红莲型等雄性不育恢复系，都是通过测交法育成的。测交选育程序如下：

1. 初测

选择洲基因型（水稻品种或品系等）分别与测验的雄性不育系成对杂交，形成测交种，每对测交的种子应有 40 粒以上，种成 F_1 要有 15～20 株，以调查杂种群体的结实率、农艺性状、产量、抗病性、配合力等。如果 F_1 花药开裂正常，有活力花粉在 80% 以上（孢子体型）或 50% 以上（配子体型），结实正常，表明被测的父本具有恢复力，应选留下来。

2. 复测

经初测入选的基因型，再与原雄性不育系杂交进行复测。复测杂种一代（F_1）的植株群体应在 100 株以上。如果结实表现正常，则确认是经测交筛选出的一个恢复系。同时，要进行小区测交，考察农艺性状和抗病性等，对那些杂种优势表现不明显、抗性差的要淘汰掉。

在测交筛选野败型不育系的恢复系时，要考虑两个问题。第一，恢复材料与不育系原始亲本的亲缘关系。野败型测交筛选恢复系的许多结果表明，凡是与野生稻亲缘较近的晚籼稻，较多品种都带有恢复基因。若粳稻与野生稻亲缘较远，很难筛选到对野败具有恢复力的恢复系。第二，恢复源材料的地理分布。通常来源于低纬度、低海拔的籼稻具有恢复力的品种较多，而高纬度、高海拔地域的品种极少具有恢复性。

（二）杂交选育法

测交选择法筛选的恢复系获得的优良恢复系有限，很难满足选配强优势优良水稻杂交种的需要，因此，采用杂交选育法能够创制出新的优良恢复系。在杂交选育恢复系时，可以采用单杂交或复合杂交选育法。

1. 恢复系与恢复系杂交

通过杂交，将两个品种的优良性状和恢复基因结合到一起，育成新的恢复系，这是目前选育恢复系的主要方法。采用两个恢复系杂交较易获得成功。由于双亲均带有恢复基因，在杂交后代中产生具有恢复性植株的概率较高，早代可以不测交，待其他性状稳定后再与不育系测交。谢华安（1980）用 IR30 与圭 630 杂交行几次单株成对测交，育成了恢复性强、米质优、抗稻瘟病的恢复系明恢 63，成为我国广泛应用的水稻恢复系。

李丁民等（1980）用 IR36 与 R24 两个恢复系杂交，育成恢复力强、抗性强、植株

繁茂的恢复系桂 33 与珍汕 97A 组配的籼优桂 33 杂交种，1987—1991 年累计种植面积
334 万 hm²。

2. 保持系与恢复系杂交

保持系与不育系是同核异质系，因此可以采用不育系与恢复系杂交，育成同质恢交，并连
续回交，在后代里选择育性良好的单株。利用保持系与恢复系杂交，从其稳定 IR28 杂交，从
杂种后代中选到籼糯型株系，与败育型不育系珍汕 97A 多次连续复测，育成了强恢复力的糯
稻恢复系台 8-5，在生产上得到了应用。

新疆农垦总局水稻杂优组（1976）用北京粳稻 3373 与 IR24 杂交，从杂种后代中先
选择具有倾向粳稻性状的早熟植株，到第 5 代开始用野败型粳稻不育系杜 129A 与其成对测
交，经过 6 次连续复测，最终育成了粳 67、粳 189、粳 611 等恢复系。安徽省农业科学院
从 C57/ 城堡 1 号杂交的后代中，选育得到 C 堡恢复系。

3. 复合杂交

复合杂交能将 3 个或 3 个以上亲本的优良性状、抗性及恢复基因等结合到后代个体上，
育成强优恢复系。例如，湖南杂交水稻研究中心（1981）先用 IR26 与窄叶青 8 号杂交，接
着从 F₂ 中选择一个优良单株作母本与早恢 1 号复交，然后，从复交二代开始用 V20A 进行 2
次测交选择，最终育成了早熟、抗病、恢复力强的二六窄早恢复系。

辽宁省农业科学院水稻研究所从 1972 年开始，以 IR8 与科情 3 号杂交，F₁ 再与京引
35 复交，经 4 代自交和选择，于 1975 年育成了粳稻 C 系列恢复系，其中，C57 表现恢复
性好，性状优良，与黎明 A 不育系组配的杂交种黎优 57 具有明显的杂种优势，使我国粳稻杂
种优势利用最先获得突破，并在北方粳稻区大面积推广种植。

籼粳杂交是选育恢复系的有效途径之一，按照选育目标和复合杂交的方式不同，可以向偏
粳或者偏籼方向选育，育成粳型或籼型恢复系。

（三）诱变选育法

利用诱变方法改良原有恢复系的一两个重要缺点性状，育成新的恢复系，是十分有效的。
例如，浙江省温州市农业科学研究所（1981）1977 年利用 IR36 恢复系干种子，经 Co γ-
射线处理，剂量为 3 kR，诱变后代经选择、测交和测交鉴定，于 1981 年育成比 IR36 恢复
系早熟 10 d 左右的新恢复系 IR36 辐。湖南杂交水稻研究中心（1986）将二六窄早恢复系
经辐射处理后，从后代中获得若干早熟突变株，经成对测交选择，最终选育成华联 2 号、华
联 5 号、华联 8 号等新恢复系，并组配成水稻杂交种在生产上推广应用。

第二节 普通核不育基因的研究现状

一、隐性核不育基因研究现状

利用植物的杂种优势可以显著提高作物产量和品质。杂种优势育种已经成为多种农作物的主要育种方法之一，并被广泛应用到商业育种中。利用杂种优势进行杂种生产的主要方法有雄性不育制种、人工去雄制种、理化因素杀雄制种、标记性状制种、自交不亲和制种和雌性系制种。要使制种达到商业化水平，雄性不育的稳定性是必需的。雄性不育制种是利用植物雄性不育性克服人工去雄困难，且充分利用植物杂种优势的有效途径。

雄性不育现象在自然界普遍存在，理化诱导和生物技术均能产生雄性不育（张爱民，2000；徐芳，2006；王玉锋，2011）。分类学上把雄性不育分为3种类型：由细胞核基因控制的核雄性不育，由细胞质基因控制的质雄性不育，由细胞核和细胞质基因共同控制的核质互作型雄性不育（肖国樱，2000）。普通核不育又称隐性核不育，是由一对隐性基因控制的花粉育性，其败育彻底，遗传简单，是理想的杂种优势利用材料，在自然界中广泛存在，在多种作物中均发现普通核不育突变体。Nagi（1926）首次获得自然突变的核雄性不育水稻。通过用乙烯亚胺处理3个水稻品种，在M_2代得到8个雄性不育突变体，利用这8个突变体与各自原来的品种进行杂交后，F_1可正常结实，自交后育性分离，可育与不育之比为3∶1，证明雄性不育由一对隐性基因控制（Ko and Yamagata，1980）。周宽基（1986）在小麦品种间组合87（212）的F_1代杂种后代中发现一雄性不育材料，后经广泛的测交、杂交和回交，和后代育性分离比例调查及系谱分析，初步确定该雄性不育属单隐性核基因突变，具有普通小麦细胞质，不育性遗传稳定、彻底，不受环境变化的影响。张正丽（2013）开发出油菜中隐性核不育基因BnMs1和BnMs2分子标记，将高油酸低亚麻酸分子标记相结合，从3 078个单株的BC2F1群体筛选出10株携带有高油酸低亚麻酸位点的不育株，在花期进行育性调查，发现基因型和表现型一致。拟南芥、玉米和水稻等作物中均陆续有普通核不育基因的发现和克隆。拟南芥中的SPL/NZZ、AMS、MS1、MS2、NEF1、GPA1等基因已经完成了克隆，另外据不完全统计，拟南芥中已经发现24个不育基因。玉米种的MS45基因位于第九号染色体上，长约1.4 kb，突变体MS45/MS45植株表现为雄性不育型，所产生的花粉无活性，而将Ms45基因重新导入MS45/MS45纯合体，其育性得到恢复（Cigan，2001）。目前，在拟南芥、玉米和番茄等材料中克隆的大量的隐性核雄性不育基因，其功能涉及孢母细胞减数分裂、绒毡层分化和降解、花粉和花粉囊壁发育等不同方面（表3-1）。例如，拟南芥

EMS1 基因编码富含亮氨酸的受体蛋白激酶，调控小孢子的早期发育，*EMS1* 突变体产生过量的雌雄孢母细胞，其绒毡层和中间层发育紊乱，导致花粉彻底败育。*EMS1* 基因在水稻中的同源基因 *MSP1* 突变同样能导致水稻核雄性不育（Zhao D.Z.，2002）。拟南芥 *AMS* 基因编码 bHLH 类转录因子，在绒毡层和减数分裂后期起主要作用，*AMS* 突变体绒毡层发育不正常，小孢子提前降解，导致拟南芥核雄性不育（Sorensen A.M.，2003）。*AMS* 基因在水稻中的同源基因 *TDR* 调控绒毡层的降解过程，它的突变能导致水稻雄性完全不育。

表 3-1　拟南芥、玉米和番茄等材料中已克隆的隐性核雄性不育基因

核不育基因	物种	对应育性基因编码蛋白	对应育性基因功能	水稻同源基因
MS26	玉米	细胞色素 P50 家族	绒毡层和小孢子发育	*Os03g07250*
MS45	玉米	异胡豆苷核酶	花粉细胞壁合成	*Os03g15710*
MS22	玉米	谷氧还蛋白	小孢子减数分裂	*Os07g05630*
Toma108	番茄	谷物种子储藏蛋白	小孢子减数分裂	*Os01g74110*
Cals5	拟南芥	胼胝质核酶	花粉细胞壁合成	*Os06g08380*
Gls10	拟南芥	葡聚糖核酶	小孢子有丝分裂	*Os06g02260*
Mia	拟南芥	P5ATP 酶	花粉和花粉囊壁分泌蛋白	*Os05g33390*
Dadl	拟南芥	叶绿体磷脂酶 A1	花粉成熟和花粉囊开裂	*Os11g04940*
Aos	拟南芥	丙二烯氧化物合成酶	花粉囊开裂和花丝伸长	*Os03g55800*
Mmdl	拟南芥	PHD-finger 转录因子	小孢子减数分裂	*Os03g50780*
MS5	拟南芥	四连重复多肽	小孢子减数分裂	*Os05g43040*
atmyb103	拟南芥	R2R3MYB 转录因子	绒毡层发育和胼胝质降解	*Os04g39470*
serk2	拟南芥	LRR 类受体激酶	小孢子减数分裂	*Os08g07760*
rpk2	拟南芥	LRR 类受体激酶	花粉成熟和花粉囊开裂	*Os07g41140*
syn1	拟南芥	裂殖酵母 RAD21 蛋白	染色质浓缩和染色单体联会	*Os05g50410*
tdf1	拟南芥	R2R3MYB 转录因子	胼胝质降解	*Os03g18480*
flp1	拟南芥	脂质转运蛋白	蜡质合成和孢粉素形成	*Os09g25850*
atgpat1	拟南芥	甘油-3-磷酸酰基转移酶	绒毡层和内质网发育	*Os01g44069*

二、水稻隐性核不育基因研究现状

根据半薄切片技术的系统观察，从雄蕊原基分化到成熟花粉粒形成并释放，水稻花粉发育过程可划分为 8 个时期（冯九焕，2001）。各个阶段任何一个相关功能基因的异常，都可能导致难以形成有活力的花粉，造成雄性不育。目前已经克隆了多个水稻隐性核不育的功能

基因。

绒毡层位于花药药壁的最内层，包围着花粉母细胞或小孢子，其功能在花粉发育和形成过程中，转运营养物质，满足小孢子发生的需求；合成胼胝质酶，分解胼胝质壁；提供构成花粉外壁的孢粉素；产生外壁蛋白；运输成熟花粉粒外被的脂类和胡萝卜素；解体后的降解产物为花粉、蛋白质和淀粉合成提供原料。绒毡层的缺失、细胞膨大、提前解体、延迟退化或不解体等异常行为将会导致花粉败育。花粉发育中，绒毡层适时分泌胼胝质酶对花粉正常发育非常关键。凡影响到水稻小孢子发育的基因发生变异，花粉发育不完全而丧失活性的基因均属于水稻普通核不育基因的范畴。根据不育基因的功能和调控时期的差异，可将水稻隐性核雄性不育基因分为 3 类：小孢子母细胞发育时期不育基因，绒毡层发育时期不育基因，花粉囊和花粉外壁发育时期不育基因。

（一）小孢子母细胞发育相关的普通核不育基因

小孢子母细胞发育过程有许多基因进行调控，其中 *MSP1*（Multiple Sporocyte）就是调控小孢子细胞早期发育的育性基因。*MSP1* 是水稻中克隆的第一个调控早期小孢子细胞发育的育性基因，编码富含亮氨酸的受体蛋白激酶。*MSP1* 基因突变后，所指导编码的受体蛋白激酶合成降低，*MSP1* 突变体产生过量的雌雄孢子母细胞，花粉囊壁和绒毡层发育紊乱，小孢子母细胞发育停留在减数分裂 I 期，而大孢子母细胞的发育不受影响，最终导致花粉彻底败育，而雌性器官发育正常（Nonomura K.I.，2003）。

（二）绒毡层发育相关普通核不育基因

水稻花粉囊壁由外向内依次由表皮层、内皮层、中层和绒毡层组成。绒毡层和花粉母细胞直接接触，为小孢子发育提供营养物质，同时参与花粉细胞壁的形成。绒毡层的分化和适时降解能促进花粉细胞壁的产生和花粉粒的成熟，其降解过程是一种细胞程序化死亡过程（Programmed Cell Death，PCD），在花粉发育中起着重要作用（Wu H.M.，2000；Papini A.，1999）。该过程中相关基因的突变将会导致水稻雄性不育，其中包括编码 bHLH 类转录因子的 *TDR*（Tapetum Degeneration Retardation）基因和 *UDT1*（Undeveloped Tapetum 1）基因。*TDR* 基因编码的蛋白结合到程序性死亡基因 *OsCP1* 和 *OsC6* 的启动子区，正向调控绒毡层细胞的 PCD 过程，而 *tdr* 突变基因导致绒毡层和中层的 PCD 过程延迟，小孢子释放后被迅速降解，从而导致雄性完全不育（Li N.，2006）。而 *UDT1* 调控绒毡层早期基因表达和花粉母细胞减数分裂。*udt1* 突变体绒毡层在减数分裂期的发育变得空泡化，中层不能及时降解，因而性母细胞不能发育成花粉，最终导致花粉完全败育（Jung，2005）。*Gamyb4* 基因编码受赤霉素诱导的 MYB 转录因子，正向调控赤霉素信号途径，影响糊粉层和花粉囊发育过程中淀粉酶的表达，同时也调控绒毡层降解的 PCD 过程和花粉发育过程，是水稻花粉发育早期所必需的。*API5*（Apoptosis Inhibitor 5）基因编码动物抗凋亡蛋白 5 的同源蛋白，正向调控绒毡层的 PCD 过程。*api5* 突变体由于抑制了 PCD 过程，延迟了绒毡层的降解，导致雄配子发育受阻以及花粉败育（Li，2011）。*TDR* 下调 *GAMYB* 和 *UDT1* 基因表达，*GAMYB* 和 *UDT1* 基因通过不同的途径调控水稻早期花粉囊的发育（Liu，2010）。

Li 等（2011）克隆了 *PTC1*（Persistent Tapetal Cell 1）基因。该基因编码 PHD-finger 转录因子，调控绒毡层的发育和花粉粒的形成。在花粉发育的第 8～9 时期，*PTC1* 主要在绒毡层细胞和小孢子中表达。*PTC1* 突变体绒毡层降解延迟，呈炭疽状坏死，同时花粉壁和花粉发育异常，导致典型的花粉败育现象。

（三）花粉囊壁蜡质形成相关的普通核不育基因

水稻花粉囊壁最外层由一层蜡状的角质层组成，角质层在保护水稻花粉囊发育过程中起着非常重要的作用，如抵御各种逆境胁迫，防止病菌感染和水分散失等。最近，已有影响蜡质形成的水稻核不育基因的报道。例如，*wda1*（Wax Deficient Anther1）基因参与长链脂肪酸合成途径，调控脂质合成和花粉壁的发育，主要在花粉囊的表皮细胞中表达。*wda1* 突变体花粉囊角质层蜡质晶体缺失，小孢子发育严重延迟，最终导致雄性不育（Jung K. H.，2006）。*CYP704B2* 属于细胞色素 P450 基因家族，在脂肪酸的羟基化途径中起重要作用，它主要在绒毡层细胞和小孢子发育的第 8～9 时期表达。*CYP704B2* 突变体绒毡层发育缺陷，花粉囊和花粉外壁发育受阻，导致花粉败育（Li H.，2010）。*DPW*（Defective Pollen Wall）基因编码一个核心的脂肪酸还原酶，主要在绒毡层和小孢子处表达，*dpw* 突变体花粉囊蜡质单体显著减少，花粉粒皱缩退化，导致花粉败育（Shi J.，2011）。*MADS3* 是一个与花发育相关的同源异形 C 类转录因子，主要在花粉囊发育晚期的绒毡层和小孢子处表达，调控花粉囊晚期发育和花粉的形成。*Mads3-4* 突变体花粉囊细胞壁发育缺陷，小孢子发育不正常，花粉囊中活性氧的动态平衡紊乱，导致雄性完全不育（Hu L.，2011）。

第三节　普通核不育中间材料的创制

一、普通核不育突变体的利用策略

普通核不育被认为是理想的杂种优势利用工具，但由于繁殖问题尚不能很好地解决。目前推广使用的水稻为质－核互作不育材料和光－温敏核不育材料。前者由于种质资源有限、转育周期长，后者受环境温度和光周期等条件的影响，使得杂种优势的潜力得不到更大的发挥。自1966年袁隆平报道不育水稻后，相继发现了许多不育材料。其中，普通核不育材料的特点是不育性败育彻底，遗传简单，在水稻、小麦、玉米等农作物杂种优势利用上具有诸多突出优点：不育性多由一对隐性核基因控制，不受遗传背景的影响，理论上任意品系都可转育为不育系；花粉败育彻底，不育性稳定，不易受环境条件影响；任何正常可育品系都可恢复其育性而成为其恢复系；不育性稳定、杂交制种安全，易于配制高产、优质、多抗组合。其缺点是无法实现不育系种子的批量繁殖。针对这一问题，科学家们一直在研究利用分子设计方法解决不育系繁殖的难题，也先后提出了一些解决方案。目前利用基因工程解决普通核不育的繁殖主要有以下3种策略：筛选标记基因与育性基因连锁策略，育性基因条件表达策略，质体转化策略。

（一）筛选标记基因与育性基因连锁策略——SPT技术

1993年6月11日，PLANT GENETIC SYSTEM 公司（Albertsen M.C.，2006）提出了一项PCT专利申请，该专利提出了一种技术思想：在纯合的雄性不育植株中转入连锁的育性恢复基因、花粉失活（败育）基因以及用于筛选的标记基因，可以获得该雄性不育植株的保持系，保持系通过自交就可以实现不育系和保持系的繁殖。2002年，Perez-Prat等（2002）提出，除了利用上述3套元件的思想可以实现不育系创制和繁殖以外，还可以通过在纯合的雄性不育植株中转入连锁的育性恢复基因和用于筛选的标记基因两套元件，由此也可以获得该雄性不育植株的保持系，并进一步繁殖不育系。这些报道提出了利用分子生物学技术手段解决隐性核雄性不育基因及不育材料的繁殖问题，为开展分子设计杂交育种提供了新的思想。

其基本原理：将花粉育性恢复基因、花粉失活（败育）基因和标记筛选基因作为紧密连锁的元件导入隐性核雄性不育突变体中，其转基因后代育性得到恢复，获得核雄性不育突变体的保持材料。保持系在自交时可以产生两种花粉，一种同时含有转基因元件和突变基因，另一种含有突变基因但不含转基因元件，这两种花粉的比例为1∶1。由于转基因元件上带有花粉败育基因，故该花粉不能正常发育、受精，只有不含转基因元件的花粉可以正常发育、受精，进而结实。因此，保持系结出的种子有可以恢复花粉育性的转基因种子和保持花粉不育特性的非转基因种子，通过标记筛选如荧光分选等技术将这两种类型的种子进行区分，其中带有转基因元件的种子可育，作为保持系用于不育系的繁殖，而不带转基因元件的种子为不育系，用于杂交制种。2006 年，美国杜邦先锋公司在上述技术思想的基础上，率先在玉米中实现了基于核不育突变材料的种子生产技术（Albani D.，2001），命名为 SPT（Seed Production Technology）技术，并于 2011 年 6 月被美国 USDA 解除转基因管制审批。

利用基因工程手段是将水稻花粉育性恢复基因、花粉致死基因、筛选标记基因紧密连锁，并导入核不育突变体，从而得到相应的保持系，有效解决了隐性核雄性不育系的繁殖难题。花粉育性恢复基因、花粉致死基因、筛选标记基因 3 个基因的组装和转化流程如图 3-1 所示。该系统自交产生两种花粉，其中可育花粉和花粉致死基因的紧密连锁可以防止转基因花粉漂移。转基因株系自交产生不育和可育两种类型的种子，分别充当不育系和保持系。通过荧光色选技术，可以将带颜色的保持系种子筛选出来，用于繁殖后代，而分离的不育系种子不含转基因成分，用于作物杂交育种和杂交制种。

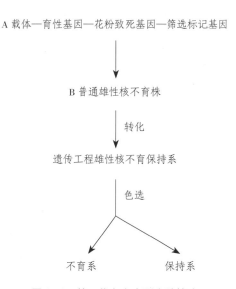

图 3-1　第三代杂交水稻育种策略

2010 年，在中国科技部"国家高技术研究发展计划"的支持下，该技术首次在水稻中得到了证实和应用，被称为"智能不育系杂交育种技术"（邓兴旺，2016）或"第三代杂交水稻技术"（袁隆平，2010）。该技术利用可以稳定遗传的隐性雄性核不育材料，并通过转入育性恢复基因用于恢复花粉育性，而转入的花粉败育基因使含转基因元件的花粉败育，借助荧光分选技术可以快速分离不育系和保持系两种类型的种子。

第三代杂交水稻技术是传统育种方法与现代生物技术的成功结合，将提高水稻雄性隐性核不育基因的利用率。该技术中的智能不育源可将优良常规稻、三系以及两系的不育系（或父本）快速改造成智能不育系。智能不育系配组自由，杂交制种安全。第三代杂交水稻技术和常规转基因育种、常规杂交育种相比，其突破在于以下几点：智能不育系不育性稳定，遗传背景和环境因素对其影响较小，克服了三系不育系因高温诱导花粉可育以及两系核不育系因低温诱导可育的育性不稳定而造成的安全风险；该不育系不育性状遗传行为简单，且不受遗传背景影响，便于开展优良性状的聚合育种，从而快速选育出优质、高产、多抗且适于各种生态条件的杂交组合，扩大杂交水稻的适应区域；育性恢复基因与花粉败育基因在转基因过程中紧密连锁，从而阻断了转基因成分通过花粉方式漂移，进而实现利用转基因手段生产非转基因的不育系种子和杂交稻种子；该技术体系对未成功应用的三系法和两系法的作物开展杂种优势利用提供了可能。

此外，SPT 技术还进一步拓宽杂种优势利用配组亲本的选择范围，对未来育种研究带来深刻影响，值得重视和关注。

（二）育性基因条件表达策略

条件型雄性不育系用于配制杂种的基本条件：制种过程败育彻底，且年际稳定；繁殖过程自交结实率高（Attia K. et al，2005）；育种转换界限明显；需要施用的化学诱导剂较为安全可靠。OsPDCD5 是一个水稻程序性死亡基因，OsPDCD5 的过量表达可以导致水稻幼苗期死亡，Wang 等（2010）利用反义技术下调 OsPDCD5 在光敏粳稻品种的花中的表达，获得可逆型雄性不育转基因植株，其不育性由光周期调控。在长日照（≥ 13.5 h 光照）条件下，转基因植株的花粉几乎全部败育。花粉育性随着光周期的变短逐渐恢复。在短日照（11~12 h 光照）条件下，花粉可育率恢复到 70%~80%，结实率与对照相近。

有研究认为，基于位点特异性重组技术的基因开关与特异性表达的启动子的调控系统能被应用于解决普通核不育的繁殖问题。位点特异性重组系统一般由重组酶和能被重组酶特异性识别的核苷酸序列组成，Cre/lox P 和 Cre/lox R 系统是常用的植物转基因特异性位点重组系统。重组酶识别到两个同向的识别位点后，将对识别位点之间的 DNA 片段进行精确删除，该系统可以用于控制一个特定基因的表达。王勇等（2010）用花粉特异性启动子驱动 Cre 基因，并在 lox P 位点间设计阻遏片段，其后连接由花粉特异性启动子控制的细胞毒素 barnase 基因，将两个载体分别转化具有优良农艺性状的农作物，获得两种可育的转基因作物，它们杂交后，由于 Cre 重组酶将 lox P 位点间的阻遏片段特异性删除，细胞毒素 *barnase* 基因能够行使功能，产生不育后代。李新奇等（2003）认为在将 lox P 位点加在育性基因两端，导入普通核不育株，恢复不育株的育性，并将由重组酶基因和它受化学药物控制（如四环素）的抑制基因组成的基因开关系统同时导入。当抑制基因工作时，重组酶不能产生，植株表现为可育；当四环素调控抑制基因不表达时，重组酶能正常工作，育性基因被切除，可产生不育系种子（图 3-2）。由于生产中繁殖、制种、大生产的比例一般为 1∶200∶50 000，即亩繁殖田繁殖的不育系可供应亿亩大生产所需种子，所以化学药物使用应该不会限制本技术的发展与应用。

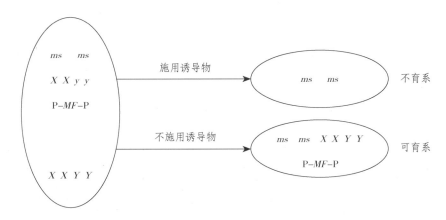

P. 重组酶识别位点；X. 重组酶基因；Y. 重组酶抑制基因；
y. 被抑制的重组酶抑制基因；ms. 不育基因；MF. 可育基因。
图 3-2　位点特异性重组技术的应用

（三）质体转化策略

叶绿体通过细胞质的母系遗传来实现遗传信息的传递，因此当外源基因被导入叶绿体后，将不会随花粉扩散，降低基因漂移的环境风险，实现安全转基因。此外，叶绿体转化还具有定点组合、高效表达、无位置效应和原核表达等特点，被认为是开创作物杂种优势利用的新途径。Ruiz 等以受光照调节的启动子（*psb A* 的启动子）及其调控元件在驱动脂肪酸合成途径中，与内源的乙酰辅酶 A 羧化酶竞争的 β-ketothiolase 的 *pha A* 基因，此载体导入叶绿体后，将干扰脂肪酸合成途径，使小孢子发育过程受阻，最终导致雄性不育。由于 *pha A* 基因的表达是受光照调控的，在连续 10 d 以上的光照条件下，*pha A* 基因的表达受抑制，内源的乙酰辅酶 A 羧化酶的表达占优势，植株变现为可育。将普通核不育的可育基因转移到相应的水稻普通核不育突变体的叶绿体中，使育性基因得到表达，叶绿体转基因植株可能表现为可育。以该基因的不育株作母本，质体转化可育株作为父本，可能产生细胞核和细胞质组成与不育株完全相同的不育株，即可实现普通核不育的繁殖（图3-3）。再利用不育株与优良亲本材料进行配组，选育理想的杂交稻组合（Ruiz O.N.，2005）。

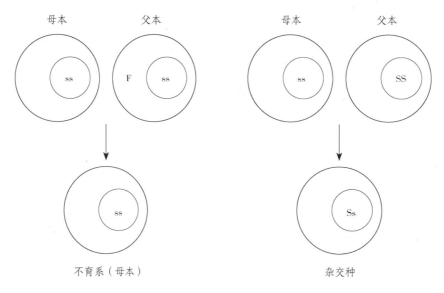

图3-3　质体转化途径利用隐性核不育基因

　　在水稻育种研究中，相继发现了许多不同类型的普通核不育材料，虽然这些普通核不育材料具有不育性稳定，易于配制高产、优质、多抗杂交组合的共同特点，但缺点是难以实现不育系种子的批量繁殖。利用可育品种与普通核不育株杂交，在其后代群体中可获得一定分离比例的普通核不育株，但无法对不育株种子和可育株种子进行直接分选。因此，普通核不育系的批量繁殖问题成为其生产应用的障碍。

　　现代遗传工程技术日趋完善，为解决这一问题提供了可能的途径。水稻育种家们一直在探索解决普通核不育系的繁殖问题，提出了多种方案。比如，对于代谢过程的关键基因突变导致花粉功能异常的雄性不育，可能通过施加缺失的代谢中间产物（比如脂肪酸、氨基酸、黄酮等物质），使突变体不育植株的育性得以恢复进而繁殖。获得雄性不育植株后，定位克隆其育性恢复基因，通过一些条件（比如诱导性）来控制启动子对育性恢复基因遗传表达的调控，并将之当作一种互补基因正常转入雄性不育植株。此时，如果不提供适合的特定启动子表达条件，则植株的育性恢复基因无法表达，便可作为不育系；若提供适合的特定启动子表达条件，则植株的育性恢复基因正常表达，育性恢复从而可以成功繁殖。除此之外，还可以利用启动子驱动植株本身内源育性基因的一些抑制因子作用，从而达到上述相同目的。由于这些雄性不育系的育性转换在实际生产中很难被完全精确控制，且不育系含有转基因成分，而转基因安全问题又一直备受质疑，这一系列情况导致上述方案都没能真正得以推广和应用。

二、水稻普通核不育中间材料的创制

将普通核不育的育性基因与能够被精确分选的荧光标记性状基因紧密连锁，使得可育与标记荧光这两个性状实现共分离，便可实现普通核不育的繁殖。具有可育 - 标记荧光的普通核不育繁殖工具被袁隆平院士命名为"中间父本"，原理如图 3-4 所示。

在中间父本途径中，外源基因成分仅保留在中间父本中，产生杂种优势的不育系与恢复系不需要经过任何形式的转基因处理，杂交种子也可以进行正常的大田生产。育种家可以通过杂交方式将中间父本对应的一对普通核不育基因转移到任何品种中，且任何品种（非该基因的突变体）都可以作为其恢复系，这将全面提升水稻杂种优势的利用水平。

利用水稻隐性核不育基因 *TDR* 与增强型绿色荧光蛋白 EGFP，构建水稻工程核不育中间父本的功能载体，并对其进行遗传转化，创制了水稻工程不育系的基础材料。

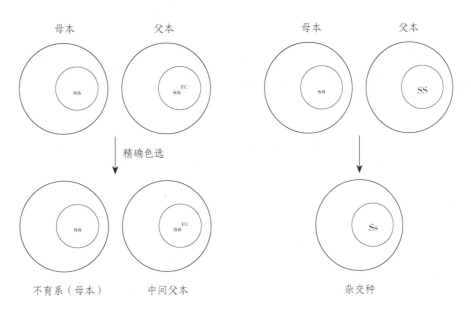

图 3-4　中间父本策略原理

（一）水稻普通核不育突变体筛选

1. 水稻显性细胞核雄性不育

植物雄性不育是指两性花植物的雌性生殖器官正常，雄性生殖器官丧失了生育能力而不能产生功能性花粉，是植物界一种普遍存在的现象。迄今已在 43 个科 162 个属的 617 种植物中发现了这一现象，其中包括水稻、小麦、玉米、油菜和棉花等重要大田作物。

随着分子生物学发展，水稻籼粳两亚种基因组框架图已绘制完成（Yu J.，2001），水稻的研究重点由结构基因组向功能基因组转移。水稻突变体的筛选、获得就显得比以往任何时候更为重要，是功能基因组研究的基础。

早在 20 世纪 20 年代就有关于水稻雄性不育的报道，之后，国内外相继发现了许多不同遗传类型的水稻雄性不育材料，但绝大多数为隐性核不育，包括目前杂交水稻上广泛应用的核质互作型雄性不育、光温敏隐性核不育以及用于水稻轮回选择的单基因隐性核不育，只有极少数为显性核不育。虽然 Salaman 在 1910 年就报道了马铃薯雄性显性核不育的现象，但迄今为止，仅在 10 余种作物上发现了 24 例显性核不育材料，其中我国发现 12 例（小麦 2 例、水稻 5 例、谷子 1 例、油菜 2 例、亚麻 1 例、大白菜 1 例）。这些显性核不育的发现，不仅极大地丰富了作物种质资源，而且显性核不育在常规育种等方面具有不可比拟的优势。迄今仅报道了 5 份水稻显性核不育材料（表 3-2），即萍乡显性核不育、低温敏显性核不育和三明显性核不育等水稻材料（李文娟，2009）。

表 3-2　显性核不育水稻材料

显性核不育来源	产生方式	基因名称	基因作用类型	报道文献
萍乡显性核不育	杂交后代	*Ms-p*	基因互作型	颜龙安等，1989
8987 低温敏显性核不育	杂交后代	*TMS*	单基因控制	邓晓健和周开达，1994
三明显性核不育	杂交后代		单基因控制	黄显波等，2008
浙 9248 突变体 M_1	人工诱变		单基因控制	舒庆尧等，2000
Orion 突变体 1783 和 Kaybonnet 突变体 1789	人工诱变		单基因控制	朱旭东和 Rutger，2000

萍乡显性核不育水稻属早籼中熟类型，全生育期为 120 d 左右，株高 77.6 cm，柱头外露率为 77.9%，天然异交结实率为 50%，不育株稍包颈，较可育株矮 3~5 cm、抽穗迟 2~3 d，易于区别，花药瘦小，呈乳白色，典败型，一般不开裂，但在幼穗分化期遇持续高

温有少量自交结实，雌蕊正常，柱头外露好，异交结实率高。

8987低温敏显性核不育属于典型温敏型败育，表现为较低温不育、较高温可育，8987低温敏显性核不育及其F_1的温度敏感期大致在花粉母细胞形成期至花粉单核期，其临界温度为24℃~27℃。如果在温度敏感期连续3 d在24℃以下，8987低温敏显性核不育和F_1表现完全不育，抽穗时花药瘦小干瘪、白色，不裂药散粉，败育彻底；27℃以上育性基本正常；24℃~27℃呈现不同程度的败育，其败育期花药瘦小，白色水渍状，不明显散粉，花粉败育类型以典败为主（邓晓健，1994；李仕贵，1999）。

显性核不育败育的花药形态特别。在开放的颖花中，花丝、花药细小，几乎呈线形，白色，花药不开裂，柱头白色、发达，外露极好。在未开放的颖花中，花丝和花药细小，位于柱头下方，小而隐蔽。株高90 cm左右，茎秆中粗，有顶芒，白尖，包茎，穗长21 cm，粒长约5 mm，粒宽约4 mm。对该不育材料的初步观察，均未发现高温和低温可育现象，花药败育形态保持原状不变，花粉育性镜检未发现典败、圆败或成熟花粉粒，不育株套袋自交不结实，不育株为无花粉型，其育性不随光照长度和温度而发生改变（黄显波，2008）。

在浙9248的M_1群体中，不育株花药瘦小，干瘪。浙9248M_1经I-KI溶液染色后显微检查发现，M_1花粉有正常可育，也有典败、圆败、染败等多种类型。与结实率相似，株间、穗间及枝梗间花粉可育度差异较大，但同一小花的不同花药间花粉育性差异较小（舒庆尧，2000）。

Orion突变体1783和Kaybonnet突变体1789的花药外观与其亲本相比，花药颜色偏淡黄，花药形状偏瘦小，其花粉染色情况如图3-5所示。扬花期间目测花药形态可以区别出正常可育株与雄性不育株。Orion突变体1783和Kaybonner突变体1789自然结实率分别为27.4%和32.9%，套袋结实率分别为3.5%和0.3%（朱旭东，2000）。

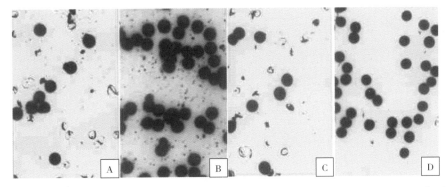

图3-5　突变体1783（A）与亲本Orion（B）、突变体1789（C）与亲本Kaybonnet（D）的花粉染色情况（朱旭东，2000，原资料图中未标A、B、C、D）

2. 水稻隐性细胞核雄性不育

研究发现，H2S花粉母细胞在开始发育到减数分裂完成，形成小孢子的过程是完全正常的，其花粉败育发生在四分体结束形成小孢子后。在四分体后刚形成小孢子时，小孢子的发育出现异常，没有正常液泡化，体积也没有明显增大，而是逐渐开始细胞质的降解，然后开始细胞核的降解，最终解体和消失，是花药毡绒层组织延迟退化造成不育的，其花药镜检如图3-6所示（王玉平，2007）。对渝矮ms的研究（宋文祥，1989）和对华矮15的研究（徐树华，1982）结果一致，都是花药毡绒层组织提前退化，引起小孢子营养物质供应失调，从而导致花粉不育。

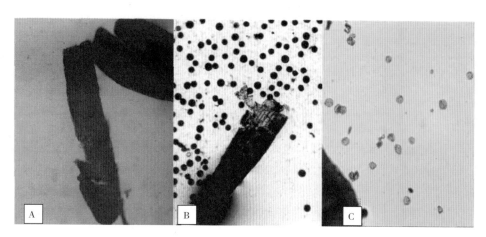

A.H2S的花药；B.H2Sw的花药；C.珍汕97A的花药。

图3-6 H2S的花药镜检

遗传效应研究表明，水稻核不育位点已超过45个，刘海生等（2005）将OsMS-L基因座位定位在第2条染色体的LHS10和LHS6之间；王莹等（2006）将mspl-4定位于第1条染色体的wy4与wy-8之间；江华等（2006）将OsMS 121定位于第2条染色体的R2M16-2与R2M18-1之间；王玉平等（2007）将H2S中的核不育基因进行了精细定位，与RM6071、RM20424、RM20429的遗传图距分别为2.4 cM、1.2 cM和0.6 cM，定位结果如图3-7所示。

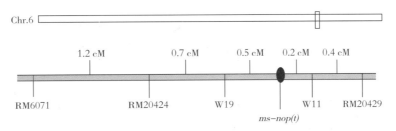

图 3-7　ms-nop（t）的分子标记连锁

　　孙小秋研究发现，802A 突变体的花药瘦小、干瘪，不开裂，外观呈乳白色，花粉以典败
为主，属于普通雄性不育类型。同时，该突变体还表现颖壳变细、扭曲，剑叶变短、变窄、内
卷等特征。其植株形态、稻穗、籽粒如图 3-8 所示。遗传分析表明，802A 的雄性不育性状
由 1 对隐性核基因控制。该不育突变基因［ms92（t）］定位于第 3 染色体长臂的 SSR 引物
RM3513 附近，InDel 标记 S2 和 S5 之间，该基因与这 2 个 InDel 标记的遗传距离分别为
0.6 cM 和 0.3 cM，并且与 InDel 标记 S3 和 S4 在 167 株 F_2 不育单株中共分离（孙小秋，
2011）。其遗传连锁如图 3-9 所示。

A.802A 突变体（右）与其近等基因系 802B（左）的植株形态；B.802A（右）
与 802B（左）的稻穗；C.802A（下）与 802B（上）的籽粒。
图 3-8　802A 突变体与 802B 对比

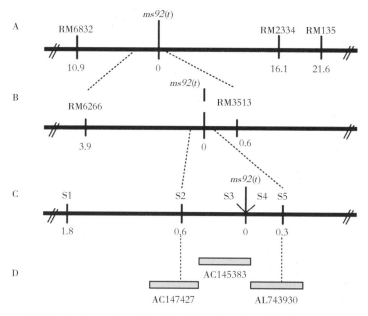

A. 利用（802A/ Ⅱ-32B）F₂ 定位群体，将 ms92（t）定位在第 3 染色体长臂
SSR 标记 RM6832 和 RM2334 之间；B. 利用（802A/02428）F₂ 定位群体，将
ms92（t）进一步定位在 SSR 标记 RM6266 和 RM3513 之间；C. ms92（t）最终
定位在 InDel 标记 S2 和 S5 之间，并且与 InDel 标记 S3 和 S4 表现共分离；
D. 定位区间长度约为 244 kb，包括 3 个 BAC。

图 3-9　雄性不育基因 ms92（t）在水稻第 3 染色体长臂上的分子连锁

3. 核不育突变体的获得

突变体是承载和表达遗传变异的载体，通过创建突变体库可以对水稻基因组进行系统的功能分析。创建水稻突变体库的方法主要是自然筛选和人工诱变。

在自然界中宇宙射线存在电离辐射及其他理化因素使水稻细胞核发生突变，导致雄性不育。012S-3 突变体就是武育粳 3 号与合川糯杂交后代的自然突变体，该突变体是一个典型的无花粉普通型雄性不育材料，其不育性状受 1 对隐性核基因控制（欧阳杰，2015）。

物理和化学诱变都能在植物基因组中产生单碱基突变、DNA 片段插入缺失、染色体重排等变异。用物理和化学诱变创建水稻突变体库有两大优点：一是不需要转基因步骤，操作简便，不受籼粳基因型限制；二是能在基因组中造成随机分布的多个突变，只需较小的群体就能完成基因组饱和突变。过去，利用物理和化学诱变突变体鉴定基因需要用费时费力的图位克隆方法，极大限制了物理和化学诱变突变体的使用效率。随着定向诱导基因组局部突变、MutMap 等高通量基因型鉴定技术的出现，这一限制已被有效解除（Till B.J，2007；Suzuki T.，2008；Abe A.，2012；Fekih R.，2013）。

植物诱变育种采用的诱变因素包括理化因素和化学诱变剂。物理因素有 X 射线、γ 射线、中子、紫外线、激光、电子束等，用得较多的是 X 射线、γ 射线和中子。舒庆尧等（2000）通过 γ 射线诱变早籼品种浙 9248 的方法培育出了由细胞核内单基因控制的新显性雄性不育系。彭选明等（2006）利用航天诱变与辐射诱变相结合的方法育成了 1 个两系杂交水稻新组合 "培两优 721"、一批优质水稻新种质资源和新品系。王莹等通过对粳稻 9522 辐射诱变的方法，获得了隐性雄性不育突变体 msp1-4。龙湍（2016）通过辐射诱变籼稻 93-11 创建突变体库。包括空间诱变产生的水稻核雄性不育突变体 ws-3-1（易继财，2007）和新育成的反向核不育水稻 FHS（王会峰，2009）都是通过物理诱变的方法获得的。

化学诱变是指通过化学诱变剂的作用来改变生物体的遗传物质的结构，从而使其后代产生变异的一种诱变方法。常用的化学诱变剂主要有 5-BU、BUdR、AP、N 和 S 芥子等，但能够实际用于栽培稻作物育种的真正有效的化学诱变剂仅有 EMS、DES、EI 以及 R-NO$_2$ 等几种。其作用原理主要是使碱基发生转换和颠换，或者造成 DNA 的复制发生紊乱，从而改变水稻的育性。化学诱变具有其独特的优势，如可以发生点突变，改变碱基的类型，甚至有些化学诱变剂具有较强的专一性等特点。陈绍江（2002）通过 EMS 花粉诱变获得高油玉米突变体；张瑞祥（1985）利用链霉素诱变处理的方法获得了水稻细胞质雄性不育突变体；高泰保（1982）用 EI（0.5%，*V/V*）和 X 射线的方法处理水稻品种的干种子，在 M$_2$ 至 M$_4$ 代筛选出雄性不育突变体。

水稻突变体是进行水稻功能基因组学基础研究和水稻分子设计育种的重要材料。常规的水稻突变体来源于自发突变或化学、物理及生物的诱变，具有很大的随机性和局限性，不能满足大规模的水稻功能基因组学研究和水稻分子设计育种的需求。而 CRISPR/Cas9 基因组编辑技术和高通量的寡核苷酸芯片合成技术可以大规模地对水稻全基因组进行编辑，实现水稻突变体的高通量构建和功能筛选。该研究通过农杆菌介导的水稻遗传转化法，以水稻中花 11 作为受体材料，对水稻茎基部和穗部高表达的 12 802 个基因进行高通量的基因组编辑，获得了 14 000 余个独立的 T$_0$ 代株系，并对它们的后代进行了部分表型和基因型分析鉴定。这些研究表明，利用 CRISPR/Cas9 基因组编辑技术大规模构建水稻突变体库（图 3-10）并进行功能筛选是高效便捷获得水稻重要突变体和快速克隆对应基因的有效方法，同时能够为水稻分子设计育种提供重要的供体材料（Hu X.，2017）。

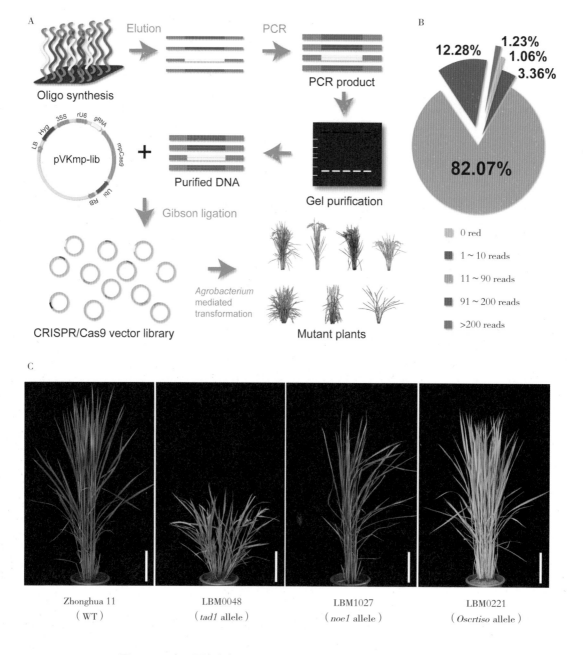

图 3-10 高通量构建水稻 CRISPR/Cas9 突变体库（Hu X.，2017）

插入突变是利用 T-DNA、Ac/Ds、En/Spm、Tos17、nDART/aDART 等水稻内外源插入元件插入基因组，通过敲除或激活基因功能来创制突变体（Nili Wang，2013）。插入突变最大的优势在于插入元件的序列已知，可以便捷地通过分离和分析插入元件的侧翼序列来确定插入位点和突变基因。目前，国内外研究者已使用不同插入元件创建了多个水稻插入突变体库（Jeong D.H.，2002；Miyao A.，2003；Wu C.，2003；Kolesnik T.，2004；Sallaud C.，2004；Hsing Y.I.，2007；Fu F.F.，2009），这些突变体库包含了约 675 000 个突变体株系，这些株系中 76.9% 的水稻蛋白编码基因可以通过检索侧翼序列找到相应的突变体（Wei，2013）。然而，由于插入突变体的产生一般要经过组织培养和转基因过程，现有主要插入突变体库都选择了粳稻品种建库。因为组织培养造成了大量体细胞变异，真正由插入元件造成的突变只占 5%～10%，这降低了后续基因鉴定工作的效率（Wang，2013；Wei，2013）。此外，大部分插入突变体因包含外源转基因元件而涉及转基因品种商业化问题，无法直接用作育种材料。通过组织培养和诱变结合，不仅能诱变筛选出高产、优质的品种，还能高频诱发优良不育系。影响筛选离体雄性不育突变体的因素有以下几个方面：

（1）不同世代、不同品种有差异。1984—1990 年连续 7 年间，在起源于体细胞及花药培养的 R_1 和 R_2 代无性系中共发现雄性不育突变 111 例，其中 R_1 代 34 例、R_2 代 77 例，突变频率在 R_2 代（20%）高于 R_1 代（1%），不同品种之间的雄性不育诱导频率亦不相同，如 IR54 变异频率最高，而 IR36 等品种则没有雄性不育突变。通过水稻离体幼穗培养，在 5 个品种中获得了 50 株雄性不育突变株，其中 R_1 代 48 株、R_2 代 2 株，R_1 代突变频率为 0.91%，R_2 代为 0.2%；而农垦 58S 和珍汕 97A 没有发现雄性不育突变体。这表明基因型是影响雄性不育突变体的重要因素。

（2）起源于花药愈伤组织的变异频率较高，平均为 4.38%，而起源于幼穗及成熟种子的变异频率较低，为 1.3%～3.13%。

（3）继代时间越长，发生突变的频率就越高。如经历 5～9 次继代培养分化出来的植株中发生雄性不育突变频率比仅经历 4 次以下继代培养高 10 多倍。经历 4～6 代的愈伤组织分化出来的植株中，发生雄性不育突变的频率比仅经历 3 次以下继代培养高 3 倍多。

（4）不同世代、不同培养基的成分所致。IR26、青二矮和桂朝 2 号等三个品系，其 R_2 代体细胞无性系雄性不育变异频率在 1988 年比 1987 年显著提高，而这两年所使用的培养基的某些关键成分不同，估计是培养基中这些不同成分造成的。培养基中的激素，特别是 2,4-D 可能引起体细胞无性系变异。外植体经过脱分化、再分化形成再生植株，才有雄性不育变异，这说明外植体的脱分化、再分化是产生雄性不育变异所必需的，而导致脱分化的关键因素是 2,4-D。可以说 2,4-D 是导致雄性不育变异的因素之一。但是未发现其他培养基成分与雄性不育变异的直接联系。

（5）培养过程中用理化因素处理。在体细胞无性系变异过程中用理化因素处理可以提高雄性不育突变频率。不同品种水稻在不同发育时期，用不同剂量的 ^{137}Cs-γ 射线处理，结果表明，用剂量为 2.58 C/kg（1 000 R）的 ^{137}Cs-γ 射线处理带绿点的愈伤组织效果最好。用离体诱变技术可以在较短时间（2~3 年）产生水稻雄性不育系，而且诱发频率较高，为 0.5%~6%。用体细胞无性系变异亦可获得雄性不育系，不过频率低，而且品种间机遇性较大。因此，相比之下，离体诱变技术对产生雄性不育系可能具有速度快、频率高、效果好的特点。

（6）植株再生方式有影响。一般而言，长期营养繁殖的植株变异率高，有人认为是由于在外植体的体细胞中已经积累着遗传变异。通过愈伤组织分化不定芽的方式再生植株变异较多，而通过分化胚状体途径再生植株变异较少，这说明植株再生方式对变异有影响。

刘选明研究发现，以幼穗和成熟胚为外植体经组织培养成功建立了体细胞无性系，结合愈伤组织多代培养和化学物质诱导，获得了高达 40% 的体细胞无性系变异，并从中选育出遗传稳定的株 1S 矮秆突变体 SV5、SV10、SV14。鉴定结果表明，矮秆突变体 SV14 是矮化了的光温敏核不育系，其变异株系的育性与株 1S 完全同步，起始温度比株 1S 略低，如表 3-3 所示，敏感期用 20 ℃冷水灌溉处理 10 d，其育性即可得到恢复（刘选明，2002）。

表 3-3　SV14 的育性表现

年份	不育系	不育起止日期	历期 /d	自交结实率 /%
2000	SV14	06 月 29 日—09 月 17 日	94	35.5
	株 1S（CK）	06 月 29 日—09 月 16 日	93	42.5
2001	SV14	06 月 19 日—10 月 03 日	106	45.6
	株 1S（CK）	06 月 20 日—10 月 04 日	107	45.1

（二）水稻育性基因的克隆和功能研究

植物基因克隆是当前植物学研究的前沿和热点。目前，用于分离植物目的基因的方法很多，其中图位克隆技术已经成功分离数百个植物基因，成为分离克隆目的基因常用且有效的方法之一。水稻 ostd（t）、pda1 和 vr1 等突变体中的隐性核雄性不育基因已被精细定位（Zhang Y.，2008；Hu L.F.，2010；Zuo L.，2008）。上述隐性核不育材料败育得比较彻底，且不育性不受环境影响，任何常规品种均可以作为其恢复系，所以具有很大的育种利用价值。但是，按照传统的育种方法，这些隐性核不育材料不能有效地保持和繁殖下去，因而很难被利用。此外，dyt1、ms1、ms2 和 myb33 等隐性核雄性不育基因在水稻中的同源基因经证实也是核不育基因，而通过序列比对，其他拟南芥隐性核不育基因以及玉米和番茄中隐性核不育基因在水稻中的相应同源基因也都能被找到（Zhang W.，2006；Wilson Z.A.，2001；Aarts M.，1997；Millar A.A.，2005；Aarts M.，1995），目前已有超过 20 个水稻隐性核雄性不育基因被克隆（表 3-4）。通过生物技术途径将这些水稻中的同源基因进行定点突变，创制更多的在杂交育种和生产上能利用的隐性核不育系材料，为今后的水稻分子设计育种提供更多可供选择的基因资源。

表 3-4　已克隆的水稻隐性核雄性不育基因

核不育基因	对应育性基因编码的蛋白	对应育性基因功能
msp1	LRR 类受体激酶 LRRkinase	小孢子早期发育
pair1	Coiled-coil 结构域蛋白	同源染色体联会
pair2	HORMA 结构域蛋白	同源染色体联会
zep1	Coiled-coil 结构域蛋白	减数分裂期联会复合体形成
mel1	ARGONAUTE（AGO）家族蛋白	生殖细胞减数分裂前的细胞分裂
pss1	Kinesin 家族蛋白	雄配子减数分裂动态变化
tdr	bHLH 转录因子	绒毡层降解
udt1	bHLH 转录因子	绒毡层降解
gamyb	MYB 转录因子	糊粉层和花粉囊发育
ptc1	PHD-finger 转录因子	绒毡层和花粉粒发育
api5	抗凋亡蛋白 5	延迟绒毡层降解
wda	碳裂合酶	脂质合成和花粉粒外壁形成
cyp704B2	细胞色素 P450 基因家族	花粉囊和花粉外壁发育
dpw	脂肪酸还原酶	花粉囊和花粉外壁发育
mads3	同源异形 C 类转录因子	花粉囊晚期发育和花粉发育
osc6	脂转移家族蛋白	脂质体和花粉外壁发育
rip1	WD40 结构域蛋白	花粉成熟和萌发
csa	MYB 转录因子	花粉和花粉囊中糖的分配
aid1	MYB 转录因子	花粉囊开裂

（三）花粉致死基因的分离

致死基因分为显性致死基因和隐性致死基因。基因的致死作用在杂合体中即可表现的称为显性致死基因；致死作用在纯合状态或半合子时才表现，即致死作用具有隐性效应，而与基因自身的显、隐性无关，这类致死基因称为隐性致死基因。花粉致死基因是指在花粉发育过程中一旦突变将导致花粉不能正常发育的基因，花粉不具有育性。花粉败育的原因：花粉母细胞不能正常进行减数分裂，出现多极纺锤体或多核仁相连，产生的孢子不能形成正常花粉，花粉发育停滞在单核或双核阶段，营养不良导致花粉发育不健全等。

目前已经证实的且应用比较多的花粉致死基因主要有玉米花粉自我降解基因 $ZmAA$、小麦花粉致死基因 Ki。$ZmAA$ 基因是被较早报道的，也是应用比较广泛的，2010 年杜邦先锋率先将其应用到了 SPT 技术中，实现了用转基因手段和元件来生产不含转基因元件的玉米。随着这一技术的发展和不断完善，国内很多育种专家也将此技术运用到玉米、水稻等物种中来。2017 年，北京科技大学万向元团队与北京市农林科学院赵久然团队合作，通过系统的遗传学、细胞学、分子生物学等技术途径，成功地创建了玉米多控不育体系，在玉米不育系创制与杂交种生产上具有重要应用价值。同年，北京大学邓兴旺团队也成功地将 SPT 技术应用到了水稻品种黄华占中，成功地创建了黄华占 OsNP1 的不育系。小麦花粉致死基因 Ki 主要应用于分子标记辅助选择，在不育系创制方面的应用还未见报道。

水稻隐性核雄性不育材料在杂交育种和水稻生产上都具有十分重要的意义。但是，由于缺乏有效的保持和繁殖技术体系，该类不育材料一直未能获得充分利用。而现代分子与生物技术的快速发展为这些隐性核雄性不育基因的有效利用提供了机会。

（四）荧光标记基因的分离与功能验证

标记基因是一种已知功能或已知序列的基因，能够起着特异性标记的作用。在基因工程意义上来说，它是重组 DNA 载体的重要标记，通常用来检验转化成功与否；在基因定位意义上来说，它是对目的基因进行标志的工具，通常用来检测目的基因在细胞中的定位。

选择基因和报告基因都可以看作标记基因，都起着标记目的基因是否成功转化的作用，但是它们又有着各自的特点。选择基因主要是一类编码可使抗生素或除草剂失活的蛋白酶基因，这种基因在执行其选择功能时，通常存在检测慢（蛋白酶作用需要时间）、依赖外界筛选压力（如抗生素、除草剂）等缺陷。报告基因是指其编码产物能够被快速测定且不依赖于外界压力的一类基因。理想的报告基因通常具备以下基本要求：受体细胞不存在相应内源等位基因的活性；它的产物是唯一的，且不会损害受体细胞；具有快速、廉价、灵敏、定量和可重复性的检

测特性。目前常用的报告基因有氯霉素乙酰转移酶基
因（*cat*）、萤光素酶基因（*luc*）、β-葡萄糖苷酸酶
基因（*gus*）等。

红色荧光蛋白（Red Fluorescent Protein,
RFP）是从香菇珊瑚中提取的一种与绿色荧光蛋白同
源的生物发光蛋白（图3-11）（Chen J., 2008），
1999年被发现，其红色荧光具有较强的组织穿透
力，最大激发波长为558 nm，最大发射波长为
583 nm。*DsRed2* 是Clontech公司对 *DsRed* 进
行连续定点突变的人工突变体，与 *DsRed* 相比，其

图3-11　RFP空间结构

成熟率有了较明显的提高，减少了N端的净电荷，降低了寡聚化。它不仅具有绿色荧光蛋
白（GFP）可在活体中连续检测等优点，而且在激发光照射下呈现红色，可降低检测植株
中叶绿素等色素的干扰，在细胞内荧光效率和信号比较高，更易检测；激发波长和发射波长
较长，具有对动植物组织损伤小、光漂白作用低等优点，更适用于深层组织器官的活体成像
（Wang Z.F., 2013），已被广泛应用于动植物以及酵母等真核细胞内基因表达的报告基因
（Yarbrough D., 2001；Jach G., 2001；刘娜等，2005；Czymmek K.J., 2002）。

利用 *DsRed* 荧光蛋白基因对玉米弯孢叶斑病致病菌新月弯孢进行遗传转化，成功地对玉
米弯孢叶斑病菌进行了遗传标记并获得稳定遗传（Chen M.G., 2012）。将红色荧光蛋白基
因 *DsRed* 通过农杆菌介导法转入轮枝镰孢Fv-1菌株，进一步探明轮枝镰孢和玉米之间的互
作关系（Wu L., 2011）。通过对耐热木聚糖酶xynB64 d的表达研究，发现 *DsRed2* 促进
了目的蛋白可溶性表达，在包涵体复性中可作为报告蛋白（Bai Y., 2012）。使用的转基因
水稻分别含有不同表达载体p1300Gt1RedTnos 和p1300ActRedTnos，来验证红色荧光
蛋白基因 *DsRed* 在水稻各组织特别是胚乳中的表达情况，并证明了 *DsRed* 在水稻胚乳中能
够稳定表达，并且方便检测，可以作为一个有效的报告基因用来检测水稻胚乳中外源基因是否
被删除（Zhu Y.T., 2010）。高嵩等（2017）根据在GenBank中获得的 *DsRed2* 及其
特异性启动子Ltp2的基因序列设计特异性引物，并构建筛选标记为 *Bar* 基因的植物表达载体
pCAMBIA3300-Ltp2-*DsRed2*，通过农杆菌介导法转入玉米品种郑单958中，经除草剂
筛选获得210株抗性植株，PCR检测得到阳性植株80株，对PCR检测呈阳性的植株进行
试纸条检测，结果表明红色荧光蛋白基因已成功整合到玉米基因组中。寇田田等（2017）通
过PCR的方法以质粒pPIC9k *DsRed2* 为模板扩增得到 *DsRed2* 基因的全部编码区序列，

并将其连接到克隆型载体 pMG36e 上，得到重组载体 pMG36e-DsRed2；以地衣芽孢杆菌基因组为模板，扩增只带有起始密码子而不带有终止密码子的 α-淀粉酶基因（amy），将其连接到克隆型载体 pMG36e-DsRed2 上，获得融合表达载体 pMG36e-DsRed2-amy。许明等（2010）构建了一种新型的双 T-DNA 共转化载体，该载体含有 2 个独立的 T-DNA 结构区，以 DsRed 基因作为可视标记和选择标记基因构建在同一 T-DNA 区段，在转化过程中 DsRed 可以辅助筛选以提高遗传转化效率；在共转化植株的自交分离后代中，由于 DsRed 基因和选择标记基因在转基因后代植株中协同遗传，因此通过简单检测 DsRed2 基因的表达就能快速筛出含有选择标记基因的分离植株，从而减少后代筛选的工作量和费用，同时在载体另一段 T-DNA 区含有两段顺式重复烟草 Rb7 MARs，可用来增强目的基因的稳定表达。

绿色荧光蛋白（GFP）的空间结构如图 3-12 所示，该蛋白是 1962 年日本科学家下村脩（Osamu Shimomura）从多管水母（Aequoriavictoria）中提取水母素时发现的。GFP 在紫外光下可发出强烈绿色，因此称为绿色荧光蛋白。GFP 具有稳定、检测简单、灵敏度高、无生物毒性、荧光反应不需要任何外源反应底物及细胞组织的专一性等优点，因此可作为一种优良的报告蛋白，广泛用于基因的表达与调控，蛋白质的定位、转移及相互作用，以及细胞的分离与筛选等研究领域。

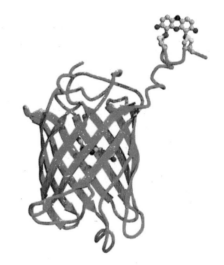

图 3-12　GFP 的空间结构

从多管水母中纯化的 GFP（Aequoria GFP）是一个含有 238 个氨基酸残基的蛋白质，相对分子量约为 27 kDa，在 395 nm 处有最大光吸收，能够吸收蓝光。当受到 Ca^{2+} 或紫外线激活时它发射绿色（或黄绿色）荧光，最大发射峰为 509 nm。GFP 的性质非常稳定，其变性需在 90℃ 或 pH<4.0 或 pH>12.0 的条件下用 6 mol/L 盐酸胍处理。若去除变性剂，其荧光又会恢复到原有水平。

由于 GFP 具有稳定、无毒性、不需要外源底物等优点，GFP 作为报告基因比传统的报告基因（如 GUS）更具优势。GFP 作为报告基因可用来检测转基因效率。将 GFP 基因连接到目的基因的启动子之后，通过测定 GFP 的荧光强度可以对该基因的表达水平进行检测。范晓静等（2007）通过 GFP 标记，证明 BS-2 菌株可以通过根部进入植株体内，进而向地上组织传导，并初步测定了其在植株不同组织部位的分布规律，其荧光显微镜下的 BS-2-GFP 菌株如图 3-13 所示。

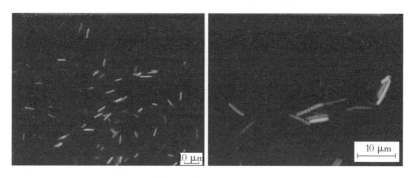

图 3-13　荧光显微镜下的 BS-2-GFP 菌株

　　GFP 基因与异源基因可以接合构成编码融合蛋白的嵌合基因，其表达产物既保持了外源蛋白的生物活性，又表现出与天然 GFP 相似的荧光特性。因此，GFP 融合蛋白可作为"荧光标签"融合到主体蛋白中检测蛋白质分子的定位、迁移、构象变化以及分子间的相互作用，或者靶向标记某些细胞器并依靠荧光共振能量转移即 FRET 来进行检测。华静等（2005）通过构建 EST3-EGFP 融合蛋白穿梭载体并检测其表达，发现该重组体融合蛋白主要分布于表达菌细胞质中，免疫印迹杂交检测表明重组蛋白具有 EST3 的免疫原性，且诱导后的菌体在荧光显微镜下可见强烈的绿色荧光。GFP 具有同宿主蛋白构成融合子的性质，已被成功用于靶向标记包括细胞核、线粒体、质体、内质网等在内的细胞器。用 GFP 进行亚细胞定位，使研究蛋白在活细胞的准确定位变得简单易行。张付云等（2009）用 PCR 技术扩增 *NtSKP1* 基因的编码区。定向克隆至表达载体 pCAMBIA1302 上构建用于瞬时表达 NtSKP1 蛋白的重组质粒。重组质粒经 PCR 和测序鉴定后用冻融法转入农杆菌 LBA4404，进而经农杆菌 LBA4404 介导转入烟草悬浮细胞，激光共聚焦显微镜观察确定其亚细胞定位。测序结果表明，插入片段与预期序列完全一致。与载体形成了一个完整的基因表达盒，亚细胞定位结果表明，NtSKP1 蛋白在胞浆和核部位均有分布。基于 GFP 的荧光特性，且荧光稳定，以及检测方法快速、方便，GFP 在细胞筛选上得到广泛应用。Yuk I. H. 等（2002）使用 GFP 作为标记能快速筛选出在生长抑制环境下仍能保持重组蛋白大量表达的 CHO 细胞。在高水平组合型表达 GFP 的细胞品系或微生物细胞中，在细胞生长的对数期，GFP 所发出的荧光信号与细胞数量密切相关，测量到的任何荧光强度都可以相应地转变成细胞浓度。研究表明，GFP 的荧光强度和与其相连的细胞或蛋白有一定的相关性，只需要作出一条相关性曲线就可以进行定量分析。

GUS 报告基因是一种编码可被检测的蛋白质或酶的基因，也就是说，是一个其表达产物非常容易被鉴定的基因。把它的编码序列和基因表达调节序列相融合形成嵌合基因，或与其他目的基因相融合，在调控序列控制下进行表达，从而利用它的表达产物来标定目的基因的表达调控，筛选得到转化体。报告基因在遗传选择和筛选检测方面必须具有以下几个条件：已被克隆和全序列已测定；表达产物在受体细胞中不存在，即无背景，在被转染的细胞中无相似的内源性表达产物；其表达产物能进行定量测定。

GUS 基因来自大肠埃希菌，编码 β-葡萄糖醛酸糖苷酶或 β-葡糖醛酸酶（β-glucuronidase，GUS），能催化裂解一系列的 β-葡萄糖苷，产生具有发色团或荧光的物质，可用分光光度计、荧光计和组织化学法对 GUS 活性进行定量和空间定位分析，检测方法简单灵敏。该酶与 5-溴-4-氯-3-吲哚-β-D-葡萄糖苷酸酯（5-bromo-4-chloro-3-indoyl-β-D-glucuronic acid，X-Gluc）底物发生作用，产生蓝色沉淀反应，既可以用分光光度法测定，又可以直接观察到植物组织由沉淀形成的蓝色斑点，检测容易、迅速并能当量，只需少量的植物组织即可在短时间内测定完成。

GUS 基因广泛地用作转基因植物、细菌和真菌的报告基因，特别是在研究外源基因瞬时表达转化实验中。GUS 基因的最大优点是它能研究外源基因表达的具体细胞和组织部位，这是其他报告基因所不能及的。有一些植物在胚胎状态时能产生内源 GUS 活性，检测时要注意设定严格的阴性对照。

卢丽丽等（2009）采用基因枪转化法用带有 GUS 报告基因的质粒 Pgus6120 转化小麦条锈病，建立了优化的转化体系；在转化当代的条锈菌中得到了 GUS 基因瞬时表达的菌株；利用 GUS 报告基因和毒性标记相结合的方法，经过 3 代筛选鉴定，获得了稳定的毒性突变体，经 PCR 及 PCR-southern blot 证实外源片段已整合到毒性突变株的基因组中。陶文菁等（2003）为了监测钙调素（CaM）在植物细胞内的分布并探索其生物学功能，将水稻 CaM 和 GUS 融合基因（cam-gus）分别置于 35S 启动子和花粉特异启动 LAT52-7 控制下，构建出载体 pMD/CaM.GUS 和 pBI/LAT.CaM.GUS 转化烟草，GUS 染色结果显示：CaM.GUS 融合蛋白广泛分布于植物根、茎、叶等组织，根尖生长点细胞、根毛细胞、表皮毛细胞、气孔保卫细胞、维管束细胞的细胞质中融合蛋白含量较多。孟颂东（1997）应用 GUS 基因标记技术，可简便、快速、准确、原位、直观地确定标记花生根瘤菌株形成的根瘤，从而方便地研究标记菌株与土著根瘤菌的竞争结瘤能力。

（五）普通核不育载体的构建与功能性验证

创造筛选标记基因与育性基因的紧密连锁，使得可育性状与筛选性状共分离，通过机械分选手段，即可将其后代产生的可育种子与不育种子分离，实现普通核不育的繁殖。

根据第三代不育系创制的原理，最终获得的不育系不含任何转基因元件，而保持系则仅含有筛选标记基因、花粉致死基因、育性恢复基因的 3 个紧密连锁的插入元件，在载体构建方面各有优势。美国杜邦公司在玉米中率先将这一技术变成了现实。但三连锁基因插入后，在转化过程中没有有效的筛选手段，所以为后期阳性植株的筛选增加了负担。

2017 年，邓兴旺等报道了在水稻黄华占品种中实现了 SPT 技术。该团队使用的转化载体如图 3-14 所示。

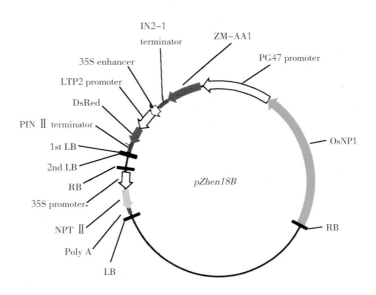

图 3-14　邓兴旺等报道的水稻中实现 SPT 技术的载体

该载体与杜邦公司在玉米中实现 SPT 技术的载体相比有了较大的进步，能够更方便快捷地得到优质的转化事件。该载体采用了双 T-DNA 双 LB 形式。双 T-DNA 中的一个 T-DNA 区为卡那霉素，由 35S 启动子启动，在农杆菌侵染过程中可以用卡那霉素筛选，减轻了前期筛选的工作量。农杆菌转化过程中 LB 起终止的作用，有报道指出单个 LB 有时无法终止这一过程，导致载体骨架进入玉米或水稻中，造成转基因事件的载体骨架污染，所以该载体采用了双 LB 的结构，以减少载体骨架污染的存在。

另外，采用由愈伤和种子特异表达的启动子 END2 来启动 *DsRed* 基因的方式来构建第三代不育系创制表达载体。水稻来源的 END2 启动子是一个在愈伤和种子中特异表达的启动子，可以利用其在愈伤中特异表达这一特性来对农杆菌转化后的愈伤进行筛选，减少后期筛选的工作量，其载体图谱如图 3-15 所示。

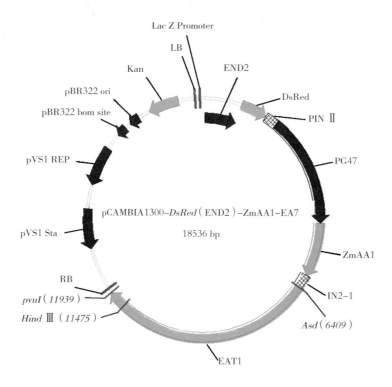

图 3-15　END2 启动子途径的载体

（六）农杆菌介导的转基因体系的构建

1. 高等植物的基因转化方法及优劣势分析

在高等植物基因工程研究中，外源基因的转移方法按照转化程序可以分为直接转化、间接转化和种质转化 3 类，分别以基因枪法、农杆菌介导法和花粉管通道法为代表。

水稻不仅是主要的粮食作物，也是单子叶植物基础研究的模式植物。世界人口的不断增长以及人们生活水平的提高，对水稻产量和品质提出了更高要求。传统育种的育种年限长，通过连续自交选育的优良性状已经很难满足需求，而通过现代生物技术与传统育种技术相结合来提高水稻的产量和质量已经成为主要的发展趋势。

常用的水稻遗传转化方法分为 DNA 直接导入法和农杆菌介导的转化法。DNA 直接导入法主要包括聚乙二醇（Polyethylene glycol，PEG）介导的转化法、"电击转化"法、基因枪转化法和花粉管通道转化法。

PEG 介导法：通过利用化合物 PEG、磷酸钙在高 pH 条件下诱导原生质体提取外源 DNA 分子。PEG 可作为一种细胞融合剂，它能引起细胞膜表面电荷的紊乱，干扰细胞间的识别，从而也有利于外源 DNA 分子进入原生质体以及细胞间融合，而碳酸钙与 DNA 结合形成的 DNA 碳酸钙复合物则被原生质体摄入。

"电击转化"法：利用高压电脉冲的电击穿孔作用将质粒 DNA 导入植物原生质体的方法，在生物上可促进原生质体融合，因此又称为电融合法。该法率先应用于动物细胞，后广泛应用于双子叶植物和单子叶植物。该方法可应用于双子叶植物和单子叶植物原生质体的转化，其具有操作简单方便、对细胞的毒性效应较低且转化效率较高等优势，因此具有较大的应用潜力。但是由于实验过程太长，此方法不利于大规模应用研究，而当目的基因沉默引起胚胎发育在早期过程中死亡时，这种方法将不奏效。

基因枪转化法：利用低压气体加速、高压气体加速以及火药爆炸等方式将含有目的基因的 DNA 溶液通过高速微弹的方式直接送入完整的动物或植物的细胞和组织中，通过这种加速传输方式对植物细胞进行轰击，经过细胞和组织培养，培育出再生植株，筛选其中转基因阳性植株，通过低压气体加速，动植物细胞与活体均可进行转殖，活体转殖后，目标基因可在活体上进行表达。图 3-16 为基因枪转化法使用的基因枪系统。

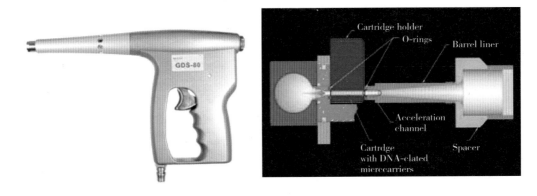

图 3-16　基因枪系统

基因枪转化法能转化任何植物，无宿主限制，对于那些因农杆菌感染不敏感的单子叶植物或原生质体再生较为困难的植株来说，基因枪转化法提高了禾谷类植物的转化效率；该法不受基因型的限制，靶受体类型广泛，能转化植物的任何细胞或组织，可广泛应用于同一物种的不同品种或不同的变种；基因枪转化法在无菌条件下用含外源基因的金属颗粒轰击受体材料，不需对原生质体进行制备分离与培养便可进行筛选培养，从而快速获得第一代种子，且该法简便易行；由于外源 DNA 很难穿过双层膜的细胞器如叶绿体、线粒体，基因枪技术对于转化这类细胞器重复性好、转化效率高，是目前该领域研究中最常用且最有效的 DNA 导入技术；由于采用高压气体驱动或高压放电的方式，研究者可根据实验需要，调节金属颗粒摄入细胞的层次，从而提高遗传转化的效率。该方法的缺点：该法是基因多拷贝随机插入整合到受体基因组中，可能发生多种方式重排，且同源序列是以 DNA-DNA 、RNA-RNA、DNA-RNA 的方式相互作用，从而导致转录或转录后水平的基因沉默；在轰击过程中可能会出现外源基因断裂，以致插入的基因成为无活性的片段；在转化的过程中出现转化体或嵌合体的概率较高；基因枪转化法是用金粉进行轰击的，这将大大提高研究成本。

花粉管通道法：指在授粉后向子房注射含目的基因的 DNA 溶液，即利用植物在开花、受精的过程中形成花粉管通道，将外源目的基因导入受精卵细胞，进一步被整合到受体细胞的基因组中，并随着受精卵的发育而成为含转基因的新个体。我国目前推广面积最大的转基因抗虫棉就是利用花粉管通道法培育出来的。花粉管通道法可以不依赖人工组织培养的再生植株，不依赖装备精良的实验室，操作技术简单，且常规育种工作者易于掌握。

农杆菌介导转化法是指借助农杆菌的感染实现外源基因向植物细胞的转移与整合，然后通过细胞和组织培养技术，再生出转基因植株的基因转化方法。该方法是水稻遗传转化的基本方法，已成功应用于抗虫、抗除草剂等水稻的培育。

2. 农杆菌介导的基因转化原理

农杆菌是一种革兰阴性细菌，广泛存在于土壤中，其中发根农杆菌（Ag. rhizogenes）和根癌农杆菌（Ag. tumefaciens）在基因工程中较为常用。这两种农杆菌能够将其环状质粒 DNA 上的一段 DNA 区域转移并整合到植物受体细胞的基因组中，使 DNA 在受体细胞中表达用以表现或调控遗传性状。发根农杆菌和根癌农杆菌的区别在于发根农杆菌能够诱发毛状根，而根癌农杆菌能够诱发侵染受体产生根瘤。发根农杆菌合成的冠瘿碱有农杆碱型、甘露碱型以及黄瓜碱型，根癌农杆菌合成的冠瘿碱有琥珀碱型、胭脂碱型、农杆碱型以及章鱼碱型。

农杆菌转化植物细胞是在植物伤口产生的酚类等物质的刺激下，农杆菌在趋化作用下向植物的伤口处进行转移，借助供体和受体特异互作，农杆菌细胞识别且黏附到植物细胞的表面。VirA 蛋白作为外界刺激感受体在外来因素的作用下活化并且激活 VirG 调控蛋白，最后启动其他 Vir 区基因的表达，所以酚类物质可以通过激活 Ti 质粒上 Vir 区基因的表达，在功能蛋白的作用下对 T-DNA 的转移形式即 T- 复合体进行加工，在核定位信号与运输蛋白的作用下，T- 复合体可以通过细胞壁、细胞膜以及核膜的障碍进入植物细胞核内，然后通过类似的转座机制重组到受体基因中并进行表达，这就是农杆菌转化植物细胞的过程，如图 3-17 所示。

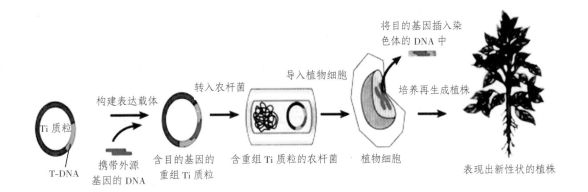

图 3-17　农杆菌介导转化示意

T-DNA 边界序列、染色体毒力位点和毒性区基因是转化过程中的 3 个主要遗传位点。T-DNA 边界主要参与外源基因向受体基因组的整合，毒性区基因编码的产物参与 T-DNA 转移形式的加工及其 T- 复合体的转移（Hooykaas P. J. J.，1992），染色体毒力位点则与农杆菌识别后附着植物细胞的相互作用有关（Zupan J. R.，1995）。

与其他转基因技术相比，农杆菌介导的基因转化法有若干优点。一是操作简便易行，不需昂贵的实验仪器如基因枪，且在外植体不断扩大的情况下不需要复杂的组织培养过程，转化条件较易控制。二是转化效率较高。外源基因以核蛋白复合体的形式进行转移，避免了核酸酶的降解。T- 复合体向核内转移、整合是在核定位信号的引导下完成的，进而降低了直接转化法引起的随机性。目前成熟农杆菌转化系统的转化效率超过 30%。三是外源基因较稳定，基因沉默较少，T-DNA 边界的特异性使外源基因整合的随机性降低，通过载体改造甚至可以实现定点整合；整合后的外源 DNA 结构完整，单位点转移的频率较高。四是转移的外源基因通常情况下是低拷贝或单拷贝的，其显性表达频率较高，表达的共抑制率较低。农杆菌转化法也存在一些不足，如受基因型限制，农杆菌转化法对单子叶植物尤其是禾谷类植物缺乏高效的转化体系。随着研究的深入，近年来在水稻（Hiei Y.，1994）、玉米（Ishida Y.，1996）、大麦（Sonia T.，2010）、小麦（Cheng M.，1997）等谷物中都有农杆菌转化成功的报道，其中在水稻上已经建立了较为完善的转化体系。

3. 影响农杆菌转化效率的因素

在农杆菌介导转化过程中，除了外源基因转移和整合的效率直接决定转化体系的优劣外，转化子的成功筛选以及分化再生也是一个高效的转化体系所必需的。

（1）促进农杆菌对受体细胞的识别和附着

农杆菌的染色体背景不同，其对受体细胞的识别及附着能力也有差异。根癌农杆菌的琥珀碱型和胭脂碱型，不结球且生长较快，转化时操作简单，但在农杆菌与愈伤组织共培养时，其菌体的附着能力较差；章鱼碱型，则是菌体附着能力较强，附着后不易洗去，且易结球、生长慢，在转化过程中较难操作。

（2）共培养方式

植物受体培养基和细菌培养基均可作为农杆菌转化的共培养介质。农杆菌侵染烟草等对农杆菌较敏感的植物时，一般采用液体细菌培养基作为介质，且共培养的时间一般较短。而许多单子叶植物等不敏感植物受体与农杆菌共培养时间一般较长，多采用液体植物培养基作为共培养介质，因为细菌培养介质容易造成农杆菌过度繁殖，进而导致植物外植体呼吸作用受到抑制，且细菌的分泌物会产生毒害作用。

向共培养介质中添加某些化学物质，能够促进植物细胞和农杆菌的相互作用。相关研究报道，糖类和多酚化合物对胡萝卜和烟草等农杆菌敏感植物提取液能够诱导毒性基因区的表达，增加农杆菌向伤口移动的速度和附着力（Xu Y.，1990）。Allan Wenck 等（1997）研究报道，对培养系统进行抽气减压，能够促进菌体附着并提高转化效率。Ishida Y. 等（1996）研究发现，可以通过对农杆菌进行高渗培养进而提高转化效率，因为高渗条件下菌体失水，与植物组织细胞接触时水势平衡从而促进菌体附着。Ashby A.M. 等（1988）研究发现，通过添加精氨酸刺激农杆菌鞭毛转动，进而提高菌体附着能力，从而提高转化效率。

（3）侵染浓度和时间

由于外植体对农杆菌侵染的敏感性不同，所以适宜的农杆菌侵染浓度和时间对提高转化效率影响较大。时间过长、浓度过高，会引起农杆菌细胞间的竞争性抑制，而过度增殖会抑制受体细胞的呼吸作用；若浓度过低、时间过短，则会造成受体细胞农杆菌附着不足。对禾谷类作物一般侵染浓度较高，研究发现，LBA4404 转化玉米幼胚的侵染浓度 OD_{600}=2.0（Ishida Y.，1996），而转化水稻的最佳接种浓度 OD_{600} 为 0.8～1.0（Hiei Y.，1997）；对侵染敏感的双子叶植物如大白菜、烟草等对农杆菌菌体的浓度要低得多，一般为 OD_{600}=0.5。Hawes M.C. 等（1989）研究发现农杆菌附着在 MSO 介质中时增殖较少且只需 1.5 h，但是 T-DNA 整合表达时间较长需要 16 h 以上。王关林等（2002）认为农杆菌介导转化的共培养时间要根据植物的类型而异，如甜瓜和西瓜等瓜类以 4～6 d 为宜，小麦、玉米、水稻等禾谷类作物一般为 3 d，花生、生菜、烟草则一般在 2 d 左右。

（4）受体处理方式

悬浮细胞系可以提供大量个体小且均一的受体，有利于农杆菌附着。但从水稻幼穗分化期到抽穗扬花期的茎叶中分离出的一种乙基 -4- 邻硝基苯基 -3- 硫代尿酸酯可以强烈抑制根癌农杆菌对水稻悬浮液细胞的附着（许东晖，1999）。对水稻、玉米悬浮细胞系用 PGA 果胶酶处理也能提高农杆菌的附着效果，从而提高转化能力。果胶酶部分解离植物细胞壁可以增加农杆菌附着位点，提高细胞的通透性，从而提高菌体的附着能力和 T-DNA 的转移活性。

VirA 蛋白的 N 端位于周质区且有两个功能区，一个功能区能够感受温度和 pH 的变化，另一个功能区能够感受酚类化合物的存在。Vir 区基因的表达强度除受基因本身表达能力的直接影响外，环境条件尤其是温度、酸碱度和外源信号物质的作用也是决定其表达强度的重要因素。携带质粒载体的供体菌株类型和植物受体细胞的感受态的相互作用可能是影响外源基因转移和整合的主要因素。

超毒力菌株 EHA105 对水稻组织的敏感性要高于普通型宿主菌 LBA4404（刘巧泉，1998），蚕豆转化中发现菌株 C58 表现好于 B6S3（De Kathen A.，1990）。水稻转化中发现 Ti 质粒 pTiB0542 的转化效果要优于 pTiT37（Li X Q.，1992），LBA4404 的转化结果表明超二元载体 pTOK233 比普通二元载体 PBIN19 的转化效果好。不同的转化受体常有最佳的染色体背景和载体质粒的组合，转化粳稻用 LBA4404 比其他组合更有效。Ishida 在玉米幼胚转化中也发现 LBA4404（PSB131）和 LBA4404（pTOK233）比其他组合转化后 GUS 表达率高得多（Ishida Y.，1996）。

（5）共培养条件

农杆菌在 20 ℃～30 ℃的范围内都可以生长，不同研究结果中 Vir 区基因表达的适宜温度有一定的差异，但多数在 20 ℃～25 ℃时能够获得较高的表达水平。外植体生长温度一般也在此范围内，所以通常选取外植体的最佳生长温度为共培养温度，通常在 25 ℃左右。相关研究报道，共培养体系在 19 ℃转化效率最高，升高到 27 ℃则不发生转化，22 ℃是烟草农杆菌转化的最佳温度，超过或低于这一温度则转化效率降低，这一研究结果说明 Vir 区基因的表达强度并不是决定转化效率的决定性因素，但适当的低温可能有利于提高转化效果（Dillen W.，1997）。

研究人员认为酸性培养环境有利于农杆菌的侵染。因为植物细胞释放的对农杆菌有趋化作用的化学物质（如酚类和糖类），虽然在不同酸碱度下均比较稳定，但在 pH 为 5.0～5.8 时对 Vir 基因的诱导能力最高。相关研究报道，当 pH 为 4.8～6.2 时，GUS 基因的瞬时表达达到了最大值（Hiei Y.，1994）。

酚类物质产量低一度被认为是影响农杆菌转化特别是单子叶植物转化的主要原因之一（Usami S.，1987）。在众多酚类物质中，乙酰丁香酮和羟基乙酰丁香酮诱导能力较强，没食子酸、二羟基苯甲酸、香草酚、儿茶酚、对羟基苯酚等多酚混合处理农杆菌也有很高的作用，但不同酚类物质是否有累加效应在不同研究结果中不尽相同（许耀等，1988）。研究报道，乙酰丁香酮和冠瘿碱配合预处理农杆菌，可以使 Vir 基因活化效果提高 2~10 倍（Veluthambi K.，1989）。一些小分子的代谢糖类，如半乳糖、葡萄糖等在 AS 浓度很低或缺少的情况下，也能极大地促进 Vir 区基因的表达，Vir 区基因的表达受酚类和糖类的双重调节，但在酚类物质充足时添加糖没有协同反应。

此外，其他物质如非代谢糖类（Shimoda N.，1990）、肌醇（Song Y.N.，1991）、脯氨酸等渗透保护剂（James D.J.，1993）对 Vir 区基因表达也有诱导作用。不同农杆菌类型对酚类物质的敏感性不同，根癌农杆菌的章鱼碱株系比胭脂碱系需要更高的酚类物质诱导，发根农杆菌的农杆碱型对酚类物质刺激的敏感性更低。

在水稻成熟叶片中分离到一种查尔酮和两种黄酮类物质（Jun Shi，1995；Xu D.，1996），在小麦中还发现了一类物质，其信号作用是乙酰丁香酮的 100 倍。所以，酚类物质对转化的限制也可能是只在特定的发育时期或特定的组织产生不溶性或无活性的信号分子，而这些器官或组织不是转化和再生的理想受体（许东晖等，1999）。除了信号分子激活 Vir 区基因表达不足的原因外，有些转化受体中还发现了抑制物质，在玉米中发现了强烈抑制农杆菌生长和 Vir 区表达的物质 DIMBOA（Sahi S.V.，1990）。

受体类型和生理状态：不同基因型对农杆菌侵染的敏感性有差异，即使像大豆这样易转化的双子叶植物类型，也只有少数有限的基因型有成功的报道。单子叶的基因型限制更明显，Ishida 建立的玉米高效转化体系是以自交系 A188 为转化受体，以其亲本的杂交种只能获得低频率的转化，其他自交系却不能获得转化成功，目前还没有找到一种有效的手段克服基因型的障碍。

目前用过的受体材料有叶盘、叶柄、根尖根段、茎尖茎段、幼穗、花药、子叶（柄）、胚或其部分结构（胚轴）、芽等，可以看出分生组织是较通用的受体。分生能力强的植物细胞对农杆菌敏感，活跃的细胞分裂促进了 T-DNA 的整合。悬浮细胞旺盛的细胞代谢和分裂更有利于为外源基因的转移提供感受态，但水稻悬浮细胞的直接转化效率很低，只有在固体培养基上预培养一定时间后才能获得高效转化（Hiei Y.，1997；尹中朝等，1998）。禾本科作物幼胚共培养前进行预培养也是同样的道理。同一受体细胞在不同发育阶段的敏感性也有差异。研究表明，生菜子叶外植体在 1~3 d 苗龄时转化效果最好，瓜类植物在 5~6 d 苗龄子叶转化效果最佳，玉米幼胚授粉后 1~2 d 小叶分化时感染频率较高，烟草花粉来源的胚的最佳感受态是子叶后期。

适当的化学调控可以使植物细胞对农杆菌侵染的感受态增强，从而有利于创伤反应中外源基因的导入。研究发现，在烟草农杆菌转化中，NAA 和 6-BA 可以提高转化效率，而 ABA 则明显降低转化效率，若培养基中添加 4 400 mg/L 的氯化钙可以明显提高转化效率，并推测钙离子通过钙调蛋白影响受体生理状态（李根义等，1997）。不同培养基对转化效率的影响也是通过受体生理状态实现的，玉米幼胚在 LS 培养基上比 N6 培养基上获得更高的稳定转化效率。

（6）影响转化子筛选的因素

选择合适的标记对于提高选择效果和提高转化子的高频再生是非常重要的。现在应用较多的抗药性选择标记是新霉素磷酸转移酶基因和潮霉素磷酸转移酶基因。新霉素磷酸转移酶基因可以用卡那霉素作为选择试剂，实验表明对茄科转化中作为选择标记很有效，但对豆科和单子叶植物则效果不佳，而且对原生质体经卡那霉素选择后的愈伤组织常常失去再生能力。研究中通常用 G418、巴龙霉素取代卡那霉素以减少再生障碍（Nehra N.S.，1994；Xia G.M.，1999）。潮霉素基因近年来作为选择标记基因应用得较多，是单子叶植物转化中比较理想的选择标记，但有报道说潮霉素对小麦分化有严重毒性（Weeks J.T.，1993）。

选择方式包括选择压力和选择时间，培养基质差异也可以影响筛选的有效性。选择压力是否合适直接影响选择效果，压力过小会使假阳性大大增加，压力过大又会使低表达水平的转化子胁迫致死，造成转化频率低的假象。一般选择压力范围是卡那霉素 20~100 mg/L，潮霉素是 10~50 mg/L，磷化麦黄酮 5~20 mg/L。选择前进行短时间的无选择压力培养，使转化细胞进行有效的损伤修复和适量的增殖，可以有效避免转化细胞由于转化损伤造成的低活力状态，这是农杆菌转化普遍应用的方法。此外，梯度浓度选择也是提高选择效率的常见做法。选择初期的低选择压可以诱导选择标记基因充分表达，后期的高压选择可以有效地筛选出转化子，剔除非转化子，降低假阳性的频率。选择一般以 2 周为一个周期是比较适宜的，周期过长会导致营养不足而使愈伤组织生长停滞或褐化坏死。

在水稻转化中，以潮霉素基因作为选择标记，在 NBM 培养基上获得了比 MSM 和 CCM 更高的转化效率。在 NBM 上转化幼胚可以选择出独立的细胞团，而在 CCM 和 MSM 上没有独立的细胞团生长，而是整个盾片表面都形成愈伤组织。在 CCM 和 MSM 上，如果潮霉素浓度降低至 20 mg/L 或 30 mg/L，所有盾片生长不受抗生素影响，而此浓度下 2N6M 上只能选择出很少的愈伤而且生长缓慢。此外，在 N6M 培养基上如果只含有 2，4-D 而没有添加

NAA 和 BA，就很难获得具有分化能力的幼胚来源的抗性愈伤（图 3-18）。

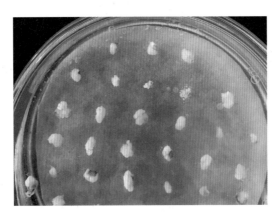

图 3-18　农杆菌与水稻愈伤组织共培养

抑菌剂选择培养基上除了添加选择物质外，一般还要添加脱菌剂，现在常用的有羧苄西林和头孢菌素。抑菌剂在杀死农杆菌的同时，对植物细胞的生长发育也有一定的生物效应。据研究，羧苄西林能刺激愈伤增殖，抑制根（如甘蓝）分化；头孢菌素则对愈伤（如杨树）诱导和芽分化有抑制作用。因此，生芽培养基上通常选择羧苄西林作脱菌剂，而生根培养基上则选择头孢菌素。在研究中，水稻、小麦等单子叶植物通常以头孢菌素为抑菌剂，而油菜、甘蓝、烟草等双子叶植物通常选用羧苄西林。抑菌剂的毒性效应随浓度增加而增大，因此选择适宜的抑菌剂浓度是提高转化效率所必需的，降低转化子非筛选原因死亡。

转化细胞的有效分化再生是获得转化植株的基础，细胞的分化能力与其初始生理状态直接相关，也与后期的培养过程相关。转化受体通常选用强分裂能力的分生组织，转化后选择出的胚性愈伤或胚状体容易获得高分化能力。适当的激素调控可以保持或诱导出分化能力的转化细胞（图 3-19）。有报道表明，小麦转化中添加 ABA、添加硝酸银可以提高分化能力。

图 3-19　水稻愈伤转化再生植株

农杆菌在基因工程中具有重要的作用，它不仅是植物外源基因转化的一种有效的天然工具，还可用于真菌的转化。自农杆菌转化方法发现以来，无数科研工作者就不同农杆菌转化体系中影响转化效率的各种因素作了多方面探讨，对提高农杆菌转化效率起到了重要作用，酚类物质在单子叶植物转化中的应用就是一个很好的例子。农杆菌转化植物细胞的分子机制研究虽然对整体过程有了比较明确的认识，但对其具体相关基因表达调控还相对落后，许多优化研究只停留在现象的解释和推测水平，而未能揭示其分子机制。植物感受态研究起步较晚，外源基因的有效转移不仅依赖于农杆菌的强侵染能力，还需要受体植物细胞的高效摄取并整合。转化过程是农杆菌和植物细胞相互作用的结果，不能只强调农杆菌的作用而忽视了受体细胞感受态调控的作用。转化体系的优化应从细胞转化和植株再生整个转化过程考虑，转化细胞的分化再生直接限制了转化体系的可应用性。应基因转化的要求，农杆菌转化的受体范围还有待于进一步扩大，包括受体基因型的扩展、受体组织类型及发育时期的选择范围。转化方法还有待于进一步简化，尤其是减少甚至避免组织培养过程。细胞器转化是比较新颖的农杆菌转化方法，对提高外源基因表达强度、改善外源基因遗传稳定性等方面都有其独到之处，但目前只在烟草叶绿体转化中有初步研究。大片段的基因转化和定点整合也是一个重要研究领域。

（七）水稻幼穗转化体系的构建

单子叶植物尤其禾本科植物的组织培养一直是个难点，无论是愈伤组织的诱导还是再分化体系的建立，单子叶作物都比双子叶作物困难得多。水稻是世界上重要的粮食作物之一，提高其抗性和产量、改良品质有着重要的意义。目前转化基因技术已成熟，但由于受基因型的限制，水稻的遗传转化率还很低。贾士荣（1990）也认为目前作物遗传工程中的一个关键性限制因子是单子叶作物缺乏高效的遗传转化和再生系统，而且在基因枪法转化过程中，受体材料的细胞在经受高速金粉的轰击后，必然产生不同程度的损伤而影响绿苗再生能力。在水稻众多的外植体（成熟胚、幼胚、花药、幼穗）中，幼穗外植体不仅具有较高的脱分化与再分化能力，而且愈伤组织出现的时间也较早，一般在接种后第 10 天即可产生愈伤组织，且绿苗分化具有早、多、齐等特点，没有白化苗（韦鹏霄等，1993）。研究发现，水稻幼穗的取材时期、不同的消毒方式、培养基中不同外源激素的添加等影响水稻幼穗培养植株的再生的效果，4 ℃下不同保存时间对水稻幼穗愈伤组织诱导、绿苗分化也产生影响（王亚琴等，2004）。

1. 幼穗取材时期对不同基因型水稻愈伤组织诱导、芽分化的影响

水稻幼穗接种一周左右开始膨大变形，两周后在幼穗颖花部位陆续产生愈伤组织，大约 20 d 后南胜 10 号（籼稻）、C418（粳稻）、零轮（粳型广亲和）、明恢 63（籼稻）、巴里拉（粳稻）、02428（粳型广亲和）6 种材料均能诱导出愈伤组织，但不同基因型对水稻幼穗愈伤组织的诱导、绿苗的分化与幼穗长度有着很大的影响（表 3-5、图 3-20）。广亲和品种的愈伤组织诱导率、绿苗分化率、成苗率最高，幼穗取材集中在分化第 1~4 期，但以第 3~4 期

的长度为最佳；粳稻在幼穗分化第 1~2 期取材最好；籼稻幼穗取材长度较长一些，集中在分化第 5 期的前期，即 2.1~3.0 cm，而在分化第 5 期的后期及第 6 期即 3.1~6.0 cm 长度的幼穗，所试 3 种类型均未得到绿苗，这说明幼穗分化到第 5 期的后期就已变老，不再适合诱导愈伤组织（愈伤组织诱导率 = 愈伤组织发生数 / 接种外植体数 ×100%，绿苗分化率 = 成苗的愈伤组织数 / 转入分化培养基的愈伤组织数 ×100%，成苗率 = 绿苗数 / 转入分化培养基的愈伤组织数 ×100%）。

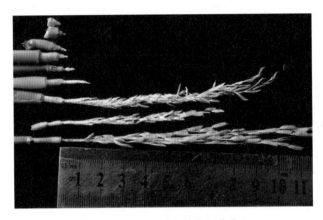

图 3-20　不同时期的水稻幼穗

（1）不同消毒方式、4℃下不同保存时间对水稻幼穗愈伤组织诱导、绿苗分化的影响

由于广亲和类型是介于粳稻、籼稻之间的一种类型，因此，以粳型广亲和 "零轮" 作为实验材料。首先从稻田剪取幼穗，将叶鞘剥离至只剩两层包被，然后在超净台用 70% 酒精浸泡 1 min，再选用不同的消毒剂进行消毒灭菌，分别比较不同消毒剂对外植体愈伤组织诱导、分化成苗的影响（表 3-6）。从表 3-5 中可以看出：0.5% 氯化汞（升汞）处理的愈伤组织比 0.1% 氯化汞处理的诱导率高，但成苗率大大降低，可能是因为氯化汞浓度高渗透入幼穗组织，在后期分化过程中产生毒害使成苗率降低；0.5% 次氯酸钾处理不仅愈伤组织诱导率高，成苗率也高。综合分析，选用 0.5% 次氯酸钾作为幼穗消毒剂最佳。

幼穗的取材时间往往比较集中，因此用冰箱 4℃保存幼穗便成了实验室的常规方法。对 4℃下保存幼穗是否对其愈伤组织诱导、绿苗分化产生影响，我们比较了不同的保存天数，将新采的 "零轮" 幼穗连同叶鞘用保鲜膜包裹后置于冰箱 4℃冷藏，分别保存 0 d、1 d、3 d、5 d、7 d、10 d、15 d、20 d 后再转入组织培养程序，统计分析各项数据，结果表明 4℃下保存 5 d 之内对水稻幼穗的影响不大，但是随着保存时间的延长，愈伤组织诱导率、绿苗分化率及成苗率呈下降趋势。

表3-5　幼穗取材时期对不同基因型水稻愈伤组织诱导、芽分化的影响

幼穗长度/cm	南胜10号（籼稻）				C418（粳稻）				零轮（粳型广亲和）			
	0.5~1.0	1.1~2.0	2.1~3.0	3.1~6.0	0.5~1.0	1.1~2.0	2.1~3.0	3.1~6.0	0.5~1.0	1.1~2.0	2.1~3.0	3.1~6.0
愈伤组织诱导率/%	40.00	72.28	76.47	24.17	83.34	43.26	17.41	8.70	87.28	96.71	43.81	22.19
绿苗分化率/%	48.13	78.30	85.09	0	91.30	62.63	0	0	86.96	95.65	47.83	0
成苗率/%	56.39	96.74	118.71	0	139.67	72.61	0	0	127.51	222.06	76.49	0

幼穗长度/cm	明恢63（籼稻）				巴里拉（粳稻）				02428（粳型广亲和）			
	0.5~1.0	1.1~2.0	2.1~3.0	3.1~6.0	0.5~1.0	1.1~2.0	2.1~3.0	3.1~6.0	0.5~1.0	1.1~2.0	2.1~3.0	3.1~6.0
愈伤组织诱导率/%	32.00	70.37	78.25	16.14	81.32	51.02	27.31	6.27	85.13	94.10	33.32	19.24
绿苗分化率/%	41.13	78.30	87.09	0	90.87	72.13	0	0	88.96	92.76	37.03	0
成苗率/%	50.39	98.74	112.91	0	129.17	82.11	0	0	117.51	207.36	56.4	0

表3-6　不同消毒方式对水稻"零轮"（WCV）幼穗愈伤组织诱导、绿苗分化的影响

处理	接种外植体数	愈伤组织诱导率/%	绿苗分化率/%	成苗率/%
0.5% 氯化汞	23	86.96	51.23	87.33
0.1% 氯化汞	23	73.91	84.71	117.00
1% 次氯酸钾	23	69.57	78.00	96.85
0.5% 次氯酸钾	23	91.30	94.76	122.00
2% 苯扎溴铵	25	56.00	62.32	65.00
1% 苯扎溴铵	25	64.00	70.38	87.80

（2）不同外源激素配合对水稻幼穗愈伤组织诱导的影响

在培养基中添加2,4-D与激动素（KT），水稻幼穗会形成胚性愈伤组织（凌定厚，1987，1989）。以水稻"零轮"为材料，在基本培养基上添加不同的激素配比，发现在诱导愈伤组织时添加2.0mg/L的2,4-D、0.5mg/L的KT的诱导率最高，而且愈伤组织大多呈胚性结构。研究报道，愈伤组织的诱导只需加2.0mg/L 2,4-D就可获得较高的诱导率（刘选明，1998）。研究发现当在添加2.0mg/L 2,4-D的情况下也获得了86.96%的诱导率，但再加0.5mg/L的KT就会使诱导率达到91.30%，而当KT增为1.0mg/L时诱导率反而下降。这说明2,4-D与KT适宜浓度的相互配合会促进愈伤组织的形成（表3-7）（王亚琴等，2004）。而不同基因型的水稻内源激素类型与含量不同，所要添加的外源激素类型及含量也不同，这就需要探讨基因型、激素之间的配比关系以提高愈伤组织的诱导率。

表3-7　不同外源激素配合对水稻"零轮"（WCV）幼穗愈伤组织诱导的影响

植物激素/（mg/L）	接种外植体数	愈伤组织发生数	愈伤组织诱导率/%
0.5（2,4-D）+0.5（KT）	25	8	32.00
1.0（2,4-D）+0.5（KT）	23	16	69.57
1.5（2,4-D）+0.5（KT）	23	18	78.26
2.0（2,4-D）+0.5（KT）	23	21	91.30
2.0（2,4-D）	23	20	86.96
0.5（2,4-D）+1.0（KT）	25	6	24.00
1.0（2,4-D）+1.0（KT）	20	10	50.00
1.5（2,4-D）+1.0（KT）	23	12	52.17
2.0（2,4-D）+1.0（KT）	23	19	82.61

（3）不同外源激素配合对水稻幼穗愈伤组织分化的影响

以水稻"零轮"为实验材料，在基本培养基 YS 上添加不同比例的 6-BA 与 NAA、KT 与 NAA，测试了不同外源激素组合对幼穗愈伤组织分化特性的影响。发现在愈伤组织开始分化（出绿芽）时，添加 6-BA 比 KT 更易出芽；当绿芽成苗时，若仍用 6-BA 则大部分绿芽不会分化成苗，即使成苗长势也弱，而此时换为激动素 KT 则长出的芽几乎 100% 会分化成苗，且苗的长势好。实验中，为出芽添加 3.0 mg/L（6-BA）+ 0.5 mg/L（NAA），为长苗添加 3.0 mg/L（KT）+0.5 mg/L（NAA），这样的配比可使分化率达 92.00%，成苗率达 217.03%（表 3-8，图 3-21）。

表 3-8　不同外源激素配合对水稻"零轮"（WCV）幼穗愈伤组织分化的影响

植物激素 /（mg/L）		出芽率 /%	绿苗分化率 /%	成苗率 /%
出芽	成苗			
3.0（6-BA）+0.5（NAA）	3.0（6-BA）+0.5（NAA）	92.33	65.25	93.85
2.0（6-BA）+0.5（NAA）	2.0（6-BA）+0.5（NAA）	80.79	52.17	72.00
1.0（6-BA）+0.5（NAA）	1.0（6-BA）+0.5（NAA）	76.73	42.11	63.71
3.0（6-BA）+0.5（NAA）	3.0（KT）+0.5（NAA）	92.17	92.00	217.03
2.0（6-BA）+0.5（NAA）	2.0（KT）+0.5（NAA）	81.32	80.77	151.03
1.0（6-BA）+0.5（NAA）	1.0（KT）+0.5（NAA）	75.41	74.91	132.57

注：出芽率 = 出芽的愈伤组织数 / 转入分化培养基的愈伤组织数 ×100%。

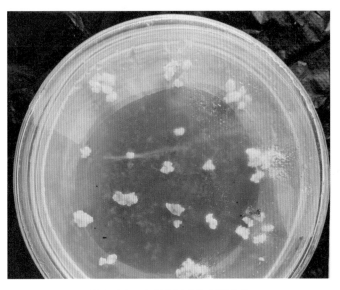

图 3-21　水稻幼穗愈伤组织分化

（4）不同外源激素配合对水稻再生苗生根的影响

在各种元素减半的 MS 培养基上附加不同的外源激素组合，测试水稻绿苗的生根能力（表3-9）。供试的 7 个组合中 5 个生根率在 85% 以上，只有加了细胞分裂素 KT 和 6-BA 的组合生根率较低，为 55% 左右，而且其根系多分枝，长势弱，这说明在生根培养基中附加细胞分裂素对根系的生长发育有一定程度的抑制。在未加激素的培养基上取得了很好的生根效果，说明水稻本身很易生根，附加外源激素并不是必需的，只是适当浓度 NAA 的添加会使生根率达到 100%（图 3-22）。

表 3-9　不同外源激素配合对水稻"零轮"（WCV）再生芽苗生根特性的影响

植物激素 /（mg/L）	分化的绿苗数	生根的绿苗数	生根率 /%	根的形态
0.1（NAA）	21	21	100	稠密，长
0.5（NAA）	21	18	85.71	稠密，长
0.5（NAA）+0.1（KT）	23	12	52.71	稀少，短
0.5（NAA）+0.1（6-BA）	21	13	61.90	稀少，短
0.5（IAA）	20	18	90.00	稠密，长
0.5（IBA）	25	22	88.00	稠密，长
0	21	19	90.48	稠密，长

注：生根率 = 生根的绿苗数 / 分化的绿苗数 ×100%。

图 3-22　0.1 mg/L NAA 处理的再生苗生根情况

幼穗长度对其分化有影响是因为不同基因型之间存在差异，选择适宜的幼穗分化期便成了获得良好培养效果的前提。韦鹏霄等（1993）的研究认为，选取长 2.0 cm 以下的幼穗作为接种材料最为适宜。但以典型的籼稻、粳稻、粳型广亲和为材料的研究表明：粳稻在幼穗分化第 1~2 期即长 0.5~1.0 cm 取材最好；粳型广亲和取材集中在分化第 1~4 期，但以第 3~4 期的长度为最佳；籼稻要求幼穗长度较长一些，集中在分化第 5 期的前期，即 2.1~3.0 cm。此结果可以为今后水稻幼穗的组织培养工作提供参考，但还不能称作一条囊括所有籼稻、粳稻、粳型广亲和类型的规律，因为即使同一种类型的材料也存在着基因型的差异，只有更深入地研究水稻基因型的差异，才能更好地解决目前组织培养上存在的难题。

　　表面消毒剂的选择既要考虑到除菌的效果，又要考虑到其毒性对诱导愈伤组织的影响（李一琨等，1999）。在水稻的组织培养中一般多采用氯化汞、次氯酸钾进行外植体的表面消毒。不同浓度的氯化汞、次氯酸钾、苯扎溴铵对幼穗进行消毒的效果不同，研究发现，0.5% 次氯酸钾处理 20 min 既可彻底除菌，又对幼穗后期的分化成苗影响很小，应当作为水稻幼穗表面消毒的首选试剂。

　　ABA 在禾本科植物的组织和细胞培养中的作用越来越受到研究者的重视。低浓度的 ABA 对保持愈伤组织的致密、稳定、结节状结构，提高愈伤组织的胚性，具有重要作用（李雪梅，1994；黄学林，1995）；若在适当时间加入外源 ABA，可促进胚性愈伤组织的形成及胚状体发生，还能促进正常胚发育、抑制胚的提早萌发及不正常胚结构的出现（Stuart D. A.，1984；Spencer T. M.，1988）。在愈伤组织进入分化阶段之前，将其放入加有 ABA 的预分化培养基中，一周的培养就使大部分愈伤组织变得结构致密，呈颗粒状，而且大大提高了分化效率。实验中还发现愈伤组织分化及芽苗生根时，将植物凝胶换为琼脂粉可使芽苗的分化率、生根率大大提高，而且芽苗的长势很好，这可能是植物凝胶与琼脂粉不仅起着固化作用，而且本身的成分对组培苗有一定促进作用，而琼脂粉的成分较适合芽苗的分化及生长，也可能是琼脂粉呈不透明状可以减弱培养基的光照，以及其中微量元素从总量上调节培养基中元素的平衡。

References

参考文献

［1］陈绍江，宋同明. EMS 花粉诱变获得高油玉米突变体 [J]. 中国农业大学学报，2002，7（3）：12.

［2］陈忠正，刘向东，陈志强，等. 水稻空间诱变雄性不育新种质的细胞学研究 [J]. 中国水稻科学，

2002, 16（3）: 199-205.

［3］邓晓建，周开达. 低温敏显性核不育水稻"8987"的育性转换与遗传研究［J］. 四川农业大学学报，1994（3）: 376-382.

［4］范晓静，邱思鑫，吴小平，等. 绿色荧光蛋白基因标记内生枯草芽孢杆菌［J］. 应用与环境生物学报，2007, 13（4）: 530-534.

［5］高嵩，何欢，吕庆雪，等. 红色荧光蛋白基因 *DsRed2* 植物表达载体的构建及遗传转化［J］. 分子植物育种，2017（5）: 1718-1723.

［6］华静. EST3-EGFP 融合蛋白重组体的构建和表达［D］. 武汉: 华中科技大学，2005.

［7］黄显波，田志宏，邓则勤，等. 水稻三明显性核不育基因的初步鉴定［J］. 作物学报，2008, 34（10）: 1865-1868.

［8］黄学林，李筱菊. 物组织离体培养的形态建成及其调控［M］. 北京: 科学出版社，1995.

［9］贾士荣. 植物遗传转化的进展［J］. 江苏农业学报，1990（1）: 44-47.

［10］江华，杨仲南，高菊芳. 水稻雄性不育突变体OsMS121 的遗传及定位分析［J］. 上海师范大学学报（自然科学版），2006, 35（6）: 71-75.

［11］李根义，徐武，李鸣，等. 植物感受态研究初探［J］. 农业生物技术学报，1997, 5（1）: 100-102.

［12］李仕贵，周开达. 水稻温敏显性不育基因的遗传分析和分子标记定位［J］. 科学通报，1999, 44（9）: 955.

［13］李文娟，田志宏. 水稻显性核不育基因的研究概况［J］. 安徽农学通报，2009, 15（11）: 76-78.

［14］李雪梅，刘熔山. 小麦幼穗胚性愈伤组织诱导及分化过程中内源激素的作用［J］. 植物生理学报，1994（4）: 255-260.

［15］李一琨，范云，王金发. 籼粳杂交水稻 F_1 种子胚愈伤组织诱导及再生体系建立［J］. 植物学报，1999, 16（4）: 416-419.

［16］凌定厚，吉田昌一. 影响籼稻体细胞胚胎发生几个因素的研究［J］. 植物生态学报（英文版），1987（1）: 3-10.

［17］刘海生，储黄伟，李晖，等. 水稻雄性不育突变体 OsMS-L 的遗传与定位分析［J］. 科学通报，2005, 50（1）: 38-41.

［18］刘娜，万瑛，周镜然，等. 红色荧光蛋白与卵白蛋白表位融合蛋白的表达与纯化. 免疫学杂志，2005, 21（5）: 382-385.

［19］刘巧泉，张景六，王宗阳，等. 根癌农杆菌介导的水稻高效转化系统的建立［J］. 植物生理学报，1998（3）: 259-271.

［20］刘选明，杨远柱，陈彩艳，等. 利用体细胞无性系变异筛选水稻光温敏核不育系株 1S 矮秆突变体［J］. 中国水稻科学，2002, 16（4）: 321-325.

［21］刘选明，周朴华. 影响水稻幼穗培养体细胞胚胎发生因素的研究［J］. 生物工程学报，1998, 14（3）: 314-319.

［22］龙湍，安保光，李新鹏，等. 籼稻 93-11 辐射诱变突变体库的创建及其筛选［J］. 中国水稻科学，2016, 30（1）: 44-52.

［23］卢丽丽，张如佳，王美南，等. 基因枪法导入 *GUS* 基因获得小麦条锈菌突变体［J］. 植物病理学报，2009, 39（5）: 466-475.

［24］孟颂东，张忠泽. 应用 *GUS* 基因研究弗氏中华根瘤菌的结瘤及效果［J］. 应用生态学报，1997, 8（6）: 595-598.

［25］欧阳杰，王楚桃，朱子超，等. 水稻雄性不育突变体 012S-3 的遗传分析和基因定位［J］. 分子植物育种，2015, 13（6）: 1201-1206.

［26］彭选明，庞伯良，邓钢桥，等. 航天与辐射共诱变在水稻育种中的应用［J］. 激光生物学报，2006,

15（1）：101-105.

［27］舒庆尧，吴殿星.^{60}Co-γ射线辐照诱发创造水稻显性雄性核不育系［J］.核农学报，2000，14（5）：274-278.

［28］宋文祥，刘文斗，雷开荣，等.核不育水稻新材料：渝矮 ms 的遗传学特性初探［J］.西南农业学报，1989（1）：11-16.

［29］孙小秋，付磊，王兵，等.水稻雄性不育突变体 802A 的遗传分析及基因定位［J］.中国农业科学，2011，44（13）：2633-2640.

［30］陶文菁，梁述平，吕应堂.采用 GUS 标记技术研究钙调素在转基因烟草中的分布［J］.植物科学学报，2003，21（3）：187-192.

［31］王关林，方宏筠.植物基因工程［M］.2 版.北京：科学出版社，2002.

［32］王会峰，欧阳艳蓉，黄群策.新育成反向核不育水稻 FHS 开花习性观察［J］.安徽农业科学，2009，37（24）：11459-11460.

［33］王亚琴，段中岗，黄江康，等.水稻幼穗培养高效再生系统的建立［J］.植物学报，2004，21（1）：52-60.

［34］王莹，王幼芳，张大兵.水稻 msp1-4 突变体的鉴定及其 UDT1 和 GAMYB 基因的表达分析［J］.植物生理与分子生物学学报，2006，32（5）：527-534.

［35］王莹.水稻 msp1-4 和 OsFH5 突变体的遗传与定位分析［D］.上海：华东师范大学，2006.

［36］王玉平.四川隐性核不育水稻的遗传研究与育种利用［D］.成都：四川农业大学，2007.

［37］韦鹏霄，吴丹红，李惠贤.籼型杂交稻幼穗离体培养及再生植株诱导［J］.基因组学与应用生物学，1993（1）：12-17.

［38］徐树华.我国水稻主要雄性不育类型花粉发育的细胞学观察［J］.中国农业科学，1982，15（2）：9-16.

［39］许东晖，许实波，李宝健，等.抑制根癌土壤杆菌生长和转移的水稻信号分子的鉴定［J］.植物学报（英文版），1999，41（12）：1283-1286.

［40］许明，黄志伟，程祖锌，等.以 DsRed2 基因为可视标记的双 T-DNA 共转化载体的构建［J］.福建农林大学学报（自然版），2010，39（3）：263-268.

［41］许耀，贾敬芬，郑国锠.酚类化合物促进根癌农杆菌对植物离体外植体的高效转化［J］.科学通报，1988，33（22）：1745-1745.

［42］易继财，梅曼彤.水稻空间诱变雄性不育突变体 ws-3-1 的抑制缩减杂交分析［J］.华南农业大学学报，2007，28（1）：70-72.

［43］尹中朝，杨帆，许耀，等.利用根癌农杆菌法获得转基因水稻植株及其后代［J］.遗传学报，1998，25（6）：517-524.

［44］张付云，陈士云，赵小明，等.NtSKP1-GFP 植物表达载体的构建及亚细胞定位［J］.西北农业学报，2009，18（4）：144-148.

［45］朱旭东，RutgerJ Neil.显性雄性核不育突变体水稻的遗传鉴定［J］.核农学报，2000，14（5）：279-283.

［46］AARTS M, HODGE R, KALANTIDIS K, et al.The Arabidopsis male sterility 2 protein shares similarity with reductases in elongation /condensation complexes［J］. Plant, 1997,12（3）: 615-623.

［47］AARTS M, KEIJZER C J, STIEKEMA W J, et al.Molecular characterization of the CER1 gene of Arabidopsis involved in epicuticular wax biosynthesis and pollen fertility［J］.Plant Cell, 1995, 7（12）: 2115-2127.

［48］ABE A, KOSUGI S, YOSHIDA K, et al.Genome sequencing reveals agronomically important loci in rice using MutMap［J］.NatBiotechnol, 2012, 30（2）: 174-178.

［49］ALLAN WENCK, MIHÁLY CZAKÓ, IVAN KANEVSKI, et al.Frequent collinear long transfer of DNA inclusive of the whole binary vector during Agrobacterium-mediated transformation[J].Plant Molecular Biology, 1997, 34（6）: 913-922.

［50］ASNBY A M, M D WATSON, J G LOAKE, et al.Ti plasmid-specified chemotaxis of Agrobacterium tumefaciens C58C1 toward vir-inducing phenolic compounds and soluble factors from monocotyledonous and dicotyledonous plants[J].Bacteriol, 1988, 170: 4181-4187.

［51］BAI Y, SHEN N.Co-expression and application of thermostable xylanase xynB64 and red fluorescent protein Dsred2[J].Anhui Nongye Kexue（Journal of Anhui Agricultural Sciences）, 2012, 40（7）: 3891-3893.

［52］CHEN J, XUE X C, FANG G E, et al.Construction and expression of RU486-inducible eukaryotic vector carrying red fluorescent protein[J].Nanfang Yike Daxue Xuebao（Journal of Southern Medical University）, 2008, 28（12）: 2113-2116.

［53］CHEN M G, HAN Z Q, LIN X H.et al.Construction of Dsred-labeling Curvularia lunata[J].Zhiwu Baohu（Plant Protection）, 2012, 38（6）: 16-21.

［54］CHENG M, FRY J E, PANG S, et al.Genetic Transformation of Wheat Mediated by Agrobacterium tumefaciens[J].Plant Physiology, 1997, 115（3）: 971.

［55］COULSON A, SULSTON J, BRENNER S, et al.Toward aphysical map of the Genome of the Nematode Caenorhabditis elegans[J].Proc.Natl.Acad.Sci., 1986,83: 7821-7825.

［56］CZYMMEK K J, BOURETT T M, SWEIGARD J A.Utility of cytoplasmic fluorescent proteins for live-cell imaging of magnaporthe grisea in planta[J].Mycologia, 2002, 94（2）: 280-290.

［57］DE KATHEN A, JACOBSON H J.Agrobacterium-tumefaciens mediated transformation of Pium sativum L.using binary and cointergrate vectors[J].Plant Cell Rep, 1990,9: 276-279.

［58］DILLEN W, CLERCQ J D, KAPILA J, et al.The effect of temperature on Agrobacterium tumefaciens-mediated gene transfer to plants[J].Plant,1997, 12（6）: 1459-1463.

［59］FEKIH R, TAKAGI H, TAMIRU M, et al.MutMap: Genetic mapping and mutant identification without crossing in rice[J].PLoS One, 2013,8（7）: e68529.

［60］FU F F, YE R, XU S P, et al.Studies on rice seed quality through analysis of a large scale T-DNA insertion population.Cell Res, 2009,19（3）: 380-391.

［61］HAWES M C, PUEOOKE S G.Variation in Binding and Virulence of Agrobacterium tumefaciens Chromosomal Virulence（chv）Mutant Bacteria on Different Plant Species[J].Plant Physiology, 1989, 91（1）: 113-118.

［62］HIEI Y, KOMARI T, KUBO T.Transformation of rice mediated by Agrobacterium tumefaciens[J].Plant Molecular Biology, 1997, 35（1-2）: 205-218.

［63］HIEI Y, OHTA S, KOMARI T, et al.Efficient transformation of rice（Oryza sativa L.）mediated by Agrobacterium and sequence analysis of the boundaries of the T-DNA[J].Plant, 1994,6（2）: 271.

［64］HSING Y I, CHERN C G, FAN M J, et al.A rice gene activation / knockout mutant resource for high throughput functional genomics[J].Plant Mol.Biol., 2007, 63: 351-364.

［65］HU L, LIANG W, YIN C, et al.Rice MADS3 regulates ROS homeostasis during late anther development[J].Plant Cell, 2011, 23（2）: 515-533.

［66］ISHIDA Y, SAITO H, OHTA S, et al.High efficiency transformation of maize（Zea mays L.）mediated by Agrobacterium tumefaciens[J].Nature Biotechnology, 1996, 14（6）: 745.

［67］JACH G, BINOT E, FRINGS S.et al.Use of red fluorescent protein from Discosoma sp.（dsred）as a reporter for plant gene expression[J].Plant., 2001, 28（4）: 483-491.

［68］JAMES D J, URATSU S, CHENG J, et al.Acetosyringone and osmoprotectants like betaine or proline synergistically enhance Agrobacterium-mediated transformation of apple[J].Plant Cell Reports, 1993, 12（10）: 559.

［69］JEONG D H, AN S, KANG H G, et al.T-DNA insertional muta-genesis for activation tagging in rice[J].Plant Physiol, 2002, 130: 1636-1644.

［70］JUN SHI, YAO XU, JIKAI LIU, et al.Identification of a novel signal for activation of Ti plasmid-encoded vir genes from rice（Oryza sativa L.）[J].Chinese Science Bulletin, 1995, 40（21）: 1824-1828.

［71］JUNG K H, HAN M J, LEE Y S, et al.Rice undeveloped tapetum1 is a major regulator of early tapetum development[J].Plant Cell, 2005, 17（10）: 2705-2722.

［72］JUNG K H, HAN M J, LEE D, et al.Wax-deficient anther1 Is Involved in cuticle and wax production in rice anther walls and is required for pollen development[J].Plant Cell, 2006, 18（11）: 3015-3032.

［73］KOLESNIK T, SZEVERENYI I, BACHMANN D, et al.Establishing an efficient Ac / Ds tagging system in rice: Large scale analysis of Ds flanking sequences[J].Plant, 2004, 37（2）: 301-314.

［74］LI H, PINOT F, SAUVEPLANE V, et al.Cytochrome P450 family member CYP704B2 catalyzes the ω-hydroxylation of fatty acids and is required for anther cutin biosynthesis and pollen exine formation in rice[J].Plant Cell, 2010, 22（1）: 173-190.

［75］LI H, YUAN Z, VIZCAYBARRENA G, et al.Persistent tapetal cell1 encodes a PHD-finger protein that is required for tapetal cell death and pollen development in rice[J].Plant Physiology, 2011, 156（2）: 615-630.

［76］LI N, ZHANG D S, LIU H S, et al.The rice tapetum degeneration retardation gene is required for tapetum degradation and anther development[J].Plant Cell, 2006, 18（11）: 2999.

［77］LI X Q, LIU C N, RITCHIE S W, et al.Factors influencing Agrobacterium-mediated transient expression of gusA, in rice[J].Plant Molecular Biology, 1992, 20（6）: 1037-1048.

［78］LI X, GAO X, WEI Y, et al.Rice apoptosis inhibitor5 coupled with two DEAD-Box adenosine 5'-triphosphate-Dependent RNA helicases regulates tapetum degeneration[J].Plant Cell, 2011, 23（4）: 1416.

［79］MARTIN G B, BROMMONSCHENKEL S, CHUNWONGSE J, et al.Map-based cloning of a protein kinase gene conferring disease resistance in tomato[J].Science, 1993, 262: 1432-1436.

［80］MARTIN G B, TANKSLEY W S D.Rapid identification of markers linked to a Pseudomonas resistance gene in tomato by using random primers and near isogenic lines[J].Proc.Natl.Acad.Sci, 1991, 88: 2336-2340.

［81］MATZ M V, FRADKOV A F, LABAS Y A, et al.Fluorescent proteins from nonbioluminescent anthozoa species[J].Nature Biotechnology, 1999,17（10）: 969-973.

［82］MICHEMORE R W, TEYTELMAN L, XU Y B, et al.Development and mapping of 2240 new SSR markers for rice（Oryza sativa L.）[J].DNA Research, 2002, 9: 199-207.

［83］MILLAR A A, GUBLER F.The Arabidopsis GAMYB-like genes, MYB33 and MYB65, are microRNA-regulated genes that redundantly facilitate anther development[J].Plant Cell, 2005, 17（3）: 705.

100

[84] MIYAO A, TANAKA K, MURATA K, et al.Target site specificity of the Tos1 7 retrotransposon shows a preference for insertion within genes and against insertion in retrotransposon rich regions of the genome[J].Plant Cell, 2003, 15: 1771－1780.

[85] NONOMURA K I, MIYOSHI K, EIGUCHI M, et al.The MSP1 gene is necessary to restrict the number of cells entering into male and female sporogenesis and to initiate anther wall formation in rice[J].Plant Cell, 2003, 15(8): 1728.

[86] PAPINI A, MOSTI S, BRIGHIGNA L.Programmed-cell-death events during tapetum development of angiosperms[J].Protoplasma, 1999, 207 (3-4): 213－221.

[87] PEREZ-PRAT E, CAMPAGNE M M V L.Hybrid seed production and the challenge of propagating male-sterile plants[J].Trends in Plant Science, 2002, 7(5): 199－203.

[88] SAHI S V, CHITON M D, CHITON W S, et al.Corn metabolites affect growth and virulence of Agrobacterium tumefaciens[J]. Proc.Natl.Acad.Sci., 1990, 87: 3879－3883.

[89] SALLAUD C, GAY C, LARMANDE P, et al.High throughput T-DNA insertion mutagenesis in rice: A first step towards in silico reverse genetics[J].Plant, 2004, 39: 450－464.

[90] SHI J, TAN H, YU X H, et al.Defective pollen wall is required for anther and microspore development in rice and encodes a fatty acyl carrier protein reductase[J]. Plant Cell, 2011, 23(6): 2225－2246.

[91] SHIMODA N, TOYODA-YAMAMOTO A, NAGAMINE J, et al.Control of expression of Agrobacterium vir genes by synergistic actions of phenolic signal molecules and monosaccharides[J].Proceedings of the National Academy of Sciences of the United States of America, 1990, 87(17): 6684－6688.

[92] SONG Y N, SHIBUYA M, EBIZUKA Y, et al.Synergistic action of phenolic signal compounds and carbohydrates in the induction of virulence gene expression of Agrobacterium tumefaciens[J].Chemical & Pharmaceutical Bulletin, 1991, 39(10): 2613－2616.

[93] SONIA TINGAY, DAVID MCELROY, ROGER KALLA, et al.Agrobacterium tumefaciens-mediated barley transformation[J].Plant Journal, 2010, 11(6): 1369－1376.

[94] SORENSEN A M, KRBER S, UNTE U S, et al.The Arabidopsis Aborted Microspores(AMS)gene encodes a MYC class transcription factor[J].Plant, 2003, 33(2): 413－423.

[95] SPENCER T M, KITTO S L.Measurement of endogenous ABA levels in chilled somatic embryos of carrot by immunoassay[J].Plant Cell Reports, 1988, 7 (5): 352－355.

[96] STUART D A, STRICKLAND S G.Somatic embryogenesis from cell cultures of medicago sativa, L.Ⅱ.the interaction of amino acids with ammonium[J]. Plant Science Letters, 1984, 34(1-2): 175－181.

[97] SUZUKI T, EIGUCHI M, KUMAMARU T, et al.MNU induced mutant pools and high performance TILLING enable finding of any gene mutation in rice Mol Genet Genom, 2008, 279(3): 213－223.

[98] TANKSLEY S D, GANAL M W, MARTIN G B.Chromosome landing: A paradigm for map-based gene cloning in plants with large genomes[J].Trend in Genetics, 1995, 11(2): 63－68.

[99] TILL B J, COOPER J, TAI T H, et al.Discovery of chemically induced mutations in rice by TILLING BM C[J] Plant Biology, 2007, 7: 9－30.

[100] USAMI S, MORIKAWA S, TAKEBE I, et al.Absence in monocotyledonous plants of the diffusible, plant factors inducing T-DNA circularization and vir, gene expression in Agrobacterium[J].Molecular & General

Genetics Mag, 1987, 209（2）: 221−226.

［101］VELUTHAMBI K, KRISHNAN M, GOULD J H, et al.Opines stimulate induction of the vir genes of the Agrobacterium tumefaciens Ti plasmid[J].Journal of Bacteriology,1989, 171（7）: 3696−3703.

［102］WANG N, LONG T, YAO W, et al.Mutant resources for the functional analysis of the rice genome[J].Mol Plant, 2013, 6（3）: 596−604.

［103］WANG Z F, AN J M, KONG J Q.The development and application of red fluorescent proteins with DsRed-like chromophore[J].Zhongguo Shengwu Huaxue Yu Fenzi Shengwu Xuebao（Chinese Journal of Biochemistry and Molecular Biology）, 2013, 29（3）: 197−206.

［104］WEEKS J T, ANDERSON O D, BLECHL A E.Rapid Production of Multiple Independent Lines of Fertile Transgenic Wheat（ Triticum aestivum ）[J].Plant Physiology, 1993, 102（4）: 1077.

［105］WEI F J, DROC G, GUIDERDONI E, et al.International consortium of rice mutagenesis: Resources and beyond Rice, 2013, 6（1）: 3914.

［106］WILSON Z A, MORROLL S M, DAWSON J, et al.The Arabidopsis MALE STERILITY1（MS1）gene is a transcriptional regulator of male gametogenesis, with homology to the PHD-finger family of transcription factors[J].Plant Journal for Cell & Molecular Biology, 2001, 28（1）: 27−39.

［107］WU C, U X, YUAN W, et al.Development of enhancer traplines for functional analysis of the rice genome.Plant, 2003, 35（3）: 418−427.

［108］WU H M, CHEUN A Y.Programmed cell death in plant reproduction[J].Plant Molecular Biology, 2000, 44（3）: 267−281.

［109］WU L, WANG X M, XU R Q, et al.Root infection and systematic colonization of DsRed-labelled fusarium verticillioides in Maize[J].Zuowu Xuebao（Acta AgronomicaSinica）, 2011, 37（5）: 793−802.

［110］XIA G M, LI Z Y, HE C X, et al.Transgenic plant regeneration from wheat（ Triticum aestivum L. ）mediated by Agrobacterium tumefaciens[J].Acta Phytophysilolgica Sinica,1999, 25（1）: 22−28.

［111］XU D H, LI B J, LIU Y, et al.Identification of rice（ Oriza sativa L. ）signal factors capable of inducing vir genes expression[J].Science in China, 1996, 30（1）: 8−16.

［112］XU Y, JIA J F, CHENG K C.Interaction and transformation of cereal cells with phenolics-pretreated Agrobacterium tumefaciens[J]. Chin.J.Bot, 1990, 2: 81−87.

［113］YANUSHEVICH Y G, STAROVEROV D B, SAVITSKY A P.A strategy for the generation of non-aggregating mutants of anthozoa fluorescent proteins. Febs[J].Letters, 2002, 511（1−3）: 11−14.

［114］YARBROUGH D, WACHTER R M, KALLLIO K, et al.Refined crystal structure of dsred, a red fluorescent protein from coral, at 2.0: a resolution（5）[J].Proceedings of the National Academy of Sciences, 2001, 98（2）: 462−467.

［115］YU J, HU S, WANG J, et al.A draft sequence of the rice genome（ Oryza sativa L.ssp.indica ）[J].Science, 2002, 296（5565）: 79−92.

［116］YUK I H, WILDT S, JOLICOEUR M, et al.A GFP-based screen for growth-arrested, recombinant protein-producing cells[J].Biotechnology & Bioengineering, 2002, 79（1）: 74.

［117］ZHANG W, SUN Y, TIMOFEJEVA L, et al.Regulation of Arabidopsis tapetum development and function by Dysfunctional Tapetum1（DYT1）encoding a putative bHLH transcription factor[J].Development, 2006, 133（16）: 3085.

102

［118］ZHANG Y, MAO J X, YANG K, et al.Characterization and mapping of a male-sterility mutant, tapetum desquamation（t）, in rice[J].Genome, 2008, 51（5）: 368.

［119］ZHU Y T.The preliminary study on the construction of exogenous gene specific system in transgenic rice endosperm using Dsred2[D].Thesis for M.S., Fujian Agriculture and Forestry University, 2010.

［120］ZUO L, LI S C, CHU M G, et al.Phenotypic characterization, genetic analysis, and molecular mapping of a new mutant gene for male sterility in rice[J].Genome, 2008, 51（4）: 303－308.

第四章

第三代杂交水稻中间材料的鉴定

第一节　中间材料的分子鉴定

　　第三代杂交水稻技术本质上是利用转基因手段获得不含转基因元件的不育系，但其保持系是含有转基因元件的，根据农业农村部对转基因材料的要求，我们必须对转基因材料进行鉴定。农业农村部对转基因植物的安全评价分为 4 个阶段，即中间试验阶段、环境释放阶段、生产性试验阶段和安全证书申报阶段，不同的阶段对试验材料、鉴定方法、种植范围、种植规模等都有不同的要求。对安全评价不同阶段的试验材料的试验要求也不同，主要有以下几点：分子特征，包括表达载体相关资料、目的基因在植物基因组中的整合情况、外源插入片段的拷贝数、外源基因的表达情况；遗传稳定性，主要包括目的基因整合的稳定性、目的基因表达的稳定性及目标性状表现的稳定性；环境安全，主要包括生存竞争能力、基因漂移的环境影响、转基因植物的功能效率评价、有害生物抗性转基因植物对非靶标生物的影响、对植物生态系统群落结构和有害生物地位演化的影响及靶标生物的抗性风险；食用安全，主要包括新表达物质毒理学评价、致敏性评价、关键成分分析、全食品安全性评价、营养学评价、生产加工对安全性影响的评价、按个案分析的原则需要进行的其他安全评价。对不同阶段材料的鉴定方法主要有 PCR 检测、Southern 杂交、RT-PCR、Northern 杂交、原位杂交、Western 杂交、ELISA、芯片技术等方法。

　　植物转基因操作中，除利用抗生素抗性和除草剂抗性等选择基于排除非转化细胞而留存转化细胞，以及利用 *GUS* 和 *GFP* 等报告基因显示转基因成分外，更重要的是从分子水平鉴别出阳性转化体，明确目的基因在转基因植株中的拷贝数、转录与表达情况。下面将常用的转基因植株检测与鉴定方法作一概述。

一、PCR 检测法

（一）常规 PCR

PCR 技术对目的片段的快速扩增实际上是一种在模板 DNA、引物和 4 种脱氧核糖核苷酸存在的条件下利用 DNA 聚合酶的酶促反应，通过 3 个温度依赖性步骤（即变性、退火和延伸）完成的反复循环。经 PCR 扩增所得目的片段的特异性取决于引物与模板 DNA 间结合的特异性。根据外源基因序列设计出一对引物，通过 PCR 反应便可特异性地扩增出转化植物基因组外源基因的片段，而非转化植株不被扩增，从而筛选出可能被转化的植株。PCR 检测所需的 DNA 量少，纯度要求也不高，不需用同位素，实验安全，操作简单，检测灵敏，效率高，成本低，成为当今转基因检测不可或缺的方法，被广泛应用。然而，PCR 检测易出现假阳性结果。引物设计不合理，靶序列或扩增产物的交叉污染，外源 DNA 插入后的重排、变异等因素，都会造成检测的误差。因此常规 PCR 的检测结果通常仅作为转基因植物初选的依据，有必要对 PCR 技术进行优化，并对 PCR 检测为阳性的植株做进一步验证。

（二）优化 PCR

对 PCR 技术进行优化，其目的在于提高扩增产物的特异性、推测目的基因的拷贝数及整合情况，从而提高检测的效率。优化的 PCR 技术常见的有多重 PCR（Multiplex PCR，MPCR）、降落 PCR（Touchdown PCR，TD-PCR）、rpPCR、反向 PCR（Inverse PCR，IPCR）、实时定量 PCR 等。

1. 多重 PCR

MPCR 是在同一 PCR 反应体系中，使用多套针对多个 DNA 模板或同一模板的不同区域进行 PCR 扩增的方法。与普通 PCR 法相比，MPCR 反应更快捷、更经济，只需 1 次 PCR 反应就能检测多个靶基因。Matsuoka 等（2001）用该方法同时扩增出了转基因玉米的 5 种外源基因 *Bt11*、*Bt176*、*Mort810*、*T25*、*GA21*。陈明洁等（2004）用 MPCR 对转基因小麦植株的报告基因 *uidA* 和选择基因 *hat* 进行扩增，MPCR 的检测结果与单基因的 PCR 检测结果完全一致。由于 MPCR 技术是在同一反应中加多对引物同时对多个靶位点进行检测，因此对引物的要求较高，不同引物间的相互干扰应降至最低；扩增的目的片段的大小也不能太接近，否则凝胶电泳时难以分开，无法辨别。

2. 降落 PCR

TD-PCR 是一种在一个反应管或少数几个反应管中通过一系列退火温度逐渐降低的反应循环来达到最佳扩增目的基因的 PCR 方案。它通过体系自身的代偿功能弥补由反应体系和并非完美的循环参数所造成的不足，保证了最初形成的引物模板杂交体具有最强的特异性。尽管最后一些循环采用的退火温度会降到非特异的 T_m 值，但此时的扩增产物已开始几何扩增，在余下的循环中处于超过任何非特异性 PCR 产物的地位，从而使 PCR 产物仍然呈现出特异性扩增。R. H. Don（1991）等认为，PCR 过程的前几个循环对于扩增产物的纯度非常重要，因此前几个循环较高的退火温度会增加引物与模板结合的特异性，TD-PCR 方法可以阻止非特异性产物的形成。由于 TD-PCR 的策略是在较早的循环中避免低 T_m 值配对，故在 TD-PCR 中必须采用热启动技术。田路明等用 TD-PCR 对高羊茅转基因植株两个片段进行了扩增，结果表明 TD-PCR 能快速准确检测转基因植株。

3. rpPCR

由于外源基因整合到目标基因组时常发生重排，因此 Southern 杂交并不能清楚地分析转基因的拷贝数和整合情况。Kumar S.（2000）在研究转基因杨树的外源基因整合行为时发明了 rpPCR 方法。这种方法就是利用不同的引物进行配对，根据不同的引物对基因组 DNA 的扩增情况及产物的大小来推定 T-DNA 的拷贝数、整合情况及拷贝的完整性等信息。与 Southern 杂交相比，该法的优点在于能比较方便快速地指出重复单位是否完整，并能表明这种重复的方向。此方法的不足之处是当有多拷贝整合在不同的染色体上时不能显示作用。

4. 反向 PCR

IPCR 与普通 PCR 的相同之处是都有一个已知序列的 DNA 片段，引物都分别与已知片段的两末端互补；不同的是对该已知片段来说，普通 PCR 两引物的 3' 末端是相对的，而 IPCR 则是相互反向的，因而 IPCR 可以扩增已知序列片段旁侧的未知序列。根据这一特点，可以对外源基因在植物基因组中整合的拷贝数进行分析，多拷贝位点整合时扩增产物在电泳图谱上呈现多条带，单拷贝时只得到单条带。然而，该技术要求 DNA 模板复杂度低于 109 bp，如果高于此值则不能获得理想的效果。另外，自连接（环化）的效率也是限制该技术成功的因素。

5. 实时定量 PCR

实时定量 PCR 是一种在 PCR 反应体系中加入荧光基团，利用荧光信号积累实时监测整个 PCR 进程，最后通过标准曲线对未知模板进行定量分析的方法。其特点：特异性好，该技术通过引物和／或探针的特异性杂交对模板进行鉴别，具有很高的准确性，假阳性低；灵敏度高，采用灵敏的荧光检测系统对荧光信号进行实时监控；线性关系好，由于荧光信号的强弱与模板扩增产物的对数呈线性关系，通过荧光信号的检测对样品初始模板浓度进行定量，误差小，操作简单，自动化程度高，实时定量 PCR 技术对 PCR 产物的扩增和检测在闭管的情况下一步完成，不需要开盖，交叉污染和污染环境机会少；没有后处理，不用杂交、电泳、拍照。Ingham D.J. 等（2001）研究发现，可用双向实时定量 PCR 检测转基因植物中的外源基因拷贝数。他们通过对 37 个株系的实时定量 PCR 检测，发现仅有 2 个株系由于多个拷贝同时插入了 1 个位点而与 Southern 结果不符，其余 35 个株系的双向实时定量 PCR 检测结果与 Southern 结果高度吻合，表明实时定量 PCR 技术可用于检测转基因植物的拷贝数。杜春芳等则建立了一种双重定量 PCR 技术鉴定转基因植物纯合子的新方法，该方法能鉴定出转基因植株是纯合型还是杂合型，并能准确鉴定出转化植株外源基因的拷贝数，为鉴定转基因植物的整合性提供了方便。

二、外源蛋白检测与鉴定法

外源基因在转化植株中的转录水平可以通过细胞总 RNA 和 mRNA 与探针杂交来分析，称为 Northern 杂交，它是研究转基因植株中外源基因表达及调控的重要手段。Northern 杂交程序一般分为 4 个部分：植物细胞总 RNA 的提取、探针的制备、印迹及杂交。Northern 杂交比 Southern 杂交更接近目的性状的表现，因此更有现实意义。如竺晓平（2006）、刘君（2006）等用 Northern 杂交分别对马铃薯、水稻、烟草的目的基因表达进行了鉴定。

Northern 杂交的灵敏度有限，对细胞中低丰度的 mRNA 检出率较低。因此在实际工作中，更多的是利用 RT-PCR 技术对外源基因转录水平进行检测。

RT-PCR 的原理是在反转录酶作用下，以待检植株的 mRNA 反转录 cDNA，再以 cDNA 为模板扩增出特异的 DNA。因此，RT-PCR 可在 mRNA 水平上检测目的基因是否表达。RT-PCR 十分灵敏，能够检测出低丰度的 mRNA，特别是在外源基因以单拷贝方式整合时，其 mRNA 的检出常用 RT-PCR。Samia Diennane 等（2002）把烟草还原酶基因 *NIA2* 经农杆菌介导导入马铃薯，经 RT-PCR 分析，*NIA2* 基因在转基因马铃薯体内 RNA 水平得到表达。周苏玫等（2006）以皖麦 48 为受体导入反义 *trxs* 基因，研究抗穗发芽特性，用 RT-PCR 检测 *trxs* 基因的转录水平，结果表明，反义 *trxs* 基因正常表达的阳性植株，*Irxs* 基因 mRNA 的丰度极显著降低，从而起到抵制穗发芽的作用。由于 RT-PCR 是在总 RNA 或 mRNA 水平上操作，检测过程中必须注意 RNA 的降解和 DNA 的污染，另外还要设置严格的对照来防止假阳性结果的出现。

三、mRNA 检测与鉴定法

尽管在 mRNA 水平也能一定程度地研究外源基因的表达，但存在 mRNA 在细胞质中被特异性地降解等情况，mRNA 与表达蛋白质的相关性不高（相关系数低于 0.5），基因表达的中间产物 mRNA 水平的研究并不能取代基因最终表达产物的研究。转基因植株外源基因表达的产物一般为蛋白，外源基因编码蛋白在转基因植物中能够正确表达并表现出应有的功能才是植物转基因的最终目的。外源基因表达蛋白检测主要利用免疫学原理，ELISA 及 Western杂交是外源基因表达蛋白检测的经典方法。

（一）ELISA

ELISA 的基础是抗原或抗体的同相化及抗原或抗体的酶标记，把抗原抗体反应的高度专一性、敏感性与酶的高效催化特性有机结合，从而达到定性或定量测定的目的。ELISA 有直接法、间接法和双抗夹心法之分，目前使用最多的是双抗夹心法，其灵敏度最高。一般 ELISA为定性检测，但若作出已知转基因成分浓度与吸光度值的标准曲线，也可据此来确定样品转基因成分的含量，达到半定量测定。该方法已在棉花、辣椒、水稻、烟草、香茄等多种转化植株的检测中应用。使用 ELISA 检测外源基因表达蛋白具有便捷、灵敏、特异性好、试剂商业化程度高、成本低、适用范围广、试验结果易读等特点，但也存在易出现本底过高、缺乏标准化等问题。

（二）Western 杂交

Western 杂交是将蛋白质电泳、印迹、免疫测定融为一体的蛋白质检测技术。其原理：将 SDS 聚丙烯酰胺凝胶电泳（SDS-PAGE）分离的目的蛋白原位固定在固相膜上（如硝酸纤维膜），再将膜放入高浓度的蛋白质溶液中温育，以封闭非特异性位点，然后在印迹上用特定抗体（一抗）与目的蛋白（抗原）杂交，再加入能与一抗专一结合的标记二抗，最后通过二抗上的标记化合物的性质进行检出。根据检出结果，可知目的蛋白是否表达、浓度大小及大致的分子量。此方法特异性高，可用于定性检测。由于 Western 杂交是在翻译水平上检测目的基因的表达结果，能够直接表现出目的基因的导入对植株的影响，一定程度上反映了转基因的成败，所以具有非常重要的意义，被广泛采用。该方法已应用于烟草、青蒿、枸杞、杨树等相关目的基因导入后的表达。Western 杂交的缺点是操作烦琐，费用较高，不适合做批量检测。

四、转基因植株检测的其他技术

（一）基因芯片技术

生物芯片技术起源于核酸分子杂交，于 20 世纪 80 年代提出，90 年代初期迅速发展，1991 年 Affymetrix 公司 Fodor 小组对原位合成的 DNA 芯片作了首次报道。生物芯片（Biochip）是指高密度固定在固相支持介质上的生物信息分子（如寡核苷酸、基因片段、eDNA 片段或多肽、蛋白质）的微阵列。生物芯片可分为基因芯片及蛋白质芯片，都可用于转基因植物的检测与鉴定，但目前应用潜力较大的是用于转基因植株中外源基因表达调控的 eDNA 芯片。eDNA 芯片能够检测出由外源基因整合及外源基因不同的整合方式所引起的植物基因组任何微小的表达差异。将不同被测样品的 mRNA 分别用不同的荧光物质标记，各种探针等量混合与同一阵列杂交，可以得到外源基因表达强度差异的信息，从而实现外源基因表达调控的比对研究。如用基因芯片比较转基因植物和野生型植物的基因表达水平差异，$HAT4$ 基因在转基因植物中的表达水平是其野生型的 50 倍。将目前通用的报告基因、选择标记基因、目的基因、启动子和终止子的特异片段固定于玻片上制成检测芯片，与从待检植株抽提、扩增、标记后 DNA 杂交、杂交信号经扫描仪扫描，再经计算机软件进行分析判断，可对转化植株进行有效筛选。例如，利用基因芯片对转基因水稻、木瓜、大豆、玉米、油菜等作物的检测结果表明该方法快速、准确。

与常规技术相比，生物芯片技术的突出特点是高度并行性、多样性、微型化及自动化。目前，成本高的局限，使得该项技术的推广应用受到了限制，一些假阳性背景也使得其应用受限。相信随着生物技术的不断发展，计算机处理软件的进一步开发利用，生物芯片必将得到越来越多的应用。

（二）纸条技术

纸条技术与 ELISA 原理相似，不同之处是以硝化纤维膜代替聚苯乙烯反应板为固相载体。其原理：先将特异性抗体吸附在膜上，将膜放入混有样品的溶液中，蛋白质随着液相扩散，遇到抗体发生抗原－抗体反应，通过阴性对照筛选阳性结果，并给出转基因成分含量的大致范围。试纸条方法是一种快速简单的定性检测方法，将试纸条放在待测样品抽提物中，5～10 min 就可得出检测结果，检测过程不需要特殊仪器和熟练的技能，经济便捷，特别适用于田间和现场检测。Akiyama H. 等（2006）用试纸条检测了转基因水稻中 Cr'clae 蛋白质的含量，精度可达 0.012 mg/g。但试纸条检测只能对特定的单一靶蛋白进行检测。另外，近来有文献报道了试纸条检测技术的新发展，可利用试纸条技术对样品中某一核酸序列进行特异性的检测，并且实现了在同一试纸条上对多个核酸序列的同时检测。这无疑拓展了这项技术的应用范围，有助于检测效率的提高。

（三）原位杂交技术

原位杂交是通过杂交确定被检物在样本中的原本位置，是目前外源基因在染色体上定位及外源基因在组织细胞内表达定位的主要方法。染色体 DNA 原位杂交可用来确定外源基因在染色体上的整合位置，对研究外源基因遗传特点具有重要意义。许多实验表明，位置效应是影响外源基因稳定及表达的重要因素。mRNA 原位杂交可直观地观察到外源 mRNA 的表达以及不同发育时期表达是否有差异。外源基因表达蛋白的组织细胞免疫定位可用来确定表达蛋白在转基因植物组织及细胞中的分布，成为研究转基因植物中外源基因功能及外源蛋白稳定性的重要手段。A. P. Santos 等报道了利用原位杂交技术使不同组织和物种在分裂间期的外源基因（包括单拷贝基因）和它的转录本可视化，与在细胞分裂中期研究基因行为相比，基因（外源基因）的表达主要是发生在染色体分裂间期，因此更直观、更有意义，有助于准确预测外源基因是否表达，可望减少外源基因后期检测时间。王递群等利用蛋白免疫原位杂交法研究了转基因植物外源基因表达，认为该法比 Western 杂交操作简便、有效可行，适用于在翻译水平上对转基因植物进行分子检测。

近几年还发展了一些新的外源基因的检测方法，如质谱分析、色谱分析、生物传感器、近红外光谱等，在转基因植物检测中都有应用。

随着分子生物学和植物基因工程的不断发展，植物转基因技术也越来越成熟，其最大的好处是可以打破自然界物种间原有的生殖隔离，促进基因在不同物种间的交流，极大地丰富变异类型，增大遗传多样性，为植物新品种的培育提供了丰富的种质资源。自 1983 年首次获得转基因植物以来，已有 30 多个科约 200 多种植物转基因成功，国际上相继有 30 多个国家批准 3 000 多种转基因植物进入田间试验，并在美国、加拿大、中国等 20 多个国家成功进行了商品化生产。人们也在应用越来越多的技术试验手段从不同水平对转基因产品及其加工品进行检测和监测，未来将会发展出更多更先进的技术来对其进行监测。

第二节　中间材料的表型鉴定

在水稻各个质源的不育系中，冈型不育系的分蘖最早达到稳定状态，7 月 18 日以后就不再增长，最高分蘖维持在 15 个左右。其他 5 个不育系则在 8 月 7 日才稳定，较之冈型不育系迟了两周。在 6 个不同质源的不育系中，以 K59A 不育系的分蘖力最强，最高分蘖达到了 20 个，而 D59A 不育系分蘖力最低，最高分蘖为 14 个。这说明不同的细胞质源对不育系能达到的最高分蘖数都是有影响的。在育种中若想杂种达到多蘖而增产的目的，以选用 K 型胞质不育系为佳。

不育系的株型性状在很大程度上决定着其杂种后代的株型及产量表现。而上三叶的叶角及长宽等性状对株型有着直接的影响。在生产上，现在我们一般认为株型较紧、叶片挺直、长宽适中而稍带卷曲者为能取得高产的株型性状。6 个不同败育胞质不育系的主茎叶片数为 11~14，主要是 12~13 片叶者居多，经方差分析差异不显著。以 59B 作核置换育成的 6 个质源不育系中，株型普遍紧凑，叶片挺直。

细胞质雄性不育的实质是细胞核和细胞质共同作用引起的不育。细胞质遗传属于母系遗传，广泛存在于高等植物中，一方面它可促使雄性不育的发生，另一方面对植物的农艺性状及生长发育等方面的性状都会产生不同程度的影响。多数研究对水稻雄性不育系农艺性状的遗传现象所得结论基本一致，由细胞质原因引起的不育系植株的抽穗期、植株高低和每株生产量与可育株不同，它们抽穗较晚、植株矮小、每株产量下降。

杂种优势利用是大幅度提高作物产量的重要而有效的途径。近年来中国在三系法和两系法杂交水稻育种研究上均取得了较大进展，目前仍保持世界领先水平。目前杂种优势利用方式限制因素较多，选育实用的优良杂交水稻组合难度较大，缺少突破性的恢复系和不育系。作物育种实践表明，突破性成就依赖于特异种质的发现及育种材料的构建（程式华，2000）。

三系法杂交水稻是经典的方法，优点是不育性稳定，不足之处是其育性受恢保关系制约，恢复系很少，保持系更少，因此选到优良组合的概率较低。

两系法的优点是配组的自由度很高，几乎绝大多数常规品种都能恢复其育性，因此选到优良组合的概率大大高于三系法杂交稻。此外，选育光温敏不育系的难度较小。其缺点是育性受气温高低的影响，而天气非人力能控制，若制种遇异常低温或繁殖遇异常高温，结果都会失败。

第三代智能不育系是将普通核不育水稻（武运粳 7 号）通过基因工程育成的遗传工程雄性不育系，不仅兼有三系不育系育性稳定和两系不育系配组自由的优点，又克服了三系不育系配组受局限、两系不育系可能"打摆子"和繁殖产量低的缺点。

第三代杂交水稻每个稻穗上约结一半有色的种子和一半无色的种子（图 4-1）。无色的种子是非转基因的、雄性不育的，可用于制种，因此制出的杂交稻种子也是非转基因的；有色种子是转基因的、可育的，可用来繁殖，其自交后代的稻穗又有一半结有色、一半结无色的种子，利用色选功能将二者彻底分开，因此制种和繁殖都非常简便易行。

其主要特征特性有以下几个方面：

将第三代杂交水稻中间材料与野生型水稻进行杂交，在海南三亚和山东青岛种植，并进行田间观察鉴定，在抽穗期开始对其进行育性调查。研究发现，该中间材料在苗期时叶色适中，叶片直立矮壮，一般情况下其单株带蘖数为2～3个。该中间材料在抽穗开花期，其雌蕊正常可育，雄蕊数量也为正常的6枚，但花丝细而长，花药瘦小、干瘪并呈白色，花粉囊内无花粉粒，属于无花粉型雄性不育，如图4-2所示，不育特性不受光温条件的影响。

图4-1　第三代杂交水稻稻穗

A. 植株；B. 穗子；C. 雌雄蕊。

图4-2　中间材料（右）与中花11（左）的形态特征比较

其成株时期，株高为100～105 cm，较保持系矮3～5 cm，主茎总叶片数为20片左右，伸长节间6～7个，其株型良好，生长清秀，不包茎，成熟时秆青籽黄，熟相较好，如图4-3所示。

图 4-3　第三代杂交水稻中间材料的成熟期

碘染法试验镜检结果显示，完全未见花粉粒，而野生型亲本含有大量染色正常的花粉粒，表明中间材料是典型的无花粉型雄性不育，如图 4-4 所示。

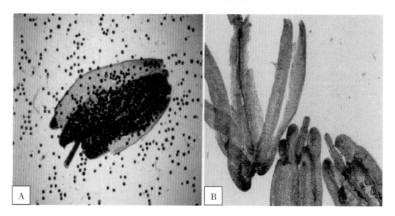

图 4-4　中间材料（B）与野生型亲本（A）的花药 KI-I 溶液染色

中间材料的穗部形态穗层整齐，着粒密度适中，穗长 16~17 cm，每穗总粒数为 120 粒左右，千粒重为 28 g，繁种异交率为 40% 左右，易脱粒。谷粒椭圆，颖尖无色，谷壳秆黄，无芒，出糙率为 84.4%，精米率为 74.1%，垩白度为 6.0%，透明度 2 级，胶稠度 82，直链淀粉 17.3%。其从播种至始穗期需要 100~105 d，与保持系同期抽穗或略迟 1~2 d，齐穗至成熟期需 35 d 左右，全生育期 145~148 d。研究发现，其株高、每株穗数、穗长、每穗粒数、结实率和千粒重等无显著差异，如表 4-1 所示。

表 4-1　中间材料与野生型亲本主要农艺性状比较

性状	对照	中间材料	比对照增减 /%
株高 /cm	103±2.6	105±2.6	1.94
每株穗数 / 穗	6.5±1.1	6.7±1.2	3.08
穗长 /cm	16.5±0.8	17.3±1.0	4.85
每穗粒数	123±2.3	125±1.5	1.63
结实率 /%	78.9±0.6	0	−78.9
千粒重 /g	28±0.3	29±0.1	3.57

该中间材料分蘖能力较强，繁茂性较好，每亩最高分蘖数 20 万 ~ 21 万，亩有效穗 14 万 ~ 16 万。在抗病性方面，抗稻瘟病，中抗白叶枯病，且耐肥抗倒性强，但较易感条纹叶枯病。通过套袋鉴定，不育株率、不育度均达 100%，不育性稳定。花粉败育类型以染败型为主（染败型占 93%，圆败型占 1.7%，典败型占 4%），花粉败育时期以三核期为主，少部分为单核和二核阶段。

开花时间集中，开花高峰明显，不育系和保持系的花期基本同步，单穗花期 5 d 左右，单株花期 5 ~ 10 d，群体花期 12 ~ 13 d。始穗当天即开花，见花后 3 ~ 4 d 进入开花盛期，第 5 ~ 6 d 达开花高峰，高峰期内开花量占总颖花量的 70% 左右。日开花动态：晴至多云天气，始花 10：30—11：00，高峰 11：30—12：00，终花 13：30—14：00，历时 3 ~ 3.5 h。开花时间较保持系迟 10 ~ 15 min，阴天开花时间较上述天气迟 1 ~ 2 h。开花角度 30° ~ 35°，开闭颖历时 50 ~ 70 min，柱头不外露。

朱英国（1979）对不同来源的水稻雄性不育系和恢复系进行了研究，比较了它们的株高、穗长等生长性状，得出的结果显示：不育系细胞质不仅引起了植株雄性不育，还使植株某些数量性状发生变化，生理代谢发生异常，例如生育时期推后、穗颈较短、第一节间变短、植株变低等。沈圣泉（1997）研究显示，在多数性状上不育细胞质基因与核基因的互作效应和可育细胞质基因与核基因的互作效应存在或多或少的差异，比如雄性不育细胞质使植株的剑叶长度增加、单株穗数变多、抽穗延缓，细胞质和核之间的作用使结实率、单株穗数等特征以及植株的叶片长度、高度等性状受到影响。孙叶等（2006）研究了雄性不育系胞质对苏秋、六千辛、苏蕾水稻品种转育成的同核异质不育系主要经济性状的遗传效应，发现不育细胞质在每穗总粒数、抽穗期、千粒重、单株穗数 4 个性状上效应不显著，结实率、每株产量、植株高度、每穗粒数等性状上的不育系胞质负效应显著。陈萍（1992）和盛孝邦（1986）等研究发现，各不育细胞质同核质互作效应对株高等性状具有显著作用，雄性不育细胞质对杂交稻的成穗率、穗长、株高、结实率等多个农艺性状显示为负向效应，对抽穗期、最高分蘖数存在正向效应的情况，并且细胞质类型不同对性状的作用就存在差异。邢少辰等（1990）对水稻细胞质不育系的研究结果显示，不育系细胞质遗传现象多数是一种核质互作效应。该研究通过测量株高、穗长、单株有效穗数等多个农艺性状，发现雄性不育系对单株穗数、每穗粒数等性状的影响较大，而对生育期、穗子长度和株高的影响不大。黄兴国等（2011）的研究结果表示，细胞质效应对剑叶长、宽及生育期的影响很小，对每穗粒数、植株高度等性状的影响较大。

References
参考文献

----

［1］陈明洁，刘勇，涂知明，等.多重 PCR 法快速鉴定转基因小麦植株后代 [J].华中科技大学学报（自然科学版），2004，32（9）：105-107.

［2］陈萍.不同不育细胞质对杂种优势效应的研究 [J].杂交水稻，1992（3）：42-44.

［3］程式华.杂交水稻育种材料和方法研究的现状及发展趋势 [J].中国水稻科学，2000，14（3）：165-169.

［4］黄兴国，汪广勇，余金洪，等.水稻同核异质雄性不育系的细胞质遗传效应与细胞学研究 [J].中国水稻科学，2011，25（4）：370-380.

［5］刘君，韩烈保.*CMD* 与 *BADH* 双基因表达载体构建及在烟草中的表达 [J].中国生物工程杂志，2006，26（8）：5-9.

［6］沈圣泉，薛庆中.不同细胞质的核质互作对籼粳杂种 F_1 代主要农艺性状的影响 [J].中国水稻科学，1997，11（1）：6-10.

［7］盛孝邦，李泽炳.我国杂交水稻雄性不育细胞质研究的进展 [J].中国农业科学，1986，19（6）：12-16.

［8］孙叶，顾燕娟，张宏根，等.水稻 3 种不育细胞质遗传效应的比较研究 [J].扬州大学学报（农业与生命科学版），2006，27（2）：1-4.

［9］邢少辰，陈芳远.籼型杂交水稻不育系胞质对杂种一代主要农艺性状的影响 [J].基因组学与应用生物学，1990（3）：15-22.

［10］周苏玫.转反义 *trxs* 基因小麦株系 00T89 分子鉴定及糠穗民芽特性研究 [J].生物工程学报，2006，22（3）：438-494.

［11］朱英国.水稻不同细胞质类型雄性不育系的研究 [J].作物学报，1979，5（4）：29-38.

［12］竺晓平，朱常香，宋云枝，等.*CP* 基因 3' 端短片段介导对马铃薯 Y 病毒的抗性 [J].中国农业科学，2006，39（6）：1153-1158.

［13］AKIYAMA H, WATANABE T, KIKUCHI H, et al.A detection method of Cry1Ac protein for identifying genetically modified rice using the lateral flow strip assay[J].Shokuhin Eiserqaku Zasshi, 2006, 47（3）: 111-114.

［14］INGHAM D J, BEER S, MONEY S, et al.Quantitative real-time PCR assay for determining transgene copy number in transformed plant[J]. Biotechnology, 2001, 31（1）: 132-140.

［15］KIMAR S, FLADUNG M.Determination of transgene repeat formation and promoter methylation in transgenic plants[J].Bio Techniques, 2000, 28: 1128-1137.

［16］MATSUOKA T, KURIBARA H, AKIYAMA H, et al.A multiplex PCR method of detecting recombinant DNAs from five lines of genetically modified maize[J]. Food Hyg, Soc Japan, 2001, 42: 24-32.

［17］JENNANE S D, JEAN-ERIC QUILLERÉ C I, et al.Introduction and expression of a deregulated tobacco nitrate reductase gene in potato lead highly reduced nitrate levels in transgenic tubers[J].Transgenic research, 2002（11）: 175-184.

第五章

第三代杂交水稻在杂交育种中的应用

　　中国是一个人口和农业大国，保障粮食安全始终是农业科技的一项重要任务。目前农作物育种中应用最广泛、最有效的技术是杂交育种技术。从 20 世纪 70 年代至今，杂交水稻实现真正产业化已有 40 多年的历史，在此期间，杂交水稻技术也随着时间的推移不断地更新和发展，从最初的"三系法"到 20 世纪 90 年代以光温敏不育系为基本材料的"两系法"，每一次杂交稻技术的革新都使全国水稻种植生产乃至粮食生产发生了翻天覆地的变化。进入 21 世纪以来，科技的发展日新月异，随着人类对基因工程及分子生物学等领域的探索逐步进入更深的层次，以遗传工程不育系为核心技术的第三代杂交水稻横空出世，这将为杂交水稻技术的发展开启新的篇章。

第一节　第三代杂交水稻的优势分析

　　利用杂种优势所遵循的亲本选配原则与常规杂交育种相同，但须特别注意两点：一是选配强优势的优良组合，要求两亲的亲缘关系较远、性状差异较大、优缺点互相弥补、配合力好、纯度高；二是杂交简便、制种成本低，要求两亲的开花期尽可能相近，并以丰产性较好的为母本，花粉量大的作父本，以利制种。利用杂种优势的方法因作物的传粉方式、繁殖方法和遗传特点不同而有区别。

　　异花授粉作物及群体遗传基础复杂，基因型众多，同一个体在遗传上也是杂合的。因此，首先要通过多代的人工选株自交，同时测定其配合力，选育出高度纯合的优良自交系，再组配成强优势的杂交种。

对于杂种优势在农业生产中的应用，一个重要环节是进行杂交种的高效制种。杂交玉米种子的通用制种方法是利用雌雄异花特性实现的，即人工（或利用机械）去除母本自交系的雄花，以另一自交系（父本）的花粉进行授粉获得杂交种子，其操作相对简单易行。因此，玉米的杂种优势利用得早，且体系成熟，应用广泛。雌雄同花植物（如水稻、小麦等）无法通过去除母本花粉的途径实现大规模制备杂交种子，利用具有花粉不育特性的植株作为母本制备杂交种子的技术体系就成为雌雄同花植物杂种优势利用的唯一途径。以雄性不育为技术核心的杂种优势利用体系中，技术关键是解决不育系种子的批量繁殖和杂交种子的规模化生产。对于水稻、小麦这两大人类主要粮食作物来说，围绕以雄性不育为技术核心的杂种优势利用体系中的任何技术革新，对世界粮食生产和粮食安全都有举足轻重的影响。

一、三系法杂种优势利用及其存在的问题

中国杂交粳稻研究始于 1965 年。当时云南省农业科学院在种植台北 8 号的稻田中发现天然不育株，于 1969 年育成滇 I 型红帽缨粳稻不育系（李铮友，1998）。这是中国最早育成粳稻不育系，但在生产上应用较迟。1972 年，BT 型不育系台中 65A（BT-C）引入中国后，由湖南省农业科学院转育成 BT 型黎明 A（袁隆平，1988）；辽宁省农业科学院杨振玉教授通过籼粳杂交将籼稻 IR 8 的恢复基因引入粳稻，于 1976 年育成 C57 等 C 系统恢复系，实现了粳"三系"配套，杂交粳稻黎优 57 首先在东北推广应用。自此以后，BT 型不育系成为中国粳稻杂种优势利用最主要的不育系类型（王才林，1989）。

近 20 年，无论南方还是北方，粳稻常规品种在产量和品质的改良方面均有突破，特别是直立穗高产品种的问世，使粳稻产量水平上了一个新台阶，被认为是粳稻中的理想株型。在杂交粳稻育种方面，近 20 年全国通过省级以上品种审定的组合有数十个，仅江苏省育成的组合就超过 20 个，如江苏徐淮地区徐州农科所选育的 9 优 138、9 优 418、8 优 682、69 优 8 号和徐优 201，江苏省农业科学院粮食作物研究所选育的泗优 422、86 优 8 号，常熟市农科所选育的常优 1 号、常优 2 号和常优 3 号，盐都县农科所选育的盐优 1 号和盐优 2 号，江苏徐淮地区淮阴农科所选育的泗优 9083、泗优 9022 和泗优 418，江苏里下河地区农科所选育的泗优 523，江苏中江种业公司选育的泗优 12 和苏优 22，扬州大学选育的泗优 88、陵风优 18 和陵香优 18，等等。尽管育成的杂交粳稻组合数不少，但从生产应用方面看，实际推广的组合并不多，推广面积不大；制种单位不少，但未形成产业化规模；种子生产和经营虽有效益可获，但对促进农业增产、增效的贡献不大。杂交粳稻发展缓慢（汤述尧，2008），杂交粳稻的杂种优势在实际应用中仅为 10% 左右，不如杂交籼稻的杂种优势强。

粳型三系不育系均由 BT 型资源与主栽粳稻品种育成，在粳稻中很难找到恢复系，典型籼粳间的遗传障碍又导致不能直接利用籼稻的恢复基因。因此，须通过"籼粳架桥"技术获得中间材料，在利用籼稻恢复基因的同时利用籼稻的广适性、抗逆性等优良有利基因。但是这种"籼粳架桥"技术获得的中间材料，其籼粳成分必须适度，籼型成分过多则不能适应北方的生态条件，籼型成分过少又不能扩大双亲间的遗传差距而扩大杂种优势。因此，尽管籼粳亚种间杂种优势十分突出，具有巨大的增产潜力，但生产上运用粳稻不育系所配杂种的优势利用实际上是部分亚种间杂种优势的利用。杂交粳稻优势不强的另一个原因是亲本之间遗传基础缺乏多样性，而且通过"籼粳架桥"技术获得的中间材料随即被广泛地用来转育成新的恢复系。据估计，到 20 世纪末国内应用的粳稻恢复系 60% 含有 C57 的亲缘，这是广泛转育的结果（杨振玉，1998）。有学者对北方杂交粳稻骨干亲本遗传差异进行 SSR 标记检测，结果 23 个骨干亲本中有 16 个被聚于同一组内，约占 70%，足见北方杂交粳稻亲本间的遗传基础比较狭窄（邱福林，2005）。

此外，与野败型不育系相比，BT 型粳稻不育系花粉败育时期较晚，不育性不如野败（WA）型籼稻不育系稳定，常给制种纯度带来影响；粳稻不育系柱头外露率低，开花习性较差，制种产量低而不稳。因此，许多种子公司怕承担生产经营风险而不选择 BT 型粳稻不育系作为制种亲本。

三系杂交稻利用的雄性不育系都属于核质互作型雄性不育类型。已发现的水稻不育细胞质来源有百种以上，但在生产上应用的仅有少数几种。中国推广的三系杂交稻以杂交籼稻为主，其中 WA 型不育系以其不育性稳定而得以在生产利用中占主导地位；杂交粳稻的推广面积较小，以利用 BT 型粳稻不育系为主。BT 型粳稻不育系花粉败育发生在三核期，有淀粉粒充实，用 I-KI 溶液可染色，不育性不如 WA 型籼稻不育系稳定，遇高温常发生自交结实，使杂种 F_1 中出现大量不育株。BT 型粳稻不育系的开花习性和异交习性也不如籼稻不育系，而且制种产量低。其开颖角度小，开花迟，柱头不外露或柱头外露率低，因此影响繁殖、制种的异交结实率和产量。特别是恢复系与不育系花时差异较大的组合，制种产量会受到更大影响，难以达到杂交籼稻的制种产量水平。

总之，三系杂交稻存在的问题日益凸显，在三系法基础上进一步完善杂交水稻育种技术是必然的。

二、两系法杂种优势利用及其存在的问题

两系法杂交水稻的研究始于 1973 年石明松发现的光敏核不育系农垦 58S。它避免了三

系法雄性不育细胞质单一化的潜在危害和对某些经济性状的负效应，提高了不育系种子和两系杂种的纯度，降低种子生产成本。由于光温敏核不育系能"一系两用"，在不育系繁殖过程中没有保持系，因而也避免了三系不育系极易出现的机械混杂保持系的现象。

历经 40 多年的研究，我国虽然利用两系育成了一批优良的品种，育种技术也已经成熟，但因其技术含量高，种子生产要求的环境条件严格，致使近几年在两系法杂交水稻的应用过程中出现了一些较为严重的问题（雷东阳，2009；何强，2004）。据不完全统计，2009 年，江苏、安徽、四川等地由于出现 24 ℃左右的持续低温，近 6 700 hm² 制种田的不育系育性敏感期正处在此阶段而导致育性波动，造成制种失败，直接经济损失近亿元，尤为严重的是造成下年度强优势两系杂交稻组合种植面积减少 130 万 hm² 以上，间接经济损失无法估算。如果两用核不育系在自然条件下繁殖，由于不育系的可育温度范围很窄，育性敏感期很容易遇到超出可育温度范围的异常高温或低温而造成繁殖失败，影响了杂交稻种子的市场供求平衡。两用核不育系审定时的育性转换起点温度虽然达到审定和应用标准，但在生产应用过程中育性漂变和原种生产的技术不完善，致使不育起点温度逐步升高，严重影响到两系杂交种的纯度和制种安全，甚至导致制种失败（肖国樱，2000；肖层林，2000）。

总之，研究与应用证明，两系法的技术缺陷也很明显：由于两系不育系育性的转换受环境条件控制，因而制种和繁殖都受到时空条件的制约，不育系繁殖产量低和杂交种子纯度不达标的现象时有发生。此外，光温敏核不育系因繁殖代数的增加，其临界不育温度会发生漂移，如果不严格开展核心不育株的筛选，就会造成大规模制种的安全风险。两系法杂交水稻制种的安全性，也是束缚两系法杂交水稻目前仅适于在长江中下游和华南稻区发展的根本原因（邓兴旺，2013）。

三、第三代杂交水稻及其优势

自 1966 年袁隆平先生报道隐性核不育水稻后，相继发现了许多同类不育材料。这类不育系的共同特点是不育性稳定、杂交制种安全，易于配制高产、优质、多抗组合，共同的缺点是无法实现批量繁殖不育系种子。针对这一问题，科学家们一直在研究利用分子设计方法解决不育系繁殖的难题，也先后提出了多种解决方案，主要包括：将显性不育基因与抗除草剂基因连锁转入受体作物品种中，利用除草剂筛选，即可得到雄性不育系，利用正常植株给不育系授粉，即可繁殖不育系；分离得到雄性不育株，如果雄性不育为代谢过程的关键基因突变导致花粉功能异常所致，则可通过外界添加突变造成的缺失的代谢中间物质（如氨基酸、黄酮等物质），使突变不育株恢复育性而得以繁殖，而不添加这些缺失的代谢必需物质即可得到不育系；

分离得到雄性不育株后，确定育性恢复基因，利用条件控制（如诱导性）启动子驱动育性恢复基因的表达，并将其作为互补基因转入雄性不育株中，不给予适合的启动子表达条件时育性恢复基因不表达，即得到不育系，而给予适合启动子表达的条件时育性恢复基因表达，雄性不育株育性恢复而得以繁殖，也可以利用条件控制启动子驱动作物内源育性基因的抑制因子表达而达到上述同样的目的。以上这些方案在不同作物的实际生产中得到了不同程度的应用，但是，由于不育系的育性转换不能被完全精确地控制，或者不育系含有转基因而造成杂交种含有转基因等问题，它们都没有得到广泛的应用。随着分子设计育种思想和技术的进步，开发能够精确控制的不带转基因的不育系的繁殖技术，成为分子设计杂交育种技术领域亟待解决的问题。

中国是一个人口和农业大国，保障粮食安全始终是农业科技的一项重要任务。目前农作物育种中应用最广泛、最有效的技术是杂交育种技术。智能不育分子设计育种技术将现代生物技术和传统杂交育种方法相结合，是一项有效利用隐性细胞核不育特性进行杂种优势利用的全新方法。由于智能不育技术具有克服三系法和两系法杂交水稻育种存在的技术缺陷，这种技术的运用将成为杂交水稻领域的一次新的技术飞跃，推动杂交水稻研究与生产应用进入一个新的时代，其在杂交水稻上的成功应用将为在其他自花授粉作物中开展杂交育种提供一个很好的范例。该杂交育种技术在多种作物的广泛应用，必将带来粮食作物和经济作物的大规模增产，为确保世界粮食安全和提高人们的生活质量提供技术支持。

第二节　第三代杂交水稻的研究现状

三系法受恢保关系的制约而对种质资源利用率低，两系法受自然光温影响，不育系在繁殖及保证杂交制种的种子纯度方面存在风险。现有技术对土地和水资源的利用已经接近极限，对农村环境的破坏也无可奈何，无论是从粮食安全的角度还是从可持续发展的角度，都要求中国高科技、规模化种业时代的到来。因此，利用现代分子生物技术，研发对种质资源利用率高、杂交制种安全、配组自由的新型分子设计育种杂交技术，已成为我国杂交水稻发展与保持国际领先地位的迫切需求，也是杂交水稻发展的必然趋势。2006 年，随着先锋公司 SPT 技术的成功面世，以"分子设计技术"为核心的现代农业生物技术受到广大育种专家的重视，其对国家粮食安全的战略意义和对未来农业发展的巨大推动作用也得到了国务院的高度重视。

"863 计划"现代农业技术领域把握时机，积极应对国际前沿技术的发展动态，于 2009 年立项启动实施了"水稻智能不育分子设计技术研究及新型不育系的创制"重点项目，开发新型智能不育系、开启植物杂种优势利用新征程的重大使命，又一次落在杂交水稻育种工程者的肩头。项目重点突破水稻智能不育分子设计技术，创制不受环境限制的、稳定的、具有恢复功能的智能不育系，扩展水稻杂交育种的种质资源适用范围，提升作物育种的自主创新能力。

2010 年 9 月，在中国科技部"国家高技术研究发展计划"（批准号为 2009AA101201 和 2011AA10A107）的支持下，上述技术思想在水稻中率先得到了证实和应用，并被称为"智能不育杂交育种技术"或"第三代杂交水稻技术"。其利用可以稳定遗传的隐性雄性核不育材料，通过转入育性恢复基因恢复花粉育性，同时使用花粉失活（败育）基因使含转基因成分的花粉失活（败育），并利用荧光分选技术快速分离不育系与保持系两种类型的种子。第三代杂交技术是基于玉米 SPT 上重新设计的育制种技术，是生物技术与传统杂交技术的有机结合，能最大限度利用种质资源进行品种选育，且不受光温环境影响实现杂交种的高纯度稳定繁殖。

第三代杂交水稻技术的成功，是许多科研工作者和科研团队共同努力付出应得的成果。2009 年 8 月，未名兴旺系统作物设计前沿实验室（北京）有限公司（以下简称"前沿实验室"）宣告成立，邓兴旺出任公司首席科学家（兼董事长）。该前沿实验室聘请袁隆平院士担任高级顾问，还吸引了 2 位"千人计划"学者、3 位海聚工程人才和 4 位中关村高端领军人才。

经过邓兴旺团队的实战攻坚，2010 年下半年，他的团队终于在第三代水稻杂交育种技术上取得了突破——"克服杂交水稻生产过程中对环境温度的依赖性，任何时间、任何地点，我们都能生产出杂交种子，所有的气候都可以适应"。据邓兴旺介绍，新技术解决了常规杂交育种过程中资源利用率低、育种周期长的瓶颈问题，建立了稳定的、能自我繁殖的、恢保一体的新型不育杂交育种体系。对此，"杂交水稻之父"袁隆平评价到，这样的新型不育系兼具三系法的稳定性和两系法配组灵活性的优点，比三系、二系又进了一步，并称之为"第三代杂交育种技术"。

同年，中国科技部网站对该重要技术突破进行了报道，这标志着该项目进展顺利，而且已取得了阶段性成果。2014 年，邓兴旺领衔的团队创立的全球首例第三代水稻杂交育种技术终于开花结果。2017 年 3 月，邓兴旺团队关于"第三代杂交水稻育种技术"的文章正式在国际知名期刊 PNAS 上发表，文章详细阐述了智能工程不育系的创制方法和流程，这标志着该项技术已经走向成熟。

同年，中国工程院院士袁隆平团队研发的第三代杂交水稻技术也通过验收。湖南省农学会组织的验收专家一致认为，这是理想的杂种优势利用方式，它的应用推广，有利于水稻杂种优势利用的进一步普及，有望为全球水稻种植带来新"福音"。据悉，通过该技术，袁隆平团队目前已获得稳定的粳稻和籼稻不育系。2016 年 12 月，在海南三亚举行的国际海水稻学术论坛上，袁隆平团队宣布，将利用第三代杂交水稻技术开展杂交海水稻的研究。此外，海南神农科技有限公司也在进行相关研究，经过多年研究，取得水稻遗传智能育种技术（GAT）基础及应用研究的重要突破。

第三代杂交水稻技术已经基本成熟，其在水稻育种领域的优势也得到了广大专家的认可，但是，第三代杂交水稻的大面积推广还不确定，根据《农业转基因生物安全管理条例》的规定，现在还无法应用于大规模生产。事实上，通过第三代杂交水稻技术获得的种子不含转基因元件。2011年，先锋研发的玉米SPT技术通过了美国农业部和环境保护部门的法规审批，认定该技术生产的种子不含有转基因，安全性得到了认可。2012年SPT技术生产的玉米在美国全面上市。之后，该技术相继获得澳大利亚、日本免于转基因法规限制的认定。在不久的将来，或许第三代杂交水稻也会通过审核，正式面向市场。

第三节　第三代杂交水稻的应用

第三代杂交水稻的创制途径并非单一，可从头创制，也可基于现有的阶段性成果进行创制。由于水稻品种的特性差异、愈伤诱导和分化力的差异、遗传转化率的影响，应根据品种特性确定最佳的创制方法。

一、新保持系和不育系的创制

（一）基因工程途径第三代保持系创制技术体系

该途径完成的第三代保持系的创制必须有以下前提材料：要创制的品种对应的隐性核控制的育性基因突变的突变体。

第三代杂交水稻不育系的创制依赖的是水稻细胞核染色体上控制花粉发育的基因，当此基因发生隐性突变后，其植株表现为无法产生花粉或产生的花粉没有活力，从而表现为不育。通常将这种受单个隐性核基因控制的不育类型称为普通隐性核不育系。

育性突变体的获取可以通过自然突变或者人工诱变技术等方法获取。自然突变往往突变频率太低，而且不易筛选和定位，育性突变基因多以杂合体的形式保存；人工诱变虽然大大提高了突变的频率，但是突变往往存在极强的不确定性，需要消耗大量的资源才能筛选获得可用的突变株，仍无法在短时间内提供大量品系的育性突变体。

随着基因编辑技术的发展，通过基因编辑技术定向获得突变体是最快捷、最有效、最经济的方法。由于基因编辑敲除的基因是功能验证后的基因，所获得的突变体的育性有可靠保障。

（二）遗传表达载体构建

育性基因发生突变后，育性丧失，通过重新导入正常的育性基因以恢复其育性。第三代保持系创制技术的核心指导思想就是在纯合的雄性不育植株中转入连锁的育性恢复基因、花粉致死基因和报告基因，所获得的转化体是该雄性不育植株的第三代保持系，根据报告基因的存在控制花粉的基因型和判断后代种子是否具有育性，从而实现不育系和保持系的区分与繁殖。

要将外源目的基因片段转移至受体植株或细胞，必须依赖载体作为媒介才能实现，因此构建一个合适的植物表达载体是创制第三代保持系的必需条件。一个好的表达载体才能够将外源基因导入受体植株并正常表达，从而获得新的三代不育系。

本项基础研究通过发现新的花粉失活基因、报告基因，改善三连锁基因的连锁方法等，改造现有的三连锁基因，创新遗传表达载体的构建方法。同时，寻找除现有农杆菌之外的其他适于构建转基因遗传表达的载体，构建合适的植物表达载体，以将外源目的基因片段转移至受体植株或细胞，使外源基因片段准确、安全地整合到目的基因上。

（三）遗传转化体系

遗传转化体系的建立包括受体体系的建立和转化效率的筛选两部分。

良好的受体体系是保证第三代保持系创制成功的基础条件，建立了稳定高效的受体体系才能进行外源基因的转化和应用。接受外源（目的）基因的生命体系即"受体"，主要包括愈伤组织、原生质体等不同形态。愈伤组织的转化效率高、生长速度快，是快速检测外源基因表达的最好受体，根据待改良水稻品种的特性，建立其对应的愈伤诱导和再生体系，有利于快速获得转化植株。

现有的研究发现，粳稻和籼稻无论从愈伤组织的诱导还是愈伤组织分化发育成完整的植株，都有明显的差异，即使是不同品种的粳稻在愈伤组织的诱导和分化上也是不同的。要根据品种的特点进行愈伤组织和愈伤组织分化培养条件的探索、培养基配方的调整、诱导激素种类和浓度的组合探索，从而根据各个品种或一类品种开发出相对应的再生体系。

表达载体的转化方法多种多样，根据不同的水稻品种的特性，选取合适的转化方法才有利于快速获得第三代保持系。目前常用农杆菌介导的遗传转化，该方法也是目前水稻遗传转化最有效的常用方法之一。不同水稻材料在遗传转化时所需的实验条件也不完全相同，在第三代保持系创制过程中，需要根据待改良品种筛选相对适宜的转化条件，从而获得较高的转化效率，尽可能缩短第三代保持系创制的周期。

粳稻和籼稻为水稻的两个亚种，二者的形态、生长习性、产量、外观、稻米品质和结构等有较显著差异，遗传转化过程也有很大差异，甚至粳稻之间或籼稻之间也有明显的差异。在确定要改造品种后，应针对该品种开发出适于此品种遗传转化体系，从而保证后续高效率的遗传转化。

杂交-回交途径第三代保持系的创制必须有以下前提材料：已经获得第三代保持系的材料，背景分子标记的开发。

基于水稻杂交染色体同源重组理论，将三连锁基因通过杂交的形式导入杂交后代，通过多代回交，对回交后代中含有不育基因同时含有三连锁基因的个体进行前景筛选。基于现有大量水稻全基因组数据和公开发表的文献，根据有差异性的 SNP 位点开发出背景分子标记，对这些标记进行筛选，获取能在杂交后代进行有效筛选的标记，利用到后续的背景筛选中，进而加快筛选进度。

二、第三代杂交水稻不育系的利用

第三代杂交水稻保持系的创制没有品种的限制，不受光温的影响，原则上任何品种都可以改造成保持系和产生不育。利用第三代杂交水稻保持系创制技术，将现有优良水稻品种改造成保持系，并产生不育系，利用不育系进行品种之间杂交配组，选育高产、优质优势配组。

三、展望

中国的杂交水稻技术一直处于世界领先地位，三系和两系育种确实功不可没。三系的恢保关系严重制约了水稻资源的充分利用；两系受光温控制的影响，在成本和种植空间上严重影响杂交配组的自由。第三代不育系的利用均提高了配组的自由度和机制分析的基础数据，相信随着基础数据的获取和分析，粳稻杂种优势不明显的机制，粳、籼杂交配合度不高的原因，粳、籼杂交范围的扩大，这些在杂交水稻育种过程中难以攻克的问题会有所突破。

References

参考文献

［1］蔡立湘，黄金华.中国水稻杂种优势利用的成就与展望[J].科技导报，1995，13（11）：42-45.

［2］邓华凤，何强，舒服，等.中国杂交粳稻研究现状与对策[J].杂交水稻，2006，21（1）：1-6.

［3］邓兴旺，王海洋，唐晓艳，等.杂交水稻育种将迎来新时代[J].中国科学：生命科学，2013，43（10）：864-868.

［4］何光华，侯磊，李德谋，等.利用分子标记预测杂交水稻产量及其构成因素[J].遗传学报，2002，29（5）：438-444.

［5］何强，蔡义东，徐耀武，等.水稻光温敏核不育系利用中存在的问题与对策[J].杂交水稻，2004，19（1）：1-5.

［6］雷东阳，周晓娇，肖层林，等.两系杂交稻制种基地气象决策支持系统.中国农业气象，2009，30（1）：96-101.

［7］李铮友.滇型籼粳杂交水稻育种实践与策略[J].杂交水稻，1998（2）：1-3.

［8］邱福林，庄杰云，华泽田，等.北方杂交粳稻骨干亲本遗传差异的SSR标记检测[J].中国水稻科学，2005，19（2）：101-104.

［9］施永祐.浅谈水稻三系的选育及其杂种优势的利用[J].农业与技术，2014（8）：131-132.

［10］汤述翥，张宏根，梁国华，等.三系杂交粳稻发展缓慢的原因及对策[J].杂交水稻，2008，23（1）：1-5.

［11］王才林，汤玉庚.我国杂交粳稻育种的现状与展望[J].中国农业科学，1989，22（5）：8-13.

［12］肖层林，周承恕.两系杂交种子纯度的影响因素与保纯技术[J].杂交水稻，2000，15（5）：12-14.

［13］肖国樱，邓晓湘，唐俐，等.水稻光温敏核不育系育性波动解决途径和方法[J].杂交水稻，2000，15（4）：4-5.

［14］杨振玉.北方杂交粳稻发展的思考与展望[J].作物学报，1998，24（6）：840-846.

［15］袁隆平，陈洪新.杂交水稻育种栽培学[M].长沙：湖南科学技术出版社，1988.

［16］MATZ M V, FRADKOV A F, LABAS Y A, et al.Fluorescent proteins from nonbio luminescent Anthozoa species[J].Nature Biotechnology, 1999, 17（10）：969-973.

［17］PEREZ PRAT E.Hybrid seed production and the challenge of propagating male-sterile plants[J].Trends in Plant Science, 2002, 7（5）：199-203.

［18］WILLIAMS M, LEEMANS J.Maintenance of male-sterile plants.United States Patent：5977433[P].1999-11-02.

第六章

第三代杂交水稻安全性评价

第一节 转基因技术

一、转基因技术综述

转基因技术的理论基础来源于进化论衍生来的分子生物学。基因片段的来源可以是提取特定生物体基因组中所需要的目的基因，也可以是人工合成指定序列的 DNA 片段。DNA 片段被转入特定生物中，与其本身的基因组进行重组，再从重组体中进行数代的人工选育，从而获得具有稳定表现特性的遗传性状的个体。该技术可以使重组生物增加人们所期望的新性状，培育出新品种。

（一）转基因技术发展历史

1974 年，科恩（Cohen）将金黄色葡萄球菌质粒上的抗青霉素基因转到大肠埃希菌体内，揭开了转基因技术应用的序幕（张群，2015）。

1978 年，诺贝尔生理学或医学奖颁给发现 DNA 限制酶的纳森斯（Daniel Nathans）、亚伯（Werner Arber）与史密斯（Hamilton Smith），他们在《基因》期刊中写道："限制酶将带领我们进入合成生物学的新时代。"

1982 年，美国 Lilly 公司首先实现了利用大肠埃希菌生产重组胰岛素，标志着世界第一个基因工程药物的诞生。

1992 年，荷兰培育出植入了人促红细胞生成素基因的转基因牛。人促红细胞生成素能刺激红细胞生成，是治疗贫血的良药。转基因技术标志着不同种类生物的基因都能通过基因工程技术进行重组，人类可以根据自己的意愿定向地改造生物的遗传特性，创造新的生命类型。转基因技术在药物生产中有着重要的利用价值。转基因技术包括外源基因的克隆、表达载体、受体细胞，以及转基因途径等。外源基因的人工合成技术、基因调控网络的人工设计发展，导致了 21 世纪的转基因技术将走向转基因系统生物技术。2000 年，国际上重新提出合成生物学概念，并将其定义为基于系统生物学原理的基因工程与转基因技术。

（二）转基因技术的操作流程

转基因目的多种多样，不同的人对转基因的理解和认识也是不同的，转基因技术为我们的科学研究带来了巨大的变革和便利。转基因技术主要有以下操作流程：

1. 提取目的基因

从生物有机体复杂的基因组中分离出带有目的基因的 DNA 片段，或者人工合成目的基因，或从基因文库中提取相应的基因片段，用 PCR 技术进行目的基因的增殖。

2. 将目的基因与运载体结合

在细胞外，将带有目的基因的 DNA 片段通过剪切、黏合连接到能够自我复制并具有多个选择性标记的运输载体分子（通常有质粒、T4 噬菌体、动植物病毒等）上，形成重组 DNA 分子。

3. 将目的基因导入受体细胞

将重组 DNA 分子注入受体细胞（亦称宿主细胞或寄主细胞），将带有重组体的细胞扩增，获得大量的细胞繁殖体。

4. 目的基因的筛选

从大量的细胞繁殖群体中，通过相应的试剂筛选出具有重组 DNA 分子的重组细胞。

5. 目的基因的表达

将得到的重组细胞进行大量的增殖。

（三）转基因技术的分类

转基因过程按照途径可分为人工转基因和自然转基因，按照对象可分为植物转基因技术、动物转基因技术和微生物基因重组技术。

1. 人工转基因

将人工分离和修饰过的基因导入生物体基因组，植物基因工程由于导入基因的表达，引起生物体性状的可遗传的修饰，这一技术称为转基因技术（transgene technology）。人们常说的"遗传工程""基因工程""遗传转化"均为转基因的同义词。如今，改变动植物性状的人工技术往往称为转基因技术（狭义），而对微生物的操作则一般称为遗传工程技术（狭义）。经转基因技术修饰的生物体在媒体上常称为"遗传修饰生物体"（Genetically Modified Organism，GMO）。

2. 自然转基因

自然转基因，即转基因不是人为导向的，自然界里动物、植物或微生物自主形成的转基因现象，例如慢病毒载体里的乙型肝炎病毒 DNA 整合到人精子细胞染色体上、噬菌体将自己的 DNA 插入溶源细胞 DNA 上、农杆菌和花椰菜花叶病毒（CMV）等。

3. 植物转基因

转基因植物是基因组含有外源基因的植物。通过原生质体融合、细胞重组、遗传物质转移、染色体工程技术，有可能改变植物的某些遗传特性，培育出高产、优质、抗病毒、抗虫、抗寒、抗旱、抗涝、抗盐碱、抗除草剂等的作物新品种，如玉米稻、北极鳄梨、转基因三倍体毛白杨。可用转基因植物或离体培养的细胞来生产外源基因的表达产物，如人的生长激素、胰岛素、干扰素、白介素-2、表皮生长因子、乙型肝炎疫苗等基因已在转基因植物中得到表达。

4. 动物转基因

转基因动物就是基因组含有外源基因的动物。它是按照预先的设计，通过细胞融合、细胞重组、遗传物质转移、染色体工程和基因工程技术，将外源基因导入精子、卵细胞或受精卵，再以生殖工程技术，有可能育成转基因动物。通过生长素基因、多产基因、促卵素基因、高泌乳量基因、瘦肉型基因、角蛋白基因、抗寄生虫基因或抗病毒基因等基因转移，可能育成生长周期短，产仔、生蛋多，泌乳量高，皮毛品质与加工性能好，并具有抗病性，已在牛、羊、猪、鸡、鱼等家养动物中取得一定成果。由于转基因动物受遗传镶嵌性和杂合性的影响，其有性生殖后代变异较大，难以形成稳定遗传的转基因品系。因而，尝试将外源基因导入线粒体，再送入受精卵中，由于线粒体的细胞质遗传，其有性后代可能全都是转基因个体，从而解决这一问题。

5. 微生物重组

在所有转基因技术中，以微生物基因重组技术应用最为宽泛和常见。与动植物不同的是，微生物重组技术通常需要用到专门的重组基因载体——质粒。质粒是一种细胞质遗传因子，因此具有不稳定的遗传特性。但相比于动植物，微生物重组技术具有周期短、效果显著、控制性强的特点，因而广泛应用于生物医药和酶制剂行业。经过多年的发展，现已在微生物领域中开发出酵母表达系统、大肠埃希菌表达系统和丝状真菌表达系统，其中毕赤酵母表达系统和大肠埃希菌表达系统最受欢迎，具有表达效率高（外源蛋白占细胞总蛋白的 10%~40%）、生产成本低等特点，一般常见的诸如胰岛素、白介素、α-高温淀粉酶、重组人 p53 腺病毒注射液、啤酒酵母乙肝疫苗、抗生素、饲料用木聚糖酶、壳聚糖酶等都是由这两种表达系统生产的。

（四）转基因技术的原理

转基因技术的原理是将人工分离和修饰过的优质基因，导入生物体基因组，从而达到改造生物的目的。导入基因的表达引起生物体的性状可遗传的修饰改变，这一技术称为人工转基因技术（Transgene Technology）。人工转基因技术就是把一个生物体的基因转移到另一个生物体 DNA 中的生物技术，具有不确定性。常用的方法和工具包括显微注射、基因枪、"电击转化"法、脂质体包埋法等。转基因技术最初用于研究基因的功能，即把外源基因导入受体生物体基因组内（一般为模式生物，如拟南芥或斑马鱼等），观察生物体表现出的性状，达到揭示基因功能的目的。

1. 植物

转基因植物是基因组含有外源基因的植物。原生质体融合、细胞重组、遗传物质转移、染色体工程技术获得，可改变植物的某些遗传特性，培育优质新品种，或生产外源基因的表达产物，如胰岛素等。在过去的 20 年里，随着分子生物学各领域的不断发展，植物基因的分离、基因工程载体的构建、细胞的基因转化、转化细胞的组织培养、植株再生及外源基因表达的检测等各项技术日趋成熟和完善，有关植物基因工程的研究也日新月异，许多以前根本不可能的基因转化工作在越来越多的植物上获得成功。

研究转基因植物的主要目的是提高多肽或工业用酶的产量，改善食品质量，提高农作物对虫害及病原体的抵抗力。常规的药用蛋白大部分是利用生化的方法提取或微生物发酵获得的，这类活性物质一般在活细胞中含量甚微，且提取过程复杂，成本高，远远满足不了社会的需要。应用转基因植物来生产这些药用蛋白，包括疫苗、抗体、干扰素等细胞因子，可以利用植物大田栽种的方式大量生产，大幅度降低生产成本，提高产量，还可以获得常规手段无法获得的药物。

利用植物来生产疫苗的最大优点是它可以作为食品直接口服。通过各种植物转基因技术将多肽疫苗基因转入植物，从而得到表达多肽疫苗的转基因植物。随着抗体基因工程能将抗体基因（从小的活性单位到完整抗体的重、轻链基因）从单抗杂交瘤中分离出来，人们就开始想办法利用转基因植物来表达这些抗体。

1989 年，Hitta A. 将鼠杂交瘤细胞产生的抗体基因转入烟草细胞获得了植物抗体，并且发现植物抗体具有杂交瘤来源抗体同样的抗原结合能力，即有功能性。此后，全长抗体、单域抗体和单链抗体在转基因植物中均获得成功表达。用植物抗体进行局部免疫治疗将是一个引人瞩目的领域，应用高亲和性抗体进行局部治疗可以治愈龋齿及其他一些常见病。植物转基因可获得更多的新品种，蔬菜、水果、花卉都能够在保留其优良品质的情况下优化。

2. 动物

人工转基因动物就是基因组含有外源基因的动物。按照预先的设计，融合重组细胞、遗传物质转移、染色体工程和基因工程技术将外源基因导入精子、卵细胞或受精卵，再利用生殖工程技术，有可能育成转基因动物。通过生长素基因、多产基因、促卵素基因、高泌乳量基因、瘦肉精基因、角蛋白基因、抗寄生虫基因、抗病毒基因等基因转移，可能育成优良的可养殖品种。

基因动物是指用实验导入的方法将外源基因在染色体基因内稳定整合并能稳定表达的一类动物。1974 年，Jaenisch 应用显微注射法，在世界上首次成功地获得了 SV40DNA 转基因小鼠。其后，Costantini 将兔 β-珠蛋白基因注入小鼠的受精卵，使受精卵发育成小鼠，表达出了兔 β-珠蛋白；Palmiter 等把大鼠的生长激素基因导入小鼠受精卵内，获得"超级"小鼠；Church 获得了首例转基因牛（谢辉，2006）。到目前为止，人们已经成功地获得了转基因鼠、鸡、山羊、猪、绵羊、牛、蛙以及多种转基因鱼。

我们还可将转基因动物作为生物工厂（biofactories），包括乳腺生物反应器和输卵管生物反应器等，如以转基因小鼠生产凝血因子Ⅸ、组织型血纤维溶酶原激活因子（t-PA）、白介素-2、α_1-抗胰蛋白酶，以转基因绵羊生产人的 α_1-抗胰蛋白酶，以转基因山羊、奶牛生产 LAt-PA，以转基因猪生产人血红蛋白等，这些基因产品具有高效、优质、廉价的优点，与相应的人体蛋白具有同样的生物活性，且多随乳汁分泌，便于分离纯化。基于系统生物学的发展，转基因系统生物技术-合成生物学成为单基因、多基因乃至基因组设计、合成与转基因的新一代生物技术。

人工转基因动物受遗传镶嵌性和杂合性的影响，其有性生殖后代变异较大，难以形成稳定遗传的转基因品系。因而，尝试从受体动物细胞中分离出线粒体，以外源基因对其进行离体转化，再将人工转基因线粒体导入受精卵，所发育成的人工转基因动物，雌性个体外培养的卵细胞与任一雄性个体交配或体外人工授精，由于线粒体的细胞质遗传，其有性后代可能全都是人工转基因个体。

（五）转基因动植物获得的遗传转化方法

遗传转化的方法按其是否需要通过组织培养再生植株，通常可分成两大类：第一类需要通过组织培养再生植株，常用的方法有农杆菌介导转化法、基因枪法；另一类不需要通过组织培养，比较成熟的方法主要有花粉管通道法，花粉管通道法是中国科学家周光宇于 20 世纪 80 年代初期提出的。

1. 农杆菌介导转化

农杆菌是普遍存在于土壤中的一种革兰氏阴性细菌，它能在自然条件下趋化性地感染大多数双子叶植物的受伤部位，并诱导产生冠瘿瘤或发状根。根癌农杆菌和发根农杆菌的细胞分别含有 Ti 质粒和 Ri 质粒，其上有一段 T-DNA，农杆菌通过侵染植物伤口进入细胞后，可将 T-DNA 插入植物基因组，因此农杆菌是一种天然的植物遗传转化体系。人们将目的基因插入经过改造的 T-DNA 区，借助农杆菌的感染实现外源基因向植物细胞的转移与整合，然后通过细胞和组织培养技术，再生出转基因植株。

农杆菌介导法起初只被用于双子叶植物，自从技术瓶颈被打破之后，农杆菌介导转化在单子叶植物中也得到了广泛应用，其中水稻已经被当作模式植物进行研究。

2. 花粉管通道法

在授粉后向子房注射含目的基因的 DNA 溶液，利用植物在开花、受精过程中形成的花粉管通道，将外源 DNA 导入受精卵细胞，并进一步被整合到受体细胞的基因组中，随着受精卵的发育而成为带转基因的新个体。中国目前推广面积最大的转基因抗虫棉就是用花粉管通道法培育出来的。该法的最大优点是不依赖组织培养人工再生植株，技术简单，不需要装备精良的实验室，常规育种工作者易于掌握。

3. 核显微注射法

核显微注射法是在显微镜下将外源基因注射到受精卵细胞的原核内，注射的外源基因与胚胎基因组融合，然后进行体外培养，最后移植到受体母畜子宫内发育，这样分娩的动物体内的每一个细胞都含有新的 DNA 片段。此法是动物转基因技术中最常用的方法。这种方法的缺点是效率低、位置效应（外源基因插入位点随机性）造成的表达结果不确定性、动物利用率低等，在反刍动物还存在着繁殖周期长、有较强的时间限制、需要大量的供体和受体动物等特点。

4. 基因枪法

利用火药爆炸或高压气体加速（这一加速设备称为基因枪），将包裹了带目的基因的 DNA 溶液的高速微弹直接送入完整的植物组织和细胞中，然后通过细胞和组织培养技术再生出植株，选出其中转基因阳性植株即为转基因植株。与农杆菌转化相比，基因枪法转化的一个主要优点是不受受体植物范围的限制，其载体质粒的构建也相对简单，所以该方法也是转基因研究中应用较为广泛的一种方法。

5. 精子介导法

精子介导的基因转移是把精子作适当处理后，使其具有携带外源基因的能力，用携带有外源基因的精子给发情母畜授精，在母畜所生的后代中就有一定比例的动物是整合外源基因的转基因动物。同显微注射方法相比，精子介导的基因转移有两个优点：它的成本很低，只有显微注射法成本的 1/10；它不涉及对动物进行处理，因此可以用生产牛群或羊群进行实验，以保证每次实验都能够获得成功。

6. 核移植转基因法

体细胞核移植是一种转基因技术：先把外源基因与供体细胞在培养基中培养，使外源基因整合到供体细胞上，然后将供体细胞细胞核移植到受体细胞——去核卵母细胞，构成重建胚，再把其移植到假孕母体，待其妊娠、分娩，便可得到转基因的克隆动物。

7. 体细胞核移植法

先在体外培养的体细胞中进行基因导入，筛选获得带转基因的细胞。然后，将带转基因体细胞核移植到去掉细胞核的卵细胞中，生产重构胚胎，重构胚胎经移植到母体中，产生的仔畜百分之百是转基因动物。

（六）转基因动植物的应用领域

目前，转基因技术已广泛应用于医药、工业、农业、环保、能源、新材料等领域。

1. 药物领域

目前已有基因工程疫苗、基因工程胰岛素和基因工程干扰素等药物。使用基因拼接技术或DNA 重组技术（即转基因技术），按照人们的意愿，定向地改造生物的遗传性状，产生出的基因产物即为药物原料和药品。

（1）基因工程疫苗

使用 DNA 重组生物技术，把天然的或人工合成的遗传物质定向插入细菌、酵母菌或哺乳动物细胞中，使之充分表达，经纯化后而制得的疫苗即为基因工程疫苗。应用基因工程技术能制出不含感染性物质的亚单位疫苗、稳定的减毒疫苗及能预防多种疾病的多价疫苗。目前已经商业化使用的部分基因工程疫苗有乙肝疫苗、丙肝疫苗、百日咳基因工程疫苗、狂犬病基因工程灭活疫苗、肠道病毒 71 型基因工程疫苗、产肠毒素大肠埃希菌基因工程疫苗、轮状病毒基因工程疫苗、AsiaⅠ型口蹄疫病毒（FMDV）的感染表位重组蛋白疫苗、弓形虫基因工程疫苗、肠出血性大肠埃希菌基因工程疫苗等。

（2）基因工程胰岛素

在2013年举办的第七届联合国糖尿病日主题活动上，与会专家指出"中国目前糖尿病患者人数达1.14亿，占全球的1/3"。糖尿病的病因是胰岛素分泌缺陷或其生物作用受损，所以最常用的治疗方法就是以注射胰岛素的方式补充人体内胰岛素。要获得胰岛素，最初只能从牛和猪的胰脏中提取。但是，每100 kg动物胰腺只能提取出4~5 g胰岛素，产量低，远不能满足患者的需求。20世纪80年代初，美国一家公司通过转基因技术实现了人体胰岛素的工业生产。其原理是，将人的基因中负责表达胰岛素的那一段"剪切"下来，转入大肠埃希菌或者酵母菌里，通过后者的快速增殖达到人体胰岛素的大量生产。这样，全球大多数糖尿病患者才得到了很好的胰岛素治疗。

2. 食品领域

利用分子生物学技术，将某些生物的基因转移到农作物中去，改造生物的遗传物质，使其在性状、营养品质、消费品质方面向人类所需要的目标转变，从而得到转基因农作物。以转基因生物为直接食品，作为原料加工生产的食品，以及喂养家畜得到的衍生食品，在广义上都可以称为转基因食品。因其安全性被广泛质疑，国际社会对其尚存有很大争议。

转基因食品的研究已有几十年的历史，但真正的商业化是近十几年的事。20世纪90年代初，市场上第一个转基因食品出现在美国，是一种保鲜番茄。这项研究成果本是在英国研究成功的，但英国人没敢将其商业化，美国人便成了第一个吃螃蟹的人，让保守的英国人后悔不迭。此后，转基因食品一发不可收。据统计，美国食品药品监督管理局确定的转基因品种已有43种。如常见的农作物转入Bt（苏云金芽孢杆菌）基因和Ht基因。Bt基因编码的是苏云金芽孢杆菌分泌的一种对鳞翅目、鞘翅目昆虫（比如小菜蛾）有毒的蛋白质，携带有Bt基因的农作物在生长时亦能自己产生这种毒性蛋白，因此不需要使用农药，靠农作物自身杀虫。这种毒蛋白只对虫子有效，尚无证据显示其对人类或其他哺乳动物有致毒致敏作用。Ht基因又称抗除草剂基因，它指导的蛋白质能够在植物体内分解除草剂物质，使植物获得抵抗高浓度除草剂的能力。因此在田间喷洒除草剂之后，杂草会因为对除草剂的抵抗力不足而被杀死，而农作物得以正常存活。相对于非转基因农作物使用机械来除草，种植转Ht基因的农作物更加经济。

（七）已经获批的转基因作物

截至2013年9月，我国批准了多项转基因生产应用安全证书，现在有效期内的作物有棉花、水稻、玉米和番木瓜，其中只有棉花、番木瓜批准商业化种植。证书的发放是根据研发人的申请和农业转基因生物安全委员会的评审，经部级联席会议讨论通过后批准的，有效期一般为 5 年。证书的批准信息已经在农业农村部相关网站上公布，各批次的批准情况都可以查询。

取得了转基因生产应用安全证书，一般只用于科研，并不能马上进行商业化种植。按照《中华人民共和国种子法》的要求，转基因作物还需要取得品种审定证书、生产许可证和经营许可证，才能进入商业化种植。截至 2013 年 9 月，转基因水稻和转基因玉米尚未完成种子法规定的审批，没有商业化种植。而之前获得生产应用安全证书的番茄和甜椒的转基因品种，已因为无明显优势而被市场淘汰，证书已过期。

我国批准进口用作加工原料的转基因作物有大豆、玉米、油菜、棉花和甜菜，这些食品必须获得我国的安全证书。而在美国，转基因食品无处不在，充斥着美国大大小小的超市与农产品购物中心。当地媒体列出了前十大转基因食品，包括玉米、大豆、棉花、木瓜、大米、番茄、油菜籽、乳制品、马铃薯和豌豆。美国自产的玉米、大豆等转基因食品出口量约占总产量的 40%，大部分是在美国国内出售。就玉米而言，美国食品药品监督管理局曾表示，市面上出售给消费者的玉米几乎都是转基因玉米，而美国知名的农业科技公司孟山都公司也承认，美国半数农场使用转基因玉米种子。欧盟仅有 MON810 转基因玉米这一种转基因作物在种植。根据欧盟委员会公布的数据，欧盟转基因玉米种植面积仅占全欧盟玉米种植面积的 1.56%，其中西班牙的种植面积最大。

二、水稻转基因技术

水稻转基因技术是指把从动物、植物或微生物中分离到的目的基因，通过各种方法转移到水稻的基因组中，使之稳定遗传并赋予水稻抗虫、抗病、抗逆、抗除草剂、高产、优质等新的农艺性状。

20 世纪 80 年代中后期，随着水稻原生质体培养技术的迅速发展，以水稻原生质体为受体的 PEG 法、"电击转化"法、脂质体包埋法成为当时水稻转化的主要技术，1988 年获得了第一批转基因水稻再生植株（黄德林，2007）。1991 年，Christou 等用基因枪转化技术获得了转基因水稻植株，基因枪转化技术的建立将水稻遗传转化研究推向了一个新的高潮，有力地促进了水稻基因工程的发展（黄德林，2007）。1994 年，Hiei 等建立了农杆菌介导的高效粳稻遗传转化体系，促使水稻的这一遗传转化方法达到了应用的阶段（黄德林，2007）。目前，国内外学者普遍重视水稻农杆菌介导转化技术，农杆菌介导的水稻遗传转化方法已达到了应用的阶段，逐步成为水稻转化的主流技术。

利用基因工程技术将水稻基因库中不具有的抗除草剂、抗虫、抗病、抗病毒、耐盐基因，以及改善稻米品质基因、丰产基因和抗逆基因引入水稻的细胞中，并使其在寄主细胞内稳定地遗传和表达，已成为可能，实现了单靠传统育种方法无法实现的遗传重组，使育种能力大大提高，加快了基因工程技术的应用和产业化发展。有关水稻基因工程育种研究有以下几个方面的进展：

（一）水稻抗除草剂基因工程

水稻抗除草剂基因工程是最早涉及的领域之一，目前主要是将抗除草剂外源基因导入杂交水稻的恢复系或将此基因转育到恢复系，利用转化的抗除草剂水稻恢复系制种，以此解决杂交稻 F_1 种子纯度的问题。

（二）水稻抗虫基因工程

针对螟虫、稻飞虱这两类在水稻生产中危害最为严重的虫害进行基因工程育种研究是近年来国内外水稻转基因研究发展最快的方向之一。植物抗虫基因工程所使用的抗虫基因主要有 BT 毒蛋白基因、蛋白酶抑制剂 $P3$ 基因、淀粉酶抑制剂基因、外源凝集素基因、几丁质酶基因、胆固醇氧化酶基因、营养杀虫蛋白基因、核糖体失活蛋白基因、蝎子神经毒蛋白基因、昆虫激素基因、昆虫多角体病毒等。

（三）抗病基因工程

利用基因工程手段导入抗菌肽基因和来自野生稻的 $Xa21$ 基因，为水稻抗细菌性病害如白叶枯病等的育种研究开辟了一条新的途径；利用几丁质酶基因和 $\beta-1,3-$ 葡聚糖酶基因、病毒外壳蛋白基因等，在提高水稻抗真菌性病害、病毒性病害方面也显示出了诱人的应用前景。随着植物基因工程的发展，人们有望不久就可使水稻抗病基因育种达到实用水平（黄德林，2007）。

（四）淀粉品质改良基因工程

淀粉合成的分子生物学研究过程中发现，淀粉的合成过程受到一系列酶的调控，在合成的最后阶段涉及 3 个关键性的酶：ADPG 焦磷酸化酶、淀粉合成酶和淀粉去分支酶。利用控制淀粉合成相关基因对马铃薯等一些作物进行转化，在增加淀粉含量、改变淀粉中直链淀粉的含量方面已经取得了一些可靠结果。

此外，转基因技术在水稻雄性不育、抗逆境育种、延缓叶片衰老等方面也取得可靠的结果。

三、转基因水稻的分类

根据对转基因水稻相关学科的认识和检索到的 2 602 件有关转基因水稻专利的基础文献的技术分类，确定转基因水稻的技术分类大致分为两大类、12 中类、30 小类。转基因水稻技术两大类为与转基因水稻相关的其他技术和导入外源目的基因。与转基因水稻相关的其他技术包括转化受体体系、转基因方法，水稻基因定位与克隆、育种、栽培、杂交制种，分子标记；导入外源目的基因包括抗虫基因、抗病基因、抗逆基因、品质性状改良基因、抗病毒基因、抗除草剂基因、丰产性状改良、抗盐碱基因、药用蛋白基因和其他基因。

在上述导入外源基因和与转基因水稻相关的其他技术的两大分类中，最常用的是导入外源目的基因，从而达到获得具有抗虫、抗病、抗逆、品质性状改良、抗除草剂、丰产性状改良等基因的转基因水稻，而导入目的基因主要集中在抗虫基因、抗病基因、提高品质性状基因（主要为改变水稻淀粉性状基因）、抗除草剂基因和丰产基因五大类型，也就是说，这五项基因导入技术构成了转基因水稻的核心技术。

（一）丰产基因水稻

丰产基因水稻利用植物遗传工程技术将控制植物光合作用、叶片衰老以及淀粉合成的有关基因，如 *PEPC* 基因、丙酮酸磷酸二激酶基因、*NAIR*-苹果酸酶基因、异戊烯基转移酶基因、ADP 葡萄糖酸化酶基因，进行合理构建后导入水稻，创造出光合效率高、叶片不早衰、种子淀粉合成得以改善的新的水稻种质，从而使水稻产量得以显著提高。同转基因抗除草剂水稻、抗虫棉花和抗虫玉米相比，利用转基因技术提高水稻产量的研究进展较慢。对 *PEPC*、*IPT*、*GLGC* 等基因的转基因水稻的研究初步表明，这些基因对水稻产量的形成确实存在一定程度的促进作用，但所有研究结果并非完全一致。

（二）抗虫水稻

日本植物科学家 Fujimoto 用电击法成功地将 *CRYLA*（*B*）基因导入粳稻，获得转基因水稻植株，并检测到转 *BT* 基因水稻的毒蛋白含量约占可溶性总蛋白的 0.05%，并首次报道了经修饰的 *CRYLA*（*B*）基因能在转基因植株中高效表达，且能稳定地遗传到 R$_2$ 代。饲养实验表明转基因植株对二化螟幼虫的致死率为 10%~50%，对稻纵卷叶螟二龄幼虫的致死率最高达 55%。国际水稻所 GHAREYAZIE 报道了用基因枪法将 *CRYLA（B）* 基因导入香粳品系 "827"，获得的转基因植株的毒蛋白表达量较高，为可溶性蛋白的 0.1%，对二化螟与三化螟有较高抗性，这一研究结果对解决人类食用转基因抗虫水稻稻谷的安全性问题具有开创性意义。加拿大渥太华大学的 CHENG 报道，以 *UBI* 基因启动子，利用农杆菌介导法成功地将 *CRYLA（B）* 和 *CRYLA（C）* 基因导入各种水稻中，获得高效表达的转基因植株，有些转基因植株的毒蛋白含量占总可溶性蛋白的 3%。喂虫试验表明转基因水稻植株对二化螟、三化螟幼虫致死率为 97%～100%，并证明抗虫基因在水稻中能稳定遗传和表达（黄德林，2007）。

在抗虫转基因水稻方面，中科院遗传与发育生物学研究所研制的转 *SCK* 基因抗虫水稻在福建省已连续进行了 5 年大田试验。经鉴定，其对二化螟田间防治效果为 90%～100%，稻纵卷叶螟抗性为 81%～100%，对大螟抗性为 62.6%～63.9%，对稻苞虫抗性达 83.9%。鉴于目前政策原因暂时还不能大面积推广种植，但已采取多地区多点进行大田实验。该转基因水稻的安全性检测已基本完成，结果表明与常规稻无明显差异。目前正在进一步发展无选择标记、高效表达、多抗虫基因等转基因水稻新品种。

（三）抗病水稻

利用基因工程手段导入抗菌肽基因和来自野生稻的 *Xa21* 基因，为水稻抗细菌性病害如白叶枯病等的育种研究开辟了一条新的途径；利用几丁质酶基因、*β-1,3-* 葡聚糖酶基因，病毒外壳蛋白基因等，在提高水稻抗真菌性病害、病毒性病害方面也显示出了诱人的应用前景。随着植物基因工程的发展，人们有望在不久的将来使水稻抗病基因工程育种达到实用水平。

（四）品质性状改良水稻

水稻胚乳中直链淀粉的合成是由蜡质基因编码的淀粉粒结合淀粉合成酶控制的，该基因可同时控制水稻花粉和胚囊中直链淀粉的合成，是一个组织发育和特异性表达的基因。对蜡质基因的遗传操作来控制水稻种子中直链淀粉的合成，从而改变其相对含量，可达到改良稻米淀粉品质和食用品质的目的。

在高等植物中赖氨酸是通过天冬氨酸途径合成的，并伴随异亮氨酸、甲硫氨酸和苏氨酸的合成。控制这条途径的关键酶是天冬氨酸激酶和二氢吡啶羧酸合酶。天冬氨酸和二氢吡啶是赖氨酸合成的反馈调节因子。在细菌中赖氨酸的合成途径与植物的非常相似，但是二氢吡啶羧酸合酶对赖氨酸的反馈抑制调节不敏感。利用此优点，导入连接有质体导肽的细菌二氢吡啶羧酸合酶基因，可使转基因植物中的赖氨酸含量明显提高。

（五）抗除草剂水稻

抗除草剂转基因作物近十余年的研究迅速，现就其主要研究方面做出概述：BAR 基因及 PAT 基因转入作物，可获得抗草丁膦烟草、番茄、小麦、水稻等；多种植物的 $EPSP$ 合成酶基因可产生抗草甘膦的突变，现孟山都公司商品化的抗草甘膦水稻基因来源于 $CP4EPS$ 合成酶基因，一些氧化、代谢酶可将草甘膦快速分解成无毒化合物而将这些酶基因转入作物，是获得抗草甘膦的另一途径；植物 ALS 酶基因突变及酶的过量产生，是产生抗磺酰脲及咪唑啉酮类除草剂的原因；土壤中一微生物的硝酸酶 BXN 基因，是溴苯腈的抗性基因；植物 PSB 基因多点突变，均可产生抗阿特拉津作物；一些细胞色素 P450 及卤素酶等可快速代谢除草剂，从而利用此类酶基因获得抗除草剂作物；愈伤组织培养、悬浮细胞培养、原生质体培养等生物技术也是获得抗除草剂作物的重要手段。

第二节　我国水稻转基因研究现状

自 1998 年第一批转基因水稻植株问世以来，包括中国在内的多个国家在水稻转基因研究领域取得了一系列成果，许多转基因水稻品系已经进入田间试验。1996 年，中国水稻研究所以黄大年研究员为代表的团队，在世界上首次研究出了抗除草剂基因杂交稻，为解决长期困扰研究人员的杂交稻制种纯度问题提供了新方法。四川农业大学水稻研究所李平博士主持研究的国家植物转基因研究和产业化专项以及四川省科技厅"九五"生物技术攻关项目"转基因抗病虫杂交稻研究"取得了重大突破，将抗病、抗虫基因通过基因工程技术导入水稻的不育系和恢复系中，获得了能稳定遗传的具有抗病虫能力的杂交稻，进入田间试验并获得成功。中国水稻研究所将 BASTA 除草剂的 Bar 基因转入京引 119，再用转基因材料与密阳 46 杂交和回交，最终育成抗除草剂的密阳 46。2001 年 10 月 12 日，我国水稻基因组"工作框架图"的完成，意味着我国在水稻基因工程的研究方面已处于世界同类工作的领先水平（黄德林，2007），其在农业生产上的意义可与人类基因计划对人类健康的意义相媲美。更重要的是，这还标志着我国已经成为继美国之后世界上第二个具有独立完成大规模的全基因测序和组装分析能力的国家。独立承担并高质量完成一个有重要经济价值的高等植物的全基因组"工作框架图"，表明我国在基因组学和生物信息学领域不仅掌握了世界一流的技术，而且具备了组织和实施大规模科研项目开发的能力，已处于世界强国地位。我国重点基础研究发展规划项目于 1999—2005 年立项进行水稻重要性状的功能基因组学研究，这一项目的实施将确保我国拥有一批自主知识产权的水稻基因资源，并有望获得我国第一个由基因序列、表达谱和突变体等组成的水稻基因的生物信息数据库，分离一批与重要农艺性状相关的基因，为在水稻等重要农作物中实现有效地利用基因技术改善品种的生产性能和品质、创造新的种质资源和推动我国育种科学的进一步发展产生直接的推动作用，为 21 世纪农业生产中新的 "绿色革命" 奠定理论和技术平台。

水稻转基因研究虽然已经取得很大进展，但转基因水稻的研究大部分还处在实验室阶段，能大规模应用于农业生产的转基因水稻品种还未见报道，还未能定点、定量地将外源基因引入水稻受体基因组并获得稳定遗传高效表达的转基因植株，基因沉默等原因阻碍转基因技术在水稻研究上的推广应用。限制转基因水稻发展的因素就是其生物安全性。随着转基因水稻从实验室逐渐走向开放环境，转基因水稻可能面临的环境安全问题引起了科学家的关注。环境安全问题主要包括外源基因通过基因漂移从转基因水稻向其近缘种发生转移的可能性及其可能产生的生态风险，抗病虫转基因水稻对非靶标生物及生物多样性的影响，转基因水稻对土壤生物群落的影响，转基因水稻形成杂草的可能性，转基因水稻通过食物链对生态环境的影响，靶标害虫对抗虫转基因水稻耐受性的发展等，这些转基因水稻在环境释放之后可能导致对生态环境及其各组成部分的影响和风险都是科学家们关注的重点。

第三节　水稻转基因的安全评价

一、水稻转基因安全评价的流程

我国农业农村部对转基因植物的种植有严格的要求，将转基因植物的研究分为五个阶段：实验研究阶段、中间试验阶段、环境释放阶段、生产性试验阶段、申请安全证书与商业化生产阶段，各阶段的区别是规模的不同（包括试验材料数目和种植面积）、控制条件的要求不同。

对不同的物种和不同试验阶段，农业农村部的要求不同，主要体现在种植的规模、种植范围、对实验数据的要求上。

我国对转基因生物实行分级分阶段管理。

分级管理，即按照对人类、动植物、微生物和生态环境的危害程度分为四个等级：安全等级Ⅰ，尚不存在危险；安全等级Ⅱ，具有低度危险；安全等级Ⅲ，具有中度危险；安全等级Ⅳ，具有高度危险。安全等级的确定步骤：确定受体生物的安全等级，确定基因操作对安全性的影响类型，确定转基因生物的安全等级，确定生产、加工活动对转基因生物安全性的影响，确定转基因产品的安全等级。

分阶段管理，一般包括以下几个阶段：实验研究，中间试验，环境释放，生产性试验，申请领取安全证书。

二、转基因水稻环境安全评价

（一）转基因水稻的优势

一是种植转基因水稻可使农民增产、增收，并减少人力、物力的投入，缓解迅速增长的人口与粮食供求的矛盾，有效解决粮食安全问题。二是改善水稻品质、满足人类的多元化需要，提高水稻的营养结构与营养价值。目前，已研发出富含铁、锌及维生素 A，并能防止贫血及预防维生素 A 缺乏的水稻新品种（何礼键，2011）。三是转基因水稻为目前水稻的发展方向，相关转基因水稻的分子机制研究也在深入发展与完善中。四是降低生态环境的污染。种植抗病虫害及抗除草剂的转基因水稻可降低农药使用量，大大减少对人、畜、土地及环境的危害与污染，并比常规水稻增产 8%～10%（鲁运江，2009）。五是在种植抗除草剂转基因水稻过程中，通过采用少耕或免耕的耕作方式，能够有效提高土壤固氮量，减少土壤中二氧化碳的释放量，有效保护环境（汪魏，2010）。六是转基因水稻能够节约水资源，增加后备土地利用率，提高作物水分、养分利用率。七是保障本国经济利益。各国大力发展研发转基因技术的同时，都在采取各种经济与政治手段，对其他国家的转基因水稻食品越境转移进行限制，以保护国内市场与本国企业的经济利益。因此，许多国家以保护本国民众、动植物健康与生态环境安全为由设立关卡，对转基因水稻食品及相关产品提出苛刻条件与检测要求。

（二）转基因水稻的弊端

农药的使用会带来严重残毒污染，可能污染到大气及水资源，破坏土壤性状，影响作物水分、养分利用率（蒋高明，2010）。农药长期使用会使害虫产生抗药性，在消灭害虫的同时会毁灭田间益虫。农药残留会对人畜产生安全隐患。研究发现，残留除草剂会对下茬除草剂敏感植物造成伤害，抑制其生长与减产，严重时会造成植物死亡与绝产（汪魏，2010）。转基因水稻对害虫与杂草的抵抗是以大量基因共同完成的，水稻借助外源抗虫、抗除草剂基因来实现对除草剂与害虫的抵抗。随着时间推移，害虫与杂草会形成对此种基因的抵抗力（于志晶，2010）。因此，推广抗虫、抗除草剂转基因作物可能会加快害虫进化，演化成"超级害虫"，转基因水稻规模种植会使用更多农药，将对农田及生态环境造成严重破坏（张硕，2010）。

（三）转基因水稻的环境安全性

1. 转基因水稻的杂草化可能性与记忆漂移

植物杂草化是指那些原本自然分布的或被栽培的植物，在新的人工环境中能自然繁殖其种群而转变为杂草的演化过程。基因操作导入新的 DNA 片段，可能改变转基因植物的生存竞争能力，使其更具环境适应能力，从而增加成为杂草的可能性（强胜，2010）。转基因作物的种植能够引起转基因作物杂草化及抗性基因的流动，同时伴随着可能发生在农田杂草群落演替和增加农药的使用量而增加环境污染等生态环境风险问题。目前，国内外关于转基因水稻杂草化的可能性的研究很少，也没有定论。崔荣荣等为评估抗草铵膦转基因水稻明恢 86B 大规模推广后演化为杂草的生态风险，在农田生态环境下比较明恢 86B、明恢 86 和杂交稻组合汕优 63 的生存竞争力、繁育能力、落粒性、种子生存能力，结果表明，无论在适宜季节还是非适宜季节，明恢 86B 和明恢 86 的生存竞争能力和繁殖力都低于汕优 63，明恢 86B 的生存竞争力和繁殖力都略低于明恢 86，说明抗草铵膦转基因水稻明恢 86B 在中国南京地区环境条件下演化为杂草的可能性较小。

花粉逃逸是转基因植物外源基因流动的主要途径。近年来对转基因作物的研究证实，转基因水稻可通过花粉传播使外源基因发生向近缘种或者杂草的基因流动，甚至有可能污染常规物种（强胜，2010）。在特定的生态环境中，有些作物的近缘种是危害很大的杂草，如果这些杂草由于接受了抗性基因特别是抗除草剂基因而提高了适合度，它们就可能变为极难防治的害草，给农田杂草防除带来新的难题（Mercer K.L.，2007）。同时同地以长时间种植某类转基因作物，并经常使用同种除草剂，也会诱导抗性杂草的产生。卢宝荣（2008）对转基因水稻的"基因漂移"研究发现，即使具有亲缘关系的物种，"基因漂移"成功的概率也会随着植株的间隔距离增加而迅速下降。Jia S.R. 等（2007）采用转 Bar 基因抗除草剂粳稻为花粉源，以 2 个籼型杂交组合及 4 个雄性不育系亲本为受体进行研究，发现近距离（0 cm）基因漂移到不育系的频率为 3.145%～36.116%，显著高于漂移到杂交稻组合的频率（0.037%～0.045%）。Rong J. 等（2007）研究发现，在近距离（＜1 cm）的情况下，抗虫转基因水稻科丰 6 号恢复系 MSR+、Ⅱ优科丰 6 号杂交稻 HY1+ 以及两优科丰 6 号杂交稻 HY2+ 中的外源基因逃逸到其非转基因水稻亲本的频率在 0.9% 以下。Yuan Q.H. 等（2007）以不育系为材料进行研究，发现花粉的漂移频率与开花期的风向有很大关系，下风口的漂移频率为 6.47%～26.24%，显著高于上风口的 0.39%～3.03%。Wang F. 等（2006）以转 bar 基因水稻为材料，研究发现，转基因水稻向野生稻的基因漂移率为

11%～18%（0～1 cm），随距离增加而降低，并且此种转基因水稻不能向稻田的稗草发生基因漂移。戎俊等对3种双价抗虫转基因（*bt/CpTI*）水稻科丰6号杂交稻HY2+与非转基因水稻进行研究发现，抗虫水稻向其亲本品种转移频率为0.275%～0.832%。

杂草稻是转基因水稻发生基因漂移的野生近缘种的主要产物。杂草稻是一种在水稻田不断自生并自然延续危害生产的具有杂草特性的特殊的水稻材料。杂草稻分布比较广泛，在大部分种植水稻的地区如北美洲、南美洲、南欧、非洲和亚洲都有发生和报道（James C.D.，2007）。目前，杂草稻已成为限制拉丁美洲和东南亚国家水稻产量的最主要杂草。随着直播稻和稻麦免耕、少耕技术的推广，杂草稻在中国的危害越来越重，已严重影响水稻产量和稻米质量。基因漂移导致抗虫外源基因转入其他同源及近缘物种，如杂草稻，增强其自身的竞争优势，会产生入侵和破坏力较强的杂草，可能降低生物多样性，甚至使野生稻基因库遭到污染。有关杂草稻和栽培稻之间的基因交流，早在1961年就报道栽培水稻能与野生同属杂草红稻发生自然杂交（Oka H.I.，1961）；1990年报道在直播稻田中栽培稻和杂草稻能发生自然杂交并产生可育后代，依水稻品种的不同杂交率为1.08%～52.18%。Zhang N.Y. 等（2003）的研究表明，在田间小区试验条件下，非转基因紫色叶片标记系和抗草丁膦转基因水稻CPB6与红稻的异交率分别小于1%和0.3%。在美国路易斯安那州西南地区杂草稻控制较弱，抗咪唑啉酮水稻CL和杂草稻间的异交率高达3.2%。Shivrain V.K. 等（2007）研究发现，从抗咪唑啉酮转基因水稻CL121到杂草稻的基因漂移率为0.036%，CL161与13种杂草稻间的异交率介于0.03%和0.25%之间。Zuo等于2007—2009年研究抗草丁膦转基因水稻Y0003与国内15种典型杂草稻在完全花期相遇的条件下，转基因水稻向杂草稻间的基因漂移，最大漂移率为0.667%；研究导致转基因水稻向不同杂草稻基因漂移率差异的内在原因，结果发现，花期同步性是发生异交的主要原因，其次是遗传亲和性及一系列生物学特征。

2. 转基因水稻对生物多样性的影响

生物多样性是指生物在长期适应环境过程中逐渐形成的某种生物策略，对提高生物的稳定性及生态效率有积极作用。单一大规模商业化栽培转基因水稻会使其多样性减少（胡金忠，2010）。转基因水稻在其生态环境稳定后，随时间推移，可能会在生态系统中积累与产生级联效应。转基因水稻属非自然进化物种，竞争优势较强，侵入非农作物栖息地后可能会取代原栖息物种，致使部分物种组成结构改变或生物多样性降低，继而造成生态环境的破坏，特别对濒危物种的危险更为严重。卢宝荣（2008）指出，现有的转*EPSPS*或*Bar*基因抗除草剂水稻自身对稻田生态系统生物多样性应无明显不利影响，但抗除草剂水稻的大规模种植和不同除草剂的长期施用可能会影响到稻田生态系统甚至稻田以外的生物多样性。因此，转基因抗除草剂水稻本身不会对水稻生态系统多样性带来不利影响。目前尚无有力科学依据证明转基因作物对生物多样性的潜在影响是否与非转基因作物存在本质不同。

3. 转基因水稻对根基土壤微生物的影响

土壤生态研究是转基因作物生物安全评价研究的组成部分。引入的外源基因可改变根基分泌物、根际和植株残体的组成及降解过程，影响土壤物质能量、酶活性、土壤生物组成的改变及矿物质营养的转化循环。转基因作物中的杀虫蛋白释放于土壤并与土壤结合，不易被土壤微生物分解和保持活性。这些保持活性的蛋白会影响到土壤微生物种群及种群数量。有研究发现，转基因水稻与非转基因水稻根际培养的微生物组成上存在差异。Wu L. C. 等（2004）对转 *Bt* 水稻根系分泌物中 Bt 蛋白残留情况进行研究表明，转 Bt 基因水稻对土壤微生物生态系统的不利影响较小。黄晶心等通过分离计数以及运用分子生物学方法，利用转 *Bt* 水稻研究其对土壤的功能群氨氧化细菌的影响，结果表明种植转 *Bt* 基因水稻的时间越长和种植密度越大，对土壤氨氧化细菌的影响也越大，并且对土壤深层的氨氧化影响与浅层具有相似性。刘薇等（2011）研究得出，转 *Bt* 基因水稻——克螟稻与亲本水稻根际均以饱和脂肪酸和支链脂肪酸为主，单不饱和脂肪酸次之，多不饱和脂肪酸最少，且外源 *Bt* 基因插入仅对水稻根际微生物多样性造成短暂影响，不具有持续性。但转基因作物影响到土壤的结构和组成，改变土壤的有机质含量和 pH 等状况。Wang H. X. 等（2004）采用秸秆还土法对转 *Bt* 基因水稻及其亲本对土壤微生物的影响研究发现，与亲本对照相比，添加转 *Bt* 基因水稻秸秆，土壤中好氧性细菌、放线菌和真菌数量明显增加，但无显著影响；土壤氨化细菌、自生固氮菌和纤维素降解菌的数量在培养中期存在差异，但不持续。转 *cry1Ab* 水稻的种植对植物根际土壤中各种酶的活力和主要微生物群落组成也没有造成负面影响。宋亚娜等（2011）连续 3 年种植转 *cry1Ac/cpti* 双价抗虫基因水稻科丰 8 号和Ⅱ优科丰 8 号发现，在短期内种植不会影响土壤酶 IDE 活性及养分状况。另外，部分除草剂在土壤中的残留，也会造成土壤板结、酸碱度失衡等问题。经过长期研究发现，残留在土壤中的除草剂通过水循环能对较大范围内的生态环境发生影响。除对土壤结构产生影响之外，除草剂对土壤微生物的影响也非常值得重视。在水稻田中喷洒除草剂，至少有 70% 进入土壤，直接影响土壤微生物的生长和代谢。通过对土壤中细菌、真菌及放线菌的种类及个体数量的统计发现，常用除草剂均能对土壤微生物造成影响。其中，经苄嘧磺隆除草剂处理过的土壤中细菌的生产明显受到抑制，在处理 28 d 之后依然没有恢复到对照水平；被草甘膦处理过的土壤，细菌的种类及个体数量明显被抑制，在 28 d 之后也没有恢复到对照水平（Pampulha M. E.，2007）。

第四节　转基因水稻食用安全评价

水稻是最主要的粮食作物之一。自 1988 年首次获得可育的转基因水稻以来，转基因技术在水稻品种改良上得到了广泛应用和迅速发展（蒋家唤，2003），目前已经成功培育出抗性转基因水稻（如抗虫、抗病、抗逆、抗除草剂水稻等）、功能性转基因水稻（如黄金水稻、高赖氨酸水稻、高乳铁蛋白水稻、高直链淀粉水稻、低植酸水稻等）、有药用价值的转基因水稻（如抗过敏性水稻、表达人重组胰岛素生长因子的水稻等）。

一、转基因抗虫水稻

转基因抗虫水稻主要包括转 *Bt* 基因抗虫水稻、昆虫蛋白酶抑制剂抗虫水稻和表达植物凝集素的抗虫水稻。

（一）转 *Bt* 基因抗虫水稻

Wang Z.H. 等（2002）和 Schroder M.（2007）对 *cry1Ab* 基因"克螟稻 1 号"水稻进行了 90 d 的大鼠喂养试验。Wang 等将 *Bt* 抗虫水稻以 16 g/kg、32 g/kg、64 g/kg 3 个剂量喂养大鼠，而 Schroder 等每天给予大鼠每千克体重 0.54 mg Bt 毒素。在二者试验期间，大鼠的日常行为、进食量、体质量均无不良反应。因此，Wang 等认为，总体上来说该转基因大米以 ≤ 64 g/kg 剂量对大鼠是安全的，但转基因大米组雌鼠个别血常规、血生化指标出现了异常，并与 Bt 蛋白呈现剂量相关，而且雌雄鼠之间出现了差异，需要进一步研究。在 Schroder 等的试验中，个别血生化、血常规指标也同样出现了显著差异，但所有指标均在该年龄段该品系大鼠的正常范围之内，研究者认为差异与处理无关。Schroder 等还发现，与对照组相比，转基因大米组十二指肠中双歧杆菌数量明显下降，而回肠中大肠埃希菌数量明显上升；转基因大米组雄鼠的肾上腺质量下降，睾丸质量增加，雌鼠子宫质量相对增加，但对相关器官进行宏观和微观组织病理学检查，并没有发现有意义的病变。造成转基因大米肠道有益菌数量下降、有害菌数量上升的原因有待进一步研究证实。虽然试验结果显示转基因大米总体上来说对大鼠没有产生毒副作用，但研究者认为对转基因作物进行非预期效应评价时还需要添加试验组。

与 Schroder 的研究一样，Kroghsbo S. 等（2008）用含有对照大米、表达 Cry1Ab 蛋白或 PHA-E 凝集素的转基因大米或添加了纯化重组蛋白的转基因大米的饲料，分别喂养 Wistar 大鼠 28 d 和 90 d，发现 Cry1Ab 蛋白没有毒副作用，PHA-E 凝集素只有在对大鼠以每天每千克体重约 70 mg 的量喂养 90 d 后才会表现出免疫调节作用。

张珍誉等（2010）用转基因 *Bt* 基因水稻及其对照喂养昆明小鼠 90 d，试验期间小鼠活动正常，与非转基因对照组相比，血常规、血生化、脏器质量相当，脑、心、睾丸、卵巢等器官未见异常，但病理检查发现小肠腺瘤增生，对病变小鼠小肠线粒体 DNA 一级结构进行测定发现两个有意义的突变。研究者认为，在该试验条件下，现有试验结果证实转基因水稻对小鼠小肠有亚慢性毒性作用。可以说这是目前明确表明试验条件下转基因水稻饲喂对试验动物有损害作用的唯一报道，但有待进一步的重复试验来确认这一现象，并揭示其机制。

（二）转昆虫胰蛋白酶抑制剂基因抗虫水稻

美国康奈尔大学 1993 年将豇豆胰蛋白酶抑制剂基因 *CpTI* 导入水稻获得转基因植株。由于 *CpTI* 在转基因植物中表达水平较低，影响其抗虫性，为此在体外对 *CpTI* 基因进行改造，获得了修饰的 *CpTI* 基因（*SCK* 基因），使用转基因枪转化法对水稻进行转化，获得了转化 *SCK* 基因水稻。水稻种植试验证实，转 *SCK* 基因水稻比 *CpTI* 基因水稻有更好的抗虫效果（朱桢，2001）。

转 *CpTI* 基因水稻和亲本大米喂养大鼠 28 d 后，各营养指标无差异，转基因大米中的 *CpTI* 并未明显干扰饲料中其他营养素的吸收。免疫毒理学评价试验中，喂养 BALB/C 小鼠 30 d，发现转基因大米和亲本大米组小鼠的淋巴细胞分类、血清抗体滴度、空斑试验、迟发型皮肤过敏反应等各项免疫指标均无差异。

贾旭东等（2011）用 BN 大鼠致敏动物模型对 S86 转基因大米的致敏性进行研究。饲养大鼠 6 周后，转基因大米全食品喂饲没有激发 IgG 及 IgE 反应，组胺水平与阴性对照组及亲本对照组相比差异不显著，也没有引起大鼠血压升高，表明 S86 转基因大米食品喂饲未对大鼠产生致敏性。

在转 *SCK* 基因大米对小型消化功能和生长发育的影响研究中，转基因大米与组合亲本大米组相比，动物的体格发育和脏器发育，肠道菌群、胰腺和粪便中胰蛋白酶、糜蛋白酶和淀粉酶活性，胃肠道组织和胰腺组织，均未见明显差异，也未见到明显非期望效应。研究者认为，转 *SCK* 基因稻米未对哺乳动物体内的消化过程及动物的生长发育产生明显不良影响。

（三）转 *cry1Ac/sck* 双价抗虫水稻

刘雨芳等（2007）分别以转 *cry1Ac/sck* 双价基因抗虫杂交水稻 II -32A/MSB、KF6-304、MSA4 和 21S/MSB 为材料，对 SD 大鼠进行 30 d 的喂养试验、小鼠急性毒性与致突变研究。在30 d的喂养试验中，以上4种转基因大米各剂量组试验动物的表现体征均正常，但每种转基因水稻饲喂时，个别血生化、血常规指标出现了显著差异，但差异指标多表现在低剂量组或中剂量组，且不排除个体间存在应急反应差异。因此，研究者认为，转 *cry1Ac/sck* 双价基因的这4个抗虫杂交稻事件对大鼠表观体征生理生化无明显不良影响。急性毒性与致突变研究包括小鼠急性毒性试验、精子畸形试验与骨髓细胞微核试验。4种转基因大米各剂量组灌胃小鼠，小鼠均无不良反应，主要脏器无异常，血常规分析个别指标与对照组有显著差异。小鼠精子畸形试验与骨髓细胞微核试验结果均显示转基因抗虫稻没有明显诱发小鼠畸变与骨髓细胞产生微核。这4个抗虫杂交稻事件未引起小鼠明显急性毒性反应，对小鼠无明显的致畸与突变作用。

（四）表达植物凝集素转基因水稻

Poulsen M. 等（2007）首次对表达雪花莲凝集素基因的水稻进行安全性评价，发现转基因水稻育亲本水稻的蛋白质、纤维等含量有差异，但含量均在文献报道的范围内。用含60%该转基因水稻或亲本的饲料分别喂养 Wistar 大鼠90 d，检测大鼠的血常规、血生化、免疫学、微生物学及病理学指标，结果显示两组之间许多指标差异显著，如饮水量、血液中钾含量和蛋白含量等。研究者认为，转基因大米组出现的大多数差异均与饮水量的增加有关，但饮水量增加的原因并不清楚。与一项早期研究一样，他们建议在研究中添加1个或多个含有外源基因表达产物的饮食处理组，用以明确差异是雪花莲凝集素本身引起的还是由转基因的插入导致次级代谢产物引起的。

二、转基因抗病水稻

（一）转基因 *Xa21* 水稻

水稻白叶枯病是一种严重的细菌性病害，是使水稻减产、绝收的主要原因之一。抗性基因的研究一直是水稻白叶枯病防治研究的重要内容。*Xa21* 基因来源于野生长稻穗水稻，是最早克隆的水稻白叶枯病抗性基因，有广谱抗性。将 *Xa21* 基因导入水稻，显著提高了水稻对白叶枯病和稻瘟病的抗性。

在转 *Xa21* 基因水稻的营养学评价试验中，李英华等（2004）用不同饲料喂养 Wistar 大鼠28 d，结果表明，转基因大米组雌、雄鼠的肝质量／体质量比均高于非转基因大米组，且雌性组的血钙、干骺端骨密度也高于非转基因大米组，而其他所有指标均无统计学差异。李英华等在对该转基因大米的致畸性研究中增加了敌枯双阳性对照组。Wistar 大鼠饲喂相应饲料 90 d 后雌雄鼠合笼，转基因大米组孕鼠增重，活胎体重、身长、尾长均显著高于阳性对照观察组，而死胎数、吸收胎数、畸形率均显著低于阳性对照组，与非转基因大米组、正常饲料对照组相比，所有观察指标均无统计学差异。

用转 *Xa21* 基因大米和亲本大米喂养 Wistar 大鼠 90 d 期间，试验中期转基因组血糖降低，胆固醇和高密度脂蛋白升高；试验结束时上述差异消失，但转基因雌性组谷草转氨酶活性显著升高，脑、心、脾等器官病理检查无异常。现有试验结果不能证实转基因大米对大鼠有亚慢性毒性作用，有待进一步研究。免疫毒理学试验中，将 Balb/c 小鼠分为转基因大米组、非转基因大米组、正常对照组和环磷酰胺免疫力抑制阳性对照组，各组小鼠饲喂 30 d 后，转基因组与非转基因组相比，体质量、脏器比、血常规、淋巴细胞的分类及功能，抗体生产细胞的检测和 IgG 含量等所有观察指标均无显著性差异（李英华，2004）。

（二）转溶菌酶基因水稻

稻瘟病是水稻三大病害之一。溶菌酶是广泛分布的酶家族，并具有几丁质酶活力，能够分解细菌或真菌细胞壁组分中多糖的糖苷键，从而抵御病原菌的侵染。

姚春馨等（2006）通过小鼠毒性试验、大鼠长期毒性试验、小鼠微核试验和精子致畸试验对转溶菌酶基因水稻的毒性及致畸作用进行评价，所有试验动物均无异常体征出现。小鼠灌胃转基因大米粉的最大耐受量 MTD ≥ 37.5 g/kg，属无毒类。90 d 喂养试验中，试验动物每天摄入转基因大米粉 15 g/kg、7.5 g/kg，相当于成人日食用量 900 g 和 450 g。大鼠体质量、血常规、血生化等指标，脏器系数及脏器病理学检查等与空白对照无显著差异。将转基因大米粉以同样的两个剂量分别灌胃小鼠，未发现对小鼠骨髓细胞微核和精子畸形发生率有不良影响。这表明转溶菌酶基因大米无明显的毒性和致畸作用。

（三）转基因抗除草剂水稻

Xu W.T. 等（2011）用抗除草剂 *Bar* 基因大米喂养 SD 大鼠 90 d，雌、雄大鼠各 6 组，分别喂养含 30%、50%、70% 转基因大米或 30%、50%、70% 非转基因大米的饲料，用实时定量 PCR 法分析大鼠盲肠微生物的组成。结果表明，饲喂含 70% 非转基因大米组的雄性盲肠乳酸菌的基因拷贝数高于含 70% 转基因大米组，并且非转基因组的乳酸菌丰度较高，这一结果正好与大肠埃希菌的相反；除了雄性 50% 大米组，转基因组的大肠埃希菌数更高；相同含量大米组中，非转基因组产气荚膜梭杆菌群数量高于转基因组。这些结果显示，转 *Bar* 基因水稻对盲肠微生物菌群有复杂的影响。研究者认为这些影响与食用者的健康息息相关，该转基因大米或许对肠道产生有害作用。

外源基因的残留及转移是转基因安全性的关键。黄毅等用转 *Bar* 基因水稻或亲本水稻饲喂小鼠 90 d，在小鼠的腿肌、肝脏、肾脏、脾脏、小肠中没有检测到 *Bar* 基因片段或其表达的 PAT 蛋白。外源蛋白 PAT 在小鼠胃肠道内无耐受性，能够被机体完全消化；小鼠小肠 mtDNA 的测序结果无异常，无突变位点。这表明转基因成分没有在小鼠体内残留或发生转移，也没有导致小鼠肠道基因突变。

三、转基因高营养水稻

（一）富含抗性淀粉转基因水稻

抗性淀粉是一种新型的膳食纤维，在肠道代谢、改善血糖和血脂水平等方面有一定的健康作用，能降低一些慢性病的发病风险。目前国内外很多研究人员致力于开发抗性淀粉的食品，但任何抗性淀粉来源的功能食品尤其是转基因食品必须进行全面的临床和营养学评估才能保证其安全性。

目前，对转双反义 *SBE* 基因大米的亚慢性毒性的研究结果不尽相同。Zhou X. H. 等（2011）用转基因大米和非转基因大米喂养 SD 大鼠 90 d，大鼠的临床表现、病理反应、脏器质量、微生物菌群等无显著差异。李敏等（2010）用高剂量亲本大米，高、中、低剂量的转基因大米及正常对照饲料喂饲 Wistar 大鼠 90 d。结果表明，试验中期及末期，高、中剂量组雌雄鼠个别指标均出现显著差异，脏器系数也出现差异，但差异指标没有与两个对照组同时存在，相关病理学检查也没有发现有意义的改变。研究者认为，现有的试验结果可能不能证明转基因大米对大鼠有亚慢性毒性作用。

李敏等（2008）还研究了该转基因大米对大鼠肠道健康的影响。用掺入非转基因大米、转基因大米最大量和半量掺入的饲料及正常饲料喂养 SD 大鼠 6 周。结果，转基因大米最大掺入量组的体质量显著下降。转基因大米高中剂量组粪便量、粪便水分、盲肠壁以及内容物含量显著增加，并存在显著的量效关系；盲肠、结肠中短链脂肪酸含量增加，粪便和盲肠的 pH 非常显著低于两个对照组。这表明抗性淀粉转基因大米能改善大鼠肠道健康。

（二）转大豆球蛋白基因水稻

Momma K. 等（1999）发现转大豆球蛋白大米和非转基因亲本大米的营养组成中，只有蛋白质、氨基酸、维生素 B_6 和水分有差异。随着大豆球蛋白基因的插入表达，转基因大米的蛋白质含量比亲本大米提高了 20% 多，包括赖氨酸在内的几乎所有的氨基酸含量均显著提高。针对插入基因在改变大米营养组成的同时会不会引起其他非预期效应的问题，研究人员以每天 10 g/kg 的剂量喂食大鼠转基因大米，持续 4 周，各项指标均无显著差异。在随后的研究中发现，在长期亚慢性毒性试验中，该转基因大米没有引起试验动物生物化学、营养学、形态学上的不良反应（Momma K.，2000）。

（三）转人乳铁蛋白基因水稻

胡贻椿等（2012）发现，转人乳铁蛋白基因大米和亲本大米主要营养素在体内的消化代谢及蛋白质的营养价值包括蛋白质／氨基酸、碳水化合物、脂肪、纤维素的消化率上均无显著差异。外源基因的插入使 hLF 大米的氨基酸含量配比得到优化，氨基酸评分的结果显示 hLF 大米中蛋白质的质量略有提高。

四、药用转基因水稻

（一）转雪松花粉过敏原基因水稻

转雪松花粉过敏原基因水稻含有来源于日本雪松花粉致敏原的 7 个主要抗原决定簇，可被用来控制人类对花粉的过敏症状。Domon E. 等（2009）给猕猴口服该转基因水稻 26 周。这是首个使用非人类灵长动物来评价转基因产品安全性的研究。在研究过程中，猕猴行为表现、体质量均无异常。处理 26 周的猕猴的血液分析结果显示，只有转基因大米低剂量组个别血生化指标有差异，其他各组动物的血常规和血生化指标之间差异均不显著，对动物进行病理学和组织病理学检查均没有异常发现，表明猕猴食用该转基因水稻没有产生不良反应。

（二）表达重组人胰岛素生长因子的转基因水稻

Tang M. 等（2012）对表达重组人胰岛素生产因子的水稻进行安全性研究。用含有 20% 转基因大米或 20% 亲本大米的饲料喂养 C57BL/6J 大鼠 90 d，相当于每天摄入 rhIGF-1 蛋白 217.6 mg/kg。发现两组之间只有少数指标差异显著，但均不属于不良影响。在 90 d 的喂养试验中，该转基因水稻材料没有对大鼠产生不良影响或毒副作用。

五、耐盐性转基因水稻

糖醇类物质广泛分布于细菌、酵母、藻类和高等植物中，作为相容性溶质在渗透调节保护中起重要作用。甘露醇和山梨醇属糖醇类物质，其生物合成的关键酶基因——1-磷酸甘露醇脱氢酶基因（*mtlD*）和 6- 磷酸山梨醇脱氢酶基因（*gutD*）均已被分离克隆。利用农杆菌介导法将来源于大肠杆菌的 *mtlD/gutD* 双价基因导入水稻基因组并且在水稻中得到表达，试验证明其耐盐性比普通水稻有了显著提高（王慧中，2000）。

在转 *mtlD/gutD* 双价基因稻米的小鼠和大鼠的急性亚急性毒性试验、致突变试验和 30 d 喂养试验中，小鼠与大鼠的试验结果一致：经口喂养 $LD_{50}>30$ g/kg，无致突变作用。各剂量组小鼠、大鼠的发育、增重、食物利用率、血常规、脏体比及病理组织学观察等各项指标与基础对照组比均无显著差异，无作用剂量为 54 g/kg。陈河等（2007）用转 *mtlD/gutD* 双价基因稻米喂养大鼠 90 d，大鼠行为体征、睾丸和卵巢的组织切片检查未见有意义的病理改变。各试验组与对照组相比，雌性大鼠的性成熟、雄性大鼠的精子畸变率及雌雄大鼠的性激素水平均无显著差异。结果初步表明，用转 *mtlD/gutD* 双价基因水稻秀水 11 品系 T18-7-8-1 稻米喂养大鼠 90 d，对大鼠性腺器官的结构和功能无显著影响，但长期食用该转基因水稻是否会在体内蓄积产生毒性还有待于进一步研究和观察。

第五节　我国转基因水稻产业化前景分析

一、我国转基因水稻产业化的优先序

根据技术成熟度、安全性评价程度、生产和市场需求、公众认可度、对国内外贸易可能的影响、经济效益和产业化前景等方面，通过对转基因水稻所处的生物安全评价阶段、目的基因是否有长期安全使用的历史、遗传标记是否敲除、农业生产是否急需以及是否被消费者接受等因素，对目前进入我国转基因水稻进行综合分析和排序。

我国自 2000 年以来已有 8 项自主研制的转基因水稻申请产业化。其中，转基因水稻"华恢 1 号"是我国转基因水稻产业化优先序中的首选品种，相关安全性评价研究工作已基本完成，并已获得生物安全证书。现以该品系为例，从正反两个方面深入分析我国转基因水稻产业化的条件、利弊、时机和对策。

由于农业产业结构调整、害虫抗药性增强等，我国水稻螟虫、稻纵卷叶螟等鳞翅目害虫为害有加重趋势。大量使用化学杀虫剂严重影响了生态环境和生物多样性，增加了生产成本和劳动力支出，对农民的身体健康也产生负面影响。转抗虫基因水稻"华恢 1 号"有较强的对鳞翅目害虫的抗性，能使水稻农药使用量减少 60% 左右（黄季焜，2007），直接减少了农民对水稻的生产投入，增强了农民种粮积极性，同时能有效地保护自然生态环境，提高稻米品质。目前，该品种已经完成中间试验、环境释放试验和生产性试验，并获得安全证书，有可能率先

实现产业化，其应用对解决我国的粮食安全问题具有重大意义（朱桢，2010）。

　　我国转基因生物安全相关法律法规体系建设已逐步完善，管理已纳入法律轨道并与国际接轨。我国生物安全评价体系也已初步建立。现正在筹建一批转基因生物安全检测机构，检测范围涉及产品成分检测、食用安全检测和环境安全检测。我国转基因水稻的环境安全性评价研究处于国际前列，技术支撑体系建设初具规模，基本建立了覆盖全国的安全监管体系，安全监管能力和生物安全应急处理水平有了显著提高。转基因水稻产业化，在技术监控和行政监管上是有充分保障的。

二、转抗虫基因水稻产业化利弊分析

　　转抗虫基因水稻一旦产业化，短期内可能对我国稻米国际贸易和国内市场产生巨大的冲击，造成普通消费者巨大的心理压力，生物安全管理将面临巨大的挑战和考验。

（一）对国内市场的影响

　　中国是世界最大稻米生产国，国内有1亿农民从事水稻种植，有10多万工人从事大米加工。转抗虫基因水稻一旦产业化，第一受益者是农民，因为可以减少农药用量、节省成本、提高产量，第二受益者是种业行业者，因为种子价格高、销售利润大。但转基因大米及其加工食品进入消费市场后，面临与非转基因大米的竞争问题。需要媒体进行科学性报道和宣传，完善市场公平竞争机制。

（二）对国际贸易的影响

　　国际大米市场狭小，每年大米贸易量只占其生产量的6%左右（王明利，2006）。我国大米出口量仅占世界总出口量的7%左右。转基因水稻商业化之后如果遭受专门针对转基因产品的贸易壁垒，我国整个稻米和稻种出口可能严重受挫。但我国稻米以国内消费为主，未来中国稻米出口量仅占国内大米生产总量的1%左右。其影响相对于稳居世界第三位的我国进出口贸易（2009年总额已上升为22 073亿美元，跃居世界第一）而言并不大。

（三）对我国转基因生物安全管理政策的影响

　　目前，我国转基因水稻安全证书已经获批，并可能在通过国家品种审定和省级品种审定后，出现大量转基因水稻品种进入市场的现象。其大面积商业化应用后，转基因成分将会迅速扩散到其他常规非转基因水稻中，常规水稻中的转基因水稻无意混杂将会非常严重。同时由于无法避免转基因水稻在生产中的无意混杂，水稻生产者、经营和销售者可能为降低检测成本而对所有水稻进行转基因标识。因此，转基因水稻的产业化需要对我国转基因生物安全管理政策进行适当调整。首先，加强与品种审定法规的衔接，将转基因水稻的品种审定权收归国家；其次，对《农业转基因生物标识管理办法》进行调整，一是采用定量标识，对转基因水稻的无意混杂规定明确的容忍和豁免阈值，二是增加对非转基因标识的规定。

（四）社会和经济效益分析

发展转基因水稻将会创造巨大的经济社会和环境效益。中国科学院农业政策研究中心的调研和分析表明，转基因抗虫水稻在农户大田生产中，每公顷可减少农药施用量 17 kg（或 80%），增加产量 6%～9%，农民增收 600 多元。从生态效益及环境保护角度来看，种植转基因水稻可有效减少农药施用量，有助于农民身体健康及减少环境污染（陈超，2008）。种植抗虫转基因水稻还可节省劳力，缓解城市化引起的耕地不足、年轻劳动力不足的矛盾。转基因水稻的商业化将为中国的生产者和消费者每年带来 30 亿美元左右的福利，为我国的宏观经济带来巨大的效益（杨列勋，2006）。

"十五"期间，我国投入大量资金资助转基因水稻研究，在水稻功能基因组、超级杂交稻和转基因水稻等方面取得一系列标志性成果。特别是转基因抗虫水稻有望成为继转基因抗虫棉之后，又一个对中国更具有战略意义的大面积应用的转基因作物，将推动一个新的农业生物技术种业的形成和发展，蕴藏着巨大的经济利益和生态效益。

三、展望

对生产的"华恢 1 号"稻谷进行动物食用毒理学试验，包括急性毒性、遗传毒性、亚慢毒性和慢毒性试验，同时开展了一系列针对转基因水稻生存能力竞争、基因漂移、对靶标生物和非靶标生物的影响等环节安全评价试验，结果表明该品种在食用和生态上是安全的。

随着转基因水稻的产业化种植，应对其抗性、大田生态风险及人类生存环境等方面进行系统、全面及科学的评价。开展转基因水稻基因漂移研究，关系到中国未来种植转基因水稻后水稻品种的培育和繁殖，以及稻米的商业化生产和流通，需小环境与大环境结合，缩小差距。由于年际气候差异较大，在真正探明除品种因素外的气候条件影响，还需对不同品种及不同方位布局做进一步研究。抗除草剂转基因植物可能带来的生态环境风险越来越受到人们的关注，科学家们正在研究新一代的抗除草剂转基因技术（孙国庆，2010）。

另外，较多研究表明转基因水稻对土壤环境中种群数量、pH 及酶的活性并没有显著影响，因此应提高修饰改良转（抗）基因水稻表达量，研究将所转入的基因进行人工改造与重新配对合成，在不改变氨基酸序列的情况下，根据水稻密码子的偏爱性进行优化等来提高外源基因的表达量。提高外源基因表达，即利用定位序列将外源抗虫基因定位于内质网及叶绿体等定位的细胞器中表达。我国在表达调控与遗传转化等技术层面都开展了诸多有益的探索，尤其是抗生素选择标记基因的剔除、目的基因组织特异性和诱导性表达调控等技术已趋于成熟，为抗虫转基因水稻走向商业化积累了一定的技术。

利用转基因生物技术培育转基因水稻是必然趋势，也是中国未来农业发展方向。培育复合型抗除草剂、抗虫、抗病、抗旱且优质高产的综合优良品种是更高的发展目标，并将转基因技术的研究和应用与传统的常规育种、植物栽培等技术有机地结合起来，这对于研究外源基因在受体植物中的表达和调控规律，获得性状优良、稳定的转基因品种是至关重要的。建立健全种植转基因水稻检测技术是实现转基因水稻安全评价的需要，也是今后面临的困难与挑战。发展中国家生物安全存在的隐患较大，需高度重视经济社会发展与生物安全存在的现实危害与潜在风险，积极完善国家现有生物安全与防御体系。国内已经建立完善的转基因食品评价和管理体系。转基因水稻产品要进行商品化，需进行严格申报与审批，并加快科研开发与知识产权保护，得到相关事实证明后才能转入商业化进程。

支持与反对转基因水稻商业化的国家都在转基因水稻的商业化问题上持谨慎观望的态度，同时受到传统伦理与人类道德观念的冲击，转基因水稻商业化之路有很长的一段路要走。因此，在详细剖析转基因水稻的生物安全性过程中，应加强与研究者、生产者、消费者及相关组织部门的风险交流。让消费者公开自行选择消费转基因与非转基因水稻，尊重消费者的知情权并维护其权益，增强市场透明度，促进市场和谐与健康的发展。广泛科普宣传，科学客观地介绍转基因水稻的环境安全性，消除消费者对转基因水稻种植的顾虑与误解，增强消费者的转基因生物安全意识的培养，创造转基因技术的良好氛围。加强风险管理，做好实验室中转基因研究的生物材料、生产性试验及废弃物等意外释放风险的管理工作，强化并严格设置隔离措施与生物安全的培训工作，确保种植转基因水稻产业安全合理健康发展。

154

参考文献

[1] 陈超.关于转基因水稻产业化的若干思考[J].南京农业大学学报（社会科学版），2008，8（4）：27-33.

[2] 陈河，王慧中，赵文华，等.转 mtlD/gutD 基因稻米对大鼠性腺毒理性的实验研究[J].中国水稻科学，2007，21（4）：341-344.

[3] 何礼键，周玉婷，左婷，等.转基因生物技术在农业领域的发展现状分析[J].安徽农业科学，2011，39（1）：66-68.

[4] 胡金忠，艾宏伟.浅谈我国转基因水稻栽培的现状与发展趋势[J].黑龙江科技信息，2010（27）：247.

[5] 胡贻椿，李敏，朴建华，等.转人乳铁蛋白基因大米主要营养素的体内消化率及蛋白质营养价值评价[J].营养学报，2012，34（1）：32-40.

[6] 黄德林.转基因水稻专利战略研究[M].北京：中国农业出版社，2007.

[7] 黄季焜，胡瑞法.转基因水稻生产对稻农的影响研究[J].中国农业科技导报，2007，9（3）：13-17.

[8] 黄琼，刘海波，支援，等.转 CpTI 基因大米在五指山小型猪体内消化稳定性的初步研究[J].卫生研究，2011，40（6）：680-683.

[9] 蒋高明.试论转基因作物的生态风险[J].科学对社会的影响，2010（2）：42-47.

[10] 蒋家唤，郭奕明，杨映根，等.转基因水稻的研究和应用[J].植物学通报，2008，20（6）：736-744.

[11] 李敏，朴建华，刘巧泉，等.富含抗性淀粉转基因大米对大鼠肠道健康的影响[J].营养学报，2008，30（4）：59-65.

[12] 李敏，朴建华，杨晓光，等.转双反义 SBE 基因大米的亚慢性毒性实验[J].卫生研究，2010，39（4）：436-443.

[13] 李英华，朴建华，陈小萍，等.转基因大米的免疫毒理学评价[J].中国公共卫生，2004，20（4）：404-406.

[14] 李英华，朴建华，陈小萍，等.Xa21 转基因大米的营养学评价[J].卫生研究，2004，33（6）：303-306.

[15] 李英华，朴建华，卓勤，等.Xa21 转基因大米对大鼠致畸作用的实验研究[J].卫生研究，2004，33（3）：710-712.

[16] 刘薇，王树涛，陈英旭，等.转 Bt 基因水稻根际土壤微生物多样性的磷脂脂肪酸表征[J].应用生态学报，2011，22（3）：727-733.

[17] 刘雨芳，刘文海，朱春花，等.转基因工程抗虫杂交稻大米的食品安全评价[J].湖南科技大学学报，2007，22（4）：107-112.

[18] 卢宝荣.我国转基因水稻的环境生物安全评价及其关键问题分析[J].农业生物技术学报，2008，16（4）：547-554.

[19] 鲁运江.基因工程及转基因食品的规范开发利用前景[J].种子科技，2009，27（9）：17-19.

[20] 强胜，宋小玲，戴伟民，等.抗除草剂转基因作物面临的机遇与挑战及其发展策略[J].农业生物技术学报，2010，18（1）：114-125.

[21] 宋亚娜，苏军，陈睿，等.转 cry1Ac/cpti 基因水稻对土壤酶活性和养分有效性的影响[J].华北昆

虫学报, 2011, 20（3）: 243-248.

［22］孙国庆, 金芜军, 宛煜嵩, 等.中国转基因水稻的研究进展及产业化问题分析［J］.生物技术通报, 2010（12）: 1-6.

［23］汪魏, 许汀, 卢宝荣.抗除草剂转基因植物的商品化应用及环境生物安全管理［J］.杂草科学, 2010（4）: 1-9.

［24］王慧中, 黄大年, 鲁瑞芳, 等.转 *mtlD/gutD* 双价基因水稻的耐盐性［J］.科学通报, 2000, 45（18）: 1685-1689.

［25］王明利.中国稻米进出口贸易状况及未来趋势展望［J］.农业展望, 2006（7）: 3-7.

［26］杨列勋, 李国胜.转基因农作物经济影响和发展战略研究取得显著进展［J］.中国科学基金, 2005（2）: 101-103.

［27］姚春馨, 许明辉, 李进斌, 等.转溶菌酶基因水稻稻米毒理及致畸作用试验［J］.西南农业学报, 2006, 19（1）: 103-110.

［28］于志晶, 张文娟, 李淑芳, 等.水稻抗虫转基因研究进展［J］.吉林农业科学, 2010, 35（60）: 16-20.

［29］张群.转基因食品检测关键技术研究及应用［J］.食品与生物技术学报, 2015, 11: 1232-1232.

［30］张硕.转基因植物安全评价及其伦理探析［J］.沈阳农业大学学报, 2010, 12（5）: 610-613.

［31］张珍誉, 刘立军, 张琳, 等.转 *Bt* 基因水稻稻谷对小鼠的亚慢性毒性实验［J］.毒理学杂志, 2010, 24（2）: 126-129.

［32］朱桢.高效抗虫转基因水稻的研究与开放［J］.中国科学院院刊, 2001, 16（5）: 353-357.

［33］朱桢.转基因水稻研究发展［J］.中国农业科技导报, 2010, 12（2）: 9-16.

［34］AMES C D, NILDA R B, DAVID R G, et al.Weedy rices-origin, biology and control［M］.Rome:

FAO Plant Production and Protection, 2007: 188.

［35］DOMON E, TAKAGI H, HIROSE S, et al.26-Week oral safety in macaques for transgenic rice containing major human T-cell epitope peptides from Japanese cedar pollen allergens［J］.Journal of Agricultural and Food Chemistry, 2009, 57: 5633-5638.

［36］HITTA A, CAFFERKEY R, BOEDISH B.Production of antibodies in transgenic plants［J］.Nature, 1989, 342（6245）: 76-78.

［37］JIA S R, WANG F, SHI L, et al.Trangene flow to hybrid rice and its male-sterile lines［J］.Transgenic Research, 2007, 16（4）: 491-501.

［38］KROGHSBO S, MADSEN C, POULSEN M, et al.Immunotoxicological studies of genetically modified rice expressing Cry1Ab PHAE lectin or Bt toxin in Wistar rats［J］.Toxicology, 2008, 245: 24-34.

［39］MERCER K L, ANDOW D A, WYSE D L, et al.Stess and domestication traits increase the relative fitness of crop-wild hybrids in sunflower［J］.Ecology Letters, 2007, 10（5）: 383-393.

［40］MOMMA K, HASHIMOTO W, OZAWA S, et al.Quality and safety evaluation of genetically engineered rice with soybean glycinin: analyses of the grain composition and digestibility of glycinin in transgenic rice［J］.Bioscience, Biotechnology, and Biochemistry, 1999, 63: 314-318.

［41］MOMMA K, HASHIMOTO W, YOON H J, et al.Safety assessment of rice genetically modified with soybean glycinin by feeding studies on rats［J］.Bioscience, Biotechnology, and Biochemistry, 2000, 64: 1881-1886.

［42］OKA H I, CHANG W T.Hybrid swarms between wild and cultivated rice species, Oryza perennis and O.sativa［J］.Evolution, 1961, 21: 418-430.

［43］PAMPULHA M E, FERREIRA M A, OLIVEIRA

156

A.Effects of a phosphinothricin based herbicide on selected groups of soil microorganisms[J].Journal of Basic Microbiology, 2007, 47(4): 325-331.

[44] POULSEN M, KROGHSBO S, SCHRODER M, et al.A 90-day safety study in Wistar rats fed genetically modified rice expressing snowdrop lectin Galanthus nivalis (GNA)[J].Food and Chemical Toxicology, 2007, 45: 350-363.

[45] RONG J, LU B R, SONG Z P, et al.Dramatic reduction of crop-to-crop gene flow within a short distance from transgenic rice fields[J].New Phytologist, 2007, 173 (2): 346-353.

[46] SCHRODER M, POULSEN M, WILCKS A, et al.A 90-day safety study of genetically modified rice expressing Cry1Ab protein(Bacillus thuringiensis toxin) in Wistar rats[J].Food and Chemical Txicology, 2007, 45: 339-349.

[47] SHIVRAIN V K, BURGOS N R, RAJGURU S N, et al.Gene flow between Clearfield TM rice and red rice[J]. Crop protection, 2007, 26: 349-356.

[48] TANG M, XIE T T, CHENG W K, et al.A 90-day safety study of genetically modified rice expressing rhIGF-1 protein in C57BL/6J rats[J].Transgenic Research, 2012, 21: 499-510.

[49] WANG F, YUAN Q H, SHI L, et al.A large-scale field study of transgene flow from cultivated rice(*Oryza sativa*)to common wild rice(*O.rufipogon*)and bamyard grass(*Echinochloa crusgalli*)[J].Plant Biotechnology, 2006(4): 667-676.

[50] WANG H X, CHEN X, TANG J J, et al.Influence of the straw decomposition of Bt transgenic rice on soil culturable microbial flora[J].Acta Ecologica Sinica, 2004, 24(1): 89-94.

[51] WANG Z H, WANG Y, CUI H R, et al.Toxicological evaluation of transgenic rice flour with a synthetic *cry1Ab* gene from Bacillus thuringiensis[J]. Journal of the Science of Food and Agriculture, 2002, 82: 738-744.

[52] WU L C, LI X F, YE Q F, et al.Expression and root exudation of *Cry1Ab* toxin protein in *Cry1Ab* transgenic rice and its residue in rhizosphere soil[J]. Environmental Science, 2004, 25(5): 116-121.

[53] XU W T, LI L T, LU J, et al.Analysis of caecal microbiota in rats fed with genetically modified rice by real-time quantitative PCR[J].Food Science, 2002, 76 (1): 88-93.

[54] YUAN Q H, SHI L, WANG F, et al.Investigation of rice transgene flow in compass sectors by using male sterile line as a pollen detector[J].heoretical and Applied Genetics, 2007, 115: 549-560.

[55] ZANG N Y, LINSCOMBE S, OARD J.Out-crossing frequency and genetic analysis of hybrids between transgenic glufosinate herbicide-resistant rice and the weed, red rice[J].Euphytica, 2003, 130(1): 35-45.

[56] ZHOU X H, DONG Y, XIAO X, et al.A 90-day toxicology study of high-amylose transgenic rice grain in sprague-dawley rats[J].Food and Chemical Toxicology, 2011, 49: 3112-3118.

第三代杂交水稻不育系商业化生产

不育系种子的大量制备，从另一个方面来讲就是杂交种子的大量制备。下面我们阐述三系法杂交种的制备、两系法杂交种的制备和第三代杂交种的制备 3 种不同制种技术。

一、三系法杂交种的制备

"三系"是水稻杂种优势利用的基础。所谓三系法，是指雄性不育系、雄性不育保持系和雄性不育恢复系，简称不育系（A）、保持系（B）和恢复系（R）。要实现"三系"配套，首先利用少量的水稻雄性不育植株培育出一个雄性不育系，这个雄性不育系可以无限扩展到任意大；然后选配出保持系，保持系是一种常规水稻，它能使雄性不育系水稻的雄性不育特性世世代代百分之百地保持下去；最后还必须找到另外一种被命名为恢复系的常规水稻，这种常规稻与不育系杂交之后，其杂交后代可全面恢复其雄性可育性而自交结实，由此获得 F_1 代种子而用于大田生产。这样，每年用一部分不育系和保持系杂交，其杂交后代保持了雄性不育的特性，就可以延续不育系后代；用另一部分不育系与恢复系杂交，其后代恢复了雄性可育的活力，因而可以自交结实，以制备大田生产所需的 F_1 代种子，农民就能应用这些具有较大增产优势的杂交种子进行大田生产，而不必采取任何其他复杂的技术措施。用一个简图就可以把三系育种的技术思路清楚地表达出来，如图 7-1 所示。

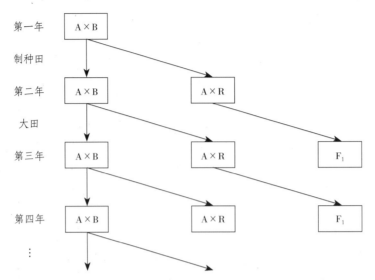

A—不育系；B—保持系；R—恢复系；F₁—杂交一代；保持系和恢复系另设专门种子田。

图 7-1　三系在生产上的应用关系

二、两系法杂交种的制备

与过去一贯利用的核质互作不育系的三系法比较，两系法不需要使用保持系，就是利用光温敏核不育系繁殖杂种，光温敏核不育系在不同的气候条件下，可以由不育转化为可育，即省去了保持系与不育系杂交繁殖不育系后代的这个环节，如图 7-2 所示。

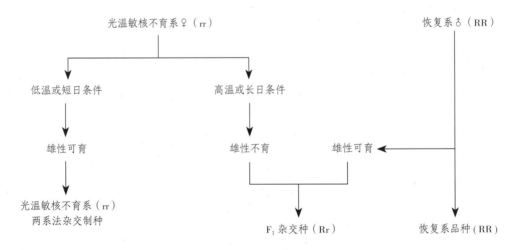

图 7-2　不育系繁殖杂制种

三、第三代杂交种的制备

自 1966 年袁隆平先生报道隐性核不育水稻后，相继发现了许多不育材料。这类不育材料的共同特点是不育性稳定、杂交制种安全，易于配制高产、优质、多抗组合，共同的缺点是无法实现不育系种子的批量繁殖。

第三代杂交稻中的保持系如何繁殖，不育系如何制备，保持系和不育系如何分拣，这些问题均是第三代杂交稻发生、发展和利用要解决的问题。

保持系种子在外观形态上呈现红色，在生长过程中通过自花授粉完成结实，所结的稻穗上一半是不育的无色种子，一半是可育的红色种子。下表显示了雌雄配子产生的比例、红色种子与白色种子形成的比例。

红色种子和白色种子的分拣需要借助荧光色选机进行区分。目前色选机分拣准确率无法达到 100%，通过利用色选机进行色选在实验室下开展实验的用种是可以的，但用于生产性分拣就会存在转基因材料泄露的危险。同时也存在着品种权泄露的隐患。可通过改良不育系创制的途径，解决这些问题（表 7-1）。

表 7-1　第三代保持系自交基因型分析

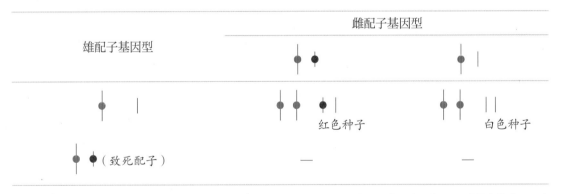

注：◑代表染色体上隐性核育性基因发生突变，●代表插入红色荧光蛋白基因－花粉致死基因－正常核育性基因三连锁基因片段。

白色种子为雄性不育，红色种子可以产生有活力的花粉。让红色种子的花粉授到白色种子的柱头上，这样在白色种子的植株上结出的种子全部为白色的种子，即为不育系，这样无须经过色选机的筛选。在制备不育系的过程中，需将不育系种植在中间，两侧种植红色种子，类似于三系和两系法中的赶粉实验。这种操作简便易行，其原理如图 7-3 所示。

160

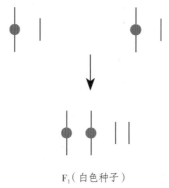

F_1（白色种子）

图 7-3　大量不育系种子制备的基因型分析

— References —

参考文献

［1］邓晓辉，张蜀宁，侯喜林，等.胞质雄性不育相关基因的克隆及其表达分析 [J].西北植物学报，2006，26（9）：1859-1863.

［2］李殿荣.甘蓝型油菜雄性不育系、保持系、恢复系选育成功并已大面积推广 [J].中国农业科学，1986，19（04）：94.

［3］李鹏，牟秋焕，石运庆，等.不同核背景对小麦 V-CMS cox Ⅲ 基因转录本编辑的影响 [J].生物技术通报，2006（4）：86-91.

［4］李文强，张改生，牛娜，等.小麦质核互作雄性不育系线粒体 DNA 变异性的 RAPD 分析.分子植物育种，2009，7（3）：490-496.

［5］林世成，闵绍楷.中国水稻品种及其系谱 [M].上海：上海科学技术出版社，1991.

［6］蔺兴武，吴建国，石春海.远缘杂交油菜核不育系的创建及其细胞学和形态学研究 [J].遗传，2005，27（3）：1386-1396.

［7］刘龙龙，张丽君，范银燕，等.燕麦雄性不育新种质在遗传改良中的应用 [J].植物遗传资源学报，2013，14（1）：189-192.

［8］马晓娣，王建书，卢彦琦，等.不同温度条件下高粱温敏雄性不育系冀 130A 育性变化规律及花粉败育研究 [J].植物遗传资源学报，2012，13（2）：212-218.

［9］裴雁曦，陈竹君，曹家树，等.茎瘤芥胞质雄性不育性与线粒体 T 基因选择性剪接有关 [J].科学通报，2004，49（22）：2312-2317.

［10］石明松.晚粳自然两用系的选育及应用初报 [J].湖北农业科学，1981（7）：1-3.

［11］石明松.对光照长度敏感的隐性雄性不育水稻的发现与初步研究［J］.中国农业科学,1985（2）:44-48.

［12］易平,余涛,刘义,等.水稻线粒体基因的表达受核背景的影响［J］.遗传,2004,26（2）:186-188.

［13］赵荣敏,王迎春,范云六,等.油菜玻利马胞质雄性不育相关线粒体基因 orf224 在大肠埃希菌中的克隆和表达［J］.农业生物技术学报,2000,26（5）:575-578.

［14］周洪生.玉米细胞质雄性不育遗传机理的研究现状［J］.遗传,1994,16（1）:45-48.

［15］周时荣.水稻花粉半不育基因 PSS1 的图位克隆与功能研究［D］.南京:南京农业大学,2009.

［16］ALBERTSEN M C, FOX T W, HERSHEY H P, et al.Nucleotide sequences mediating plant male fertility and method of using same: WO2007002267［P］.2006.

［17］BEDINGER P.The remarkable biology of pollen［J］.Plant Cell, 1992, 4: 879-887.

［18］BELLACUI M, GRELON M, PELLETIER G, et al.The restorer Rfo gene acts post-translationally of the ORF138 Ogura CMS-associated prorein in reproductive tissues of rapeseed cubrids［J］.Plant Molecular Biology, 1999, 40: 893-902.

［19］BELLAOUI M, MARTIN-CANADELL A, PELLETIER G, et al.Low-copy-number molecular are produced by recombination, actively maintained and can be amplified in the mitochondrial genome of Brassicaceae: relationship to reversion of the male sterile phenotype in some cybrids［J］.Mol Gen Genet, 1998, 257: 177-185.

［20］BHATIA A, CANALES C, DICKINSON H.Plant meiosis: the means to 1N［J］.Trends Plant Sci, 2001, 6: 114-121.

［21］CHEN C B, XU Y Y, MA H, et al.Cell biological characterization of male meiosis and pollen development in rice［J］.J Integr Plant Biol, 2005, 47: 734-744.

［22］COEN E S, MEYEROMITZ E M.The war of the whorl: genetic interaction controlling flower development［J］.Nature, 1991, 353: 31-37.

［23］CUI X Q, WISE R P, SCHNABLE P S.The Rf2 nuclear restorer gene of male-sterile T-cytoplasm maize［J］.Science, 1996, 272: 1334-1336.

［24］DAWE R.Meiotic chromosome organization and segregation in plants［J］.Annu Rev Plant Physiol Plant Mol Biol, 1998, 49: 371-395.

［25］DELOME R, FOISSET N, HORVAIS R, et al.Characerisation of the radish introgression carrying the Rfo restorer gene for the Oguinra cytoplasmic male sterility in rapeseed（Brassica napus L.）［J］.Theor Appl Genet, 1998, 97: 129-134.

［26］DING J H, LU Q, OUYANG Y, et al.A long noncoding RNA regulates photoperiod-sensitive male sterility, an essential component of hybrid rice［J］.PNAS, 2012, 109（7）: 2654-2659.

［27］HANDA H.The complete nucleotide sequence and RNA editing content of the mitochondrial genome of rapeseed（Brassica napus L.）: comparative analysis of the mitochondrial genome of rapeseed and Arabidosis thaliana［J］.Nucleic Acids Res, 2003, 31（20）: 5907-5916.

［28］HE S C, ABAD A R, GELVIN S B, et al.A cytoplasmic male sterility-associated mitochondrial protein causes pollen distribution in transgenic tobacco［J］.Proc Nayl Acad Sci USA, 1996, 93: 11763-11768.

［29］HE S, YU Z H, VALLEJOS C E, et al.Pollen fertilitu restoration by nuclear gene Fr in CMS common bean: an Fr linkage map and the mode of Fr action［J］.Theor Appl Genet, 1995, 90: 1056-1062.

［30］HEMOULD M, SUHARSONO S, LITVAK S, et al.Male-sterility induction in transgenic tobacco plants

162

with an unedited atp9 mitochondrial gene from wheat[J]. Proc Natl Acad Sci USA, 1993, 90: 2370-2374.

[31] HONG L L, QIAN Q, ZHU K M, et al.ELE restrains empty glumes from developing into lemmas[J].J Genet Genomics, 2010, 37(2): 101-115.

[32] HONG L L, TANG D, ZHU K M, et al.Somatic and reproductive cell development in rice anther is regulated by a putative glutaredoxin[J].Plant Cell, 2012, 24(2): 577-588.

[33] HONMA T, GOTO K.Complexes of MADS-box proteins are sufficient to convert leaves into floral organs[J].Nature, 1994, 409: 525-529.

[34] IWABUCHI M, KOIZUKA N, FUJIMOTO H, et al.Identification and expression of the kosena radish (Raphanus sativus cv.Kosena) homologue of the ogura radish CMS-associated gene, orf138[J].Plant Mol Biol, 1999, 39: 183-188.

[35] IWABUCHI M, KYOZUKA J, SHIMAMOTO K.Processing followed by complete editing of an altered mitochondrial atp6 RNA restorer fertility of cytoplasmic male sterile rice[J].EMBO J, 1993, 12: 1437-1446.

[36] JANSKA H, SARRIA R, WOLOSZYNSKA M, et al.Stoichiometric shifts in the common bean mitochondrial genome leading to male sterility and spontaneous reversion to fertility[J].Plant Cell, 1998, 10: 1163-1180.

[37] JUNG K H, HAN M J, LEE Y S, et al.Rice undeveloped Tapetum1 is a major regulator of regulator of early tapetum development[J].Plant Cell, 2005, 17: 2705-2722.

[38] JUNG K H, HAN M J, LEE D Y, et al.Wax-deficient anther1 is involved in cuticle and wax production in rice anther walls and is required for pollen development[J].Plant Cell, 2006, 18: 3015-3032.

[39] KANAZAWA A, TSUTSUMI N, HIRAI A.Reversible changes in the composition of the population mtDNA during dedifferentiation and regeneration in tobacco[J].Genetics, 1994, 138: 865-870.

[40] KANEKO M, INUKAI Y, UEGYCHI-TANAKA M, et al.Loss-od-function mutation of the rice GAMYB gene impair alpha-amylase expression in aleurone and flower development[J].Plant Cell, 2004, 16(1): 33-44.

[41] KRISHNASAMY S, MAKAROFF C A.Organ-specific reduction in the abundance of a mitochondrial protein accompanies fertility restoration in cytoplasmic male-sterile radish[J].Plant Mol Biol, 1994, 26: 935-946.

[42] KUBO T, NISHIZAWA S, SUGAWARA A, et al.The complete nucleotide sequence of the mitochondrial genome of sugar beet(Beta vulgaris L.)reveals a novel gene for tRNA Cys(GCA)[J].Nucleic Acids Res, 2000, 28: 2571-2576.

[43] LAVER H K, REYNOLDS S J, MONEGAR F, et al.Mitochondrial genome organization and expression associated with cytoplasmic male sterility in sunflower (Helianthus annuus)[J].Plant J, 1991, 1: 185-193.

[44] LEAVER C J.Mitochondrial genome organization and expression in higher plants[J].Annu Rev Plant Physiol, 1982, 33: 373-402.

[45] LEON P, ARROYO A, MACKENZIE S.Nuclear control of plastid and mitochondrial development in higher plants[J].Annu Rev Plant Physiol Plant Mol Biol, 1998, 49: 453-480.

[46] LI H, PINOT F, SAUVEOLANE V, et al.Cytochrome P450 family member CYP704B2 catalyzes the omega-hydroxylation of fatty acids and is required for anther cutin biosynthesis and pollen exine formation in rice[J].Plant Cell, 2010, 22(1): 173-190.

[47] LI N, ZHANG D S, LIU H S, et al.The rice tapetum degeneration retardation gene is required for tapetum degradation and anther development[J].Plant

Cell, 2006, 18: 2999-3014.

[48] LI X Q, JEAN M, LANDRY B S, et al.Restorer genes for different forms of brassica cytoplasmic male sterility map to a single nuclear locus that modifies transcripts of several mitochondrial genes[J].Proc Natl Acad Sci USA, 1998, 95(17): 10032-10037.

[49] MA H.Molecular genetic analyses of microsporogenesis and microgametogenesis in flowering plants[J].Annu Rev Plant Biol, 2005, 56: 393-434.

[50] NEWTON K J, WINBERG B, YAMATO K, et al.Evidence for a novel mitochondrial promoter preceding the coxII gene of perennial teosintes[J].EMBO J, 1995, 14: 585-593.

[51] NONOMURA K I, NAKANO M, EIGUCHI M, et al.PAIR2 is essential for homologous chromosome synapsis in rice meiosis I[J].J Cell Sci, 2006, 119: 217-225.

[52] NONOMURA K I, NAKANO M, FUKUDA T, et al.The novel gene homologous pairing aberration in fice meiosisi of rice encodes a putative coiledcoil protein required for homologous chromosome pairing in meiosis[J].Plant Cell, 2004, 16(4): 1008-1020.

[53] NONOMURA K I, NAKANA M, MURATA K, et al.An insertional mutatoion in the rice PAIR2 gene, the ortholog of Arabidops is ASY1, results in a defect in homololgous chromosome pairing during meiosis[J].Mol Genet Genomics, 2004, 271(2): 121-129.

[54] NONOMURA K, MIYOSHI K, EIGUCHI M, et al.The MSP1 gene is necessary to restrict the number of cells entering wall formation in rice[J].Plant Cell, 2003, 15(8): 1728-1739.

[55] NOTSU Y, MASOOOD S, NISHIKAWA T, et al.The complete sequence of the rice(Oryza sativa L.)mitochondrial genome: frequent DNA sequence acquisition and loss during the evolution of flowering plants[J].Mol Genet Genomics, 2002, 268: 434-445.

[56] PACINI E, FRANCHI G.Role of the tapetum in pollen and spore dispersal[J].Plant Syst Evol, 1993, 7: 1-11.

[57] PAPINI A, MOSTI S, BRIGHIGNA L.Programmed-cell-death events during tapetum development of angiosperms[J].Protoplasma, 1999, 207: 312-221.

[58] PEREZ-PRAT E.Hybrid seed production and the challenge of propagating male-sterile plants[J].Trends Plant Sci, 2002, 7(5): 199-203.

[59] SANDERS P, BUI A, WETERINGS K, et al.Anther developmental defects in Arabidopsis thaliana male-sterile mutants[J].Sex Plant Reprod, 1999, 11(6): 297-322.

[60] SARRIA R, LYZNIK A, VALLEJOS C E, et al.A cytoplasmic male sterility-associated mitochondrial peptide in common bean is post-translationally regulated[J].Plant Cell, 1998, 10: 1217-1228.

[61] SCHNABLE P S, WISE R P.The molecular basis of cytoplasmic male sterility and fertility restoration[J].Trends in Plant Science, 1998, 3: 175-180.

[62] SCHNEITER A A, MILLER J F.Description of sunflower growth stages[J].Crop Science, 1981, 21: 901-903.

[63] SHAO T, TANG D, WANG K, et al.OsREC8 is essential for chromatid cohesion and metaphase I monopolar orientation in rice meiosis[J].Plant Physiol, 2011, 156(3): 1386-1396.

[64] SINGH M, BROWN G G.Suppression of cytoplasmic male sterility by nuclear genes alters expression of a novel mitochondrial gene region[J].Plant Cell, 1991, 3: 1349-1362.

[65] SINGH M, HAMEL N, MENASSA R, et al.Nuclear genes associated with a single Brassica CMS restorer locus influence transcripts of three different

164

mitochondrial gene regions[J].Genetics, 1996, 143: 505-516.

[66] STAHL R, SUN S, L'OMME Y, et al.RNA editing of transcripts of a chimeric mitochondrial gene associated with cytoplasmic male-sterility in Brassica[J].Nucleic Acids Res, 1994, 22(11): 2109-2113.

[67] STIEGLITZ H.Role of beat-1, 3-glucanase in postmeiotic microspore release[J].Dev Biol, 1977, 57 (1): 87-97.

[68] SUGIYAMA Y, WATASE Y, NAGASE M, et al.The complete nucleotide sequence and multipartite organization of the tobacco mitochondrial genome: comparative analysis of mitochondrial genome in higher plants[J].Mol Genet Genomics, 2005, 272(6): 603-615.

[69] SUN Y J, HORD C L H, CHEN C B, et al.Regulation of Arabidopsis early anther development by putative cell-cell signaling molecules and transcriptional regulators[J].J Inter Plant Biol, 2007, 49(1): 60-68.

[70] UNSELD M, MARIENFELD J R, BRANDT P, et al.The mitochondrial genome of Arabidopsis thaliana contains 57 genes in 366, 924 nucleotides[J].Nature Genetics, 1997, 15: 57-61.

[71] WAN L, ZHA W, CHENG X, et al.A rice β-1, 3-glucanase gene Osg1 is required for callose degradation in pollen development[J].Planta, 2011, 233(2): 309-323.

[72] WANG M, TANG D, LUO Q, et al.BRK1, a Bub1-related kinase, is essential for generating proper tension between homologous kinetochores at metaphase I of rice meiosis[J].Plant Cell, 2012, 24(12): 4961-4973.

[73] WEIGEL D, MEYEROWITZ E M.The ABCs of floral homeotic genes[J].Cell, 1994, 78: 203-209.

[74] YUAN W, LI X, CHANG Y, et al.Mutation of the rice gene *PAIR3* results in lack of bivalent formation in meiosis[J].Plant J, 2009, 59(2): 303-315.

[75] ZHANG D S, LIANG W Q, YUAN Z, et al.Tapetum degeneration retardation is critical for aliphatic metabolism and gene regulation during rice pollen development[J].Mol Plant, 2008, 1(4): 599-610.

[76] ZHANG D, LIANG W, YIN C, et al.OsC6, encoding a lipid transfer protein, is required for postmeiotic anther development in rice[J].Plant Physiol, 2010, 154(1): 149-162.

[77] ZHANG H, LIANG W, YANG X, et al.Carbon starved anther encodes a MYB domain protein that regulates sugar partitioning required for rice pollen development[J].Plant Cell, 2010, 22(3): 672-689.

[78] ZHOU H, LIU Q J, LI J, et al.Photoperiod-and thermo-sensitive genic male sterility in rice are caused by a point mutation in a novel noncoding RNA that produces a small RNA[J].Cell Res, 2012, 22: 649-660.

[79] ZHOU S R, WANG Y, LI W C, et al.Pollen Semi-Sterility1 encodes a kinesin-1-like protein important for male meiosis, anther dehiscence, and fertility in rice[J].Plant Cell, 2011, 23(1): 111-129.

[80] ZHU Q H, RAMM K, SHIVAKKUMAR R, et al.The Anther Indehiscencek gene encoding a single MYB domain protein is involved in anther development in rice[J].Plant Physiol, 2004, 135(3): 1514-1525.

下
篇

稻米食味
品质研究

第一章

国内外稻米食味品质研究进展

稻米品质影响着稻米的价值，对水稻的种植和推广有着重要的推动作用。国外对稻米品质的研究起步较早，泰国、日本、美国等稻米主产国和贸易国都已经制定了稻米品质标准，日本水稻研究机构把稻米品质作为首要研究目标。中国水稻品质研究起步较晚，随着中国经济水平的提高，温饱问题逐渐得到解决，水稻的生产要求由高产向优质高产转变，稻米品质的研究已陆续开展。

第一节　日本粳米食味品质的研究进展

日本从 20 世纪初便开始了对水稻品质的研究，比中国早了近 40 年。70 年代后，日本对稻米的要求由"吃饱"变为"吃好"，食味好的"越光米"的种植面积迅速增加。日本还充分利用地形和气候特点，组织全国 26 个科研单位，研发出适合本国环境生长的稻米，如在北海道地区培育出日本优质米之一"梦美人"。著名的"越光米"已经不是一枝独秀，日本各地区涌现出大量新的优质稻米品种。

日本粳米的品质享誉世界，粳稻的共同特点是弯穗型，茎秆细软，抗倒伏性差，平均亩产 400 kg。日本的水稻与我国的水稻有一定的地理远缘，在理论上，两地的三系资源相互杂交，有可能选育出新的优势优质组合。研究日本优质粳稻的发展，对提高我国粳米的品质具有重要意义。

一、日本稻米生产发展概况

大米是日本人的主要粮食来源，有着 2 000 多年的种植历史，稻米已成为一种深入日本民心的传统文化。日本稻米生产发展受到政治、经济、文化、外交等多种因素影响，可以大致分为 3 个阶段。

1. 鼓励种植水稻，严格控制稻米流通

1942 年，日本政府通过实施《粮食管制法案》，控制了全日本的大米市场，从销售到批发都要受到政府的控制。1947—1950 年，日本实施《土地改革法案》，政府将集中在少数人手中的稻田强制分成小田块，划给农民耕种，大大提高了稻农的生产积极性。1960 年，日本颁布实施《生产成本与收入补偿法则》，导致稻米产量和价格上涨。1968 年，政府采取强行措施终止米价上涨。1968 年之前，大米被称为"政府大米"。

2. 国产大米管制放松，国外大米进口无门

1969—1971 年，日本国产米价格基本处于"冻结"状态。1960 年开始，大米产量迅速增长，连续几年产量超过 100 万 t，1967 年总产量达到 1 440 万 t 的历史最高水平。1969—1994 年，日本的大米管理措施出现松动，政府收购米的行为逐渐减少，政府通过禁止大米进口、采购国产大米，从而维持国内米价。

3. 国外大米频频"叩关"，日本高筑壁垒

2002 年日本公布了《大米政府改革大纲》，2004—2008 年废除"水稻栽培面积分配制度"。2003 年，日本出台大米"身份证制度"，并且成立新的独立于农林水产省、厚生劳动省、直属内阁的"食品安全委员会"，这些措施遏制了国外大米的进口，保护了日本的大米产业。

日本 46 个都道府均种植粳稻，其中有 38 个都道府种植越光品种。2006 年，越光、一见钟情、日之光和秋田小町 4 个主要粳稻品种的种植面积为 108.44 hm^2，占日本粳稻种植面积的 65.0%，产量为 5 595.2 t，占日本粳稻总产量的 64.3%。

二、日本粳米食味品质研究

日本粳米品质优良，原因是有严格的胚乳性状评定指标，还特别注重食味品质，有较为完善的食味评定方法。日本为鼓励品质育种，稻米以品种定价，如著名商标品种越光的米价比一般流通米的米价高 25%。

日本农林水产省食用综合研究所做了米饭物理性质和食味的评比试验，发现二者的关系密切。其中，与食味密切相关的指标有属于煮饭特性的加热吸水率和体积膨胀率，属于淀粉黏度

谱的糊化温度、淀粉粒破损值，以及米饭的黏性和弹性，日本称之为食味六要素。这食味六要素和通过食味评比试验所得的食味评价相关系数为 0.85，六要素的理化测定值大体可决定食味的 70%，另外 30% 为香味、外观等其他因素。结果表明，六要素在一定程度上反映了米饭的食味，能用理化分析值来表示。

日本粮食研究所研究认为，影响大米食味好坏的因素并不是蛋白质、淀粉等化学性质，而是米饭的弹性和黏性等物理性质，这一观点一直持续到现在。山本孝良认为食味综合评价与黏度、光泽呈极显著正相关。当黏度和光泽相同时，食味综合评分仍有较大差异。1956 年，新潟县农事实验场用农林 1 号与农林 22 号杂交育成的越光品种，具有味道香甜、口感略黏、色泽白亮、冷饭不回生等优点，是公认的味道最好的粳稻品种。自 1979 年至今，越光一直是日本栽培面积最多的粳稻品种，占日本粳稻总产量的 1/3。其风味因地区而异，新潟县鱼沼地区栽培的越光米质量最佳，闻名世界。越光米在中国辽宁、新疆、台湾，以及美国均有种植。

日本对杂交粳稻的研究起步较早。1958 年日本东北大学胜尾清用中国红芒野生稻与日本粳稻"藤坂 5 号"杂交，经过连续回交后，育成了中国红芒野生稻细胞质的"藤坂 5 号"不育系；1966 年新城长友用印度春籼稻"Chinsurah Boro Ⅱ"与中国粳稻"台中 65"杂交，育成了"Chinsurah Boro Ⅱ"细胞质的"台中 65"不育系；1968 年日本农业技术研究所用缅甸籼稻"Lead rice"与日本粳稻"藤坂 5 号"杂交，育成了"Lead rice"细胞质的"藤坂 5 号"不育系。由于这些粳稻不育系未找到恢复系或者是遗传背景太近，不具备杂种优势，并不适用于生产。关于粳稻三系亲本的配合力也有相关的报道。与我国江苏地区不育系相比，日本不育系配制的杂种多表现出早熟、产量高、品质优等优点，但同时又有穗数较多、穗型较小、结实率较高、千粒重偏低等特征。

日本是唯一一个农业植根于稻米的工业化国家，民间至今还保留许多与稻作有关的习俗。尽管稻米产业在其整个国民经济份额中有下降的趋势，但仍占有一定比例。日本 54% 从事商品农作物生产的农民以水稻种植为主，水稻面积占全国耕地面积的 40%，大米被日本人尊称"国米"。

日本弯穗型品种质量优，但产量偏低，无法被我国农户接受。因此，利用日本优质粳稻品种改良我国长江中下游地区的直立穗粳稻品种，是水稻研究的一个重要方向。

三、日本稻米生产发展前景

日本农业属于典型的超小型农业结构，在分散、小规模农户经营的基础上实现了农业现代化。2015 年日本水稻种植面积为 161 万 hm²，稻米产量为 765.3 万 t，较 2014 年同期下降 2.5%。2015 年日本国内稻米消费量为 860 万 t，与 2014 年持平。2016 年日本稻米产量为 768 万 t，稻米消费量为 870 万 t。

日本稻米深加工综合利用技术非常完善，副产品综合利用程度很高。稻谷在碾米加工过程中，产生稻壳、米糠、胚芽、碎米等副产品。稻壳可以作为生物质原料燃料发电，米糠可以提取米糠油，免淘米处理糠、发芽精米糠可以作为代乳饲料。稻谷脱壳后变成糙米，糙米在一定的温度、湿度条件下会发芽，可以加工成发芽糙米及其产品。糙米进一步加工，成为普通精米，可以深加工为免淘米、包装米饭、干燥米饭等食品。

日本稻米产业实行精细化管理，通过减损管理体系实现对稻米品质的管理。减损管理体系贯穿日本稻米产业全过程，从农民种植生产、收货后农民协会估算定价等到工厂碾米加工，都依据重量、质量的变化来判别产品品质，以减少损失，这也是中日稻米加工的一个不同点。日本实行稻米精细化管理、追溯信息体系与稻米品质控制，可直接追溯种植、加工和销售的全过程。糙米加工前检验包括白度、水分含量、杂物、感官评定及碾米试验等，精米加工过程中检验包括白度、水分含量、垩白度及碎米量等，精米加工精度检测包括水浸泡试验、浑浊度检验、异物检验及食味计检验等。大米品种鉴别主要依靠 DNA 品种鉴定仪器。

粳稻相对于籼稻生长期长，口感更好。日本粳稻的直链淀粉含量较少，种植于温带和寒带地区，生长期长，一般一年成熟一次。粳稻去壳成为粳米后，外观圆短、透明，口感偏黏，具有剩饭不回生的特点，被日本人视为世界上最好吃的大米。

日本有 400 多种大米，但只有 20 多种被大量种植和出售。越光米是日本种植面积最广的水稻品种，久负盛名。随着日本境内稻米品质不断提升，越光米的地位也受到挑战。2018 年 2 月 28 日，日本谷物审定协会公布了 2017 年日本产大米味道排行榜，味道最好的特 A 级产地品种有 43 种，是历年第三多。

四、日本的稻米标准

日本是最早制定稻米标准和实行稻米检查的国家，日本的稻米检查以严格而著称。在稻米标准的规范和调控下，日本水稻生产全过程都实现了标准化，从新品种选育的区域试验和特性试验方法方案，到新品种的栽培技术工艺规程，以及稻米的收获、加工贮藏方法都非常具体。如水稻抗稻瘟病育成品系的鉴定，必须在指定的爱知县山间试验地进行。不同品种水稻有相应的栽培技术标准，严格规定了农药化肥的施用量、施用次数和时间，在如此严格的质量控制条件下生产出来的国产大米，尽管价格是进口米的 7~10 倍，但质量有绝对保证，这也是绝大部分日本人钟情于国产米的重要原因。

1. 日本稻米标准的萌芽

水稻传入日本后，由于日本的适宜栽培条件和稻谷易贮藏的特点，稻作技术迅速得到推广，水稻种植面积不断扩大，稻谷的收成开始超过消费需要，使稻谷流通成为可能。农庄主开始囤积稻谷，稻谷也成为财富的象征，在原始贸易中担任着"硬道贸"的功能，甚至被当作"工资"支付给官吏或武士。稻谷的质量逐渐成为人们关注的焦点，起初交易者通过双方认可的"约定"作为贸易的准则，久而久之，这些约定成了稻米贸易中约定俗成的规范，即原始的稻米标准。

2. 稻米标准的形成

随着稻米生产和贸易的进一步扩大，初始的稻米标准已不能适应新形势。一方面，消费者要求质优物美，贸易者要求物有所值；另一方面，生产者希望优质优价，同时也需要有一个具体标准来指导生产。1898年，部分县（市）农民协会根据各自制定的稻米标准进行稻米检查。1901年，大分市官方首次依据新的稻米标准实行稻米检查。

1942年，日本开始实施《粮食管制法案》，政府开始对大米市场实行控制，导致了日本第一部官方正式稻米标准——"本米麦检查令"的出台。日本稻米标准是日本粮食（稻米）政策的产物，稻米政策的每次修订都是与新出台（或修订）的农业政策相呼应的。1950年，大米的消费量急剧上升，国家出于政治和经济两方面的原因推行土地改革制度，将所有的稻作区划分成许多每份不超过3 hm²的田块，分给稻农耕作，并且明确规定使用期受到保护，激发了稻农的积极性，稻米总产量有了很大提高。此期间，日本曾以粮食检查令形式对原先的稻米标准进行了多次修改。直至1951年《农产品检查法》的颁布，使稻米标准以法律形式进入稻米检查系统，在此之后的1952年、1953年、1954年都对农产品检查法进行了修改，使稻米检查从标准到方法都得到进一步完善。1973年，日本贡米系统的废除导致大米质量陡然下降，日本借机反思稻米检查制度，引发了粮食法中对稻米标准和检查机制条款的修改。2001年2月28日，日本农林水产省发布的《农产物规格规程》规定了稻米质量标准，稻米包括稻谷、糙米和白米。大米根据其加工精度，分为七分大米和完全大米，均设置一等、二等和等外3个级别。主要考虑外观、水分、粉质粒、被害粒、着色粒和碎粒等。

3. 日本稻米标准

随着日本人民生活水平的提高，对稻米的要求也越来越高，将稻米标准分为品牌米分类标准、糙米分级标准、食味评价法等。

日本十分重视优质稻米品种的选育，只有特定的稻米品种，在特定的产地种植、符合标准的肥水调控、病虫草害综合防治等措施控制下，生产出的稻米经特定机构认证后，才可被定为

"铭"米。并且,在规定期限(赏味期)内加工上市的品牌米,才具有市场竞争力。表 1-1 是日本品牌米的分类制定标准,日本目前使用的大米分级标准(包括糙米、白米、稻谷)比较适合生产和贸易实际情况,估计延续时间会很长。

表 1-1　品牌米分类的指定标准

品牌区分	基准
一类	以下条件全部符合的一等或二等的原产地品种。 (1)过去 3 年自由流通价格和限制价格水平*的差额平均在 300 日元以上。 (2)过去 3 年政府收购米和自由流通米(仅限一等和二等,下同)的交易量中,自由流通量在 30% 以上。 (3)过去 3 年生产的稻米,自由流通交易量平均每年在 3 000 t 以上。 (4)原则上必须是都道府(县)的奖励推广品种。 (5)检查时能够对其实施品种鉴定。
二类	以下条件全部符合的一等或二等的原产地品种。 (1)过去 3 年自由流通价格和限制价格水平的差额平均在 100 日元以上。 (2)过去 3 年政府收购米和自由流通米的交易量中,自由流通交易量在 10% 以上。 (3)过去 3 年生产的稻米,自由流通交易量平均每年在 1 000 t 以上。 (4)符合一类中所列出的(4)和(5)的条件。
三类	一类、二类、四类和五类以外的品种。
四类	符合以下条件之一的品种。 (1)不符合一类和二类的品种,除以下地区的青森县内生产的品种:弘前市,黑石市,五所川原市,十和田市,西津轻郡鱼参的泽町、木造町、深浦町、森田村、岩崎村、柏村和稻垣村,中津轻郡,南津轻郡,北津轻郡板柳町、金木町和鹤田町,上北郡十和田湖町和三户郡三户町,田子町,名川町,南部町和福地村,以及不符合一类和二类的西南暖地早季栽培品种〔1980 年 8 月 7 日 55 粮食业第 1069 号(买入)"关于西南暖地早季栽培稻米的界定"〕。不包括农林水产大臣从稻米流通实况出发,认定的不符合为四类的品种。 (2)农林水产大臣从稻米流通实况出发,认定的符合定为四类的品种。
五类	不符合一类、二类和四类的北海道全市町村生产的品种。不包括农林水产大臣从稻米流通实况出发,认定的不符合为五类的品种。

注:所谓"限制价格水平",指自由流通交易时生产者实际收入的价格(去除优质米奖励金等)与政府指定收购价格相同时,自由流通的交易价格水平。

日本流通和贮藏的大米绝大部分为糙米(日本又叫玄米),只有极少量的白米和稻谷。综观日本稻米标准的沿革与变迁,一直以容重和整粒米的含量作为主要分级依据(表 1-2),同时兼顾了外观和质地,采用标准品进行对比评价,一等整粒米含量有所放宽,并且将等级标准进行改革,更利于实际操作。日本稻米标准中没有把糠粉列入评价指标,这与加工水平有关。大米经抛光后,已不存在糠粉。

表 1-2　日本糙米（玄米）分级标准

分级	低限				高限						
	容重 /（g/L）	健全粒 /%	外观与质地	水分含量 /%	总量 /%	空瘪粒 /%	有色粒 /%	其他粒			
								稻谷粒 /%	麦粒 /%	异种粒 /%	异物粒 /%
一等	810	70	一级抽样	15.0	15	7	0.1	0.3	0.1	0.3	0.2
二等	790	60	二级抽样	15.0	20	10	0.3	0.5	0.3	0.5	0.4
三等	770	45	三级抽样	15.0	30	20	0.7	1.0	0.7	1.0	0.6
等外品	770	—	—	15.0	100	100	5.0	5.0	5.0	5.0	1.0

　　日本从外观品质和理化特性上将稻米分成不同等级，还根据消费者的消费习惯和口味，又制定出不同的食味评价标准（表 1-3）。关于食味评价标准，由于消费者的偏好和研究手段的改进，将会增加定量性方面的评价指标，由目前的定性评价转为定量评价为主。食味评价方法有可能出现新的突破，从而使操作更为简单，结果更为直观。食味评价标准是选择性的，而非强制性的。

表 1-3　日本谷物鉴定协会的食味评价法概要

评价指标	指定产地的各道府（县）稻米主要品种评价标准
基准米	滋贺县湖南产的日本晴，食味为检查一等品。 精米 600 g 加水 798 g（精米重量的 1.33 倍）；米的含水量以 13% 为基准，每差 0.1% 水分，增减 1.2 g 加水量。
加水量	根据米质进行补偿，硬质米按以上标准，超硬质米（四国、九州岛）和北海道产米增加 12 g 加水量（含水量 13%），软质米减少 12 g 加水量（含水量 13%）。
蒸煮	使用电饭煲。
评价专案	根据外观、香味、味道、黏度、硬度、综合评价 6 项评分。 评价采分以基准米为 0 点。与基准米有少量差异：±1。 有一定差异：±2。 有相当差异：±3。
食味位次排列	A　与基准米相比，食味明显为优的米。 A′　与基准米食味相当的米。 B　与基准米相比，食味稍劣的米。 B′　与基准米相比，食味有一定程度下降的米。 C　与基准米相比，食味有相当程度下降的米。

随着日本农业（稻米）政策的调整，国外大米开始进入日本，消费者对食品的安全卫生要求也越来越高，日本对 1947 年颁布的食品卫生法和 1953 年的食品卫生修正法进行大幅度修改，于 2000 年 11 月出台有机食品（稻米）标准，于 2002 年 4 月 1 日出台了与之相配套的糙米农药残留标准，共涉及 120 种农药，绝大部分标准是目前世界上最为严格的。目前，日本使用的农药残留限量标准是《食品农药残留肯定列表制度》，该标准于 2005 年 11 月 29 日由日本厚生劳动省发布，并于 2006 年 5 月 29 日正式实施。《食品农药残留肯定列表制度》规定了豁免物质、禁用物质、最大残留限量标准及 "一律标准"。该制度要求：如果某种农用化学品规定了 MRLs 标准，则遵从农药的 MRLs 标准；如果某种农用化学品未设定 MRLs 标准，则执行统一标准，即 0.01 mg/kg 限量的 "一律标准"。由此可见，日本的《食品农药残留肯定列表制度》将所有农药均列入到残留管理中，所以是目前世界上最为苛刻的农产品安全法规。根据日本农兽药残留限量标准数据库显示，《食品农药残留肯定列表制度》中关于大米农药 MRLs 共有 4 种（刘婧，2018）。

关于农药残留限量标准，尽管日本目前的大米农药残留限量标准与其他国家相比，是项目最多（日本为 119 项，美国为 118 项）、检验标准最为严格的，但同时也是最有可能发生变化的标准。新农药品种的应用，必定带来新的残留标准；检查手段的改进和检测水平的提高，原来检测不出的项目将会被检出；出于保护国家大米产业的需要，日本将会巧妙利用卫生安全标准（农残标准）作为 "杀手锏"，抬高贸易门槛，取得优势地位。

第二节　泰国香米食味品质的研究进展

泰国水稻种植历史已有 5 500 年，然而以粒形修长和蒸煮后香味扑鼻著称的泰国香米，出口历史不过百年，泰国大米真正称雄世界米市也只有 20 多年。目前泰米的年出口量已超过 700 万 t，约占世界总出口量的 30%，畅销世界各大洲。在竞争激烈的国际大米市场上，泰国连续七年稳居销量第一，由此赢得 "世界米仓" 的桂冠。泰国大米在如此短的时间后来居上，崛起成为世界米市无可匹敌的霸主，泰国依靠严格的质量标准确保大米质量的成功经验值得借鉴。

一、泰国稻米生产发展概况

泰国是世界著名的大米生产和出口国，每年大米出口量 500 万~800 万 t，居世界首位。稻米稳定出口，给国家经济的增长提供了强有力的支持。泰国大约有 340 万个家庭种植水稻，占农村人口的 57%，水稻种植面积达 950 万 hm²，约占泰国土地总面积的 18.5%，占耕地总面积的 50%。

泰国水稻主要是常规稻品种，约占 98%，杂交水稻所占比例低。由于杂交水稻具有产量水平高的特点，在泰国开始推广，但是杂交稻品质较差，影响了推广进度。20 世纪 60 年代以前，泰国的水稻育种主要采用纯系选择法，即从地方农家品种中选优培育，目标主要是提高稻米品质，尤其是米粒长度。60 年代中期，杂交育种和突变育种等技术的应用，主要选育适合灌溉稻区的非感光品种，并应用国际水稻研究所的品种材料来提高单产和抗病虫能力。泰国自 90 年代初开始研究杂交水稻，但进展缓慢。90 年代末水稻生物学技术研究起步，科学家试图通过分子技术导入抗病性基因，考虑到安全性的问题，目前停留在产品试验和观察阶段。

水稻生产存在品种退化严重的问题。泰国种植的水稻品种更新速度慢，同时又主要是常规稻，一般种子来源于农民的留种部分。另外，由于种子市场小和利润低，仅有很少部分农业公司从事种子的生产和提纯工作。泰国属于高温、高湿的热带气候，病虫害发生严重，同时又强调稻米的理化性质，因此，抗性品种的选育已经引起高度重视。

泰国香米之所以成功，有些经验可以借鉴，如推行务实的稻米政策，采用严格的大米标准，有完善的质量管理，运用灵活的大米经营策略等。

二、泰国香米品质的研究

泰国香米源于长粒型大米，属于籼米，因香糯的口感和独特的露兜树香味而享誉世界，是世界上仅次于印度香米的最大宗出口大米品种之一。

泰国香米只有在原产地才能表现出最好的品质。当地的生长条件特殊，尤其是香稻扬花期间适宜的气候和充足的光照条件，以及灌浆期间土壤湿度渐渐降低，促进了香味的产生和积累。

泰国政府高度重视选育优质水稻品种，把提高种子质量和防止稻种退化放在农业工作的首位。泰国不仅有专门的农业高校，而且各地也相应成立水稻研究推广机构，从事良种的繁育和推广。1983 年成立了直属泰国农业合作部农业司领导的全国性水稻研究所，负责管理全国的水稻研究工作。水稻研究所下设 7 个区域性研究中心和一个民间研究中心。每个稻作研究中心负责管理若干个稻作试验站，每个试验站负责全国水稻品种的改良。

2007 年 7 月 22 日，泰国农业大学从一个泰国香米品种 KDML 105 中，发现了一种叫乙酰基吡咯啉（2-Acetyl-1-Pyrroline，2-AP）的化合物。尽管稻米香味由 200 多种不稳定的化合物组成，但 2-AP 是这种香味形成的主要成分，在其他谷类、真菌和细菌中也发现了这种化合物（李弘，2010）。泰国农业大学的一组科学家已经确认了能够增强作物和真菌中乙酰基吡咯啉合成的 DNA 序列，这是泰国香米基因图谱中的"致香"基因。

大米基因组由约 5 000 个基因组成。香米之所以"香"，是因为发生了基因突变，在它的基因图谱中，有 8 个基因处于"停工"状态。泰国科学家说，他们目前正在研究，是否可以将其他大米基因组中相同位置的 8 个基因"人工破坏"，使其处于"停工"状态，从而达到普通米变为香米的目的。这一发现对于泰国香米产业具有相当重要的意义。

泰国大米品质优良，除了优质的水稻品种因素以外，还采用了科学的加工技术和先进设备，以及严格的质量控制。泰国大中型大米加工厂都配备了先进的碾米机、抛光机、色选机等，以最大限度地提高整精米率，降低碎米率。

三、泰国稻米生产发展前景

泰国政府在 2004 年初提出了促进稻米生产和销售更加多样化的新思路，规划增加水稻生产用地。泰国出台相关政策，鼓励企业主动进行双边和多边合作，进一步扩大国内市场和增加农产品、农工产品的出口，使泰国成为"世界粮仓"。泰国农业合作部通过下设的农业经济办公室，与泰国稻米厂商联盟、泰国米农联盟和全国农民代表联盟等私人部门合作，提出泰国稻米发展战略，主要目标是生产全球市场上最好的稻米。泰国稻米资源丰富，加工技术先进，特别是在优质籼稻的品种开发、优质栽培、综合加工和市场营销等方面都比较先进，泰国的稻米产业具有广阔的发展前景。

四、泰国的稻米标准

泰国为防止优良稻米品种的外流，规定不得向外出口稻谷。因此，泰国的稻米标准实际上是大米标准，包括白米、糙米、糯米和蒸煮米标准。

泰国香米品质控制严格，执行"泰国茉莉香米"质量标准，标有这一称号的香米纯度必须达到 92%。这就需要将泰国香米进行色选除杂质，提升品质才能达标。泰国大米标准是目前世界上最为规范和详尽的，严谨的大米标准是泰国大米畅销世界的通行证。

1. 泰国稻米标准的起源

泰国的第一部大米标准（*Thai Rice Standards*）（编号 B.E.2500）由泰国贸易部颁布，于 1957 年 5 月 20 日正式生效。该标准于 1958 年正式出版，主要从米粒长度、缺陷粒、含水量等物理特性方面作了规定。尽管该标准有些简单，但奠定了泰国大米标准体系的基本框架，基本满足了当时泰国大米生产和贸易的需求，该标准基本框架体系一直沿用到 1997

年，此后的大米标准都是在它基础上发展而来。鉴于该标准在泰国大米生产贸易中的特殊地位，有人把它称为泰国大米贸易的"圣经"（马雷，2008）。

2. 泰国稻米标准的形成

随着泰国大米生产的兴起和国际贸易的要求，泰国商业部又于 1997 年 4 月 17 日在皇家公报（Vol.114，Section31D）上公布新标准（编号 B.E.2540），同日生效。该标准根据当时的大米贸易形势，与以往的大米标准相比，内容更加丰富。对完整粒作了规定（粒长 $L \geqslant 9P$，没有任何破损的米），要求比原来放宽。头米：指长度明显长于其他碎米的，但又达不到整粒长的碎米，包括开裂后大小达到整粒米 80% 的部分。头米标准由原来的 $L=8P$ 变成一个可变的相对概念。碎米：指 $2.5P \leqslant L < 9P$，包括开裂后大小达不到整粒米 80% 的部分。C_1 细碎米：指能过 7 号圆孔筛的碎米。低于碾磨米：指低于各种碾磨程度的碾磨米。未发育粒：指未正常发育，扁平，没有淀粉的颗粒。未成熟粒：浅绿色，未完全成熟。根据米粒长分成四类：一类长粒米（LC_1）：$L \geqslant 7.0$ mm；二类长粒米（LC_2）：6.6 mm $\leqslant L < 7$ mm；三类长粒米（LC_3）：6.2 mm $\leqslant L < 6.6$ mm；短粒米（SG）：$L < 6.2$ mm。

1998 年公布的大米标准（编号 B.E.2541）仅修改了少数地方：含 10% 的碎米中，碎米规格由 $3.5P \leqslant L < 7.5P$ 变成 $3.5P \leqslant L < 7.0P$；A_1 碎糯米中，C_1 级碎糯米的含量由 $\leqslant 5\%$ 变成 $\leqslant 6\%$。根据世界大米市场对茉莉香米的需求日益旺盛，出口贸易量激增的形势，泰国适时推出茉莉香米标准。茉莉香米（Jasmine rice）指生长在泰国，在泰国农业部注册的诸如 KDML105、RD15、KL1 有自然芳香味的非糯稻谷，蒸煮后松软，散发出爆米花香味的白米或糙米。物理特性（粒型）要求：完善粒的平均长度 $L \geqslant 7.0$ mm，完善粒的平均长宽比 $\geqslant 3.0 : 1$。大米蒸煮后松软程度和口感取决于直链淀粉的含量。茉莉香米的直链淀粉含量为 12% ~ 19%（含水量 14% 时）。纯度要求：特级茉莉米 $\geqslant 90\%$，超级茉莉米 $\geqslant 80\%$，优质茉莉米 $\geqslant 70\%$。茉莉白米分为 8 个等级：100% 一类，100% 二类，100% 三类（*3），含碎 5%，含碎 10%，含碎 15%，A_1 超特碎米，A_1 超级碎米。茉莉糙米分为 8 个等级：100% 一类，100% 二类，100% 三类（*3），含碎 5%，含碎 10%，含碎 15%，A_1 超特糙米，A_1 超级糙米。一般规定中对品种纯度（茉莉白米和糙米中非茉莉品种不得 $\geqslant 30\%$）、含水量（$\leqslant 14\%$）、争议的解决，作了详细规定。茉莉香米除了满足表 1-4 中的一般要求外，茉莉白米、茉莉糙米的分级规格等同于 1997 年颁布的大米标准。

表 1-4　泰国茉莉香米（白米或糙米）的有关品质标准（1998 年）

处理	项目
粒长（L）	平均粒长 ≥ 7.0 mm
长宽比（L/W）	平均长宽比 ≥ 3.0 : 1
直链淀粉	直链淀粉含量 12%～19%
水分	水分含量 ≤ 14%
茉莉白米（糙米）分级	
1	一类 100% 整白（糙）米
2	二类 100% 整白（糙）米
3	三类 100% 整白（糙）米
4	含碎 5% 白（糙）米
5	含碎 10% 白（糙）米
6	含碎 15% 白（糙）米
7	A_1 超特碎（糙）米
8	A_1 超级碎（糙）米

　　泰国于 2001 年 10 月 31 日推出了茉莉香米的品质标准（B.E.2544）（表 1-5）。在该标准中，黑粒、局部黑粒、配克粒的定义已去掉，这是由于光电色选机成功剔除了黑粒、局部黑粒、配克粒，大大提高了产品米的整齐度，因此已没有存在的必要。茉莉白米分级中含碎 25% 超级、含碎 25%、含碎 35%、含碎 45%、特级 A_1 碎米的规格标准均被取消。茉莉糙米分级数没有修改，含水量要求没变。由于不法商人以次充好，因茉莉香米纯度引发的贸易纠纷越来越多，泰国贸易部采取措施将茉莉香米（白米、糙米）纯度由原来的特级茉莉米 ≥ 92%、超级茉莉米 ≥ 80%、优质茉莉米 ≥ 70% 统一提高到 92%，即凡标有"泰国茉莉香米"这一称号的大米纯度必须达到 92%，即由"茉莉香米"或"香米 15"两种大米与其他低级大米混合后，前者所占比例不少于 92%。2003 年 5 月底，泰国商业部对大米开始严格检查，要求如果使用"泰国茉莉香米"的称号，就必须达到这一要求。整粒米平均长度 $L ≥ 7$ mm，平均长宽比要求提高达到 3.2 : 1，直链淀粉含量缩小为 13%～18%（含水量 14% 时），第一次提出了碱解值的要求（6～7）和卫生要求（不含任何活的害虫）。与 1998 年的标准相比，不仅按类别（LC_1、LC_2、LC_3、SG）的组成要求删去，而且其他指标也有所提高，特别是超特 A_1 碎米和超级 A_1 碎米的标准中一些指标变化较大。茉莉糙米分级标准中只是将按类别（LC_1、LC_2、LC_3、SG）的组成要求删去，简化了标准，其他指标未作修改。

表 1-5　泰国茉莉糙米分级标准（B.E.2544）

分类	A 级 100%	B 级 100%	C 级 100%	含碎 5%	含碎 10%	含碎 15%
整精米	≥ 80%	≥ 80%	≥ 80%	≥ 75%	≥ 70%	≥ 65%
碎米规格	5P ≤ L < 8P	5P ≤ L < 8P	5P ≤ L < 8P	3.5P ≤ L < 7P	3.5P ≤ L < 7P	3.0P ≤ L < 6.5P
碎米含量	≤ 4.0%	≤ 4.5%	≤ 5.0%	≤ 7.0%	≤ 12.0%	≤ 17.0%
头米	8P	8P	8P	7.5P	7.5P	6.5P
红粒	≤ 1.0%	≤ 1.5%	≤ 2.0%	≤ 2.0%	≤ 2.0%	≤ 5.0%
黄粒	≤ 0.5%	≤ 0.75%	≤ 0.75%	≤ 1.0%	≤ 1.0%	≤ 1.0%
垩白粒	≤ 3.0%	≤ 6.0%	≤ 6.0%	≤ 6.0%	≤ 7.0%	≤ 7.0%
损害粒	≤ 0.5%	≤ 0.75%	≤ 0.75%	≤ 1.0%	≤ 1.0%	≤ 1.0%
糯米	≤ 1.5%	≤ 1.5%	≤ 1.5%	≤ 1.5%	≤ 1.5%	≤ 2.5%
稻谷	≤ 0.5%	≤ 1.0%	≤ 1.0%	≤ 1.0%	≤ 2.0%	≤ 2.0%
未发育、未成熟、异种、异物	≤ 3.0%	≤ 5.0%	≤ 5.0%	≤ 6.0%	≤ 7.0%	≤ 8.0%

　　2002 年 6 月 19 日泰国商业部发布 B.E.2545 号标准，该标准不是对分类指标进行修改，而是对 2001 年标准（B.E.2544）的一些规定作了进一步说明。泰国将从 2002 年开始执行严格的"泰国茉莉香米"质量标准，标有这一称号的大米纯度必须达到 92%。

　　泰国大米标准的制定完全立足于稻米生产和贸易的实际情况。如泰国在 20 世纪 50—60 年代仅出口普通白米和糙米，当时大米标准也只有白米标准和糙米标准。90 年代，糯米和蒸煮米贸易量较大，大米标准中适时增加糯米和蒸煮米标准。到 21 世纪初，茉莉香米成为贸易的主流，大米标准修订成为茉莉香米标准，体现了服务于生产和贸易的宗旨。自 1997 年开始，泰国大米标准的标龄大为缩短，平均不到 1 年。特别是在 21 世纪初美国盗用 Thai Hom Mali 商标，泰国迅速作出反映，以大米标准的形式对茉莉香米的品种特性、生长习性、产地等特有要素作了规定，以示与美国改良香米的区别，有力打击了不法商贩的卑劣行为，保护了泰国稻农的利益。标龄的缩短，说明标准修订速度跟上了国际国内大米市场的变化，标准才更有活力。可以毫不夸张地说，泰国大米标准是泰国稻米生产贸易的"晴雨表"。

第三节　越南籼米食味品质的研究进展

越南种植水稻的历史悠久，2 000 年前红河流域就有水稻种植。稻作文化在越南文化中留下了深深的烙印。越南人以大米为主食，一个流行的越南谚语："饱时学者为大农民次之，饥时农民为大学者次之。"

水稻是越南第一大粮食作物，全国范围内都可种植。水稻的品种资源丰富，水稻主产区是北方红河三角洲和南方湄公河三角洲，一年可种两季和三季（越南称"糙米"）水稻。南方与北方种植水稻品种和生产方式有明显差异。越南 1989 年实现粮食自给，2001 年的出口量达到 400 万 t，成为仅次于泰国的世界第二大大米出口国。越南大米出口的主要竞争对手是泰国。在越南每年出口的大米中，湄公河三角洲的大米占 90%。越南大米贸易集中在胡志明市和湄公河三角洲地区，出口港在河内、海防和大朗。越南的水稻品种大都属于粒型修长的印度型（Indica）品种，直链淀粉和蛋白质含量偏高，松软性和延展性中等，具有较高的糊化度，蒸煮时吸水性和膨胀性好、耗时短。

一、越南稻米生产发展概况

从 1920 年到第二次世界大战结束，湄公河流域地区的稻农将多余的稻谷出售，后因战乱农业生产受到严重破坏，水稻生产一蹶不振，甚至不能满足自给。越南南北统一后，曾选择"优先发展重工业"的经济建设模式，盲目照搬苏联公有化模式，为此付出惨重的代价，越南陷入"守着粮仓没饭吃"的困境。此后，越南一直苦苦探求适合自己的经济发展道路。1979年，越南借鉴中国改革开放的经验，第一次接受了私营经济和商品经济的概念，并在北部的海防市农村开展了分田承包试验，迈出了艰难的第一步。

1. 1981—1988 年的家庭承包制改革

早在 1981 年，越南一些地方已陆续自发地出现了以农户为单位的生产责任制。1986 年越南开始实行全面革新路线。1988 年越南中央政治局做出标志着深化农业革新的"10 号决议"，提出要推动自给自足的农业生产转变为多种成分的商品生产，把土地使用权长期稳定地承包给农户，在全国推行家庭联产承包责任制；承认并肯定个体农业经济，承认农户是自主经济单位，农户除了向国家纳税和履行合约义务外，剩余产品可以自主出售；鼓励各种形式的联合和联营，整顿国营农场、林场并允许员工承包等，从而迈出了越南农业农村革新的第一步。可以说，家庭联产承包责任制的长期稳定实行，带动了越南农业生产经营机制的转变和革新，极大调动了越南农民的生产积极性，带来了全国农业生产的快速跃升。

2. 1988—1992 年农产品和农业投入品的市场化改革

粮食市场较早地全面放开，是越南改革的一个特点。政府在大米和农业物资流通过程中引入市场机制，赋予农民自主生产经营的权利。农民只需缴纳相当于农作物产量 3% 的土地税，贫困地区还有减免税政策。

1989 年 3 月，越南开始实施面向出口的经济发展战略，政府还允许粮食和食品自由流通，由此开始了市场改革。农民在完成公粮、合同订购粮后，可自由销售粮食和农产品，取消了城乡之间粮食流通的各种限制和非农业人口的粮食定量配给。国营粮食企业实行自主经营、独立核算，粮价随行就市浮动。废除了国营大公司独家垄断的制度。所有企业，只要具备国家规定的条件，都可获得进出口许可证。当世界米市价格下跌之时，政府及时收购农民手中的粮食，暂时贮备以稳定粮价，保障农民利益。同时，政府还延长农民的还贷期限，减免农民应缴的税赋，降低大米生产成本。国家每年还向外贸公司提供优惠出口信贷，促进大米出口。这些政策的实施产生了"立竿见影"的效果，极大鼓舞了广大农民种粮的积极性。越南的农村改革结束了传统集体化农业所导致的农业停滞状况，1981—1992 年水稻亩产和总产量分别以年均 2%、5.02% 的速度增长。据联合国粮农组织（FAO）的估计，1989—2005 年，全世界粮食产量增长了 7 000 万 t，而越南就贡献了 1 000 万 t。越南的农业改革经验，尤其是对世界粮食市场带来的影响，引起国际社会的关注。

3. 加大农业科技和稻米生产基础设施建设的投入

1992 年，越南在农业及食品工业部设立了农业技术推广局，在 53 个省的农业厅设立了省级农技推广服务中心，在各农业科研单位及大专院校增设科技推广与开发机构，把科技成果应用于农业基本建设和稻米生产。政府优先发展农业生物技术，大力改良、培育和引进稻米新品种，以提高生产力和稻米品质。政府投巨资在九龙江平原改造盐碱地、兴修水利，把传统的单季稻改为三季稻，并推广种植抗病虫害的优质高产水稻品种，合理增施磷肥。在扩大稻谷种植面积的同时，单位面积产量也不断提高，使九龙江平原从过去的缺粮区一跃成为越南最重要的"谷仓"，水稻面积和产量约占全国的 50%。

越南水稻产量的连续攀升，是扩大种植面积、改善灌溉条件、增施化肥以及推广良种等措施共同作用的结果，其中推广良种是重要举措。商业杂交稻大部分种植在北部和中部有灌溉条件的地区。北方栽培的主要是从中国引进的杂交水稻，南方栽培的主要是从 IRRI 引进的改良品种。杂交水稻受到了越南政府的高度重视，越南已成为除中国之外杂交水稻面积最大的国家，几乎每年都要从中国进口水稻种子 1.1 万～1.4 万 t。2004 年，越南杂交水稻种植面积已达到 65 万 hm^2，单产 6 t/hm^2，比全国平均水稻单产增加 40%。

越南还通过农村兴修公路、加强水利设施建设等措施，促进稻米种植。越南政府一贯重视水利建设，在资金上给予优先支持，尽管国家财政比较紧张，但每年都拿出几万亿越南盾，兴修水利设施，促进稻米种植。目前越南至少有稻田 400 万 hm²，其中 90% 实现了水利灌溉（马雷，2007）。

二、越南大米质量的控制与标准

1. 越南大米质量控制

越南种植的稻米绝大部分为生长周期短、成熟快的品种，出口的大米至今仍然是有 25% 碎米率的品种。越南已经公布了改良的籼稻品种，如 Nep Mot、Tam Thom 和 Nang Huon 等依然广泛种植。

越南稻米的生产和加工机械化程度很低。稻农根据经验判断水稻成熟度，多为手工收割。大米加工分散进行，设备和技术都比较落后，有干燥机械装备的大米加工企业还很少，绝大部分稻谷干燥采用的是晾晒方法，一般稻谷水分可降到 20%。目前大规模加工厂还很少，在一些山区甚至仍然使用原始工具脱糠。碾磨后的大米装袋运到仓库暂时存放，由于大部分大米会立即出口，贮存时间短，没有时间进一步干燥，所以大米含水量较高，这是越南大米碎米率高的一个重要原因。目前越南出口大米的碎米率，主要有 5%、10%、15%、20%、25% 等规格。

近年来，越南政府开始在大的水稻产区投资兴建大型大米加工厂，采用了先进的加工设备和加工技术，大米质量得到大幅度提高。稻谷经过一系列复杂的工序（预净化、去杂、碾磨、抛光），再根据大米的粒长分级，分离碎米，色选机剔除有色粒（如黄粒、黑色粒、红纹粒、垩白粒等），最后根据客户要求自动称重包装。越南出口大米的质量受到 SGS（SGS 是世界上重要的集检查、认证、检测、证明于一体的公司）和国家食品与日用品控制中心等机构监控，这些机构通过托运人来实施大米质量监控，确保出口大米符合执行标准。

2. 越南稻米标准

越南栽培的水稻绝大多数为米粒修长的"Indica"品种。按大米的长度（mm），分为超长米（$L \geq 7\,mm$）、长粒（$6\,mm \leq L \leq 7\,mm$）、中等（$5\,mm \leq L \leq 6\,mm$）、短粒（$L \leq 5\,mm$）4 种类型。大米粒型采用了 IRRI 的长 / 宽分类方法，分为长粒（$L/W > 3.0$）、中长（$L/W=2.1 \sim 3.0$）、短粒（$L/W=1.0 \sim 2.0$）、圆粒（$L/W < 1.0$）。

越南最早的国家稻米质量标准是 1954 年 3 月以总统令颁布的。为了兼顾众多的大米品种、类型，分类较细，包括精选长粒米（含碎 10%）、特级长粒米（含碎 15%）、精选圆粒白米（含碎 10%）、特级蒸煮米（含碎 5% ~ 10%）、普通长白米 N°1（含碎 15%）、普通长白米 N°1（含碎 10%）、普通白米 N°1（含碎 20%）、普通白米 N°1（含碎 35%）、重组白米 N°2（含碎 40%）、日本型白（粳）米 N°2（含碎 40%）、爪哇型白米 N°2（含碎 50%）、红米、精选糯米（含碎 10%～15%）、混合碎米（N°1 和 N°2）、混合碎米（N°3 和 N°4）、爪哇型碎米 N°2、米粉、消费型稻谷，共 18 种类型。每种类型的大米规格都不高，主要依据粒型、碎米率、碾磨程度、不完善粒含量来划分。由于当时加工技术比较落后，分级参数少，指标较粗，不完善粒只列出了垩白粒、黄粒和红纹粒，没有涉及杂质和有害物质。稻谷碾磨程度由碾磨次数而定，第一次碾磨去掉稻壳和大部分糠层，而后进行的碾磨统称为合理精磨，合理碾磨、精碾、超精碾的标准还没准确定义。该标准在实际操作中很不方便。

1960 年越南国家农业委员会颁发了《大米及其副产品标准》。该标准最大特点就是将大米按照碎米含量分成 5%、10%、15%、25%、35%、100% 6 个等级。习惯上将含碎 5%和 10%的称为高等级米，将含碎 15%的米称为中档米，把含碎 20%、25%、35%的大米称为低档米。100%的碎米单列，主要用作饲料。含碎 5%和 10%的米一般进行两次抛光，含碎 15%和 25%的米进行一次抛光。分级标准主要从含碎率、水分、损害粒率、黄米率、异物率、稻谷率、垩白粒率、未熟粒率、碾磨程度等方面来制定（表 1-6）。与其他国家一样，越南的大米标准随着稻米生产和贸易情况而改进。直至 20 世纪 80 年代初，越南稻米生产水平低下，尚不能自给，严重的年份还要进口大量大米来满足国内需求。此阶段越南的稻米标准基本上处于停滞状态，基本没作修改。

表 1-6　1960 年越南大米分级标准

分级要素	含碎 25% 长粒米	含碎 15% 长粒米	含碎 10% 长粒米	含碎 5% 长粒米
破碎米 max/%	25	15.0	10.0	5.0
水分 max/%	14.5	14.0	14.0	14.0
损害粒率 max/%	2.0	1.5	1.25	1.5
黄米率 max/%	1.5	1.25	1.00	0.5
红米率 max/%	8	4	2	2
异物率 max/%	0.5	0.2	0.2	0.1
稻谷 max/（粒/kg）	30	25	20	15
垩白粒率 max/%	8.0	7.0	7.0	6.0
未熟粒率 max/%	1.5	0.3	0.2	0.2
碾磨程度	普通碾磨	合理碾磨	精碾	精碾

　　1986 年越南开始实行改革，稻米产量不断提高，国内大米市场异常活跃，国外的稻米市场份额也不断增加，稻米标准随之完善。现行的越南稻米标准尽量与国际惯例接轨，尽可能采用国际大米通用标准。越南大米垩白分级按照 IRRI 标准划分，尤其在高档米标准的设定上采用了整粒米、头米、碎米等指标，缺陷粒指标涉及异种米、黄粒米、垩白米、损害粒、绿粒米（未完熟粒），碾磨程度参考红纹粒和低于碾磨粒的含量；还采用了化学指标作为分级要素，如对黄曲霉素、赭曲霉素和气味等卫生指标作了规定（表 1-7）。

表 1-7　越南长粒双抛光精白米标准（含碎 5%）

序号	项目	规格
1	超长粒和长粒（6.00～7.00 mm）min	60%
2	中长粒（5.00～6.00 mm）max	20%
3	短粒米（4.80～5.00 mm）max	10%
4	整粒米 min	60%
5	平均粒长 min	6.2 mm
6	碎米粒长 max	4.8 mm
7	碎米含量 max	5%
8	垩白粒 max	6%
9	糯米 max	0.5%
10	异物 max	0.2%
11	黄粒 max	0.5%
12	损害粒 max	0.5%
13	水分 max	14%
14	稻谷数 max	15 粒/kg
15	红粒与红纹粒	0.5%
16	细碎米与米屑	0
17	未完善粒	0
18	碾磨程度	精碾
19	头米与大碎米 max	35%
20	黑色污点粒	归为损害粒
21	卫生要求（适合人类消费）	无动植物残渣
22	黄曲霉素（B_1）max	5 μg/mL
23	黄曲霉素（总计）max	30 μg/mL
24	赭曲霉素（A）max	5 μg/mL

在卫生标准方面，越南稻米标准仅对生物残渣和 3 种微生物的含量做了规定，而对有害化学成分残留限制标准未提及，因为含碎大米主要销往经济和生活水平较为落后的欠发达国家和地区。

越南也在极力扩大优质品牌米的出口，在国际大米市场已拥有彩虹、红鹤（表 1-8）、金水牛、金兰花、金李花、越南香米、越南宝贝、天鹅等高档米著名品牌，品牌米的标准应运而生。总体来说，含碎米品质标准的完善程度远远不及品牌米标准。品牌米标准不仅对米的组成成分做了规定，而且还涉及农药残留指标和不同品种大米直链淀粉含量。以农药残留和直链淀粉含量作为分级指标，说明越南大米质量检测技术已发展到一定的水准。

表 1-8　越南红鹤牌大米标准

序号	分级要素	要求	检测方法
1	水分 /%	< 14	干燥至 105 ℃
2	异物 /%	0.05 ~ 0.10	物理机械法
3	整粒 /%	65 ~ 70	物理机械法
4	头米 /%	80 ~ 85	物理机械法
5	碎米 /%	15 ~ 20	物理机械法
6	异种米 /%	0	物理机械法
7	黄粒 /%	1 ~ 1.5	物理机械法
8	垩白粒 /%	6 ~ 7	物理机械法
9	损害粒 /%	0.5 ~ 1	物理机械法
10	绿粒 /%	0	物理机械法
11	红纹粒 /%	0.5 ~ 1	物理机械法
12	低于碾磨粒 /%	0.02	物理机械法
13	不允许异味	无	感官
14	化学残留物 /（μg/mL）	< 10	分析化学
15	杀虫剂残留	未检出	分析化学
16	直链淀粉含量 /%	18.5	化学

品牌大米标准将大米分为整米、头米和碎米，显然精确性大为提高，但是碎米的划分太粗放，把所有长度小于头米的米归为碎米很不经济。含碎米标准中以粒长和含量作为主要分级要素，但是将头米和大碎米作为一个指标不太确切；对于其他品种的大米含量（除糯米外）未作要求；碾磨程度的规定仍然过于简单。

该标准卫生指标除了微生物，有害物质指标没有列出。在品牌米标准中，化学残留和杀虫剂残留量均作为分级指标列出，但是杀虫剂最低限制标准规定为零，看起来好像标准严格，实质上是不适合目前生产实际情况的。首先，限于越南目前的生产条件和生产技术，农民不可避免地要使用杀虫剂确保丰收，所以大米中的杀虫剂含量不可能未检出。其次，包括杀虫剂在内的农用化学制剂产品更新换代速度很快，目前使用的杀虫剂在大米中可能未检出，不等于以后不检出。再次，检测手段日新月异，当前检测不出的有害成分在将来定会检出。

三、越南稻米产业面临的挑战

越南大米主要销往消费水平较低的发展中国家，在国际大米市场上主要以含碎米取胜，质量很难与美国、泰国的高品质稻米抗衡，价格又没有印度大米的优势，越南大米出口市场面临危机。

1. 越南大米质量不稳定

同泰国大米相比，越南大米在国际市场上竞争力不强，主要原因是稻米质量和品种纯度不好。

（1）越南稻米种植范围较大，在收获时造成品种混杂。

（2）越南每年要面对严酷的台风和洪水考验，大米收成波动很大，大米质量得不到保证。

（3）劣质稻种制约越南大米出口。越南稻农普遍习惯于自留稻种，而不是选用优质稻种。泰国稻农不同，尽管产量低，但只种香稻，而且只种一季，以保持地力。越南许多地方种三季稻，也是影响大米品质的因素之一。

（4）农民不习惯履行合同，将大米卖给投机商，贸易公司不得不临时组织货源应付出口，大米质量参差不齐。

（5）越南大米加工水平不高，存贮库空间狭小、容量有限。湄公河三角洲每年都有洪水，因为没有足够的干燥机和贮存空间，大多数农民收割完后马上就出售大米，使含碎率增高。

2. 稻米增产势头减缓

1990年以前，越南粮食增产主要靠"风调雨顺"和扩大栽种面积。近年来越南粮食增产的70%源于单产提高，只有30%依赖种植面积的扩大。越南今后稻米产量能否持续增长，很大程度上取决于红河和湄公河流域水稻生产潜力的增长。

（1）目前越南的灌溉系统可以支撑 200 万 hm^2 一年生作物和 40 万 hm^2 一年一季作物的灌溉。20% 的灌溉系统在红河流域，40% 在湄公河流域。

（2）1993 年，湄公河流域已有 210 万 hm^2 灌溉地种上高产稻米品种，接近双季和三季稻的 1/3。在红河流域，由于洪水影响，高产稻米品种的推广受到限制。在两河流域，靠推广高产稻米品种来增加产出，潜力已经不大。

（3）水稻施肥每年以 11.5% 的速度增长，相当大一部分用于湄公河流域，施肥增产潜力已不大。

3. 越南农业技术落后，劳动生产率低下

湄公河流域有半数农民靠租用拖拉机和机耕设备进行水稻生产，红河流域农民投在水稻生产的劳动力占总劳动力投入的 94%，这些无疑增加了水稻生产成本。

4. 出口渠道不畅，市场还不成熟

私营企业在大米出口贸易方面的作用远远没有得到发挥。越南大米在国际市场上远没有泰国大米那样成熟的市场，甚至目前越南出口的大部分大米还没有商标，2005 年 4 月 1 日政府首次为明吉生产贸易公司大米产品颁发了 Kim Kê 牌大米商标注册证书。

四、越南稻米政策的发展趋势

越南如果对大米的生产、出口没有一个长期的战略目标，越南大米将难以在国际市场上保持稳定的地位。面对越来越多的大米生产国投资生产特种质量的大米，未来大米出口市场竞争日益激烈的形势，越南稻米生产战略将由追求高产量向质优方面转变。

1. 稳定种植面积，提高单产，扩大优质米市场

目前开始实行国家粮食安全机制，新的五年发展计划显示，越南稻谷产量目标定为 3 600 万 t，最低的大米出口目标定在 400 万 t。为了达到这一目标，越南大力投资灌溉项目和进口农资，鼓励农户提高稻谷单产。越南不仅会保持在全球稻米市场上的坚实地位，而且还会通过提高对日本、韩国和澳大利亚等市场的大米出口量，来扩大全球市场份额。

2. 建立出口优质大米基地，改进水稻种植技术，推进标准化生产

越南计划在南方九龙江平原、北方红河三角洲分别建立 100 万 hm^2、30 万 hm^2 高质量稻米生产基地。以生态环境建设为基础，以标准化为手段，大力推进无公害农产品、绿色食品、有机食品标志认证。将优先研发和推广出口前景好、高产稳产、抗病抗灾能力强的水稻品种，并计划生产富含维生素 A、维生素 E 等的转基因水稻品种。在自然灾害频发地区，种植新型水稻品种，以调整收获时间，减少自然灾害带来的损失。

　　3.深化贸易体制改革，促进大米出口

　　越南将分配大米出口计划指标，扩大出口渠道，帮助私人企业甚至允许外资企业出口大米，继续向大米出口商提供优惠贷款，收购入库大米。以培植水稻生产经营主体、培育大米品牌为重点，积极引导大米生产加工企业加大对品牌的投入。利用产品商标注册、标识认证、包装上市和原产地保护来抢占市场，扩大知名度，树立品牌形象，提高市场占有率，形成竞争合力。

　　另外，投资兴建现代化加工厂，更新烘干系统和冷藏设备，提高大米加工质量。

第四节　美国稻米食味品质的研究进展

　　美国水稻产量不到世界总产量的 2%，但出口量却占世界的 12%，位居全球第三。出口创汇是美国稻米生产的主要目的，大米的商品率很高（刘国平，2000），这得益于稻米优质品种的使用，与美国先进的分级技术和严格的标准分不开。先进的检测技术是推动稻米研究和生产标准化的重要手段。研究和借鉴美国大米分级技术和分级标准对我国推行稻米生产标准化、提高大米质量有着非常重要的现实意义。

一、美国稻米品质的标准

　　现代稻米品质是一个内涵十分丰富的综合概念，包含了稻米的安全卫生、加工、外观、蒸煮、食味、营养、风味及商业品质等。美国常用 11 类指标来评价稻米品质，主要有碾磨质量、稻壳和糠层颜色、米粒特征、蒸煮和加工指数、水分含量、千粒重、米的色泽与光泽、杂质含量、损害粒含量、气味、红米含量等。

　　美国水稻收割后全部采用机械烘干，含水量不再是主要问题，因此水分指标没有特别列出，只是规定水分 ≥ 18% 时不得测精米率。大米含水量可通过市售水分计即时测得。

　　大米与其他谷物不同，是以整粒消费的，因此外观特性（大小、外形、整齐度、综合外观）显得很重要。美国将稻米分为长粒、中粒和短粒 3 种类型（表 1-9）。出口大米大多是长粒硬质淀粉型，完全没有腹白和心白，商品大米整齐度高，不含杂质，竞争力强。根据米粒外观尺寸进行分类，是美国稻米分级标准的一个显著特征。对大米粒型美国有严格标准，根据米粒的长宽比和千粒重，将大米分为长粒米、中长粒米、短粒米；从形态上又可分为稻谷、糙米、常规碾磨白米、蒸煮米、速食米（脱水熟米）、IQF 米（速冻米）、碎米、发酵米、有机米、米粉等。

表 1-9　美国稻米类型

类型	形态	长度 /mm	宽度 /mm	长宽比	千粒重 /g
长粒	稻谷			≥ 3.4	
	糙米	7.0~7.5	2.0~2.1	≥ 3.1	16~20
	白米			≥ 3.0	
中粒	稻谷			≥ 2.3	
	糙米	5.9~6.1	2.5~2.8	≥ 2.1	18~22
	白米			≥ 2.0	
短粒	稻谷			≥ 2.2	
	糙米	5.4~5.5	2.8~3.0	≥ 2.0	22~24
	白米			≥ 1.9	

稻米的外观品质是美国育种家在选育新品种时优先考虑的因素，如果新品种的外观品质和千粒重达不到育种目标，即使其他性状再好，也不可能被推广。

二、美国稻米品质的检测技术

1. 外观品质的检测

早期的稻米检测主要依靠手工方法进行。尽管美国农业部为规范稻米质量检测，减小手工操作引起的误差，颁布了与稻米标准配套的《稻米检查手册》，详细规定了取样到稻谷、加工用糙米、白米的检查及品质证明等，但是仍然带来争议。

目前美国采用由谷物市场研究室（Grain Marketing Research Laboratory）研发的数位影像技术甄别稻米外观品质。原理：利用红外线技术，得到稻米背景分明、清晰的影像；设定分界值（Threshold），将影像二元化，进行 Holling 转换等处理，找出稻米的外观几何特征；根据投影面积、长度、宽度以及长宽比，结合倒传递类神经网络（Backpropagation Neural Network），可以准确分辨稻米品种，根据投影面积可以计算含碎率（图 1-1）。

2. 碾磨程度和色泽的检测

消费者喜欢透明度较好的米粒，而大米的白度和透明度与不同品种的遗传基因和生长环境，以及碾磨程度有关。碾磨时尽可能去掉糠层和胚的目的是增加大米的白度，延长货架期。美国稻米标准十分强调将碾磨程度和色泽要求作为分级指标。虽然碾磨程度的划分曾有过几次修改，但一直都是分级的重要依据。现行的标准中，除把碾磨程度分为超精碾、精碾、适度碾、轻度碾外，还把达不到轻度碾磨的米定义为低于碾磨米；色泽则分为白色、乳白色、微灰

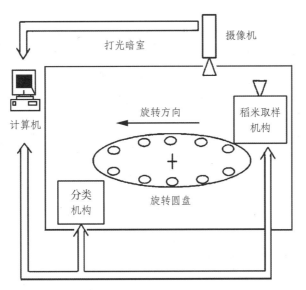

图 1-1　数位影像技术稻米分级

色、浅灰色、灰色、深灰色、微玫瑰色，可见美国对碾磨要求和色泽的分类是非常细的。把色泽作为分级指标是美国稻米分级标准的一大跨越，也是不同于其他国家标准的一个显著特点。以前，大米碾磨程度的测定采用化学染色等方法，根据内外糠层、胚、胚乳所显示的不同颜色，再与标准样品比较，即可确定碾磨程度。这种方法不方便，也不够精确。后来美国学者研究表明，碾磨程度与稻谷籽粒硬度、大小、形状，谷粒表面皱脊的深度、糠层的厚度，以及碾磨效率有关。美国使用一种根据可见光波长反射系数和传输系数研制的碾磨表，来测定白度、透明度和碾磨程度。

3. 内在品质的检测

事实上，稻米的分级标准只是从碾磨程度、色泽、缺陷粒含量等物理指标来分等级，普遍使用大米静电分离色选法和大米静电分离色选机提高缺陷粒的分离精确度，但影响大米蒸煮品质和食用品质的淀粉及蛋白质含量等内在指标却无法体现。1950 年起，美国农业部实行稻米质量评估项目，开发出许多实用的大米质量检测技术。起先只能分析几百个品系，而现在每年能对至少 1 万个样品进行常规分析。随着稻米质量分析技术的改进，质量评估项目被用于分级和育种工作。

1956 年，Halick J. V. 和 Keneaster K. K. 采用碘蓝值法测定米粒淀粉含量。将大米碾成米粉，溶于水，加热过滤，滤液中加入盐酸和碘酒，用分光光度计测量碘蓝值。该方法可以快速测定直链淀粉的相对含量，却无法精确测定直链淀粉的含量。

1960 年，BeMiller 采用碘黏和力分析法来测定米粒淀粉含量。用化学法除去大米粉中的蛋白质和脂质，缓慢加入碘溶液，碘将与直链淀粉形成复合体。将仪表读数与事先测定的纯净直链淀粉数值作比较，可以得到米粉中直链淀粉的含量。

美国最先将碱解值法用于糊化温度的测定。将米粒浸泡在 1.5%～1.7%KOH 溶液中，12 h 后与样品的碱值作比较，一般碱解值为 2～7。碱解值提供了一种把大米的糊化温度分为高、中、低三等的简便方法，这为确定大米的最终用途（蒸煮、预煮、膨化、压模）和其他蒸煮、加工技术提供了参考。

1971 年，Juliano B.O. 采用表观直链淀粉法测定直链淀粉含量。将大米碾成米粉，溶解在酒精中，用 NaOH 使淀粉糊化，加入乙酸调节 pH；加入碘溶液，由于样品未脱脂，使得脂肪酸与直链淀粉复合，降低可测定光的量。用分光光度计（620 nm）测量溶液对光的吸收程度，与标准曲线对比，不同的数值对应不同的直链淀粉类别。

1978 年，Webb B.D. 发明了整粒米直链淀粉自动分析仪。这种仪器的原理与表观直链淀粉法一样，只不过采用了自动分析仪器。将乙酸、碘和淀粉溶液混合在一起，仪器测定出所有样品的数值，然后利用计算机分析出各种样品的直链淀粉含量，这种方法比手工法更快。

目前，已知腊质基因控制着直链淀粉含量，表观直链淀粉法又用来作 DNA 标记，以研究 DNA 如何从籽粒转移到植物组织中。表观直链淀粉含量是品质进化过程中最重要的质量特征。它直接强化籽粒的坚固性，却降低了大米蒸煮后的黏稠度和光泽。据此，1995 年，近红外分光镜（Near-Infrared-Spectroscopy）被用于快速定量测定大米的相关成分，如直链淀粉、蛋白质和水分含量等指标。

近年来，美国凭借强大的技术力量和经济实力，将先进的技术手段应用于育种、加工、贮运以及大米质量的研究。如快速黏滞分析仪（Rapid Viso Analyzer）用于测定大米蒸煮后的黏稠度，2-AP 法（2-Acetyl-1-Pyrroline）用于测定大米的芳香，TA. XT2 质地分析仪用于测定大米的稳固性和蒸煮后的黏滞性。大米品质实验室还使用石油乙醚抽取物测定脂质含量和蒸煮时间，通过手工或影像分析测定米粒延长度（蒸煮米长度与未蒸煮米长度的比率）和完整谷粒机械属性（长度、宽度、长宽比、厚度）。此外，计算机图像处理和生物检测技术在稻谷品质检测中的应用，保证和提升了大米品质。

目前，美国正积极推行一种非破坏性的稻米质量检查方法，与常用湿式化学分析法不同，不需要大量化学药品，调制试验材料方法简单并能迅速获得分析结果。只要系统建立好，进行分析工作不需要熟练技术人员，且同一试验材料可重复使用。实际运作时即时获得分析结果，使工程管理能够自动化。测定时不需要称量，减少了误差，提高了精确度。

三、美国大米的分级标准

美国现行的稻米标准是 2002 年的标准（以大米标准为例），共分为 6 个等级和等外级（样品等级，表 1-10）。

表 1-10　美国大米等级和等级要求——长粒、中粒、短粒和混合大米最高限量

分等因素	1 级	2 级	3 级	4 级	5 级	6 级
异种粒、热损伤粒和稻谷粒 /（个 /500 g）	2	4	7	20	30	75
热损伤粒和不允许异种粒 /（个 /500 g）	1	2	5	15	25	75
红米和损伤粒 /%	0.5	1.5	2.5	4.0	6.0	15.0
垩白粒在长粒大米中 /%	1.0	2.0	4.0	6.0	10.0	15.0
垩白粒在短粒大米中 /%	2.0	4.0	6.0	8.0	10.0	15.0
破碎粒总量 /%	4.0	7.0	15.0	25.0	35.0	50.0
5 号筛盘除去的破碎粒 /%	0.04	0.06	0.10	0.40	0.70	1.00
6 号筛盘除去的破碎粒 /%	0.10	0.20	0.80	2.00	3.00	4.00
通过 6 号筛子的破碎粒 /%	0.10	0.20	0.50	0.70	1.00	2.00
其他类型完整粒 /%	—	—	—	—	10.0	10.0
完整粒和破碎粒 /%	1.0	2.0	3.0	5.0	—	—
色泽要求	白色或奶白色	可能是微灰色	可能是浅灰色	灰色或微玫瑰色	深灰色或玫瑰色	深灰色或玫瑰色
碾磨要求	充分碾磨	充分碾磨	适度碾磨	适度碾磨	轻度碾磨	轻度碾磨

四、美国稻米卫生质量标准与检测技术

国际稻米贸易的"游戏规则"已越来越依赖于技术标准，国际稻米市场之争很大程度上已演变成标准之争。美国在加强本国技术壁垒的同时，还开始有意识地对稻米标准战略进行调整，以期打破欧盟国家和日本的技术壁垒限制。

美国在《食品卫生检验标准》中详细列出了稻米的农药残留标准，涉及 119 种农药，最近美国拟制定草甘膦在某些食品中的最大残留限量，生效日期尚未确定。

第五节　中国稻米食味品质的研究进展

一、中国稻米生产发展概况

中国是世界上水稻生产和消费大国,目前稻米总产量位居世界第一,生产面积位居世界第二,仅次于印度。1961—2013 年,中国水稻年平均种植面积 3 185.7 万 hm²,占我国粮食作物年平均种植面积的 34.97%,占世界水稻生产面积的 22.12%。自 1961 年以来,我国水稻生产面积呈现先增后降的趋势。进入 21 世纪以后,我国水稻生产面积稳定在 3 000 万 hm² 左右。

中国水稻稻区可以分为 6 个稻作区和 16 个亚区,6 个稻作区分别是华南双季稻稻作区、华中双季稻稻作区、西南高原单双季稻稻作区、华北单季稻稻作区、东北早熟单季稻稻作区和西北干燥区单季稻稻作区。在我国秦岭—淮河以北地区主要种植单季粳稻,水稻播种面积占全国稻谷播种面积的 5% 左右,具有大分散、小集中的特点。东北地区水稻主要集中分布在吉林的延吉、松花江和辽河沿岸;华北主要集中于河北、山东、河南和安徽北部的河流两岸及低洼地区;西北主要分布在汾渭平原、河套平原、银川平原和河西走廊、新疆的一些绿洲地区。南方是我国水稻的集中产区,分布于秦岭—淮河以南、青藏高原以东地区,水稻种植面积占全国水稻种植面积的 95% 左右。

在我国小麦、玉米和水稻三大主要粮食作物中,水稻的种植面积最大。1961 年,水稻种植面积占当年全国粮食播种面积的 29.87%。1976 年,水稻种植面积占全国粮食播种面积比例达到最高,为 37.48%,之后逐步跌落,2013 年占 32.49%。

水稻在我国粮食消费中处于主导地位,是我国一半以上人口的主食,是国家粮食安全的基石。自从 20 世纪下半叶起,我国水稻生产取得了举世瞩目的成就,解决了占世界 1/5 人口的吃饭问题,为保障世界粮食安全作出了历史性贡献。我国水稻的稳定增长对保障国家乃至世界的粮食安全,都起着非常重要的基础作用。

二、中国稻米品质的研究

目前中国稻米年产量约占世界稻米年产量的 37%,位居世界首位。近 30 年来,中国大米出口贸易在国际市场的地位逐渐下降。为适应贸易自由化发展,加强稻米在国际市场的竞争能力，研究开发优质稻米品种成为非常紧迫的任务。为解决温饱问题，中国曾长期偏重于提高稻米产量，导致优质稻米品种的选育和稻米品质的研究起步较晚，稻米产业面临巨大的挑战和压力。

稻米品质是稻米流通和食用的基本特征，优质的稻米品质是一个综合性状，包括碾米品质、外观品质、食味品质和营养品质等。近年来，水稻主要生产省份在品种审定时，把稻米品质作为一项主要限制指标。

2015年，我国水稻总产量为20 824万t，并且连续5年稳居2亿t以上。在当前世界经济发展条件下，从某种程度上讲，高产与优质存在相悖之处。为提高稻米品质，优质多次被放到水稻育种的核心位置，但是一旦出现稻米产量下降，高产便又重新占据主要位置。近30年中，优质稻经历了三起三落。

国内外大量研究结果表明，一般粳稻的主要品质和形状优于籼稻，北方粳稻优于南方粳稻。碾米品质表明了稻米的加工适应性，主要包括糙米率、精米率和整精米率；外观品质表明了稻米吸引消费者的能力，主要包括垩白、粒型和透明度；食味品质反映稻米的食用特性，包括米饭质地、糊化温度和直链淀粉含量；营养品质包括蛋白质含量和氨基酸含量；卫生品质包括农药残留和重金属积累。食味品质是稻米品质的核心内容，影响食味的因素包括直链淀粉含量、蛋白质含量、矿物质元素（磷、镁、钾）含量、脂肪酸度和含水量等。

1. 地域因素对稻米品质的影响

中国地域广阔、地形复杂，形成了热带、亚热带、温带和寒温带及不同海拔地区的气候差别。一般籼稻较适宜生长在高温、雨水充足的热带和亚热带地区，粳稻适宜生长在气候温和的温带和海拔高地，以及华北、西北和东北等地区。地域不同，稻米垩白率不同，影响因素主要是齐穗后15 d内日平均气温的高低。水稻生长季的温度自北向南逐渐升高，东北、西北地区19 ℃～21 ℃，华北平原21 ℃～23 ℃，长江流域东部沿海地区23 ℃左右，华南地区24 ℃以上。自北向南，稻米垩白率随水稻齐穗后15 d内日均温由小到大变化。

2. 品种对稻米品质的影响

品种对稻米品质起着决定性作用，崔晶将天津10个稻米品种与日本10个稻米品种在日本香川大学进行种植，对稻米的AC、PC、MV、AAC、AMC等理化指标进行测定。结果表明，天津稻米品种的综合评价值（食味值）中等偏下，相应降低直链淀粉和蛋白质含量能够提高食味值，说明品种对稻米品质的影响至关重要。

3. 温度对稻米品质的影响

温度对稻米垩白率的高低产生一定影响，高温会使籼稻垩白率增加，低温有利于延长灌浆期，使水稻籽粒充实，降低垩白率。温度对食味和营养品质也有一定的影响作用。水稻在成熟期遭遇高温会使糊化温度提高，胶稠度提高，食味品质降低。

4. 不同土壤类型对稻米品质的影响

马国辉在《环境生态对中国稻米品质的影响》中，对南方具有代表性的红黄泥、灰泥、黄泥、紫潮泥4种类型的土壤做了相应研究。结果表明，同一类型土壤对不同品种、不同季别稻米品质的影响不一样。紫潮泥生产的早稻米品质最优，精米率高、垩白少，胶稠度和直链淀粉含量高；黄泥生产的晚稻米质较优。同一类型土壤中，晚稻米品质优于早稻米。在耕层较浅的条件下，对稻米综合品种影响大小为：早稻，灰泥＞黄泥＞紫潮泥；晚稻，红黄泥＞黄泥≈紫潮泥＞灰泥。同时，土壤条件的好坏也影响稻米品质的好坏。土壤中营养成分的含量影响了稻米品质，土壤中速效氮增加，稻米垩白率增加；速效磷增加，垩白率降低；钾、硅含量增加，垩白率降低。提高直链淀粉含量，整精米率降低。降低土壤中泥和水的温度，有利于提高优质早稻整精米率和胶稠度，降低垩白率，但产量会降低。较浅耕层不利于米质和产量的提高，有利于提高早稻整精米率，改善口感。耕层较深厚、无低温冷浸的紫潮泥和黄泥有利于生产优质的早稻，红黄泥和黄泥有利于生产优质的晚稻。

三、中国稻米品质标准

中国作为世界上最大的稻米生产国和消费国，稻米的质量、稻米品质评价标准的制定与实施，对保障中国稻米生产安全起着至关重要的作用。

国际标准ISO 7301—2002第一部分对稻米品质描述最系统，中国稻谷标准（GB 1350—1999）、大米标准（GB 1354—2009）和糙米标准（GB/T 18810—2002）中规定了稻米卫生标准。1999年的稻谷标准（GB 1350—1999）被2009年的稻谷标准（GB 1350—2009）取代。GB/T 5009规定了大米中稻瘟灵、杀虫双、丁草胺、杀虫环、禾草敌及敌稗残留量的测定方法。无公害、绿色、有机大米是目前中国水稻生产的3个层次。农业部标准NY/T 5190—2002规定了无公害稻米的加工技术流程，NY/T 419—2014规定了绿色稻米标准。目前关于有机稻米的标准仅为地方标准，江苏省苏州市制定了有机大米稻谷技术生产流程相关标准（DB 3205/T 107—2006）。关于稻米各项标准现行有效的多是由农业部制定，NY/T 2639—2014规定了稻米种直链淀粉含量的测定方法，NY/T 2334—2013规定了稻米整精米率、粒型、垩白率、垩白度及透明度的测定方法。

稻米品质评价需要一个系统完整的标准体系，目前中国的稻米品质评价标准体系与日本、泰国相比还存在一定的差距。稻米研究专家应加大对稻米品质标准的研发，制定一套完整、系统和有效的标准体系，同时政府应加大领导和监控作用，保障能够按照标准体系生产优质高产的稻米，与国际接轨。

四、中国稻米生产发展前景

中国稻米主要以食用消费为主，近年来国内年消费量 1.2 亿～1.3 亿 t，国内稻米仅仅实现了供求平衡略有余。

未来世界粮食生产面临更大压力，持续增产的困难越来越大。世界经济合作与发展组织和联合国粮农组织发布的《2013—2022 年农业展望》报告中指出，2013—2022 年世界水稻单产将以年均 1% 的速度增长，低于过去 10 年平均 2.4% 的增长率。10 年内中国水稻收获面积年均下降 0.5%，单产年均增长 0.3%，稻米总产量年均下降 0.2%，与过去 10 年2.3% 的年均增长率形成鲜明对比。针对上述情况，中国应确立系统的粮食安全应对策略，提高粮食综合生产能力，保障国内粮食供求的基本平衡。作为世界上最大的稻米生产和消费国家，保障稻米自给自足尤为重要。在稳定水稻种植面积，增加对田地基础设施建设投入的基础上，加大科技投入，培育与推广抗病、抗灾、高产和优质的水稻品种，提高水稻产量。高产稳产仍然是中国未来很长一段时间内发展水稻生产的重要目标。

水稻是中国加入 WTO 以后唯一有优势的粮食作物。种植水稻的国家和地区有 113 个，尤其在亚洲地区分布广泛。随着社会经济的不断发展，以追求优质高产、营养健康、安全环保、可持续发展为目标的新型现代水稻科学技术体系正在快速形成。"米好吃，吃好米"是对育种家提出的新要求，也是稻米品质不断改善的源泉和动力。稻米标准日趋多元化，由质量型向健康型过渡。20 世纪以来，围绕着稻米品质遗传国内外学者已进行了大量研究，取得了许多突破性进展。

中国于 20 世纪 70 年代末制定了大米的国家标准（GB 1354—78），并于 20 世纪 80年代进行了修订。这个标准是在计划经济时期，在解决温饱的形势下制定的。这个标准重视了加工指标，忽视了品种特性；重视物理外观指标，忽略了内在品质，不能全面反映稻米的质量情况，不能适应群众的现代生活需求。农业部于 1986 年制定了《优质实用稻米》标准（NY122—86），只规定了单项品质指标的级别标准，难以对品种米质做出综合评价。有限的遗传资源和中国长期以来只重视产量而不重视品质，造成中国稻米品质遗传育种研究严重滞后，优质香稻资源也十分欠缺。

自 20 世纪 80 年代，辽宁、吉林、黑龙江等省通过杂交育种和系统选育的方法，先后选育出辽粳 294、辽盐 241、辽盐 282、沈农 129、农大 3 号、农大 7、通系 103、通

88-7、通粳 611、吉粳 66、吉粳 81、五优 1 号、龙粳 8 号、松粳 6 等稻米优质新品种。在分析水稻品种与品质现状的同时，提出了东北粳稻品质改良的技术与对策，到 21 世纪初稻米品质也得到了相应改善。由于各地人民的生活习惯和饮食习惯不同，对米粒长度和形状的要求略有不同。中国出口的优质米外观标准是：米粒细长，无腹白，米质坚硬，油质透明。

目前国内外有关稻米品质和形状的评价体系基本相同，通常包括碾米品质、外观品质、蒸煮品质和营养品质等。在稻米交易中，也把外观品质、碾米品质、蒸煮品质、营养品质作为衡量稻米品质好坏的标准。由于整精米率和外观性状决定了市场上大米的价格，因而又把碾米品质和外观品质合称为市场品质，或商业品质。稻米生产者、经营者及消费者都较为重视碾磨品质和稻米外观、蒸煮食味品质。

References
参考文献

［1］陈才建，何政.泰国水稻生产的发展 [J].东南亚纵横，2011（7）：54-56.

［2］黎孟河.越南大米市场状况及展望 [D].北京：对外经济贸易大学，2009.

［3］黎用朝，李小湘.影响稻米品质的遗传和环境因素研究进展 [J].中国水稻科学，1998，12（S1）：58-62.

［4］刘国平.加入世贸组织对国内大米市场的影响 [J].粮食经济，2000（3）：11-15.

［5］刘婧，安晓宁，王晓明，等.国内外大米农药残留限量标准比较分析 [J].中国稻米，2018，24（1）：11-15.

［6］吕荣华，周行，梁朝旭，等.越南水稻的栽培概况 [J].南方农业学报，2004，35（2）：102-103.

［7］罗炬，潘晓芳，焦桂爱，等.泰国的水稻发展状况及战略 [J].世界农业，2006（10）：36-39.

［8］马雷，张洪程.日本稻米标准的沿革与发展趋势 [J].粮食与饲料工业，2004，19（1）：8-10.

［9］马雷.解析泰国大米成功之道 [J].粮油食品科技，2008，12（2）：5-8.

［10］马雷.泰国大米标准研究与借鉴 [J].中国粮油学报，2005，10（4）：45-47.

［11］马雷.越南稻米政策与标准研究 [J].北方水稻，2007（3）：163-169.

［12］谭本刚，谭斌，周显青，等.日本稻米产业发展对我国的启示 [J].粮油食品科技，2014，22（2）：36-37.

［13］王友华，马雷.美国稻米分级标准与检测技术研究 [J].黑龙江粮食，2006，32（6）：194-199.

［14］赵凌，赵春芳，周丽慧，等.中国水稻生产现

状与发展趋势 [J]. 江苏农业科学, 2015(10): 105-
107.

[15] PHAN, THUY, NGAN, et al. 越南大米出口优

势、劣势及对策分析 [J]. 科技经济市场, 2013(11):
31-33.

第二章

稻米品质概况

稻米品质是稻米在商品流通过程中必须具有的基本特征。食用稻的优质标准是一个综合性状，一般分为碾磨品质、外观品质、蒸煮与食味品质及营养品质等。丁得亮等（2010）认为碾磨品质表示稻米的加工适应性，又称加工品质；外观品质表示稻米吸引消费者的能力；食味与蒸煮品质、营养品质则反映了稻米的食用特性。

第一节　稻米碾磨品质

稻米碾磨品质是指稻谷碾磨后的状态，衡量指标有糙米率、精米率和整精米率。稻谷脱壳后，糙米占试样质量的百分率称为出糙率，通常为 77%~82%。糙米去掉糠皮与胚成为精米，精米占试样质量的百分率称为精米率。糠皮与胚占稻谷的 8%~10%，因而一般稻谷的精米率仅为 70%。糙米率和精米率主要受水稻品种遗传因子控制，并且不同稻米品种间的变异较小，变异最大的是整精米率，可达20%~70%。优质稻米品种要求在胚乳磨损最少的情况下碾去糠层，即要求碾磨品质的"三率"要高，特别是整精米率要高。

优质食用稻米碾米品质标准如表 2-1 所示。据朱智伟（2006）对中国稻米品质状况的分析结果，籼稻的糙米率平均值为 80.0%，最大值为 83.8%，最小值为 71.7%，多数品种的变幅为79%~82%；精米率平均值为 71.5%；整精米率平均值为 47.6%，变幅为 37%~63%。早籼、中籼、晚籼稻米的碾米品质有所差别，且主要表现为整精米率的差异，一般晚籼的整精米率高于中籼，中籼高于早籼。粳稻的糙米率平均值为83%，最大值为86.8%，最小值为74.5%，多数稻米品种的变幅为82%~85%；精米率平均值为74.7%，整精米率平均值为65.9%，最大值为76.2%，最小值为15.9%，多数稻米品种的变幅为37%~63%。南方粳稻与北方粳稻的碾米品质差异不明显；粳稻的碾米品质优于籼稻，主要表现为整精米率高，变异系数小。

表2-1　优质食用稻米碾米品质标准（NY 122—86）　　　　　单位：%

等级	糙米率		精米率		整精米率	
	籼稻、籼糯	粳稻、粳糯	籼稻、籼糯	粳稻、粳糯	籼稻、籼糯	粳稻、粳糯
1	＞81	＞83	＞72	＞74	＞59	＞60
2	＞79	＞81	＞70	＞72	＞54	＞65

一、糙米率

水稻的糙米率，与品种类型、栽培环境和加工技术措施等有关。谷粒短宽，谷壳薄，灌浆期间光照、温度条件好，均有利于糙米率的提高。

1. 收割选方式

水稻要选择正确的收割方式，不要用联合收割机进行收割。采用人工收割或简易机械收割不仅能减少损失，而且由于割稻带秆，能促进种子的后熟作用。

2. 脱粒限速度

稻谷机械脱粒时，控制脱粒滚筒速度为500 r/min，可以减少机械损伤和破粒。

3. 晒种讲方法

水稻种子自然干燥要讲究方法。不要直接把种子在水泥场上晾晒，要加芦席等。严禁在马路上晒种。对于只能晒在水泥场上的稻种，不能用木锨、木板等翻动。如使用机械干燥，要严格掌握热空气温度和种子含水量。当种子含水量超过17%时，要采用二次间隙干燥法，不宜一次高温干燥，以免种子因受热过高和失水过快而使籽粒破裂。

二、精米率

稻谷物理检验中，精米率与整精米率呈正相关，是稻谷国家标准中最重要的两项指标。精米率也可认为是稻谷的成品率，提高精米率是精米加工企业降低成本，提高经济效益的重要途径。

1. 提高原料品质

选择粒形整齐、抗压强度好、爆腰率低、未熟粒少、脱胚容易的优质水稻品种。东北晚粳稻品种碎米率小于 5% 的高档米，一般精米率为 55%～58%；在同样情况下，一些优质水稻品种的精米率为 62%～82%，主要原因是碾米后的碎米率有差异。水稻适时收割，可降低稻米爆腰率。此外，应根据原料品种、水分含量、加工特性、粒形等差异，对稻谷分仓贮藏和加工，有利于提高精米率。

2. 合理调整工艺参数

在稻谷精碾加工过程中保持流量平衡，可降低碎米率。砻谷工段，脱壳率控制在 85%～90%，胶辊的线速度保持在 2.5～2.6 m/s，可有效降低稻米的爆腰率。从稻谷原料至成品的整个过程进行温、湿度管理，控制温差，防止产生爆腰米。夏季加工精米工段尽量不要开窗，避免精米表面产生裂纹。

三、整精米率

整精米率是整精米占净稻谷试样质量的百分率。所谓整精米，即糙米碾磨成精度为国家标准一等大米时，米粒产生破碎，其中长度仍达到精米粒平均长度的 4/5 以上的米粒。整精米率是最重要的碾磨品质性状，早籼稻、晚籼稻、籼糯稻稻谷的整精米率等级最低指标为 50%，粳稻谷、粳糯稻谷为 60%。整精米率对指导水稻种植，调整优化品种结构，稻谷的收购经营具有十分重要的意义。籼稻通常粒长和长宽比较大，与整精米率较低有直接关系；北方粳稻的整精米率受粒形影响相对较小；一般南方粳稻垩白粒率和垩白度较高，成为影响整精米率的主要因素（徐正进，2010）。

1. 稻谷的分类定等

稻谷可根据生育与收获时期、粒形、腹白等进行分类定等。如生育与收获期较早的早籼稻谷，往往高温逼熟，一般米粒腹白较大，角质米粒较少；生育与收获期较晚的晚籼稻谷，一般米粒腹白较小或无腹白，角质米粒较多；粳型黏稻的籽粒一般呈椭圆形，米饭黏性较大，膨胀性较小；籼型糯稻的籽粒一般呈长椭圆形和细长形，米粒呈乳白色，不透明或半透明，黏性大；粳型糯稻的籽粒一般呈椭圆形，米粒呈乳白色，不透明或半透明，黏性大。实践证明，同类型稻谷的品种不同，出糙率和整精米率不相同；同类型稻谷的劣质品种与优质品种的米质相差大，整精米率相差也很大。

米饭蒸煮过程中，碎米的淀粉易溶于水，导致硬度、黏附力下降；碎米的吸水速度快，在相同糊化温度与时间条件下，碎米粒比整米粒的糊化度高，导致碎米米饭无黏弹性、嚼劲差。相同品种稻米的整精米率越高，米粒蒸煮过程中米汤中的干物质越少，米饭膨胀体积越大，黏弹性也越好，食用品质好。因此，碎米的食味差，整米的食味好，即整精米率越高，稻米的食味品质越好。

2. 施肥和灌溉对稻谷整精米率的影响

研究表明，水稻种植的基本苗过多会导致糙米率、整精米率和精米率下降，垩白率增加，稻米透明度差，直链淀粉含量升高，胶稠度变硬，蛋白质含量下降。在施用同种氮肥情况下，在一定范围内施氮量越大，整精米率与蛋白质含量越高，垩白粒率、垩白面积及直链淀粉含量越小。增施钾肥能提高整精米率和蛋白质含量，降低垩白粒率和垩白面积，尤其当钾肥和氮肥配合施用时，改善稻米品质的效果更佳。

在水稻生育后期，灌溉主要影响稻米的加工品质、直链淀粉含量和蛋白质含量。如在水稻结实期土壤水分降低，精米率显著提高。如果缺水时间过长，可使加工品质明显变劣，所以水稻种植灌溉要适当。

3. 收获、加工、检验工序对稻谷整米率的影响

稻谷从田地到仓库一般要经过收割、脱粒、除杂、干燥、输送、贮藏等环节，整精米率检验要经过扦样、分样、杂质检验、砻谷、碾白等工序，都会影响到稻谷的整精米率。

（1）收获方法对稻米加工品质有明显影响，机械收割会使稻谷加工品质明显变劣。要保证田间稻谷爆腰率不超过10%，收割期稻谷平均含水率必须大于20%。对于容易爆腰的水稻品种，特别要注意收割期含水率不能过低。完整谷粒的平均含水率在20%以上时收割，可有效降低稻谷爆腰率。

（2）脱粒方式也影响稻谷整精米率。一般机械收割脱粒要比晒场碾压脱粒、公路打场脱粒对稻谷造成的损伤要小，整精米率也比较高。目前，少量农民还有公路碾压、机动车碾压、石磙碾压的习惯，会造成谷粒损伤大，谷外糙米多，整精米率较低。徐萍等（2002）发现，相同品种、水分含量基本相同的稻谷，谷外糙米较多的整精米率较小，这对感官鉴定稻谷整精米率有一定帮助。

（3）人工晒场晾晒和机械烘干也会影响稻谷爆腰率。所谓爆腰率就是稻谷在干燥和冷却后，颗粒表面产生裂纹，而裂纹的深浅、多少、长短都直接影响稻谷碾米时碎米粒的多少，从而影响稻谷的整精米率。若稻谷白天暴晒、夜间露晒，昼夜温差过大会增加米粒裂纹率；晒得半干的稻谷被淋雨后，会使稻谷籽粒内外水分不一致，导致稻谷爆腰率增加，碎米率增大（张初样，2005）。

烘干不当，稻谷爆腰率会增加，一些干燥机的爆腰率甚至达到10%以上。当烘干温度过高或干燥时间过长，可使稻谷的淀粉糊化，冷却后很难恢复到原来的状态，这种稻谷加工成大米，碎米率增加。低温、恒温的仓房，对保持稻谷品质有好处，往往比非低温、非恒温条件贮藏的稻谷商品品质要高得多。随着贮藏年限的增加，稻谷品质劣变，胞壁强度降低，变得易碎，整精米率也随之降低。

（4）砻谷是指对稻谷施加一定的外力，而使颖壳脱离的过程。稻谷脱壳通常分为挤压搓撕脱壳、端压搓撕脱壳和撞击脱壳，相应砻谷设备有橡胶辊筒砻谷机、砂盘砻谷机、离心砻谷机。由于橡胶辊筒砻谷机具有产量多、脱壳率高、糙米含有率低等优点，应用比较广泛。一般国内粮食企业也多用橡胶辊筒砻谷机作为米质分析室仪器。由于该类型仪器是通过辊筒间的挤压撕裂来脱壳，辊筒间距对稻谷的作用影响明显。一般情况下，砻谷机功率大、转速高，形成的糙米破碎粒多，测出的整精米率就低；胶辊间隙小，对谷粒产生的压力大，整精米率偏低；胶辊间隙大，谷粒容易通过，糙米破损比例小，整精米率偏高。

（5）稻谷含水量高低，对稻谷的加工品质影响很大。水分过高，会使稻壳的韧性增加，造成脱壳困难，还会使籽粒强度降低，导致碎米增多，降低精米率，整精米率也相应降低；但水分过低，使稻谷籽粒变脆，也容易产生碎米，降低整精米率。据试验表明，稻谷含水量13%～15%有利于最大程度地保持米粒完整性（沈保平，1999）。

（6）不同出糙时间对稻谷整精米率也有一定影响。出糙时间长，整精米率越高；出糙时间越短，整精米率越低。在其他条件相同的情况下，出糙机进料速度不同，对低水分稻谷的整精米率影响不大，对高水分稻谷的整精米率影响比较大（蒋晓杰，2016）。

第二节　稻米外观品质

稻米外观品质包括透明度、垩白率与垩白大小（垩白度）、粒形等指标（金京德，2003）。稻米粒形主要受基因型控制，而稻米垩白率和透明度受环境的影响大，特别是易受灌浆期间温度条件的影响。籼稻的平均粒长6.5mm，变幅为5.5～7.2mm；长宽比平均值为2.8，变幅为2.2～3.5。粳稻的平均粒长5mm，变幅为4.7～5.2mm；长宽比平均值为1.8，变幅为1.5～2.5。

籼稻的垩白度平均值为12.2%，变幅较大，为0%～51.5%；垩白米率普遍较高，平均值为53%。晚籼稻的垩白度通常比中籼稻、早籼稻低。粳稻的垩白米率平均值为18.1%，垩白度平均值为2%。北方粳稻的垩白米率和垩白度远小于南方粳稻。籼稻的平均透明度为2级；粳稻的平均透明度为1.3级。但是，北方粳稻的透明度级值比南方粳稻大。目前稻米外观品质的特点是，籼稻以长粒形为主，粳稻以椭圆粒形为主。因此，粳稻的垩白米率、垩白度和透明度等外观品质性状均普遍优于籼稻（表2-2）。

表 2-2　优质食用稻米外观品质标准（NY 122—86）

等级	透明度和光泽			垩白米率 /%	
	籼米	粳米	糯米	籼米	粳米
1	半透明	半透明	乳白	< 5	< 5
2	有光泽	有光泽	有光泽	< 10	< 10
3	半透明	半透明	乳白	> 10	> 10

一、透明度

一般透明度好的稻米品种光泽也好。根据陈能等（1999）的研究表明，粳米透明度与食味显著相关，籽粒越透明，食味越好。也有报道认为，稻米透明度与食味相关性不显著，但目前还没有食味与透明度呈负相关的报道。

稻米透明度的影响因素有很多，垩白粒率越高，垩白面积越大，透明度就越低。同一水稻品种，粒厚在 1.9 mm 以上的籽粒透明度相差很小，但是小于 1.9 mm 的籽粒透明度明显低。

目前，关于粒重对透明度影响的研究有很多，但都没有得出统一结论。有人认为不同水稻品种间粒重小的籽粒透明度更高，也有人认为粒重大的籽粒透明度更高，还有人认为籽粒重量大小与其透明度没有必然性联系。由于不同研究的结果大相径庭，因此，还有待进一步研究。

精米的透明度比糙米高，并且二者具有较高的正相关。但是，要求供试的糙米米皮厚度必须均匀一致，而且没有其他显著颜色（刘福才，1994）。在用肉眼鉴定米粒透明度时，应选择米皮厚度或色泽等特性相近似的米粒。外观品质相似的稻米品种透明度仍然可能有微小差异，在真假优质米鉴定上具有广泛用途。

二、粒形

在保障稻米产量的同时，人们对稻米品质的要求也越来越高，不仅要求有良好的适口性，还要求粒形美观。粒形是水稻品种的重要特性，通常用精米长度、宽度和长宽比表示，对稻米外观品质有重要影响。粒形也是商品稻米的重要指标，是商品稻米分类及定价的主要依据。糙米的粒长和形状受环境影响变异较小，而粒宽的糙米垩白等外观品质容易受成熟期气候条件的影响。一般粒形较细长稻米品种的垩白米率低。为此，选育北方粳稻品种种子的标准为粒长 5 mm 以上、粒宽 2.9 mm 以内、粒厚 2 mm 为宜（黄海祥，2016）。

国际上通常按照稻米粒长，将其分为特长粒、长粒、椭圆粒和圆粒等 4 类；或依据粒形，将其分为细粒、中粒、粗粒、圆粒等 4 类（图 2-1）。优质籼稻米长粒形长度＞6.5 mm，中粒形长度 5.6～6.5 mm，短粒形长度＜5.6 mm。不同国家或地区的稻米市场偏好不同粒形的稻米，如西欧、北美、中东、南亚和东南亚等地区的市场喜好长粒形优质米；东亚、太平洋岛国及某些欧亚地区市场偏爱短粒形优质米。

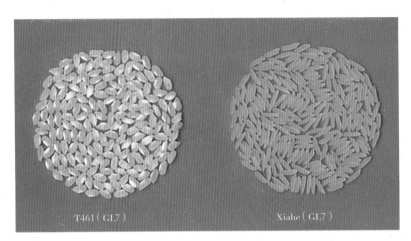

图 2-1　圆粒和长粒大米粒形对比

中国幅员辽阔，稻种资源丰富，各种粒形的稻米都有旺销市场。为了明确区分不同粒形的稻米品种，也为了与国际稻米市场接轨，新制定颁布的中华人民共和国国家标准《优质稻谷》已根据粒长将籼稻谷分成长粒、中粒、短粒等 3 种类型。目前中国的籼米主要为长粒和中粒两种类型，二者合计近 95%；短粒的品种很少，约占 5%。粳米中，短粒品种占有绝对优势，高达 90% 以上；其他粒长的粳稻品种合计不足 10%（表 2-3）。籼稻主要是中粒形的品种，占 60% 以上；其次是细粒形的品种，约占 40%；粗粒形的品种不足 1%。粳稻中的绝大部分品种属于粗粒形，占 90% 以上，另有不足 10% 的中粒形和细粒形品种。无论是粳稻，还是籼稻，中国目前生产上尚未应用圆粒形的品种。

表 2-3　精米分级标准

按精米长度分级			按精米长宽比分级		
名称	级别	长度 /mm	名称	级别	长宽比
特长	1	＞7.5	细长	1	＞3.0
长	3	6.6～7.5	适中	3	2.1～3.0
椭圆	5	5.5～6.6	粗	5	1.1～6.6
圆	7	＜5.5	圆	7	＜1.1

籼米的粒长对各项主要品质指标均有极大影响，其中粒长与胶稠度米胶长呈极显著正相关，即粒长越长，胶稠度米胶长也越长。籼米粒长与整精米率、垩白度、透明度、直链淀粉含量和蛋白质含量等 5 项指标，均呈极显著负相关（罗玉昆，2004）。籼米粒形除了与蛋白质呈负相关不显著外，对其他米质性状指标的影响及其程度与粒长基本相同。

粳米的粒长对主要米质指标的影响与籼米不尽相同。粳米粒长对垩白度、透明度和蛋白质含量等指标影响不大，但与整精米率、胶稠度呈极显著负相关，与直链淀粉含量呈极显著正相关。粳米粒形与直链淀粉含量、蛋白质含量呈极显著正相关，与透明度呈极显著负相关，而与整精米率呈负相关。

周治宝等（2011）的研究发现，稻米粒长与碱消值、蛋白质含量（PC）呈显著负相关；碱消值与长宽比呈显著负相关；直链淀粉含量（AC）与长宽比的表型遗传协方差、协方差呈显著正相关，选择长粒型稻米会增加胶稠度米胶长。细长型稻米有利于减少垩白度，提高透明度，改善稻米的外观品质，但细长型稻米在加工时易产生碎米，降低稻米的碾磨品质。

三、垩白率和垩白度

稻米垩白性状是指垩白的有无、垩白大小和垩白粒的多少，垩白包括腹白、心白和背白 3 种。垩白米在碾米过程中容易破碎，垩白是影响碾米品质和外观品质的重要性状。同一稻米品种，有垩白和无垩白的精米相比较，垩白米的直链淀粉含量、最终黏度、回复值明显增加，胶稠度米胶长、最高黏度、崩解值明显下降，但垩白粒的其他 RVA 谱特征参数没有明显变化（表 2-4、图 2-2）。

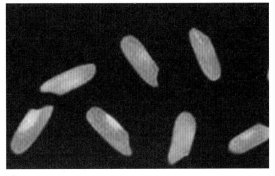

无垩白米　　　　　　　　　　　　　　　　垩白米

图 2-2　稻米外观

表 2-4 稻米垩白面积的分级

级别	垩白面积
0	0
1	小，垩白面积 < 10%
2	中等，垩白面积为 10%～20%
3	大，垩白面积 > 20%

第三节 大米蒸煮食味品质、营养品质

一、淀粉

淀粉广泛分布于水稻、玉米、小麦、马铃薯等作物中，根据淀粉能否在小肠内被完全消化和吸收的速率，分为快消化淀粉（RDS）、慢消化淀粉（SDS）和抗性淀粉（RS）三类。快消化淀粉被人体摄入后迅速消化并被分解成游离葡萄糖，在小肠内被吸收，使得人体内血糖水平迅速升高，胰岛素大量分泌，又会迅速降低血糖水平。这种高血糖和低血糖反应的循环导致了胰岛素抗性和 2 型糖尿病的产生，增加了人肥胖的可能性。慢消化淀粉是指那些能在小肠中被完全吸收，但消化速度较慢的淀粉。Englyst 等（1992）在体外模拟的条件下，依据淀粉的生物可利用性，将 SDS 定义为 20～120 min 能被 α - 淀粉酶消化的淀粉，主要指一些生的、未经糊化的淀粉，来源于生稻米、玉米、高粱等谷物。抗性淀粉又称抗酶解淀粉，人摄入后不能被小肠消化，但能经大肠微生物群发酵产生大量短链脂肪酸，降低了肠道 pH，从而减少了肠道内病原体量，增加了益生菌量，减少了结肠癌的发病率；能系统调控营养大分子的代谢病，保证了体内激素的分泌，从而有利于人体健康。

抗性淀粉的生理功效与膳食纤维相似，能增加消化道的通量，产生理想的一些代谢物，如短链脂肪酸等。抗性淀粉与膳食纤维相比，具有来源天然、口味清淡、水溶性低、糊化温度高、挤压性能好等特点，因此，被广泛应用于功能性食品。抗性淀粉还可以作为汤料的增稠剂，如添加了交联度为 1% 木薯淀粉的汤具有最佳凝胶和抗剪切力特性，口感好。

研究人员根据淀粉的来源和抗酶解性的不同，将抗性淀粉分为 5 类（表 2-5）。

RS_1（物理包埋淀粉，Physically Trapped Starch），是因植物细胞壁屏蔽或蛋白质成分隔离作用，使淀粉酶难以接近淀粉颗粒的淀粉，主要存在于不完全被研磨的谷粒、种子及豆科植物中，物理方法处理和热处理都可改变 RS_1 含量。

RS_2（抗性淀粉颗粒，Tesistant Starch Granules），是指天然具有抗消化的淀粉，主

要存在于青香蕉、生土豆、生豌豆和高直链玉米淀粉中。

RS_3（回生淀粉，Physically Trappedstarch），是指糊化后淀粉在凝沉过程中部分分子重新聚集成新的结晶体，而难以被酶消化，亦称老化淀粉，主要存在于冷食物、油炸土豆片和面包等食品中。

RS_4（化学改性淀粉，Chemically Modified Starch），是指交联淀粉、热变性淀粉等通过物理或基团化学修饰后，出现新的官能团，淀粉分子结构发生变化而产生抗酶解性的一类淀粉，如乙酰基淀粉、磷酸化淀粉等。

RS_5（直链淀粉 - 脂质复合物，Amylose-lipid Complexes），是指直链淀粉的螺旋结构内部非极性区域与脂质的碳氢链之间的疏水性交互作用，形成的单螺旋包接结构。这类复合物一般存在于自然界原淀粉中，或在淀粉凝沉过程中形成，或添加脂类促成。

表 2-5　抗性淀粉的分类

类型	定义	性质、结构	小肠消化情况	主要来源
RS_1	淀粉酶无法接近的抗性淀粉	易破坏而消失；存在于细胞壁内或因蛋白质成分阻隔。	降解过程，仅部分被消化吸收。	部分碾磨的谷粒、种子、豆科植物。
RS_2	天然具有抗消化的	易破坏而消失，大多为 B 型结晶，少数为 C 型结晶。	消化过程慢，几乎不被消化。	青香蕉、生土豆、生豌豆和高直链玉米淀粉。
RS_3	糊化淀粉回生后形成的淀粉聚合物	热稳定性好，有 A 型、B 型和 V 型结晶。	不消化。	冷食物、油炸土豆片和面包等。
RS_4	化学改性的抗性淀粉	热稳定性好。	不消化。	交联淀粉、热变性淀粉和磷酸化淀粉等。
RS_5	直链淀粉 - 脂质复合物	大多为 V 型结晶。	—	谷物、大豆、玉米等。

二、蛋白质

稻米营养品质衡量指标主要是由蛋白质含量及其氨基酸组成，特别是必需氨基酸含量。目前对水稻营养品质评价的主要指标是蛋白质含量。一般认为，提高蛋白质含量（PC）能提高稻米的营养品质，但 PC > 9% 时，稻米的蒸煮食味品质反而下降。因为蛋白质与淀粉能形成淀粉 - 蛋白复合体，阻止淀粉粒表面或间隙直链淀粉和支链淀粉长分支链在热水中溶出，导致糊化温度（GT）升高，使米饭的适口性降低。所以稻米蛋白质含量高，饭粒结构紧密，GT 高，则淀粉吸水少，淀粉未能充分糊化，黏度降低，米饭硬而松散，有较粗糙的咀嚼性。营养价值要求稻米的 PC > 7%，而食味品质要求稻米的 PC < 9%。在一定范围内提高稻米的蛋白质含量，能改善稻米的营养品质和食味品质。

稻米蛋白质含量品种间存在明显差异。根据全国主要栽培品种稻米品质的普查结果，籼米蛋白质含量的平均值为 9.3%，变幅为 7.6%~10.8%；早籼米的蛋白质含量平均值略低，但变幅较大。粳米蛋白质含量的平均值为 8.8%，变幅为 7.9%~9.8%；北方粳米的蛋白质含量略低于南方粳米。籼米的蛋白质含量平均值高于粳米，且高蛋白质含量的品种均为籼稻。

稻米蛋白质含量除不同品种（含熟期）的差异外，还与气候、施肥、土壤和用水管理等有关。木户等（1965）在同一田块，利用日本北海道 8 个水稻品种和东北 25 个水稻品种，进行了有关蛋白质含量的品种间差异，与栽培条件关系的研究。结果表明，北海道水稻品种的蛋白质含量平均值为 8.78%，东北水稻品种的平均值为 7.56%，说明了不同地区间水稻品种的蛋白质含量差异较大。同一水稻品种的蛋白质含量随氮肥施用量的增加而增加；旱地栽培水稻比水田栽培水稻的蛋白质含量高；低洼易涝地栽培水稻（含氮量高）比土壤栽培（含氮量少）水稻的蛋白质含量高。前重等（1980）的研究发现，稻米蛋白质含量与其抽穗期呈显著正相关，水稻早熟品种的蛋白质含量比晚熟品种高，这可能是由于早熟品种成熟期间温度高，从而增加了蛋白质含量。

三、含水量

稻米含水量对米饭的黏度、硬度、食味特性有很大影响。稻米吸水主要是通过淀粉细胞间隙，由于米粒腹部和背部的细胞间隙不同，腹部细胞间隙较大，是米粒吸水的主要途径。周显青等（2011）研究结果表明，当米粒本身含水量低（< 14%）时，浸渍使米粒的腹部急速吸水，与背部产生水分差，瞬间会引起龟裂。蒸煮时米粒淀粉从龟裂处涌出，使米饭失去弹性，成为发黏的劣质米饭。

四、脂肪及其脂肪酸

与谷物中含量较多的淀粉和蛋白质成分相比较，脂肪易使稻谷变质，导致食用品质下降。在贮藏过程中，稻谷脂肪受到空气中的氧气、高温和高湿等环境因素的影响发生变化，稻谷易加速劣变。

稻米的脂肪含量并不高，粳米脂肪含量为 2%~3%，籼米脂肪含量为 1% 左右，其中70% 以上分布在米胚中。精米的脂肪含量（FC）虽然较低，但多为不饱和脂肪酸和直链淀粉－脂肪复合体，对稻米的光泽、滋味和适口性都有很大的影响。脂肪的分解反应比糖类和蛋白质要快得多，不饱和脂肪酸容易被氧化，贮存时间长的稻米煮成的米饭泛黄，无光泽，适口性差。

稻米的脂肪酸主要是亚油酸、油酸、软脂酸，还有少量的硬脂酸和亚麻酸，不饱和脂肪酸所占的比例较大。亚油酸在米胚油中占 34.55% 左右，是人体必需的脂肪酸，能降低血清胆固醇含量，因此，它对防治高血压、心脏病、动脉硬化等有良好的功效。粗脂肪含量与稻米食味有密切关系。稻米脂肪含量高是一些名优水稻品种的特异性状，提高稻米脂肪含量能改善食味品质。

五、香味

香稻栽培历史相当悠久，世界上各水稻生产国或地区几乎都有香稻种植，主要分布在印度、巴基斯坦、孟加拉、阿富汗、伊朗、中国和美国等国。国际市场上著名的香米品种主要有印度和巴基斯坦的 Basmati、Basmati370，泰国的 KDML105、Jasmine、RD6、Siamati，阿富汗的 Bahra，伊朗的 Sadri 及美国的 Della Texamati、Kasmati 等（张羽，2008）。

早在 1980 年，美国化学家 Bttery 和 Ling 就证明了亚洲大米有爆玉米花香味物质。彭智辅等（2014）采用蒸馏萃取法和固相微萃取法分析大米和糯米的蒸煮香气成分，共检测出大米香气成分物质 101 种，其中，烃类 18 种、醛类 14 种、酮类 16 种、醇类 10 种、酸类 7 种、酯类 8 种、苯类 12 种、酚类 5 种、杂环类 11 种；共检出糯米香气成分物质 76 种，其中，烃类 15 种、醛类 9 种、酮类 12 种、醇类 9 种、酸类 7 种、酯类 3 种、苯类 6 种、酚类 7 种、杂环类 8 种。

六、胶稠度

胶稠度是指米粒凝胶在平板上的流淌长度，一般分 3 级：米胶长度 40 mm 以下为硬，40~60 mm 为中，60 mm 以上为软。胶稠度与米饭硬度有很大关系，胶稠度硬则米饭也硬，硬的米饭往往也不黏。

七、米饭光泽度

米饭光泽度是指米饭表面反射光的量。米饭光泽度与食味综合评价值之间呈极显著正相关，即米饭的光泽度好，食味也佳，所以，通过光泽度鉴定对稻米食味作间接评价是比较有效的。

八、米饭质构特性

米饭的质构特性在食味评价中占有相当大的比重。利用质构仪或通用实验仪等模仿人口腔咀嚼时的机械运动，可测出米饭质地的各项物理特性，如硬度、黏性、弹性（松弛性）、凝聚性和黏附性等，由这些特性值可对米饭食味做出间接比较和正确评价。日本学者研究认为，米饭硬度小，黏度大，硬度／黏度比值小，则食味较佳。中国相关研究表明，用质构仪测得的硬度和凝聚性与籼米、粳米的适口性呈极显著负相关，而松弛性、黏附性和黏度与适口性呈极显著正相关。

九、米饭保水膜

杂贺庆二在对大米食味品质研究时提出了"保水膜"的概念，认为饭粒表层薄薄的糊状高含水物质，即为保水膜，能决定饭味。这是因为人的味觉主要是由酸、甜、苦、辣、咸等构成的，而饭味与这些几乎无关。这时的味觉，主要是口腔内的触觉在起作用，也就是常说的"口感"。饭粒本身凹凸不平，使口腔内有触感，而饭粒表面这层糊状的保水膜能填平凹凸面，且保水膜越厚，凹凸面越平滑，口感就越好。同时，保水膜本身也带有甜味和芳香味，并具有黏性，因此，保水膜不仅与饭味关系密切的口感有关，与甜、香、黏等要素也有关，故保水膜是饭香味的根本。竹生和杂贺等也发现，米饭保水膜与食味综合评价值呈极高正相关，相关系数为0.97。

十、稻米蒸煮品质

稻米蒸煮品质包括糊化温度（碱消值）、胶稠度、直链淀粉含量和食味等，其中食味是稻米蒸煮品质性状的重要指标。影响食味的因素，有米饭的外观、饭香、味道、黏性和硬度等。一般优质米煮熟后，外观白且有光泽，粒形好而完整；有米饭固有的饭香味，又能引起食欲；食之稍有甘甜感；舌的触觉温柔润滑；有适当的黏性与弹性，冷饭不回生。籼米的平均碱消值为5.9级，晚籼米的碱消值略微高一点，即糊化温度低一点。籼米的平均胶稠度为67.9 mm，最大值为93 mm，最小值为36 mm。早籼米胶稠度的差异最大，晚籼米胶稠度的平均值为21.1%，主要分布变幅为10%～16%和19%～23%两个区段，早籼米胶稠度的差异最大，晚籼米胶稠度的平均值略低于早籼米和中籼米；籼米的直链淀粉含量平均值为21.1%，主要分布变幅为10%～16%和19%～23%两个区段，早籼米和中籼米的直链淀粉含量低于晚籼米，早籼米直链淀粉含量的变异较大。粳米碱消值的平均值为7级，基本以7

级为主，即以低糊化温度为主，南方粳米有个别品种的碱消值小于 4 级。粳米胶稠度的平均值为 70.7 mm，南方粳米的胶稠度略微偏硬；粳米的直链淀粉含量平均值为 16.3%，变幅为 15%~18%。

糊化温度与稻米的蒸煮时间有关，而胶稠度则影响米饭的光泽度和柔软性（表 2-6）。据研究，糊化温度籼稻品种间差异较大，但与食味没有相关性。稻米胶稠度米胶长以长的为好，表明米饭较柔软，短则米饭较硬。无论是籼米或粳米，胶稠度的品种间差异均较大，但二者均与食味的相关性不显著。

表 2-6　糊化温度和优质食用稻米品质分级（NY 122—86）

等级	糊化温度（碱消值）			胶稠度（米胶长）/mm		
	籼米	粳米	糯米	籼米	粳米	糯米
1	< 4	< 6	< 6	< 60	< 70	100
2	< 4	< 6	< 6	41~60	61~70	< 95

References

参考文献

［1］本庄三夫. 米粒蛋白质积累过程的组织化学的研究［J］. 日作记，1965，34：204-209.

［2］陈能，罗玉坤，朱智伟，等. 食用稻米米饭质地及适口性的研究［J］. 中国水稻科学，1999，13（03）：152-156.

［3］丁得亮，张欣，张艳，等. 市场粳米食味品质及外观品质性状间的相关关系［J］. 安徽农业科学，2010，38（9）：4454-4456.

［4］黄海祥，钱前. 水稻粒形遗传与长粒型优质粳稻育种进展［J］. 中国水稻科学，2017，31（6）：665-672.

［5］蒋晓杰，周旭. 稻谷水分对出糙率与整精米率

的影响［J］. 粮食与饲料工业，2016（7）：1-6.

［6］金京德，张三元. 国内外优质稻米品质性状研究进展［J］. 吉林农业科学，2003，28（6）：13-15.

［7］刘福才，徐亚坤. 用透明度判定稻米品质的探讨［J］. 盐碱地利用，1994（4）：19-22.

［8］罗玉昆，朱智伟，陈能，等. 中国主要稻米的粒型及其品质特性［J］. 中国水稻科学，2004，18（2）：135-139.

［9］彭智辅，李杨华，练顺才，等. 大米、糯米蒸煮香气成分的研究［J］. 酿酒科技，2014（12）：42-46.

［10］沈保平. 低水分稻谷着水加工工艺探讨［J］. 粮

油加工, 1999（3）: 12-13.

［11］徐萍, 王宏明, 苏坚, 等.影响整精米率因素的探讨［J］.粮油仓储科技通讯, 2002（6）: 45.

［12］徐正进, 韩勇, 邵国军, 等.东北三省水稻品质性状比较研究［J］.中国水稻科学, 2010, 24（5）: 531-534.

［13］张初样.产后处理对稻谷整精米率的影响［J］.中国稻米, 2005（3）: 40-41.

［14］张羽.水稻香味的研究与应用［J］.安徽农业科学, 2008, 36（33）: 14471-14473.

［15］周治宝, 王晓玲, 雷建国, 等.稻米食味品质理化性状及其遗传研究进展［J］.粮食与饲料工业, 2011（6）: 3-6.

第三章

稻米淀粉的生物合成

稻米的营养成分包括淀粉、脂肪和蛋白质，最主要的成分是淀粉，占胚乳干重的 70%~90%。稻米淀粉由直链淀粉（20%~30%）和支链淀粉（70%~80%）组成，这两类淀粉的含量、分子量、空间结构等对稻米品质有重要影响。因此，研究淀粉的结构组成和生物合成对改良稻米品质尤为重要。

第一节　稻米淀粉的主要组成部分

大米中的淀粉分子是以淀粉颗粒的形式存在，是已知谷物淀粉颗粒中最小的一种，呈不规则的多角形，且棱角明显。成熟稻谷的淀粉团粒径长只有 3~9 μm，淀粉团粒的平均径长是 4~6 μm。许多植物的淀粉颗粒在细胞的淀粉质体或叶绿体中是以单粒形式存在的，而稻米淀粉粒是以复合形式存在于单个淀粉质体中。淀粉质体含有 20~60 个小颗粒，形成球型簇和卵型簇，直径为 7~30 μm。同其他类型淀粉一样，大米淀粉颗粒是由支链淀粉分子以疏密相间的结晶区与无定形非结晶区组合而成，中间掺杂以螺旋结构存在的直链淀粉分子。直链淀粉和支链淀粉在淀粉粒中形成发散的各向异性和半结晶结构。稻米淀粉中直链淀粉和支链淀粉的结构特征分别如表 3-1 和表 3-2 所示。

表 3-1　稻米直链淀粉的结构特征

淀粉来源	数均聚合度 DP$_n$	每分子的平均链数	平均分子链长	β-淀粉酶水解率 /%	含支链分子的比例 /%
籼米淀粉	1 000	4.0	250	73	49
粳米淀粉	1 100	3.4	320	81	31

表 3-2　稻米支链淀粉的结构特征

淀粉来源	数均聚合度 DP$_n$	每分子的平均链数	平均分子链长	β-淀粉酶水解率 /%	含支链分子的比例 /%
籼米淀粉	4 700	21	220	14	6
粳米淀粉	12 800	19	670	13	5
糯米淀粉	18 500	18	1 000	12	5

一、直链淀粉

直链淀粉占稻米淀粉的 20%~30%，是一种线形多聚物，主要是由 α-葡萄糖通过 α-1，4 糖苷键连接而成的链状分子。一般由 60~1 200 个葡萄糖残基组成，分子呈一条直链，但并不是直线型分子，而是由分子内的氢键使链卷曲成螺旋状。每一螺旋周期中包含有 6 个葡萄糖基，螺距为 10.6Å。在螺旋内部只含氢原子是亲油的，羟基位于螺旋的外侧，分子的一端为非还原尾端，另一端为还原尾端基（图 3-1）。葡萄糖残基中的氢氧根露于螺旋体的外面，而螺旋体内部是疏水端，因此，通过相邻直链淀粉分子的碳氢之间形成的范德华力，疏水复合体能够稳定地位于直链淀粉螺旋体结构之中。大米直链淀粉的结构特征与小麦、玉米淀粉相似，但与马铃薯淀粉和木薯淀粉相比，分子链要短得多。研究资料显示，大米直链淀粉的数均聚合度（DP$_n$）为 920~1 100，重均聚合度（DP$_w$）为 2 750~3 800，数均分子量（M$_n$）为 15 万~38 万，M$_w$/M$_n$ 为 1.2~3.6，平均分子链长为 250~320。稻米直链淀粉除了线形分子外，在长链上还带有非常有限的分支的分子，分支点由 α-1，6 糖苷键连接，平均每 180~320 个葡萄糖单位有一个支链，分支点 α-1，6 糖苷键占总糖苷键的 0.3%~0.5%。含支链的稻米直链淀粉分子中的支链有的很长，有的很短。每个分支稻米直链淀粉分子中有 2.3~4.5 个分支，链长为 17.3~20.9 个葡萄糖单位。由于支链点隔开很远，因此，它的物理性质基本上和直链分子相同。

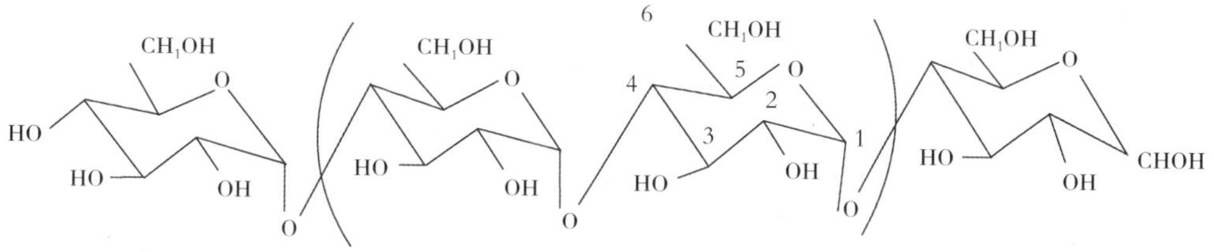

图 3-1　直链淀粉结构

稻米直链淀粉与极性有机物和碘能生成络合结构，碘结合力为 $19.99 \sim 20.31$ mg I_2/g 淀粉，碘蓝值为 $0.20 \sim 0.25$ OD/0.1 g 淀粉，特性黏度为 $74 \sim 108$ mL/g，结晶度为 $23\% \sim 25\%$，稻米直链淀粉与碘的复合物可见光最大吸收波长为 $600 \sim 620$ nm，直链淀粉的分子量为 44 万（籼稻）～ 162 万（粳稻）。稻米直链淀粉溶液不稳定，凝沉性强。稻米直链淀粉分子与脂肪易形成螺旋状结构，表现出遇热稳定的性质，并能截留脂肪酸和烃类物质。稻米直链淀粉的分子结构对淀粉的糊化性和老化性有很大影响，螺旋状结构中所含脂肪对淀粉的糊化也有很大影响。稻米的直链淀粉比支链淀粉更易老化，老化速度及其结晶性随自身链长不同而异。直链淀粉含量越高，老化速度越快，导致随淀粉含量的升高，淀粉糊的弹性模量逐步升高，当直链淀粉含量为 80% 时达最大极限值。淀粉的吸水膨胀能力，则随着直链淀粉含量的升高逐渐降低，当直链淀粉含量为 60% 时达最低值。在脂肪的存在下，稻米直链淀粉溶液是不透明的，原因是溶液中存在脂肪酸复合物，脱脂的直链淀粉溶液具有良好的透明度。其衍生物（如醋酸衍生物）在性质上与纤维素由 β-1, 4 葡萄糖苷键组成的直线型葡萄糖多聚物相似，能形成强度很高的纤维（如薄膜）。

淀粉颗粒中直链淀粉含量因植物来源不同而有所差异，并且受稻谷生长过程中气候和土壤条件的影响。高温会降低大米直链淀粉的含量，而低温作用则相反；大米品种和类型对直链淀粉含量的影响则更加明显，如籼米的直链淀粉含量一般为 $25.4\% \pm 2.05\%$，粳米为 $18.4\% \pm 2.7\%$，而糯米的直链淀粉含量几乎为 $0.98\% \pm 1.51\%$。与玉米、豆类淀粉相比，大米直链淀粉含量相对较低，尚未发现含量高达 $40\% \sim 80\%$ 的高直链淀粉大米。国际水稻研究所根据直链淀粉含量的高低，将稻米分成糯性（≤2%）、极低含量型（3%～9%）、低含量型（9%～20%）、中等含量型（20%～25%）和高含量型（≥25%）5 个级别。

稻米直链淀粉含量是决定水稻食味品质的最主要指标，Bauttachorya 等（2010）的研究发现，稻米中由于直链淀粉的组成和结构不同，溶解性有明显的差异，据此可分成不溶性直链淀粉和可溶性直链淀粉（溶于热水中）。不溶性直链淀粉主要是直链淀粉与脂类及其他物质的复合物，二者的比例不同会影响稻米的品质，而且发现不溶性直链淀粉与大米的蒸煮特性有关。

直链淀粉是淀粉深加工工业中不可缺少的原料，尤其在当今世界石油资源匮乏的情况下。由于直链淀粉的抗切力、强度高和良好的抗水性，常用于起皱和胶黏剂工业。直链淀粉还可用于多种胶片的制造，胶片具有突出的透明度、弹性、抗拉强度和抗水性。直链淀粉可使淀粉发泡产品的密度下降、硬度增大，而剪切度下降。直链淀粉及其衍生物制品，在食品、医药、工农业以及生态环境材料等领域也有广泛用途。用直链淀粉可制造一种半透明纸，不透氧气和氮气，透二氧化碳和脂肪也很少，且可以食用；直链淀粉和环氧丙烷可合成羟丙基淀粉，具有成膜不透氧性、保水性、受 pH 影响小的非离子特性、无毒、易溶于水等特点，还具有良好的生物降解性。美国曾申请过直链淀粉生产薄膜的专利，冷热情况下都不溶化，既可包装粉料，又可包装速冻食品。美国玉米公司在内布拉斯加（中西部研究所驻地）建立了大型的直链淀粉膜试验工厂。目前，国外直链淀粉及其衍生物制品已广泛应用于食品造纸、纺织、医药、皮革、选矿、涂料、塑料、铸造、环保和日用化妆品等行业，取得显著进展。国内淀粉和淀粉衍生物的研发，主要以玉米和木薯为主要原料。我国有丰富的稻米资源，稻米淀粉结构和性质的独特性，能更好地满足应用需求。

二、支链淀粉

支链淀粉占稻米淀粉的 70%～80%，是淀粉的最主要组成部分。它是由 α-D 葡萄糖通过 α-1，4 糖苷键连接而成主链，加上 α-1，6 糖苷键连接的葡萄糖支链，共同构成的多聚体。支链淀粉分支较多且类型丰富，每 20 个葡萄糖单位就有一个分支。根据分支类型的不同，可以分为 A 链、B 链、C 链 3 种，C 链是唯一一个具有还原性末端的主链，还原性末端在脐点，B 链有一个或多个分支的葡萄糖链；A 链没有分支，通过 α-1，6 糖苷键连接 B 链，因为 A 链和 B 链只有非还原性末端基，所以淀粉不表现出还原性（图 3-2）。

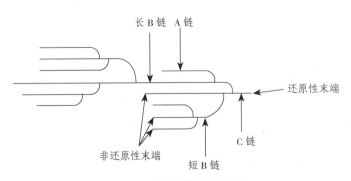

图 3-2　支链淀粉的分支结构

支链淀粉链分为外链和内链。外链形成螺旋结构，在于淀粉颗粒的结晶片层，内链主要存在于非结晶片层。因为 A 链不携带其他链，所以 A 链属于外链，而 B 链一部分属于外链，一部分属于内链。支链淀粉的分支形成有规则的结构簇，通常用链的聚合度（Degree of Polymerization，DP），即分子脱水葡糖首元的平均数目来表示链的长度（Chain Length，CL）。水稻支链淀粉平均聚合度 8 200～12 800，链长 19～23，外部平均链长 11.3～15.8，内部平均链长 3.2～5.7。通常将支链淀粉链分为 4 种类型，即 Fa（5 ≤ DP ≤ 12）、Fb$_1$（13 ≤ DP ≤ 24）、Fb$_2$（25 ≤ DP ≤ 36）和 Fb$_3$（37 ≤ DP ≤ 58）。

一般籼稻支链淀粉的平均聚合度低于粳稻，而链长、外链长和内链长高于粳稻，而糯稻的平均聚合度要高于籼稻和粳稻，平均链长 17～200。籼稻和粳稻的平均链长分别为 18～22、15～18。Nakamura 等（2015）利用毛细管电泳 FACE，分析了 129 个不同类型水稻品种的支链淀粉结构，将支链淀粉结构分为 S 型和 L 型，也有极少数品种的支链淀粉结构介于 S 型和 L 型之间，称为 M 型（中间型）；以 $\sum$DP ≤ 10/$\sum$DP ≤ 24 的链长比值作为划分标准，S 型支链淀粉的链长比值大于 0.24，而 L 型支链淀粉的链长比值小于 0.2；粳稻品种基本属于 S 型，多数籼稻品种属于 L 型（图 3-3）。

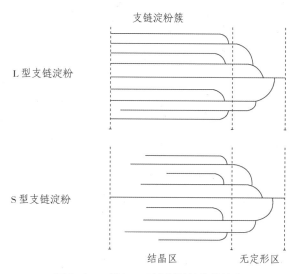

图 3-3　L 型和 S 型支链淀粉簇状结构

贺晓鹏等（2010）利用改进的基于 DNA 测序仪的 FACE 测定支链淀粉结构，以 11 ≤ $\sum$DP ≤ 24 的链长比值作为划分标准，将测试品种的支链淀粉分为 I 型和 II 型。I 型支链淀粉的链长比值小于 0.2，II 型支链淀粉的链长比值大于 0.26，分别对应 L 型和 S 型。

粳稻品种的支链淀粉结构属Ⅱ型，籼稻品种既有属于Ⅰ型，也有属于Ⅱ型结构。

籼稻除了直链淀粉含量高外，还含有更多的长链支链淀粉，而短链（$6 \leqslant DP \leqslant 11$）比率较小，中链（$12 \leqslant DP \leqslant 24$）比率较大。彭小松等（2014）利用重组自交系的研究表明，群体中支链淀粉短链（$6 \leqslant DP \leqslant 11$）分配比率表现为籼型<偏籼型<偏粳型<粳型，中链（$12 \leqslant DP \leqslant 24$）分配比率表现为籼型>偏籼型>偏粳型>粳型，存在极少量短链分配率较高、中链分配率较低的籼型株系。蔡一霞等（2006）的研究发现不同品种支链淀粉的长链与短链分配存在明显差异。供试的糯性品种，籼糯含的长链比粳糯多；非糯性品种，杂交稻支链淀粉中含有的长分支链要比常规稻多，陆稻品种含的长分支链要多于水稻品种。Huang 等（2014）以籼糯和粳糯作为试验材料进行研究，发现籼糯比粳糯含有更多的长链，而短链比率低，这与蔡一霞等的研究结果是一致的。

直链淀粉和支链淀粉的含量、分子量、空间结构及相互关系，是影响稻米食味品质的重要因素。表观直链淀粉含量相似的品种之间，米饭质地尤其是口感存在明显差异，不少研究报道认为，这种差异是由支链淀粉的精细结构（如分支度、链长分布、平均链长等）不同所引起的。热水不溶性直链淀粉含量越高的稻米，分布在淀粉粒外部的长链B就越多，该特点有助于长链与淀粉粒内外的其他成分相互作用，形成坚硬的质地。Ong 等（1995）研究指出，支链淀粉长链越多且短链少的水稻品种，米饭质地越硬；反之，米饭质地越软。Li 等（2016）认为，支链淀粉含量、支链淀粉短链比率与米饭黏性有极显著的正相关性。支链淀粉中［Fr（Ⅰ+Ⅱ）］的比例高，淀粉粒得不到充分糊化，最高黏度和崩解值低，硬度和凝聚性大，松弛性和黏附性小，米饭的口感硬，咀嚼有渣感；相反，支链淀粉短链部分（FrⅢ）的比例高，有利于淀粉糊化，易形成较高的黏度和崩解值，有利于改善米饭食味。金正勋等（2011）的研究表明，食味值与最高黏度值和崩解值呈显著正相关。这也间接说明支链淀粉长链少且短链多的水稻品种，米饭食味好；反之，米饭食味就差。金丽晨等（2011）用凝胶层析法分析淀粉3种组分（直链淀粉、支链淀粉和中间成分）链长分布与食味品质相关性，结果表明，稻米淀粉中的支链淀粉、中间成分、直链淀粉和总淀粉的（FrⅠ+FrⅡ）组分含量与食味品质均呈极显著负相关，说明稻米的食味品质是淀粉各组分链长结构的综合表现。其中，支链淀粉的链长结构对于稻米的食味品质起到了决定性作用，中间成分和直链淀粉对于食味品质也有一定的影响。

稻米中支链淀粉对稻米淀粉晶体结构和糊化特性也有很大影响。Norman（1998）的研究发现，支链淀粉的短、长链比与淀粉结晶度有很强的相关性，短、长链比越高，结晶度越高。Han 等（2001）发现，支链淀粉的长链部分与其糊化时的崩解值呈负相关，而短链部分与其糊化时的崩解值呈正相关。蔡一霞等（2004）认为长链部分越多，稻米品质越差。鉴于这些关系，稻米中可溶性直链淀粉与不溶性直链淀粉含量对稻米品质和淀粉结构的影响值得深入研究，也可将支链淀粉的结构特征与稻米淀粉的晶体特性和糊化指标结合起来，从分子水平上控制稻米淀粉的生物合成，得到特定的理想基因型淀粉，以改善稻米品质。

第二节　水稻淀粉的生物合成

稻米品质性状的形成，实质上可看作是在一系列酶的催化作用下，籽粒中淀粉生物合成和积累的过程。稻米淀粉的合成是在质体中进行的，在淀粉体基质中，淀粉是通过高分子量的聚合体结晶而形成的，高分子量的聚合体包括无定形淀粉分子、蛋白质、脂类。水稻胚乳细胞中淀粉的生化合成途径：蔗糖是淀粉合成的前体，进入胚乳细胞后，通过糖酵解途径代谢转化成葡萄糖-6-磷酸和葡萄糖-1-磷酸（G1P）；ADP 葡萄糖（ADP-Glucose，ADPG）在细胞质和造粉体两位点合成。在造粉体内，ADPG 作为底物，在淀粉合成酶（Starch Synthase，SS）、淀粉分支酶（Starch Branching Enzyme，SBE）和脱分支酶（Starch

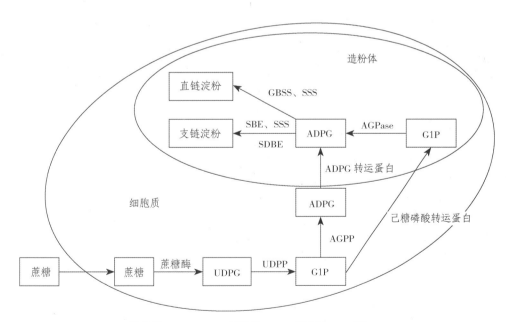

ADPG—ADP 葡萄糖；UDPG—UDP 葡萄糖；G1P—葡萄糖 -1- 磷酸；
AGPP、AGPase—ADP 葡萄糖焦磷酸化酶；UDPP—UDP 葡萄糖焦磷酸化酶；
GBSS—淀粉粒结合性淀粉合成酶；SSS—可溶性淀粉合成酶；
SBE—淀粉分支酶；SDBE—淀粉脱分支酶。

图 3-4　淀粉生物合成的主要途径

De-Branching Enzyme，SDBE）的共同作用下合成淀粉。淀粉合成主要由四大酶类共同作用，包括 ADP- 葡萄糖焦磷酸化酶、淀粉合成酶、淀粉分支酶和淀粉去分支酶。整个过程可分为三部分：ADP 葡萄糖的合成、支链淀粉的合成和淀粉粒的形成、直链淀粉的合成（图3-4）。

一、淀粉底物——ADP 葡萄糖的合成

在水稻胚乳中，合成淀粉的最初原料来自叶片光合作用合成的蔗糖或淀粉降解产生的蔗糖，通过韧皮部长距离运输至胚乳细胞。在蔗糖进入造粉质体前，蔗糖在胞液中经蔗糖合成酶作用下分解为果糖和 UDP 葡萄糖（UDPG）。果糖在果糖激酶的作用下形成 6- 磷酸果糖，再在磷酸葡萄糖异构酶的作用下形成 6- 磷酸葡萄糖，也可在葡萄糖磷酸变位酶的催化下形成葡萄糖 -1- 磷酸（G1P）。UDP- 葡萄糖继而也可形成葡萄糖 -1- 磷酸。葡萄糖 -1- 磷酸在ADPG 焦磷酸化酶的催化下，并结合 ATP 生成 ADP 葡萄糖，同时释放焦磷酸，该过程是淀粉合成的起始步骤。

淀粉合成的底物是 ADP 葡萄糖（ADPG），ADPG 由 ADP 葡萄糖焦磷酸化酶（ADP-Glucose Pyrophosphorylase，AGPP，AGPase）催化合成，是淀粉生物合成的主要步骤。

二、支链淀粉的合成

蔗糖降解生成的淀粉合成底物——ADP 葡萄糖，还必须在另外三类关键性酶的共同作用下，才能最终合成直链淀粉和支链淀粉。这三类酶分别是淀粉合成酶、淀粉分支酶和淀粉脱分支酶。其中，淀粉合成酶按水溶解性的不同可分为两种，即颗粒性结合淀粉合成酶（GBSS）和可溶性淀粉合成酶（SSS）。颗粒性结合淀粉合成酶与直链淀粉的合成有关，而可溶性淀粉合成酶则与支链淀粉的合成有关。另外，淀粉分支酶（SBE）、淀粉脱分支酶（SDBE）在支链淀粉生物合成中也起到重要作用。

这三类酶都存在许多同工型。可溶性淀粉合成酶（SSS）在支链淀粉合成中主要是起链的延长作用，有 SSS I 、SSS II -1、SSS II -2、SSS II -3、SSS III -1、SSS III -2、SSSS IV -1、SSSS IV -2 等同工型；淀粉分支酶（SBE）在支链淀粉合成中主要是产生分支，有 SBE1、SBE3 和 SBE4 三种同工型；淀粉脱分支酶（SDBE）有极限糊精酶（Pullulanase）和异淀粉酶（Isoamylase）两种同工型，而异淀粉酶又有三种同工型（Isa1、Isa2、Isa3），主要是在支链淀粉合成过程中起水解作用，去除多余的分支。这些参与支链淀

粉合成的酶存在相互作用，所以支链淀粉合成的机制较为复杂。

至今已有不少研究者在不同突变体材料的基础上，提出了许多支链淀粉的合成模式。例如，Erlander 等（1958）针对 *sul* 玉米突变体，最早于 1955 年提出 "植物糖原中间体" 模型，认为线性葡聚糖先在淀粉合成酶、分支酶作用下生成植物糖原（Phytoglycogen，PG），然后再在脱分支酶作用下 PG 转变为成熟的支链淀粉。Ball 等（1996）对玉米突变体和衣藻的 *sta7* 突变体进行了研究，并提出了 "葡聚糖修剪" 模式，它是对 PG 中间体模式的修改。他认为脱分支酶对 "准支链淀粉"（Pre-amylopectin）中的分支修剪有选择性，分布愈稀的分支愈有利于脱分支酶作用，去分支容易；相反，分布愈多的地方愈不易去分支。这个模式很好解释了不均匀分支区域的产生，形成支链淀粉侧链簇所需不分支区域生成的原理。Zeeman 等（1998）发现拟南芥 *dbez* 突变体同时合成 PG 和支链淀粉正常淀粉粒的现象，提出了 "水溶性多聚糖清除" 模型（Water-Soluble Polysaccharide-Celeaning Model）。该模型认为线性葡聚糖在淀粉合成酶、分支酶作用下既可以生成正常的支链淀粉，又可以生成水溶性多聚（Water-Soluble Polysaccharide，WSP）。如果分支酶没有活性，则 WSP 在分支酶和淀粉合成酶作用下生成 PG；相反，如果分支酶活性正常，则 WSP 在脱分支酶作用下生成麦芽低聚糖，是淀粉合成的底物。上述各种模型的提出，无疑促进了人们对淀粉合成遗传的调控了解，但都不能完全解释分支酶和可溶性淀粉合成是如何相互作用的，以及每一个同工型酶各自作用的特点等问题。

据 Nakamura 等（2002）的研究结果，A- 型淀粉结构中分支点既位于晶体片层，又存在于无形层，水稻胚乳淀粉的晶体片层中最长的链聚合度为 17（包括 A 链和 B_1 链），提出了水稻胚乳淀粉合成模型，即 "两步分支和去不规则分支模型"（Two-Step Branching and Improper Branch Clearing Model），解释了各种同工型酶在支链淀粉合成中的作用。该模式主要内容是：当一个支链淀粉结构单位 "簇" 形成后，SBIE 在 B_2 链或更长的链催化分支的形成，以便新的 "簇" 合成。多数分支集中于狭窄的范围，形成无形片层。无形片层以外生成的不合理分支由脱分支酶清除。SSS Ⅲ、SSS Ⅰ将链延长。当链延长到 ≥ 12 DP 时，在 SBE Ⅲ作用下生成许多分支，生成的不合理分支由脱分支酶清除。SSS Ⅱ将生成的短链继续延长。新 "簇" 合成完成，晶体片层和无形层都包括分支。这种模型很好解释了 *ae* 突变体结构的变化。*ae* 突变体的 SBE Ⅲ酶合成受阻，形成的分子数减少，"簇" 结构中所有链都得到了充分延长，导致短链与长链比下降。

综上所述，分支酶与脱分支酶之间的活性平衡是支链淀粉 "簇" 结构形成的关键。分析分支酶、可溶性淀粉合成酶、脱分支酶的活性对支链淀粉结构的影响，有助于对淀粉生物合成机理的了解。同工酶之间的相互重叠作用，可能也是植物分支酶、可溶性淀粉合成酶的显著特征，可溶性淀粉合成酶同工型之间的相互作用值得今后深入研究。

三、直链淀粉的合成

水稻直链淀粉含量是决定稻米蒸煮品质和食用品质的关键因子之一，是由位于第6染色体上的蜡质（Wx）基因编码颗粒性结合型淀粉合成酶（Granule Binding Starch Synthase，GBSS，也称为 Wx 蛋白）催化合成的。

目前水稻还没有发现缺少支链淀粉的突变体，但许多物种均有缺少直链淀粉的突变体，如单子叶植物中玉米、大麦、小麦和水稻，双子叶植物中的马铃薯、碗豆和觅菜。缺少直链淀粉的突变体其颗粒性结合淀粉合成酶，没有活性或活性发生了改变，这与颗粒性结合淀粉合成酶缺失或突变是相一致的，所有这些突变体淀粉粒数量和支链淀粉结构与野生型品种相同。可见，直链淀粉是由 GBSS 催化合成的，且直链淀粉是在支链淀粉之后合成的。Van de Wal 等（1998）利用衣藻淀粉粒进行淀粉合成的放射性跟踪试验，结果发现 0.5 h 内带放射标记的 ADP 葡萄糖位于支链淀粉结构中，然后慢慢地流向直链淀粉。24 h 后，60% 以上的放射性标记的 ADP 葡萄糖存在于直链淀粉之中。这表明，GBSS 利用支链淀粉作为底物合成直链淀粉，当链延长一定程度时通过剪切机制（分支酶作用等）形成成熟的直链淀粉。GBSS 与 SSS 一样，都是通过 α-1，4 糖苷键延长葡聚糖链，但是 GBSS 延长的直链淀粉没有分支或分支极少。有研究者认为 GBSS 位于淀粉粒中，所以它合成的链不可能与分支酶接触，故不形成分支。但是，虽然大部分淀粉合成酶和分支酶属于水溶性的，但也有少量的颗粒结合型，但它们不能合成直链淀粉。可见，直链淀粉合成是 GBSS 特有的功能，原因还有待深入研究。

水稻胚乳中的直链淀粉是由颗粒性结合淀粉合成酶催化合成的。GBSS 或 Wx 蛋白紧密地结合在淀粉粒上，分子量为 60 kDa，由 Wx 基因编码。因为直链淀粉含量不仅影响稻米的加工品质，而且是蒸煮等食用品质的重要决定因素，所以 Wx 基因表达调控研究一直备受关注。Wang 等（1990）于 1990 年克隆水稻 Wx 基因，该基因由 14 个外显子和 13 个内含子组成。推测 Wx 基因的成熟蛋白由 609 个氨基酶组成，其中包含一个长度为 77 氨基酸的转运多肽。与大麦、玉米等单子叶植物相比，水稻 Wx 基因第一内含子较大（1.1 kb）。Wx 基因的表达是组织特异性的，它仅在水稻的胚乳、花粉和胚囊中表达。依据非糯品种的颗粒性结合淀粉合成酶含量的高低，Wx 位点可分为 Wx^a、Wx^b 两个等位基因。Hirano 等（2000）通过免疫杂交分析，比较了水稻 Wx 基因在花粉和胚乳中的表达差异，结果发现：在这两个组织中 Wx 基因的剂量效应依赖于 Wx^a 和 Wx^b 的共同作用；在花粉和胚乳中，Wx^a 蛋白量大约

是 Wx^b 蛋白量的 10 倍；在低温条件下，Wx^a 表达增加，而 Wx^b 几乎不受影响。Wx 基因的表达调控也是发育时期专一性的。Northern 杂交显示，Wx 基因在授粉后 13～8 d 表达最多，此后则几乎不再表达。在基因大量转录时，Wx 蛋白分子呈直线上升。

　　Dian 等（2003）发现了另一种水稻里颗粒性结合淀粉合成 $OsGBSS\ II$，并克隆了编码该酶的全基因序列。水稻 $OsGBSS\ II$ 与其他植物 GBSS 氨基酸序列的同源性为 62%～85%，其外显子和内含子结构与 $OsGBSS\ I$ 相似。$OsGBSS\ II$ 主要在叶片中表达，负责水稻叶片中直链淀粉的合成。氮、氨水、氨基酸（谷氨酸或谷氨酸盐）、氨基葡萄糖或暗条件等因素可抑制 $OsGBSS\ II$ 的表达，$OsGBSS\ II$ 的表达受生理节奏调控。

第三节　参与淀粉合成的关键酶类

　　在叶片等养料合成器官的叶绿体中淀粉以临时型（Transient Starch）存在，白天合成、夜晚降解，为非光合代谢提供碳水化合物；在种子的胚乳、块茎或贮藏块根等养料积累器官的造粉体中，淀粉作为碳水化合物的长期贮藏型（Storage Starch）而积累，在种子发芽时降解，为幼苗生长提供碳水化合物。在叶绿体与造粉体中，支链淀粉与直链淀粉是由一系列酶催化合成的，这些酶主要包括 ADPG 焦磷酸化酶（AGPP，AGPase）、淀粉合成酶（SS）、淀粉分支酶（SBE）和淀粉脱分支酶（DBE），它们对水稻籽粒中淀粉合成和积累起着重要的调节作用，并在一定程度上影响稻米品质。

一、ADPG 焦磷酸化酶（AGPase，AGPP）

　　ADPG 焦磷酸化酶和 ATP 形成焦磷酸、ADPG，ADPG 是淀粉生物合成的最初葡糖基供体。在已研究过的光合作用植物和非光合作用植物组织中，AGPP 催化是淀粉合成过程的关键调控步骤。

　　ADPG 焦磷酸化酶分为胞质型和质体型两种，在植物细胞中的分布具有组织特异性，在大多数植物细胞中 AGPP 主要是质体型，催化形成 ADP 葡萄糖的反应也主要在质体中进行。然而在禾本科植物的胚乳中，AGPP 主要是胞质型，生成 ADP 葡萄糖的反应则主要在胞质中发生，而非禾本科植物中尚未发现胞质型 AGPP 的存在。禾本科植物胞质 AGPP 类型的突变体，如玉米的 Sh_2 和 Bt_2，大麦的 Risφ16 等突变体内 AGPP 活性下降幅度均超过了 95%，淀粉含量均显著低于正常水平，表明禾本科 ADP 葡萄糖的合成，主要是由胞质型 AGPP 所催化。

在水稻中，AGPP 以异源四聚体（$\alpha_2\beta_2$）的形式存在，由两个大亚基（LSs）和两个小亚基（SSs）组成，它是一个变构调节酶，受 3-磷酸甘油的正向激活和无机磷酸的负向抑制。大亚基是酶活性调节中心，小亚基是酶活性催化中心。4 个亚基有不同的基因编码，在不同的组织中表达，聚合形成不同的 AGPP。Dawar 等通过 SWISS-Model Server 网站（http://swissmodel.expasy.org）预测了水稻的 AGPP 结构，并利用 SAVES 网站（http://nihserver.mbi.ucla.edu / SAVES）对预测结构进行分析，发现 LSs 具有 19 个 β 链和 15 个 α 螺旋，SSs 具有 18 个 β 链和 15 个 α 螺旋。对二聚体表面氨基酸、疏水作用及氢键进行研究可知，A 链和 B 链之间有 19 个氢键和 28 个疏水分子连接，而 A 链和 D 链之间仅有 4 个氢键和 15 个疏水分子连接；相似的 B 链和 C 链之间有 10 个氢键和 19 个疏水分子连接，C 链和 D 链之间的氢键和疏水分子最多，分别为 27 个和 38 个（图 3-5A）。

Anderson 等（1989）的研究发现，在水稻胚乳中，该酶的活性与淀粉积累量呈正相关。它还与籽粒灌浆速率具有相关性（潘晓华等，1999；杨建昌等，2001），是淀粉合成的限速酶，并负责将其从细胞质转移到造粉体中（Greene and Hannah，1998），但不影响淀粉的结构（朱昌兰等，2002）。对水稻叶片的 AGPP 免疫分析表明，它是由 2 个不同的亚基（43 kDa 和 46 kDa）组成，而水稻胚只由一个亚基（50 kDa）组成，表明水稻叶片和胚乳中 AGPP 亚基的数量和大小是不同的。Anderson 等（1991）对水稻种子发育的基因表达模式的分析表明，AGPP 的 mRNA 转录物在花后 15 天达到最高水平，与此时淀粉积累速率最高的现象达成一致，可证明该基因的表达与淀粉合成速率是有关的，并且 AGPP 是同时通过种子发育过程中转录水平调控和酶水平的变构来调控淀粉合成的，因此，籽粒中 ADPG 焦磷酸化酶与淀粉积累和灌浆的充实关系密切。

此外，对不同水稻籽粒灌浆过程中 AGPP 活性规律的研究表明，在水稻开花后第 15 天活性最高，并且该酶活力的大小对水稻籽粒灌浆速率和垩白形成有重要作用。在籽粒灌浆过程中，不同品种 ADPG 焦磷酸化酶活性出现峰值的时间无差异，该酶的活性与直链淀粉含量、支链淀粉含量、食味值、RVA 谱特性间的相关性和程度，因灌浆时期不同而发生变化。在灌浆前期 ADPG 焦磷酸化酶的活性与食味值呈负相关，但在 25~35 d 后酶的活性与食味值呈正相关；另外，在灌浆前期 AGPP 与直链淀粉含量呈正相关，而在关键后期呈负相关，并且在抽穗后 30 天，该酶的活性与直链淀粉含量是呈极显著负相关的，说明在籽粒灌浆过程中 AGPP 对稻米食味品质的形成有一定的调控作用。

二、淀粉合成酶

淀粉合成酶是以腺苷二磷酸葡萄糖（ADPG）作为供体，是葡萄糖聚合体通过糖基（glycosyl）转移而催化 α-1，4糖苷键，起到延长作用。淀粉合成酶可分为颗粒结合型淀粉合成酶（GBSS）和可溶性淀粉合成酶（SSS），前者合成直链淀粉，后者合成支链淀粉。

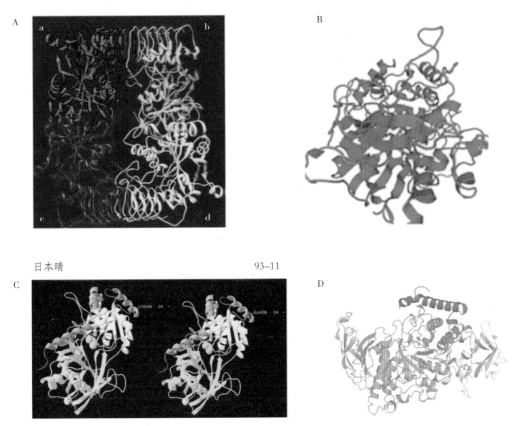

A—水稻 AGPP 的最小分子动力学结构。蓝色的 a 链：LS；绿色的 c 链：LS；蓝绿色的 b 链：SS；红色的 d 链：SS；
B—水稻 GBSSI 的同源模型。蓝色为 α 螺旋，棕色为 β 片层，橙色为无规则卷曲；
C—日本晴和 93-11 的 SSI 三维结构。蓝色：淀粉合酶催化区域；黄色：葡萄糖转移酶区域；
D—水稻 SBEI 结构。紫色为 NG 末端，淡蓝色为 CBM48 区域，蓝绿色为 α 淀粉酶区域，橙色为 CG 末端。

图 3-5　水稻淀粉生物合成相关酶 3D 结构

颗粒结合淀粉合成酶（Granule Binding Starch Synthase，GBSS）又称为 ADP-Glu- 淀粉葡萄糖基转移酶（ADP-glucose-starch Glucosyl-transferase），是直链淀粉合成过程中起主要作用的酶，由蜡质基因（*Waxy*，*Wx*）编码，包裹于淀粉粒中，而游离的 GBSS 基本丧失了淀粉合成酶的活性。据 Takeda 和 Hizukuri（1987）报道，与正常野生型水稻相比，缺失 GBSS 的水稻胚乳中不含直链淀粉。*Wx* 基因剂量不同，GBSS 活性差异明显。利用转反义 *Wx* 基因粳稻和籼稻为研究材料，发现当 Wx 蛋白缺失时，颖果的生理活性最终使千粒重下降。Flipse（1996）的研究表明，野生型的直链淀粉含量是有限的，直链淀粉含量与 GBSS 在一定范围内呈正相关，但 GBSS 活性一旦超过了一定值就没有这种线性关系了。谷类作物马铃薯和衣原藻缺失 GBSS 突变体产生的支链淀粉，与野生型不同。例如，水稻不含直链淀粉突变体中，就缺乏野生型水稻胚乳中所含有的一部分分支点距离很长的支链淀粉。衣原藻 *SATZ* 位点的突变体，缺失颗粒性结合淀粉合成酶的活性，也缺失一部分有很长链的支链淀粉。同时，GBSS 在游离的淀粉粒中可以使支链淀粉的链延长。这两个现象说明了植物体 GBSS 不仅涉及直链淀粉的合成，而且还与分离的淀粉颗粒中支链淀粉分支的延长有关（Denyer et al.，2010），但 GBSS 在正常淀粉粒支链淀粉的延长中的确切作用尚不清楚。

GBSS 包括 GBSS Ⅰ 和 GBSS Ⅱ。其中，GBSS Ⅰ 是研究最多的一类淀粉合成酶，我们常提到的 Waxy 蛋白就是这类酶，它广泛存在于各种植物中，只在贮藏组织中表达，主要负责直链淀粉的合成。GBSS Ⅱ 有游离和附着于颗粒两种存在方式，在叶片和其他非贮藏组织中都有表达，GBSS Ⅱ 蛋白分子量比 Waxy 蛋白大，为 $70 \sim 100$ kDa，有 1 个额外的 N 末端区域，并以 3 个连续的脯氨酸结尾。在功能上，GBSS Ⅱ 与支链淀粉的亲和性更高，主要参与支链淀粉的合成。将水稻 GBSS Ⅱ 的氨基酸序列提交到 SWISS Model Server，进行 3D 结构预测，发现水稻 GBSS Ⅱ 结构具有 β 片层、α 螺旋和无规则卷曲；α 螺旋可能负责物质运输和酶活性，而 β 片层可能负责酶亚细胞定位（图 3-5B）。

可溶性淀粉合成酶（SSS），主要存在于质体的基质中，同淀粉分支酶和脱分支酶一起参与支链淀粉的合成。SSS 是一大类淀粉合成酶，包括除 GBSS 以外的所有淀粉合成酶，根据其氨基酸序列可分为 SSS Ⅰ、SSS Ⅱ、SSS Ⅲ 和 SSS Ⅳ 4 个亚族（Dian et al.，2005；Fujita et al.，2007）。SSS 有 9 个同工型，SSS Ⅰ、SSS Ⅱa、SSS Ⅱb、SSS Ⅱc、SSS Ⅲa、SSS Ⅲb、SSS Ⅲc、SSS Ⅳa 和 SSS Ⅳb。有关这些同工酶在淀粉合成中的作用研究，都是来源于缺失某一同工型的突变体或转基因植物。每种同工型 SSS 在支链淀粉合成中发挥着特定的作用，对底物的亲和和催化有长度特异性，如 SSS Ⅰ 与支链淀粉 B_1 链相关性最大，其次是 A 链，与直链淀粉及 B_4 链相关性最小。这说明 SSS Ⅰ 主要负责支链淀粉 B_1 链和 A 链的合成，且 SSS Ⅰ 是 B_1 链的延伸酶。SSS Ⅱ 为支链淀粉晶体构建所必需，它负责支链淀粉分支簇的主要成分——中等长度葡聚糖链的合成，对分支簇内短链（A 链和 B_1 链）的延伸、B_2 链和 B_3 链合成起明显作用，促进晶体层的形成，影响淀粉的晶体模式，而 SSS Ⅲ 更倾向于合成 B_1 链和 B_2 链。因此，单一 SSS 同工酶的缺失不会使淀粉合成终止，但能改变支链淀粉的分子结构和淀粉粒形态。据研究发现，水稻 ae 突变体中 SSS I 活性比野生型显著降低，从而导致了支链淀粉短链的显著减少。

利用离子交换色谱分析发现，从灌浆期水稻胚乳中提取的可溶性淀粉合酶，存在 SSS I 和 SSS III 两个主要的峰，说明 SSS I 和 SSS III 为胚乳中主要的 SSS 酶，且 SSS I 活性显著高于 SSS III，约占总 SSS 活性的 70%，这一结果在小麦和玉米胚乳中也得到了证实。Takemoto-Kuno 等（2006）发现，SSS I 活性在籼稻和粳稻品种中有显著差异，Native-PAGE 揭示籼稻品种 Kasalath 中 SSS I 的活性只有粳稻品种日本晴的 1/6，甚至更少。Chen 和 Bao（2016）利用 Native-PAGE 研究发现，SSS I 在不同水稻品种中具有酶谱多态性，且 SSS I 酶谱多态性可能是氨基酸 K438 替换为氨基酸 E438 所导致；对预测的日本晴和 93-11 的 3D 结构分析发现，这一突变位点不位于酶的催化区域（黄色和蓝色区域），但是与氨基酸残基结合区位于同一平面（图 3-5C）。

淀粉合成酶的活性受温度影响，直链淀粉和支链淀粉在水稻灌浆过程中几乎是同步积累的。淀粉合成酶在不同时间活性也不一样，可溶性淀粉合成酶的活性在水稻籽粒灌浆初期的活性最高。还有研究表明，水稻 SSS 各同工型基因对花后高温胁迫的响应表达模式明显不同，呈上调模式的基因有 SSS II b、SSS II c、SSS III b、SSS IV a，SSS II a 和 SSS III a 呈下调表达模式。水稻中 SSS 基因在胚乳中表达的主要形式是 SSS I 和 SSS III a，而其他 7 种同工型基因相对表达量均较低；水稻胚乳中 SSS II b、SSS III a 和 SSS IV a 等相对于其他同工型基因，对高温胁迫的响应表达更敏感。不同 SSS 酶活性表达需要的条件不同，有的是需要外源引物；有的只要在高浓度的盐条件下（如柠檬酸钠），不需要任何外源引物就可催化葡聚糖的合成。

三、淀粉分支酶

淀粉分支酶（SBE）又称 Q 酶，在支链淀粉结构形成中有重要的作用。它是一种转糖苷酶，能切开 α-1，4 葡聚糖直链供体的 α-1，4 糖苷键，同时催化切开的短链与受体链间 α-1，6 糖苷键的形成，并与可溶性淀粉合成酶共同作用，形成支链淀粉。

淀粉分支酶在多数植物中均含有两个或两个以上的同工型酶，Martin 和 Smith（1995）认为，同工型淀粉分支酶在结构和功能上的差异，决定了支链淀粉簇状结构内部分支模式和链长的分配。根据淀粉分支酶作用的底物和形成的分支链长，可将同工型分为 SBE I（也称 B 型）和 SBE II（也称 A 型）两个家族。A 型倾向于分支支链淀粉，而 B 型对直链淀粉的亲和力更高。从转移糖链的长度来看，A 型优先转移较短的糖链（＜14 个葡萄糖单位），而 B 型优先转移较长的糖链（> 14 个葡萄糖单位）。A 型的突变体中，直链淀粉含量高，支链淀粉分支减少且分支链增长。Nakamura 认为（1992）同工酶的特性决定支链淀粉的结构，并从水稻不同器官中分离纯化出 SBE Ⅰ 和 SBE Ⅱ，同时把 SBE Ⅰ 定位于第 6 染色体上。通过对不同器官的酶活性分析比较，得出胚乳结构中 SBE Ⅰ 的活性较其他器官中的活性高。成熟的 SBE Ⅰ 蛋白由 755 个氨基酸残基组成，属于 GH13 家族蛋白；SBE Ⅰ 结构由 3 个模块组成，分别为碳水化合物结合区域 48（CBM48）、中心催化区域（GH13）、C- 末端 α - 淀粉酶区域。SBE Ⅰ 中高度保守的氨基酸残基 Tyr235、Asp270、His275、Arg342、Asp344、Glu399 和 His467 为假定的催化活性氨基酸残基；尤其是 Asp344 和 Glu399 非常接近于糖苷键，进一步确定其为活性中心（图 3-5D）。

水稻中具有两种同工型 SBE Ⅱ，SBE Ⅱ a（SBE4）和 SBE Ⅱ b（SBE3）。SBE Ⅱ a 在不同组织中均有存在，SBE Ⅱ b 仅在胚乳中表达。在胚乳淀粉合成中，不同同工型 SBE 的不同功能可以通过突变体分析得到证实。起先，对水稻 SBE Ⅰ 突变体 sbe Ⅰ 研究发现，胚乳中支链淀粉长链（聚合度 > 37 和聚合度为 12 ～ 21）显著下降，而短链（聚合度 < 10）和中长链（聚合度为 24 ～ 34）增加，表明水稻 SBE Ⅰ 可能主要用于直链淀粉 B₁ 链的合成，形成 B 链的簇状结构，并且 SBE Ⅱ a 和 SBE Ⅱ b 都不能弥补 SBE Ⅰ 的缺失。其次，水稻的直链淀粉扩展（amylose extender，ae）突变体，致使直链淀粉对支链淀粉的相对比例明显增加。此外，ae 突变体的 SBE Ⅱ b 活性丧失，SSS Ⅰ 活性也随之下降了 50%，这说明 SBE Ⅱ b 蛋白和 SSS Ⅰ 蛋白存在相互作用。在水稻 ae/Wx 双突变体胚乳中，不仅无直链淀粉，而且产生更多的长链，少量的聚合度不大于 17 的链，而聚合度为 8 ～ 12 的链也大幅度减少。这些数据表明，SBE Ⅱ b 在支链淀粉 A 链的合成过程中起着重要的作用。然而水稻 SBE Ⅱ a 缺失突变体 BE Ⅱ a 胚乳中，支链淀粉链长分布相较于野生型没有显著的改变，由此推测，在胚乳淀粉合成过程中，SBE Ⅱ a 可能不起关键作用，对其他同工型 SBE 仅具有辅助作用。

杨建昌等（2001）的研究结果表明，水稻籽粒中 3 种酶（ADPG 焦磷酸化酶、淀粉合成酶和淀粉分支酶）的活性变化与籽粒灌浆动态相关联，尤以 Q 酶的相关值最大，对籽粒灌浆起着关键的调控作用。李太贵等（1997）认为高温下早籼形成以腹白为主的垩白，主要是由于缺乏 Q 酶引起的，而糖源不足可能不是主要原因。Nakamura 和 Yuki（1992）对 Q 酶进行了较为系统的研究，认为各种淀粉分支酶的同工型酶活性平衡点的变化，改变了多聚葡糖的结构和淀粉颗粒的形状，这实际上决定了稻米品质。Kouichi 等（1992）认为，Q 酶是通过形成 α-1，6 糖苷键形成分支的糖链，是影响籽粒淀粉的组成和结构的关键酶。Chrastil 等（1993）认为，淀粉分支酶变化动态与支链淀粉聚合度、链的长度、链数有关，而这些结构都与稻米食味品质紧密相关。

四、淀粉脱分支酶

早期人们认为淀粉脱分支酶（DBE）只与种子发芽有关，起降解淀粉的作用。但近年来，在许多植物（如大麦、拟南芥、衣藻等）的 DBE 突变体中，发现淀粉的特性、结构与数量均发生了改变，表明 DBE 也参与了淀粉的合成。

淀粉去分支酶能特异性地水解淀粉中的 α-1，6 糖苷键，在氨基酸序列上与 α-淀粉酶相似，属于淀粉水解酶家族。Ball 等（1996）提出了 "Glucan-trimming" 模型（修剪模型），解释了淀粉脱分支酶（DBE）在淀粉合成中的作用。模型的主要内容是：支链淀粉是通过淀粉合成酶、淀粉分支酶以及淀粉脱分支酶这 3 种酶连续的、循环的反应合成的。首先，淀粉合成酶在淀粉颗粒表面以短糖链为底物进行延伸；当糖链延伸至一定长度后，淀粉分支酶才可能起作用，通过 "剪、贴" 形成分支链；随后，淀粉脱分支酶剪切各分支链到适当的长度，可以再次作为淀粉合成酶的底物。这样一轮循环完后，淀粉颗粒又向前延伸了 "一轮"，而且也为下一个循环做好了准备。依据 DBE 作用的底物的不同，可将 DBE 分为直接脱支酶和间接脱支酶两大类。直接脱支酶存在于植物和细菌中，水解作用不需其他酶的参与。间接脱支酶存在于动物、酵母中，需 1，4-α 葡萄糖苷转移酶等的参与，才能完成脱分支过程。直接脱支酶又分为两种，普鲁蓝酶或称极限糊精酶（Pullulanase，PUL；Limitdextrinase；R 酶）和异淀粉酶（Isoamylase，ISA），异淀粉酶催化支链淀粉和糖原分支的水解，但不作用于极限糊精；PUL 主要作用于极限糊精；异淀粉酶在支链淀粉合成中起了主要作用，PUL 只起某种程度的补偿作用（Kubo et al.，1999）。

目前，关于 DBE 在支链淀粉合成中的作用机制包括两种，第一种是 Erlander（1958）认为植物糖原（Phytoglycogen，PG）是支链淀粉合成过程中的产物，经过淀粉分支酶的作用而形成支链淀粉；第二种是 Nakamura 和 Yuki（1992）认为淀粉分支酶和淀粉分支酶二者的活性平衡，对 α-1，6 糖苷键分支的频率或 α-1，4 侧链的链长分配有决定性的影响。我们认为，这两种假说本质上是一致的，只是着眼点不同。前一假说是以 DBE 的底物为着眼点，而后一假说则是以 SSS、SBE、DBE 这 3 种酶协同作用为着眼点，并且这两种假说彼此是相互补充的。Erlander 等（1958）认为，在 SSS 和 SBE 这两种酶的作用下形成 PG，PG 由 DBE 作进一步修饰，形成支链淀粉，即 SSS 在颗粒表面使短链延伸。最初这些链太短，不能被 SBE 作为底物（一般 SBE 与具有双螺旋结构的葡聚糖链作用），所以是未分支的。当它们达到一定长度时，在 SBE 和 SSS 的共同作用下形成分支。DBE 可去除这些未组装起来的暴露在葡聚糖以外的分支，但却不能打断那些紧密结合形成双螺旋区的分支。所以，DBE 的作用是在双螺旋区的上部形成短链区，这些短链又可被 SSS 在下一轮中重新延伸。Nakamura 和 Yuki 等（1992）强调的是 SSS、SBE、DBE 这 3 种酶的协同作用，SBE 和 DBE 这两种酶在支链淀粉与 PG 之间产生了一个动态平衡，即当 SBE 活性增强时，该平衡向 PG 方向移动，也就是支链淀粉向 PG 转化；同样，当 DBE 活性增强时，该平衡向支链淀粉方向移动，也就是 PG 向支链淀粉转化。

水稻、玉米中 SDBE 的缺失，造成两种直接脱分支酶 PUL 和 ISA 水平严重下降或丧失，产生较支链淀粉更高度分支化的植物糖原（Phytoglycogen）。玉米 *Sugary I* 位点突变体和水稻 *Sugary* 位点突变体胚乳中的淀粉合成显著下降，另外，玉米 *Sugary I* 位点的基因已用转座子标签法克隆出来，证明有编码脱分支酶的活性。绿藻的一个突变体也是积累植物糖原，突变在 *Sta7* 位点，也缺乏一个脱分支酶活性。Nakamura 等（1996）研究表明，与支链淀粉分子形成直接相关的酶，有 SBE 和 SDBE 两种。因此，人们认为支链淀粉合成是 SBE 和 SDBE 平衡的结果，而植物糖原是 SBE 单独作用的结果。

目前，去分支酶（Isoamylase 和 Pulanase）在淀粉合成中的确切功能还不清楚，主要有两种模型来解释它们在淀粉合成中的作用。一种是"葡萄糖修剪"模型，认为 DBE 直接参与支链淀粉的合成，选择性地去除不适当的分支。因此，DBE 的活性对维持支链淀粉的簇状结构、线性链的密集包装和淀粉粒的晶体结构是必要的。Myers 等（2000）认为，SSS 和 SBE 在基质中形成一种植物性糖原，DBE 与其他葡聚糖降解酶作用，共同水解这些可溶性葡聚糖，以防止其积累。当 DBE 活性下降时，α-1，6 糖苷键不被水解，可溶性糖原在基质中大量积累，与支链淀粉的合成竞争位于可溶部分的 SSS 和 SBE，使支链淀粉的积累减少。

第四节　水稻淀粉合成相关基因表达及其调控

稻米中的淀粉分为直链淀粉和支链淀粉，二者的含量比例直接影响淀粉粒的结构和稻米品质。稻米淀粉主要在淀粉体中合成，并受到一系列关键性酶的调控。例如，ADP 葡萄糖焦磷酸化酶、颗粒结合型淀粉合成酶、可溶性淀粉合成酶、淀粉分支酶和淀粉脱分支酶。目前普遍认为，在水稻淀粉合成的过程中这 5 种酶编码后的基因与稻米淀粉品质关系密切（Smith et al.，1997），主要涉及的基因有：蔗糖降解及转运过程相关的基因，ADP 葡萄糖焦磷酸化酶基因，淀粉合成酶基因，淀粉分支酶基因和淀粉脱分支酶基因。下面分别阐述这 5 种关键酶相关基因的克隆、分子特性及其表达调控的研究进展（表 3-3，表 3-4）。

表 3-3　淀粉合成相关酶对水稻淀粉合成的作用及其突变对淀粉结构的影响

淀粉合成相关酶	水稻淀粉合成中的作用	突变体	对水稻淀粉生物合成及淀粉结构的影响
AGPP	转运 ADPG	Shrunken（shr）	直链淀粉含量增加，短链支链淀粉增加
SS I	支链淀粉短链合成	SS I 缺失	DP6～7 增加，DP8～12 减少
SS II a	A 链和 B₁ 链延伸	SS II a 缺失	DP ≤ 11 增加，12 ≤ DP ≤ 24 降低
SS III	B₁ 链和 B₂ 链合成	SS III 缺失	
GBSS I	直链淀粉合成	Waxy（Wx） Dull（du） opaque（op）	不含直链淀粉 直链淀粉含量下降 直链淀粉含量下降
BE I		sbe I 突变	12 ≤ DP ≤ 21, 37 ≤ DP 链含量下降；DP ≤ 10 24 ≤ DP ≤ 34 链含量上升
BE II a	B₁ 链，B₂ 链，B₃ 链合成	BE II a 突变	支链淀粉链长分布不显著改变
BE II b	A 链合成	ae 突变	DP ≤ 17 链含量下降；18 ≤ DP ≤ 36，
异淀粉酶 +R 酶	支链淀粉脱分支	sug-1	合成糖质支链淀粉：DP ≤ 12 链含量升高；13 ≤ DP ≤ 24 链含量下降
异淀粉酶	支链淀粉脱分支	Isoamylase-1	合成水溶性支链淀粉及水溶性多聚糖

表 3-4　淀粉合成相关基因的表达

酶	基因	染色体	表达部位	主要表达时期
AGPP	AGPS1	9	胚乳	后期
	AGPS2a	8	叶片	稳定
	AGPS2b	8	种子	稳定
	AGPL1	5	胚乳	后期
	AGPL2	1	叶片	后期
	AGPL3	3	叶片	中期
	AGPL4	7	叶片	稳定

续表

酶	基因	染色体	表达部位	主要表达时期
GBSS	GBSS I	6	胚乳	后期
	GBSS II	7	叶片	
SSS	SS I	6	胚乳、叶片	稳定
	SS II -1	10	胚乳	稳定
	SS II b（SS II -2）	2	叶片、胚乳	早期
	SS II a（SS II -3）	6	胚乳	中期
	SS III a	3	叶片、胚乳	早期
	SS III b	8	胚乳	中期
	SS IV -1	1	胚乳、叶片	稳定
	SS IV -2	7	胚乳、叶片	稳定
SBE	BE I	6	胚乳、叶片	后期
	BE II a（SBE4）	4	胚乳、叶片	早期
	BE II b（SBE3）	2	胚乳	中期
DBE	ISA1	8	胚乳	早中期
	ISA2/ISA3	3/5	胚乳、叶片	稳定
	Pullanase	4	胚乳	早中期

一、蔗糖降解及转运过程相关基因

在水稻胚乳中，合成淀粉的最初原料，来自叶片光合作用合成的蔗糖或淀粉降解产生的蔗糖。蔗糖通过韧皮部长距离运输至胚乳细胞，但不能直接形成淀粉，必须经过一系列代谢转化成 ADP 葡萄糖后，才能由淀粉合成酶将葡萄糖单元转移到引物上，从而合成淀粉分子。因此，蔗糖的降解和转运对水稻淀粉的合成至关重要。蔗糖代谢转化途径中最重要的是蔗糖合成酶（Sucrose Synthase，SuSy）、己糖激酶（Hexokinase，HXK）、果糖激酶（Fructokinase，FRK）。

在水稻胚乳细胞中，蔗糖的降解是蔗糖代谢和淀粉合成的第一步，水稻体内有转化酶（Inverase，Inv）和 SuSy 等，能催化蔗糖降解。但由于水稻胚乳细胞中 SuSy 活性大大高于 Inv 活性，并且胚乳 SuSy 活性也大大高于叶片 SuSy 活性，因此，在水稻未成熟种子胚乳细胞中主要由 SuSy 催化蔗糖水解（Nakamura et al.，1989），进而形成 UDP 葡萄糖和果糖。目前在水稻中已经分离出 SuSy 的 3 种同工型，由 3 个不同基因编码。通过

Western 杂交和原位杂交分析表明，3 种 *SuSy* 基因（*SuSy*$_1$、*SuSy*$_2$、*SuSy*$_3$）在未成熟种子都有表达，但存在时间和空间的差异。*SuSy*$_1$ 基因主要在胚乳发育早期表达，而且大多数位于糊粉层细胞内；*SuSy*$_2$ 的表达则没有明显的特异性；*SuSy*$_3$ 的表达较晚，高峰期主要在开花后 6 ~ 12 d，也就是灌浆高峰期内，主要分布在胚乳细胞。3 种 *SuSy* 表达的组织特异性结果表明，*SuSy*$_1$ 生理作用是将糖转运到胚乳细胞，在胚乳细胞内蔗糖主要由 *SuSy*$_3$ 水解，*SuSy*$_2$ 则是组成性表达，起看家基因的作用（Wang et al.，1999）。

经研究表明，水稻 *SuSy* 基因是受蛋白激酶磷酸化激活，并可能由此调节蔗糖的转化、淀粉的合成和积累（Asano et al.，2002）。在水稻胚乳细胞中，蔗糖经降解后，形成果糖和 UDP 葡萄糖。由于细胞内果糖的积累会抑制 SuSy 和 FRK 的活性（Renz Stitt et al.，1993），因此，果糖必须尽快被磷酸化，进入糖酵解和淀粉合成途径。HXK 和 FRK 两种酶均可以催化果糖磷酸化。因为 FRK 对果糖的亲和力远远大于 HXK，所以一般认为蔗糖水解后生成的果糖，在水稻中主要由果糖激酶（FRK）进行磷酸化。最近，我们从水稻胚乳中已经克隆到两个 FRK 的 cDNA 克隆和两个 HXK 的 cDNA 克隆，推导出的氨基酸序列同已经研究的植物 FRK/HXK 具有很高的同源性，都具有保守结构域，并已在大肠埃希菌中验证了两个 FRK 克隆表运产物的催化活性。表达分析表明，4 个基因在胚乳中都有表达，但 *FRK*$_2$ 的表达量远远高于其他 3 个基因，说明胚乳中 *FRK*$_2$ 可能是果糖磷酸化的主要同工型（Jiang et al.，2002）。

蔗糖降解主要发生在细胞质中，合成淀粉的是 GIP/G6P 和 ADPG，这些前体物质必须首先转运到淀粉体中。Jiang 等（2004）从水稻胚乳 cDNA 文库中分离出 1 个葡萄糖磷酸转运体（GPT）的 cDNA 克隆，与玉米 GPT 91% 同源，位于第 8 染色体上，与一个千粒重 *QTL* 连锁。水稻 *GPT* 在根和未成熟种子等组织中高丰度表达，在光合组织中基本没有表达。

在水稻中，碳源进入淀粉体可能不止 GPT 一种途径，因为在水稻细胞浆中也发现胚乳 AGP 活性。Sullivan 等（1995）在玉米中发现，Brittle-1 蛋白质起着 ADPG 转运体的作用，这可能是淀粉合成的底物进入淀粉体的另一条途径。

二、ADP 葡萄糖焦磷酸化酶基因（AGPase，AGPP）

在高等植物中，天然的 AGPP 是由 2 个大亚基和 2 个小亚基构成的异型四聚体，每类亚基都是由不同的基因编码，不同植物中 AGPP 大、小亚基的大小有些差异，一般大亚基为 54 ~ 60 kDa，小亚基为 50 ~ 55 kDa。现在许多植物 AGPP 的大、小亚基已经分离纯化，并且获得了它们相应的基因的 cDNA 序列和基因组序列。对比大亚基和小亚基的氨基酸序列、核酸序列，发现它们均有较大的同源性，有人推测二者的编码基因可能有着相同的起源。在不同物种间，小亚基保守性更高，而大亚基相对变幅较大，这可能与大、小亚基在 AGPP 中承担不同功能有关。

AGPP 是催化淀粉合成中的第一个限速酶反应，作为一个关键酶，它受到变构调节并定位于质体中，类似于其他代谢过程中的限速酶。AGPP 也是一个受变构调节的酶。在叶片中 AGPP 受 3- 磷酸甘油酸（3-PGA）、二价阳离子 Mg^{2+}、Mn^{2+} 变构激活，被无机磷酸（Pi）所抑制，而在种子中的 AGPP 则对变构调节不敏感。低淀粉积累突变体伴随有 AGPP 活力的下降，说明了它在淀粉合成中的关键作用。在转化突变型的 *AGPP* 基因（*agp*）的同时，Stark 等（1992）还转化了野生型的 *AGPP* 基因（*agp*），转基因植物淀粉含量没有明显增加，再次印证了 *AGPP* 基因（*agp*）的变构调节对淀粉合成效率的重要性。在减少淀粉含量方面，Muller-Rober 等（1992）利用含有不同启动和反向连接的 *AGPP* 大或小亚基 cDNA 的融合基因构建表达载体，转化马铃薯。在 35S 启动于加上反向连接的 *AGPP* 大亚基 cDNA 的融合基因转化植株中，叶片的 AGPP 活性仅为野生型的 5%～30%，块茎中 *AGPP* 活性转换植株块茎淀粉含量仅为野生型的 5%～3.5%。这也进一步说明了 *AGPP* 在淀粉合成过程中的重要作用。

在不同植物中，编码每个亚基基因的拷贝数和表达情况不一样。例如，在水稻 *AGPP* 基因至少有 3 个拷贝，因此，*AGPP* 是由一个小的基因家族编码。就限制性酶切片段而言，家族至少可分为两类（Krishnan et al.，1986）。马铃薯中编码 *AGPP* 大亚基的基因有 3 个拷贝，小亚基有 1 个拷贝；在大豆中编码 *AGPP* 大亚基的基因仅有 1 个拷贝，而小亚基却有 2 个拷贝。马铃薯 *AGPP* 大亚基基因的 3 个拷贝在块茎中均表达，而在叶中只有 2 个拷贝表达；大豆 *AGPP* 的 1 个大亚基基因表达没有组织特异性，但它的 2 个小亚基基因却有明显的组织特异性，其中一个仅在豆荚和叶片中表达，另一个只在胚中表达。有些植物（如大麦）的 *AGPP* 的小亚基基因虽然只有一个拷贝，但它通过不同启动子的表达调控从而合成了两个不同的转录体，一个在叶中表达，另一个在胚乳中表达。事实上在植物不同组织或器官中表达不同的大、小亚基，是植物体对 AGPP 的一个重要调节方式，可以形成不同结构的 AGPP，从而表现出对变构调节物不同的敏感性。例如，在大麦、大豆的叶片中，AGPP 对 3- 磷酸甘油和无机磷酸很敏感，而它们相应的胚乳和胚中的 AGPP 对效应物的存在与否并没有明显区别。

Krishnan 等（1986）用水稻 AGPP cDNA 作探针进行 Northern 杂交，结果显示，叶片的 AGPP mRNA（2.1 kb）比胚乳组织的（1.9 kb）稍大一点。由此表明，水稻胚乳和叶片 AGPP 都是组织特异性表达的。Nakamura（1992）从水稻发育胚乳中鉴定出 6 个

AGPP 多肽，分子量皆为 50 kDa 左右。研究结果还表明，水稻胚乳 AGPP 是由具有相似氨基酸结构亚基组成的四聚体，可能是一个多基因家族编码的产物。这些不同形式的 AGPP，在水稻胚乳淀粉积累过程中可能起到不同的作用。Sardana 等（1997）用 5'RACE（5' 末端快速扩增法）技术分离得到一个茎特异性的表达 AGPP cDNA，它的序列与已有的序列有 85% 的同源性，但这个 cDNA 克隆比胚乳特异性的 AGPP cDNA 要长一点。

目前对水稻胚乳突变体的研究，大亚基（LSs）和小亚基（SSs）的功能也基本明确。SSs 是酶的活性中心，与底物结合，参与催化和拟制作用，保守性高；LSs 是酶的调控中心，可以调节 SSs 对 3- 磷酸甘油酸和无机磷酸的变构效应，来控制淀粉合成。通过位于 SSs 的 N 末端区域的保守 Cys^{12} 氨基酸的氧化还原反应形成二硫键，来进行 AGPP 的变构调节。水稻 *AGPP* 基因家族主要包括两个编码小亚基的基因 *OsAGPS1* 和 *OsAGPS2*，以及 4 个编码大亚基的基因 *OsAGPL1*、*OsAGPL2*、*OsAGPL3* 和 *OsAGPL4*。*OsAGPS2* 基因又可被剪接成两种转录本，因此，*OsAGPS2* 基因又可看成两种不同的基因 *OsAGPS2a* 和 *OsAGPS2b*。在胚乳早期发育中，*OsAGPS1* 和 *OsAGPL1* 形成的聚合体在造粉体中起催化作用，同时 *OsAGPS2b* 和 *OsAGPL2* 在细胞质中起催化作用。在胚乳发育的中期和晚期，*OsAGPS1* 和 *OsAGPL1* 在造粉体中起催化作用，但催化能力较弱，而 *OsAGPS2b* 和 *OsAGPL2* 在细胞质的催化作用较强，所以说在水稻胚乳中，细胞质中 AGPP 的 LSs、SSs 分别由 *OsAGPS2b* 和 *OsAGPL2* 基因编码，但是 *OsAGPS2b* 编码的 *S2b* 亚单位缺少变构调节的保守氨基酸 Cys^{12}。Tuncel 等（2014）对水稻胚乳的 LSs 进行点突变发现，位于 LSsN 末端的 Cys^{47} 和 Cys^{58} 控制 AGPP 的氧化还原反应，表明水稻胚乳中的 AGPP 酶活性主要由大亚基通过氧化还原调控小亚基共同决定。Tang 等（2016）利用酵母双杂交技术对水稻皱缩突变体 *w24* 进行研究，也发现 *OsAGPS2b* 和 *OsAGPL2* 存在着直接的相互作用，控制淀粉合成。因此，位于细胞质中的 *OsAGPS2b* 和 *OsAGPL2*，对于正常水稻胚乳中 AGPP 活性和淀粉合成起着关键性作用。

Lee 等（2007）利用亚细胞定位，发现 *OsAGPS2a* 主要位于叶片中，*OsAGPS1*、*OsAGPL1*、*OsAGPL3* 和 *OsAGPL4* 存在于质体中，而 *OsAGPS2b* 主要位于种子中，*OsAGPL2* 主要存在于细胞质中。*OsAGPS2b* 和 *OsAGPL2* 缺失会形成皱缩胚乳。Yano 等（1985）研究报道了 2 个水稻皱缩突变体 *shr1*、*shr2*，发现 *shr2* 为 *AGPP* 小亚基基因突变，而 *shr1* 突变体 AGPP 的大、小亚基都正常，突变体 AGPP 活性下降，胚乳中的淀粉含量明显减少，蔗糖含量增多。

由于淀粉是种子组织光合产物的主要物质，若将 *AGPP* 基因导入水稻，在水稻种子的发育过程中表达，可使更多碳源流向淀粉合成。

三、淀粉合成酶基因

水稻中 *SS* 基因家族共有 5 个亚族 10 个基因，包括 2 个 *GBSS* 基因、1 个 *SS I* 基因、3 个 *SS II* 基因、2 个 *SS III* 基因和 2 个 *SS IV* 基因。颗粒结合型淀粉合成酶（GBSS）催化合成直链淀粉，而 *Wx* 基因通过编码 GBSS 来控制直链淀粉含量，后者是决定稻米蒸煮食味品质的主要因素（Aryes et al.，1997；包劲松等，1999；吕英海和李建粤，2005；孙业盈等，2005）。水稻 *Wx* 基因首先由 Okagaki 和 Wessler（1988）克隆，随后 Wang 等（1990）报道了 *Wx* 基因的核苷酸序列。Hirano 和 Sano（1991）利用玉米 *Wx*[+]DNA 克隆了水稻 *Wx*[+] 基因，并制备了水稻 *Wx*[+] 蛋白的抗血清，研究发现 *Wx*[+] 基因由许多外显子和内含子组成。推测的氨基酸序列表明 Wx[+] 多肽由一个含 77 个氨基酸残基的转运多肽和一个含 532 个氨基酸残基的成熟蛋白组成。*Wx*[+] 基因的表达调控是组织和发育时期专一性的，Northern 杂交显示 Wx[+] 基因在授粉后 13~18 d 表达量最高，此后则几乎不再表达。

在不同直链淀粉水稻品种中，*Wx* 基因类型不同。Wang 等（1995）研究发现，在直链淀粉含量高的水稻品种（20%，第一类型）的未成熟种子中，*Wx* 基因只有一种分子量为 2.3 kb 的成熟转录物；在直链淀粉含量中等或偏低的水稻品种（6%~16%，第二类型）的未成熟种子中，*Wx* 基因除了成熟转录物外，还有一个含有第一内含子的前体 mRNA（分子量为 3.3 kDa）。由于糯稻品种无直链淀粉，未观察到 *Wx* 基因的 mRNA 转录本。Cai 等（1998）用反转录 PCR 和 DNA 测序分析发现，不同水稻品种中 *Wx* 基因第一内含子存在多种剪接位点。这些不正常的剪接现象说明剪接过程发生了故障，因而影响剪接效率。*Wx* 基因第一内含子的 5' 供体旁邻顺序的分析表明，第一类品种第一外显子和第一内含子连接处是 G（CAAGgtat），第二类则是 A（CAAgttat）。第一内含子被剪接后，在第二类水稻的第 1 外显子和第 2 外显子连接处产生了一个新的起始密码子 AUG，它与编码区中正常起始密码子的读框不一致。该单核苷多态性可以解释 89 个非糯品种的 79.7% 表观直链淀粉含量变异（Arys et al.，1997）。这些研究说明，不同水稻品种中胚乳直链淀粉的含量，受 *Wx* 基因转录后加工，尤其是第一内含子从前体 mRNA 切除效率的调控。

已有研究证明，水稻 *Wx* 基因的转录能力与 *Wx* 蛋白含量、直链淀粉含量关系密切。Wang 等（1995）发现 *Wx* 基因有 2 种转录本，片段大小分别为 2.3 kb 和 3.3 kb。据此将 *Wx* 基因转录本分为 3 种类型：高直链淀粉含量的籼稻品种产生成熟的 2.3 kb mRNA；低等直链淀粉含量的籼、粳稻品种除产生 2.3 kb mRNA 外，还产生第一内含子未被切除的

3.3 kb 前体 mRNA；糯稻只产生痕量 3.3 kb 的前体 mRNA。葛鸿飞等（2000）研究发现，糯稻也具有从转录本中剪接第一内含子的正常能力，缺乏直链淀粉是由于第一内含子中某些碱基发生突变的结果。这与 Isshiki 等（2010）的报道一致，即 *Wx* 基因第一内含子 5'端保守序列中的 GT 突变成 TT，是中低等直链淀粉含量品种的 *Wx* 基因第一内含子剪接效率低的原因。为了深入探讨 *Wx* 基因的表达调控机制，人们对降低水稻直链淀粉含量的 *dull* 突变基因如何抑制基因的表达进行了研究。目前已发现 9 种不同的水稻 *du* 基因，已经定位的都不在第 6 染色体上（*Wx* 基因所在的染色体），其中 *du-1* 和 *du-2* 基因使 *Wx^b* 转录剪接效率大大降低，而对 *Wx^a* 前体 mRNA 的剪接无太大影响，这说明 *du-1* 和 *du-2* 是控制 *Wx^b* 转录剪接效率相关基因的突变基因（Isshiki et al.，2010）。据此可以分离、克隆不同的基因及其核调控蛋白，再依据反式作用原理剖析 *Wx* 基因的时间和组织特异性表达机制，从而为在分子水平上改良稻米品质提供理论依据。

Hirano 等（1995）研究了水稻 *Wx* 基因在花粉与胚乳中的表达差异，发现 *Wx* 基因的剂量效应依赖于 *Wx^a* 和 *Wx^b* 的共同作用，*Wx^a* 的表达量大约为 *Wx^b* 的 10 倍。在低温条件下，*Wx^b* 表达丰度、GBSS 蛋白含量和 GBSS 活性均增加 *Wx^a* 表达，几乎不受影响。程式军等（2002）的研究认为，水稻 bZIP 家族的转录因子 REB 能结合水稻 *Wx* 基因启动子 *GCN4* 基因序列，对 *Wx* 基因的表达起着调控作用。Dian 等（2003）的研究发现，*GBSS Ⅱ* 与其他植株的 *GBSS* 具有 62%～85% 的同源性，与 *GBSS Ⅰ* 具有 73.3% 的同源性，外显子及内含子结构相似，主要在叶片中表达，合成叶片中的直链淀粉。受昼夜周期的影响，低的氮素水平、蔗糖含量能促进 *GBSS Ⅱ* 的转录。

稻米 RVA 谱是指稻米淀粉与一定量的水混合后，米浆在不同温度下的黏度变化曲线，可以比较灵敏地反映不同品种间淀粉的品质差异。为此，对 RVA 谱各特征值的研究已受到广泛重视。Bao 等（2000）以窄叶青 8 号与京引 17 的 DH 群体进行 QTL 定位发现，RVA 谱几种主要特征值的表现均与 *Wx* 基因有关，因而认为稻米的 RVA 谱主要受 *Wx* 基因控制。吴洪恺（2006）利用桂朝 2 号与苏御糯杂交和回交后代选取的遗传材料进行的研究表明，颗粒结合淀粉合成酶基因 *Wx* 对稻米淀粉 RVA 谱主要特征值确实有重要影响。表现在该基因座的基因型为 *Wx^aWx^a* 时，与淀粉合成相关的其他基因座单一基因型改变（被苏御糯的相应基因替换），一般不会显著改变 RVA 谱的主要特征。当 *Wx^a* 被源于苏御糯的隐性基因 *Wx* 置换以后，淀粉合成其他基因发生改变后的效应便会明显表现出来。

Wx 基因对稻米淀粉品质起着极为重要的作用，进一步研究 *Wx* 基因座可能存在的等位性变异，不同复等位基因对稻米淀粉品质的影响，有着重要意义。王宗阳等（1995）的研

究发现，*Wx* 基因第一内含子 +1 碱基 G/T 变异，可影响转录后 RNA 的剪切效率，从而影响 GBSS 的合成数量，进而影响稻米胚乳直链淀粉的含量（Cai et al.，1998）。Bligh 等 1995 发现，*Wx* 基因启动子区存在的微卫星序列（CT）n 重复数与 *Wx* 基因的表达存在明显相关关系。但是，*Wx* 基因究竟存在多少个复等位基因变异，这些变异对稻米品质有何影响，尚待进一步的研究。

可溶性淀粉合成酶（SSS）与 GBSS、淀粉分支酶（SBE）相互作用，分别合成直链淀粉和支链淀粉，并影响淀粉的链长和分支频率。Baba 和 Tanaka（1993）利用阴阳离子交换层析法，从水稻未成熟种子的可溶性提取物中分离出 3 种分子量分别为 55 kDa、57 kDa 和 57 kDa 的 SSS，每一种 SSS 又进一步用亲和层析法纯化。用由 GBSS 制备出来的抗血清与上述 3 种蛋白进行 Western 杂交，结果表明，3 种蛋白的氨基酸序列同源性很高（除 55 kDa 蛋白在 N 末端缺少 8 个氨基酸残基外）。由此推断，这 3 种蛋白是同一基因的产物。用合成的寡核苷酸作为探针从未成熟种子中分离出 cDNA 克隆，序列分析初步推测，编码氨基酸序列中含有作为淀粉和糖原合成酶的 ADPG 结合位点的 lys-X-gly-gly 保守序列，由此可以认定这种蛋白就是水稻未成熟种子中的 SSS。该酶的前体含有 626 个氨基酸残基，包括 N 末端的由 113 个氨基酸残基组成的转运多肽。成熟 SSS 与 GBSS 和 Escherichia coli 糖原合成酶的序列相似性很低，但 3 种酶中的许多区域包括底物结合位点是高度保守的。斑点杂交分析表明，编码 SSS 的基因为单拷贝，并在叶片和未成熟种子中表达。Northern 杂交结果显示，在开花后 5～15 d SSS mRNA 含量最丰富，mRNA 的积累方式与 SBE 相同。这些结果说明 SSS 和 GBSS 在淀粉合成中起着不同的作用。

SSS 是由多基因家族编码。根据氨基酸同源性，可将 SSS 分成 SSS Ⅰ、SSS Ⅱ，SSS Ⅲ 和 SSS Ⅳ 等 4 个亚家族，每一亚家族又可分为不同的同工型。水稻中共有 8 个 SSS 同工型，包括 1 个 SSS Ⅰ，3 个 SSS Ⅱ（SSS Ⅱ-1、SSS Ⅱ-2 和 SSS Ⅱ-3），2 个 SSS Ⅲ（SSS Ⅲ-1 和 SSS Ⅲ-2）和 2 个 SSS Ⅳ（SSS Ⅳ-1 和 SSS Ⅳ-2）（Fujita et al.，2007）。这些酶共同催化转移可溶性的前体 ADP 葡萄糖至 α-1，4 糖苷键还原末端，连接葡聚糖的前体，以合成不溶性的葡聚糖多聚物支链淀粉和支链淀粉（Tetlow et al.，2004）。根据 *SSS* 基因的表达模式，可将上述的酶分为早期表达、后期表达、稳定表达 3 种类型。*SSS Ⅱ-2* 和 *SSS Ⅲ-1* 在种子胚乳的早期表达，*SSS Ⅱ-3* 和 *SSS Ⅲ-2* 表达量在稻米的灌浆期达到最高，表现为后期表达（Hirose et al.，2004）。因此，可推测 *SSS Ⅱ-3* 和 *SSS Ⅲ-2* 这两个基因在稻米胚乳中，对淀粉的合成起着重要作用。

SSS Ⅰ 是 SSS 4 个亚家族中唯一没有同工型的酶。Tanaka 等（1995）成功地从水稻

中分离了 *SSS I* 基因，该基因位于第 6 染色体上，与 *Wx* 基因距离只有 5 cM，有 14 个内含子和 15 个外显子，前体蛋白含有 33 个氨基酸转运肽。*SSS I* 基因在水稻中组成性表达，在胚乳中表达丰度最高，主要在灌浆期早期表达，开花后 5~15 d mRNA 丰度最高。随后，Tanaka 和 Baba（1993）以该 cDNA 片段为探针获得了 *SSS I* 基因组克隆。通过比较 SSS I cDNA 与其基因组克隆时发现，前者转录物（2.7 kb）比后者外显子总长（2.5 kb）大 200 bp，这可能是因为 *SSS I* 基因的 5' 端非编码区还有 1 个外显子。二者在转运肽内都含有保守序列 lys-ser-gly-gly，该序列是淀粉合成酶结合 ADP- 葡萄糖的位点。利用阴离子交换层析分离技术从植物中提取的可溶性淀粉合成酶活性存在两个峰，峰 I 的 SSS 能在较高柠檬酸盐存在时催化无引物的寡葡聚糖，合成较短的支链淀粉分支。峰 II 的 SSS 在有引物时才具有催化活性，主要催化支链淀粉中等长度支链的形成（Tanaka et al.，1971）。研究证实峰 I 主要是 SSSI，峰 II 主要是 SSS III，SSSI 的活性高于 SSS III，占可溶性淀粉合成酶总活性的 70%（Nakamura et al.，2005）。

在水稻中克隆到 3 个 *SSS II* 编码基因，根据其在 GenBank 中登录顺序分别被命名为 *SSS II -1*、*SSS II -2* 和 *SSS II -3*，分别位于水稻的第 10、第 2、第 6 号染色体上。*SSS II -3* 又称为 *SSS II a* 或 *ALK*，在水稻胚乳中特异表达；*SSS II -2* 又称为 *SSS II b*，主要在叶片中表达，推测可能与叶片临时性淀粉的合成相关；*SSS II -1* 又称为 *SSS II c*，主要在胚乳中低丰度表达。3 个水稻 SSS II 同工型相互之间的氨基酸同源性为 51%~64%，其中 *SSS II a* 与 *SSS II b* 同源性较高，而它们与 *SSS II -1* 的同源性较差，3 个基因与玉米、豌豆、小麦、拟南芥和马铃薯的 *SSS II* 之间有 53%~73% 的同源性（Hirose et al.，2004）。Umemoto 等（2002）的研究证明，*SSS II a* 基因的等位差异是粳稻日本晴和籼稻 "Kasalath" 胚乳支链淀粉链长分布差异的最主要原因。利用粳稻日本晴和籼稻 "Kasalhat" 来源的杂交后代群体，将控制糊化温度（Gelatinization Temperature，GT）差异的 *Alk* 基因、*gel*（*t*）基因、控制支链淀粉长分布的 *acl*（*t*）基因等都定位于与 *SSS II a* 相同的位点。同时还发现 *SSS II a* 等位基因的变异，导致了水稻品种间支链结构的改变；SSS II a 主要负责延伸较短支链（A+B$_1$），将较短支链（DP < 12）延长合成支链中等长度的分支（12 < DP < 24）。高振宇等（2003）利用图位克隆的方法，分离克隆了水稻 GT 主效基因（*ALK*），序列分析表明其编码 SSS II a，SSS II a 在籼稻中的活性高于粳稻。籼稻和粳稻中，在 SSS II a 位点发现了 4 个可变氨基酸。粳稻中 Asp-88 和 Ser-604 分别被籼稻中 Glu-88 和 Gly-604 所代替，粳稻中 Met-737 和 Phe-781 分别被籼稻中 Vat-737 和 Leu-781 所代替。SSS II a 主要将短链 A 和 B$_1$ 延伸合成支链淀粉中等长度的长链 B，导

致了 SSS Ⅱ a 酶活性的高低，使支链淀粉的结构成为 L- 型或 S- 型（Nakamura et al.，2002）。SSS Ⅱ a 基因在水稻淀粉合成中起主要作用，编码区由 8 个外显子、7 个内含子组成，该基因的活性的差异影响着糊化温度，如 Jiang 等（2004）发现基因 SSS Ⅱ a，与 Umemoto 等（2002）报道的 SSS Ⅱ a，高振宇等（2003）报道的糊化温度 ALK 基因是同一基因。该基因在不同水稻品种间有一定的序列差异，特别是基因编码区内存在碱基替换现象，导致了氨基酸序列的改变，可能造成了 SSS Ⅱ 酶活性的变化，进而影响支链淀粉的中等长度分支链的合成，使淀粉晶体层结构改变，最终表现为糊化温度（GT）的改变，这也是籼、粳稻亚种间支链淀粉结构不同的主要原因。水稻中缺失 SSS Ⅱ a 后，对稻米品质有着较明显影响，糊化温度明显降低。在豌豆胚中，SSS Ⅱ a 的缺失导致支链淀粉中间长度的链减少，短链增加，表明 SSS Ⅱ 在中间长度链的合成中有专一作用，而其他同工型酶不能互补这种缺失作用（Craig et al.，1998）。转基因和突变体的研究都表明，SSS Ⅱ 主要负责延伸较短支链，合成支链淀粉中等长度的分支，其活性的缺失会导致淀粉积累减少或支链淀粉结构或淀粉粒结构的改变，其功能无法被其他 SSS 同工酶所代替（Lloyd et al.，1999；Denyer et al.，1992）。

水稻和玉米发育的胚乳中，SSS Ⅲ 活性是继 SSS Ⅰ 后的第二大类淀粉合成酶。植物 SSS Ⅲ 由 15 个内含子和 16 个外显子组成，后 13 个外显子的长度在不同物种中都相同，第 3 个外显子长度变化很大，是 SSS Ⅲ 基因的高度可变区。SSS Ⅲ 基因突变可引起玉米暗胚乳表型，又称为 dull 突变体，因此，SSS Ⅲ 基因又可被称为 Dull（Dul）基因，Dull 在玉米胚乳中特异表达（Gao et al.，1998）。拟南芥的 SSS Ⅲ 突变可改变叶中的淀粉结构，使支链中的长链增加，并带来更高的磷含量，且总 SSS 酶活增强，由此推测 SSS Ⅲ 在拟南芥的淀粉合成中发挥负调控的作用（Zhang et al.，2008）。Abel 等（1996）利用反义 RNA 技术转化马铃薯，使 SSS Ⅲ 减少，引起了淀粉结构的改变，淀粉粒形态发生巨大变化，共价结合的磷酸基增多。Fujita 等（2007）通过水稻突变体研究 SSS Ⅲ a 缺失后，稻米品质变化明显。直链淀粉含量有一定的增加，发现 SSS Ⅲ a 缺失的突变体中参与支链淀粉链长延伸的 DP ≥ 30 的 B_2 链和 B_4 链和支链淀粉的分子量与野生型相比较，分别下降了 60% 和 70%。在水稻 SSS Ⅲ a 突变体中，SSS Ⅲ a 酶活性的缺失导致了支链淀粉长链 DP > 30 链缺失，短链 6 < DP < 9 链和 16 < DP < 19 链减少，10 < DP < 15 链和 20 < DP < 25 链增加，这意味着 SSS Ⅲ a 负责支链淀粉的长链合成。另一方面，也提高了 SSS Ⅰ 和 GBSS Ⅰ 的转录水平。在马铃薯中，当 SSS Ⅱ 或 SSS Ⅲ 单一基因反义抑制植株与 SSS Ⅱ 和 SSS Ⅲ 同时被抑制的转基因植株时，可发现一种 SSS 对支链淀粉合成的影响明显依赖于另一种 SSS 的活

性（Lloyd et al.，1999）。这种协同效应说明植物体内特定一种SSS同工酶对淀粉合成的贡献，除与它自身的特性有关，可能还与其底物的结构有关，即与其同工酶乃至整个淀粉合成网络中其他各类酶（如AGPP、GBSS、SBE、DBE等）的活性有关。

目前为止，人们对谷物中SSS IV同工型对葡聚糖链长度的作用知之甚少。Hirose和Terao（2004）在水稻中发现SSS IV有两种同工型SSS IV a和SSS IV b，且它们在水稻生长的整个阶段表达相对稳定。在谷类植物中，还没有SSS IV的突变体可用来研究其功能。前人预测SSS IV蛋白和其他可溶性淀粉合成酶在C末端（催化结构域和淀粉结合结构域）具有高度相似性，而N末端的差异性比较大（Zhang et al.，2008）。Roldan等（2010）发现，拟南芥中SSS IV的缺失并未对淀粉结构及其组成造成影响，但对叶绿体中淀粉颗粒数目和大小的影响很大，表明SSS IV这类酶可能与淀粉颗粒的合成有关，且在控制淀粉颗粒的数目上起着特定作用。因此，对于SSS IV可能使人们对淀粉颗粒的合成建立一个新的认识。另外，抑制SSS IV并不能完全消除叶绿体合成淀粉颗粒。Toyosawa等（2015）发现，*SSS IV a*或者*SSS IV b*基因突变对水稻胚乳中淀粉颗粒特性影响不大，在*ss4b/ss3b*双突变体中淀粉颗粒的数量和种子中淀粉含量变化不大，但是淀粉颗粒由规则的多边形变成了球形，表明SSS IV在淀粉颗粒的形成中具有重要作用。通过对*SSS IV*突变体的鉴定，将有助于人们研究谷物淀粉合成中SSS IV同工型的功能。

四、淀粉分支酶基因

根据淀粉分支酶（SBE）的催化特性，淀粉分支酶主要有两类基因编码，目前水稻分支酶基因已知有3个，即*SBE I*、*SBE II a*（*SBE4*）和*SBE II b*（*SBE3*）（表3-5）。

表3-5　淀粉合成相关基因的表达

植物物种	同形体A（SBE II家族）	同形体B（SBE I家族）
水稻	BE II a（SBE4），BE II b（SBE3）	SBE1、SBE2（SBE2a、SBE2b）
玉米	MBE II a，MBE II b	MBE1
小麦	WBE II	WBE I b WBE I ad
豌豆	PBE I	
马铃薯		SBE
木薯	ABE II	SBE
拟南芥		

Burton 等（1995）从豌豆（*Pisum Sativum*）胚中首先分离了 *SBEA* 和 *SBEB* 编码基因的 cDNA，并据此推测其氨基酸序列，与后来从玉米、水稻和马铃薯中分离得到的分支酶 SBE Ⅰ 和 SBEK Ⅱ 的氨基酸序列有高度同源性。比较它们的序列时发现，SBE 成熟蛋白质要么是 N 末端存在可变基团，要么是 C 端存在数量不等的多肽延伸。由于编码这些酶的基因既不是源于同源位点（Locus）的等位基因，也不是同工酶编码基因，它们的功能是否相同仍属未知，所以，国际上的通用名称是同种型。根据 Burton 等的研究，SBE 按其是否有 N 末端多肽延伸和 C 端多肽延伸区，分为同种型 A 和 B，有 N 末端多肽延伸的 SBE 称为 SBE B，有 C 端多肽延伸的 SBE 称为 SBE A。现在逐渐趋向于用同种型 SBE Ⅱ 和 SBE Ⅰ 代替 SBE A 和 SBE B，但在玉米和拟南芥的淀粉合成研究中发现了例外的情况。

Fisher 等（1996）从玉米（*Zea Mays*）胚乳中克隆了 3 个明显不同 SBE 的同种型——SBE Ⅰ、SBE Ⅱa 和 SBE Ⅱb，比较它们的序列时发现，SBE Ⅱa 和 SBE Ⅱb 的主要区别是 SBE Ⅱb 的 N 端有另外 49 个氨基酸延伸。Gao 等（1996）克隆了 2 个拟南芥的 SBE（*SBE2.1* 和 *SBE2.2*）编码基因 cDNA，序列分析表明，二者的 3' 端和 5' 端有区别，但它们编码的蛋白质呈 90% 一致性。在 Fisher 等（1996）的工作的基础上，Gao 等（1996）证实胚乳 SBE Ⅱa 和 SBE Ⅱb 是由不同基因编码的 2 个独立蛋白质。

Nair 等（1997）从小麦（*Triticum Aestivum cv.Fielder*）胚乳中克隆了 *SBE Ⅱ* 编码基因的 cDNA，开放可读框编码 823 个氨基酸组成的 SBE Ⅱ 蛋白质，其中包含 54 个氨基酸残基组成的转运多肽。该 SBE Ⅱ 与玉米、水稻和豌豆 SBE Ⅱ 有极高的同源性，*SBE2* 基因在种子发育早期表达，成熟期间则下降。Morell 等（1997）从发育的六倍体小麦胚中分离并部分纯化和特征化了 3 个 SBE 的同种型。免疫活性杂交显示，分子量为 88 kDa 的 SBE Ⅰ ad 和分子量为 87 kDa 的 SBE Ⅰ b 与玉米的 SBE Ⅰ 相似，分子量为 88 kDa 的 SBE Ⅱ 相似于玉米 SBE Ⅱ；用不含正常 SBE 的四倍体小麦纯系研究的结果表明，SBE Ⅰ b 基因位于小麦的 7B 染色体上，SBE Ⅰ ad 是多聚体，编码基因分别来自染色体 7A 和 7D。Rahman 等（1998）克隆了小麦胚 *SBE Ⅱ a* 编码基因的 gDNA，该基因包含 22 个外显子，位于小麦第 2 染色体的长臂上。

Yamanouchi 和 Nakamura（1992）分离了水稻 Q 酶（SBE）。在此基础上，Mizuno 等（1992）从未成熟水稻种子中分离到 4 种形式的淀粉分支酶，分别称为 SBE1、SBE2（SBE2a 和 SBE2b 的混合物）、SBE3（SBE Ⅱ b）和 SBE4（SBE Ⅱ a）。SBE1、SBE2a 和 SBE2b 为主要形式，它们的分子大小、N 末端氨基酸序列以及与抗玉米分支酶（SBE Ⅰ）的抗体免疫反应等都是相同的，仅 SBE2a 的分子量较 SBE1 和 SBE2b 大 3 Da，表明它们

是相同的淀粉分支酶类型，故统称为 SBE Ⅰ。用玉米 SBE Ⅰ cDNA 作探针分离到水稻的
SBE Ⅰ cDNA 克隆。研究表明，水稻 *SBE Ⅰ* 基因最初合成 820 个残基的前体蛋白，包括在
氨基末端的 64 或 66 残基的转运多肽，成熟 *SBE Ⅰ* 含有 756（或 754）个氨基酸，分子量
为 86.7 kDa（或 86.5 kDa）。Northern 杂交显示，*SBE Ⅰ* 在开花后 7~15 d 大量积累，
以后迅速下降，而蛋白质的积累要明显延迟，而 SBE3 蛋白质的积累比 SBEI 要早一些。这
种表达方式与 *Waxy* 一致，*SBE Ⅰ* 和 *Wx* 基因表达在种子发育中期达到最高。对 *SBE Ⅰ* 的
基因结构分析发现，*SBE Ⅰ* 由 13 个内含子和 14 个外显子组成，侧翼区域含有许多启动子的
共有序列，并且在启动子区出现许多重复序列和 G-box 基元，这些表明反式作用因子参与了
SBE Ⅰ 基因表达的调控（Kawasaki et al.，1993）。SBE4 和 SBE3 分别位于第 4 和第
2 条染色体上，都含有 21 个内含子和 22 个外显子，且两个基因后 19 个外显子的长度相同。
水稻分支酶基因都高度同源。Mizuno 等（2001）的研究发现，成熟的 SBE4 与 SBE3、
SBE Ⅰ 都存在较高同源性，分别为 80% 和 47%。SBE3 和 SBE Ⅰ 相比，N 末端具有 70 个
氨基酸残基的肽段，而 C 末端则少了 50 个氨基酸残基的肽段；SBE4 与 SBE Ⅰ 相比，N 末
端多 90 个氨基酸残基，而 C 末端少 59 个氨基酸序列。

　　Nakamura 等（1992）也从发育水稻种子中纯化到 2 个淀粉分支酶同工酶——SQE Ⅰ
和 SQE Ⅱ，分子量约 80 kDa 和 85 kDa。从蛋白酶解图和 Western 杂交结果可看出，
SQE Ⅰ 和 SQE Ⅱ 是由不同基因编码的产物。Nakamura 等（1992）同时也报道了 SQE Ⅱ
的 cDNA 序列，1994 年将 SQE Ⅰ 定位于第 6 染色体，在标记 R1167 和 G342 之间，并
证明是单拷贝的（Nakamura et al.，1994）。Kawasaki 等（1993）发现，水稻隐
性 floury-2（fro-2）位点位于第 4 染色体上，导致开花后 10 天的未成熟发育种子编码
SBE 的基因表达大为下降。SBE1 作图表明，该 *fro-2* 基因位于第 6 染色体上，表明野生型
Floury-2 是通过反式作用调控 *SBE1* 基因表达。但在 fro-2 种子中同时也发现编码其他酶，
如 SBE3 和 GBSS 的基因表达也下降，虽然 *fro-2* 突变体未成熟种子的 *SBE1* 基因表达水平
很低，但在叶片中突变体和野生型 *SBE1* 基因得到同等表达。这个结果表明，*fro-2* 基因可
能在种子发育特异阶段调节一些参与淀粉合成的基因表达。

　　为了研究 *SBE1* 和 *SBE3* 基因在功能和表达调控上的差异，研究人员分别筛选了相应的
突变体。Mizuno 等（1993）对 ae 突变体的研究表明，突变体缺乏 87 kD SBE3 同工型
活性，而 GBSS 和 SBE Ⅰ 的同工型则没有改变。分离出 SBE3 cDNA，推断氨基酸序列，表
明该蛋白最初的氨基酸序列是 825AA 的前体，包括 N 末端 65 残基的转运多肽。SBE3 和
SBE1 有许多序列相同，特别是蛋白质分子中心区域。但 SBE3 拥有 N 末端 70 个 AA 残

基序列，并在 C 末端与 SBE1 相比约缺少 50 个 AA 序列，这种两末端的结构差异可解释 SBE1 和 SBE3 在淀粉合成中的功能差异。*SBE3* 基因和 *SBE1* 基因一样，只在发育种子中表达，SBE3 mRNA 在开花 5~15 d 种子中大量积累，这种表达方式也与 *SBE1* 和 *GBSS* 基因相同。Harrington 等（1997）通过水稻 RFLP 分子标记图谱，将 SBE3 定位于第 2 染色体上。两侧是 CO718 和 RG157 标记，检测到多拷贝杂交模式，表明在这个位点可能存在串联重复基因。Satoh 等（2003）采用 N- 甲基 -N- 亚硝脲（N-methyl-N-nitrosourea，MNU）处理可育的雌配子，获得 SBE I 缺失突变体。遗传分析表明，该突变体受一对隐性基因控制，被命名为 *sbe1*。有趣的是，该突变体表现出正常的胚乳表型，并且淀粉含量与野生型相同，但支链淀粉的结构明显发生改变。当长链聚合度为 37 和短链聚合度介于 12~21 时，突变体中的支链淀粉含量显著下降；当短链聚合度为 10 时，含量显著增加。由此表明，SBEI 可以特异性地合成 B_1 链和 $B_{2~3}$ 链。

淀粉分支酶基因 *SBE1* 和 *SBE3*，还与淀粉合成酶基因 *Wx* 存在联合效应。严长杰等（2006）以 53 个典型的籼粳品种和近年育成的高产水稻品种为材料，分析了供试品种的理化品质和 RVA 谱特征，并利用根据籼粳基因组序列差异设计的 *Wx*、*SBE1*、*SBE3* 基因的分子标记，检测了 53 个水稻品种的基因型，并分析了 3 个基因位点的遗传学效应。结果表明，3 个分子标记均能很好地区分 3 个位点上等位基因的籼粳来源。根据 3 个位点的基因型，可将 53 个品种分为 6 种类型。单个基因遗传效应分析表明，在不同基因型品种间淀粉的理化特性（AC、GC、RVA）存在显著或极显著差异，3 个基因的联合效应在不同基因型组合间也存在显著差异，表明 3 个基因在高产品种培育过程中得到了广泛的交流和重组，而且 3 个基因位点上的不同等位基因（籼粳）对稻米淀粉合成具有不同的遗传效应。其中，*Wx* 基因的影响是最主要的，*SBE1*、*SBE3* 基因次之。在以上研究结果的基础上，本研究增加了供试品种数目，共检测了 183 个水稻品种的基因型，分析了 3 个基因对稻米理化品质和 RVA 谱特征的效应。结果表明：3 个分子标记均能很好地区分 3 个位点上等位基因的籼粳来源，根据 3 个位点的基因型，可将 183 个品种分为 8 种类型。单个基因遗传效应分析表明，不同基因型品种间淀粉的理化特性（AC、GC、RVA）存在显著或极显著差异，3 个基因的联合效应在不同基因型组合间也存在显著差异。*Wx* 基因对大多数品质性状效应显著。*SBE1* 和 *SBE3* 基因在不同的 *Wx* 等位基因背景下，对稻米的品质的理化特征的效应不同。3 个基因间存在互作效应，*Wx* 与 SBE3 的互作效应较大。

五、淀粉脱分支酶基因

水稻淀粉脱分支酶（DBE）分为两类，即异淀粉酶（ISA）、普鲁蓝酶或称极限糊精酶（Pullulanase，PUL；Limitdextrinase，R 酶）。目前，已知淀粉脱分支酶的同工型基因主要有 3 个异淀粉酶基因（*ISA1*、*ISA2*、*ISA3*）、1 个糊精酶基因或称 R 酶基因（*pul*）。

异淀粉酶（ISA）编码基因突变后，支链淀粉的积累则达不到正常水平，因此认为，此酶参与淀粉的生物合成。Genschel 等（2002）在小麦的叶片和发育种子中都检测到 ISA，主要以可溶性形式存在于发育的胚乳中，很少一部分与淀粉粒结合，这表明 ISA 可能参与叶片和籽粒中淀粉合成。Kubo 等（1999）报道，玉米突变体 *Sug*1（*Sugary*1）胚乳中淀粉生物合成量显著减少。在水稻、玉米 *Sug*1 突变体胚乳中 *dbe* 的缺失，会造成 PUL 或 ISA 水平严重下降或丧失，产生较支链淀粉高度分化的 PG。高大山羊草的异淀粉酶基因转到水稻 *Sugary* 突变体中后，直链淀粉的合成与野生型无明显差异，这些都说明 ISA 直接参与了支链淀粉的合成。另外，Nakamura 等（2010）发现，水稻中有 *sug1* 基因编码突变的 ISA，此突变的 ISA 产生畸形淀粉粒。Kubo 等（2005）的研究不但支持了 Nakamura 的报道，而且发现水稻 *sug1* 突变影响 ISA 的同时，也影响 PUL。由此说明，*DBE* 基因对淀粉的生物合成存在多重效应。

利用 Tigr 水稻基因组数据库搜索异淀粉酶基因，共发现 4 个 Locus 注释为 *ISA* 基因的，分别位于第 3（*LOC_O03g48170*）、第 5（*LOC_Os05g32710*，*LOC_Os05g08110*）和第 8（*LOC_Os08g40930*）染色体上。其中，*LOC_Os08g40930* 与 *ISA1* 为同一个基因，*LOC_Os05832710* 与 *ISA2* 为同一基因，而 *ISA3* 基因通过基因组比对后，发现与 *LOC_Os09g29404* 为同一个基因，注释基因为葡聚糖操纵子基因 *glgx*。

水稻异淀粉酶（ISA）有 ISA1、ISA2 和 ISA3 三个同工型，其中 ISA1 主要在胚乳灌浆早期表达，活性表达的最适温度为 30 ℃；ISA2 在叶片和胚乳中均有表达，*ISA2* 基因与玉米 *ISA2* 基因有 78.5% 的同源性，而与马铃薯、拟南芥中 ISA2 的同源性分别只有 51.5% 和 300.8%；ISA3 在胚乳中表达量较低，主要在叶片中表达，*ISA3* 基因与玉米、马铃薯及拟南芥 *ISA3* 基因的同源性分别为 86.9%、73.4% 和 72.9%。对水稻 ISA1 突变体 *sug1* 研究发现，ISA 的表达与支链淀粉聚合度小于 12 的链长比例有关。将正常的水稻 *ISA1* 基因导入突变体 *sugary1* 中，突变体表型转换为野生 ISA2 缺少酶催化位点。生物化学研究揭示，ISA2 可能与 ISA1 形成异源复合体后起催化作用。Utsumi 等（2011）的研究发现，在水稻胚乳中，只有 ISA1 同源复合体在淀粉合成过程中具有功能，异源复合体不具有功能，但是在叶片中 ISA1-ISA2 异源复合体也参与淀粉合成，且比 ISA1 同源复合体更适应高温（40℃）条件下淀粉的合成。朱立楠等（2015）对 5 个直链淀粉和支链淀粉含量不同的粳稻品种，在胚乳发育过程中 ISA 基因表达量和活性的研究发现，ISA1 在整个胚乳发育过程中的表达量明显高于 ISA2，且 ISA1 的基因表达量、酶活性与支链淀粉含量正相关。这些研究表明，ISA 对支链淀粉的正确合成具有重要的作用，包括剪切支链淀粉的过分支或者移除不当分支，保证支链淀粉簇状结构的形成。

Nakamura 等（1996）首先分离到水稻 pul 基因的 cDNA 克隆，随后以该 cDNA 为探针筛选到 pul 基因组克隆。与大麦（Hordeum vulgare）等 pul 基因进行比较发现，不同作物间 pul 基因的大部分外显子都是高度保守的（Francisco et al.，1998）。1999 年他们又获得了水稻异淀粉酶基因的 cDNA 克隆，该 cDNA 克隆与玉米 Sugary-1 异淀粉酶基因的序列同源性很高（Kubo et al.，1999）。水稻糖质（sugary-1）突变体的胚乳有植物糖原域和淀粉域。糖原域内 α-1，4 链的 A 链增加而 B 链减少，该域的淀粉分支结构消失。进一步分析发现，该突变体中 ISA 和 PUL 的活性都显著降低，不过前者在整个胚乳中几乎完全缺乏活性，而后者只在糖原域中活性降低。这说明它们都参与了淀粉合成，但异淀粉酶基因在决定支链淀粉分支结构时起主要作用，pul 基因则通过弥补异淀粉酶基因功能而影响淀粉的分支结构。同时还发现水稻 Sugary-1 基因，即为编码水稻异淀粉酶的基因（Nakamura et al.，1996；Kubo et al.，1999）。现已知 Sugary-1 基因位于第 8 染色体上，因此，sugary-1 突变体中的损伤基因不可能是位于第 4 染色体上的 ISA 基因，但是 pul 活性也降低，这就暗示 Sugary-1 基因产物可能通过某种反式作用调控着 pul 基因的表达。这种反式调控机理还需进一步探明。

在水稻中，pul 基因位于第 4 染色体上，在整个灌浆过程中都有较高水平的表达，同时在灌浆的中后期达到峰值。Fujita 等（2009）研究发现水稻 pul 缺失突变体聚合度为 13～29 的链减少，聚合度小于 12 的短链增加，但增加幅度要低于 sug1 突变体；但 pul/sug1 双突变体聚合度小于 7 的短链增幅，则高于 sug1 突变体。玉米 PUL 突变体 pul-204 的胚乳结构和组成相较于野生型并没有明显不同，但 sul/pul-204 双突变体胚乳中大量积累植物糖原。这些研究结果表明，在胚乳淀粉合成过程中，PUL 可能对 ISA 起到补偿作用。最近的研究表明，PUL 与稻米淀粉的理化特性具有显著的相关性。Tian 等（2009）研究发现 PUL+885 的 SNPs 对直链淀粉的含量具有微效影响。Yan 等（2011）分析了 118 份糯稻中 17 个淀粉合成相关基因发现，10 个淀粉合成基因涉及控制 RVA 谱特性，其中 PUL 与 PKV、HPV、CPV、BDV 和 PT 显著相关。Kharabian-Masouleh 等（2012）对

233 份水稻淀粉合成相关基因进行测序，并将获得的 SNPs 与淀粉理化特性进行关联分析发现，PUL 的两个 SNP 与 PT、GT 和 CHK 有相关性。Yang 等（2014）的研究发现，在以 SSSIIa 的 GC/TTSNP 为协变量条件下，PUL 为 HD 的主效位点。这些研究结果表明，PUL 在水稻淀粉合成过程中具有重要的作用。

Fujita 等（2003）发现，含有单个 *sug1* 基因的水稻中几乎不能合成支链淀粉。*sug1* 突变可引起 PUL 和 ISA 的缺失，对突变体 *sug1* 中的 PUL 活性和电泳特性分析的结果表明，PUL 和 ISA 属转录后调控。玉米中的 PUL 参与胚乳淀粉的降解。不同物种之间的同一同种型编码基因序列间表现 60%～80% 的一致性，同一物种 2 个同种型序列间表现却明显不一致。因此，ISA 和 PUL 在多糖链的合成中起不同的作用，功能并不重叠。*PUL* 基因在 ISA 缺失型中表达，可产生野生型中未发现的植物糖原，从而表明 ISA 和 PUL 之间有部分互补作用。Jason 等（2003）研究了由于转座子插入突变而无正常功能的玉米 PUL 编码基因 *pul*，结果表明，突变纯合体 PUL 不能转运和贮藏淀粉，发育中的胚乳积累了不存在于野生型中的 PG。上述不同种类的突变体不仅支链淀粉合成减少，而且 PG 呈明显积累趋势，这些都说明 PUL 不仅直接参与了支链淀粉的合成，而且 PUL 和 ISA 之间有部分互补作用。

SDBE 的活性受淀粉同工酶的催化，其活性的降低或缺失使得前支链淀粉的聚集。SDBE 中的 RE 主要以限制性糊精、支链淀粉为底物，而 Isoamylase 在 β 限制糊精为底物时活性很高，而对支链淀粉则显示出很低或是没有活性。在上述几种酶的共同作用下，才使淀粉具备了特定的结构。可溶性淀粉合成酶在颗粒表面使短链延伸，最初这些链还太短，不能被 SBE 作为底物（一般 SBE 与双螺旋结构的链共同作用），所以是未分支的。当它们达到一定长度时，在 SBE 和 SSS 的共同作用下形成分支。SDBE 可去除这些未组装起来的暴露在葡聚糖外面的分支，但是却不能打断那些紧密结合形成双螺旋区的分支。所以 SDBE 的作用，使得在双螺旋区的上部形成一短链区，这些短链又可被 SSS 在下轮中重新延伸。目前，已从不同的作物中分离并克隆出多种酶的基因或是同一酶的不同基因片段。通过对这些基因的分析发现。*AGPase* 基因有 9 个内含子、10 个外显子。水稻与玉米、大麦的 *GBSS* 基因序列都含有 13 个内含子和 14 个外显子，外显子大小极其相近，它们之间的核苷酸存在高度的同源性，而内含子大小差异大，且序列同源性也较低。对 *SBE1* 基因（*Sbe1*）结构分析发现，它含有 14 个外显子、13 个内含子，侧翼区域含有许多启动子的共有序列，而且还发现在启动子区出现许多重复序列和 G-box 基元。*Sbe1* 内含子的 GC 富集区能形成稳定的二级结构，从而抑制了剪切。大多数基因都编码转运多肽，都携带有许多蛋白激酶磷酸化位点和一些酰基化位点。这些酶基因普遍具有内含子数目多，第一、第二内含子大，都编码转运多肽且表达时期基本相同。

第五节 淀粉合成相关基因的共同点

比较 AGPP、GBSS、SSS、SBE I 和 SBE III 的基因，在结构和表达上存在相同的地方。

一、内含子多且第一、第二内含子很大

AGPP 基因有 9 个内含子，*GBSS* 和 *SBE I* 基因都有 13 个内含子，它们的第一、第二内含子都很大，这种结构在参与淀粉合成酶的基因中很普遍。与 *Sbe1* 基因内含子 2 相似的大内含子，在向日葵中编码花药特异蛋白基因中也存在，并且这个基因也含有一个转运多肽。这种大内含子在含有转运多肽编码区域的基因中可能是很常见的。内含子多可能在基因表达调控上有重要意义。*Wx* 基因转录后加工尤其第一内含子从前体 mRNA 切除效率，可以调控不同水稻品种中胚乳直链淀粉的含量（Cai et al.，1998）。Sbe1 内含子的 GC 富集区能形成稳定的二级结构，从而抑制了剪切，故要有效剪切可能要有其他因子参与（Mizuno et al.，1993）。

二、共同编码转运多肽

蛋白质在质体中起作用的编码基因是起源于质体（Plastid）DNA，在进化过程中重新定位于核中。由于蛋白质在核中编码，而要有效地运进质体，在植物演化过程中，就必须有转运多肽。对水稻 5 个酶的序列比较发现，相互之间相似性甚少。但只有 SSS 的转运多肽与其他的明显不同，它的氨基末端和羧基末端分别带有正、负电荷，而其他转运多肽都只带正电荷。这可能是 SSS 的转运多肽要同时具有运到淀粉体和叶绿体的双向功能，因为编码 *SSS* 的基因既在种子中表达，又在叶片中表达。当然在玉米上也有与此假说不一致的报道，还应进一步研究转运肽在淀粉合成中的功能（Baba et al.，1993）。

三、表达时期有重合

这些基因都在开花后 4~5 d 开始表达，10~15 d 表达量达到最大，以后又迅速下降或不再表达。这种表达模式与生理的报道都是一致的。但就具体表达时间而言，SSS 表达量最早达到峰值，其次是 AGPP，再其次是 SBE，最迟达到峰值的是 GBSS。这些结果说明，开花后 4~15d 是各种酶最活跃的时期（蛋白质合成可能要滞后一点），淀粉的含量和结构与该时期酶的活性密切相关，并且可能是表达时期的微小差异就决定了支链淀粉精细结构的差异，而进一步影响稻米淀粉品质。

第六节　淀粉合成相关酶之间的互作

淀粉合成相关酶之间的互作，在小麦、大麦、玉米胚乳中早已被发现。在小麦胚乳中，SSS Ⅰ、SSS Ⅱa 和 SBE Ⅱa 或 SBE Ⅱb 形成约 260 kD 的蛋白质复合物，参与淀粉的合成。Liu 等（2014）研究发现，在玉米胚乳中，SSS Ⅰ、SSS Ⅱa 和 SBE Ⅱb 形成主要的蛋白质复合物，并可能与 SBE Ⅱa 形成分子量更大的复合物。利用凝胶渗透色谱法能分离到约 670 kD 包括 SSS Ⅰ、SSS Ⅱa、SBE Ⅱa、SBE Ⅱb 和 SSS Ⅲ 的较大蛋白质复合物，进一步研究显示，SBE Ⅱb 在复合物中呈磷酸化状态。在玉米 ae 突变体胚乳中野生型蛋白复合物（SSS Ⅰ、SSS Ⅱa 和 SBE Ⅱb）被由 SSS Ⅰ、SSS Ⅱa、SBE Ⅰ、SBE Ⅱa 和淀粉磷酸化酶（PHO1）组成的新复合物代替，且 SBE Ⅰ 和 SP 都被磷酸化了。Liu 等（2012）利用新的玉米 ae 突变体进行研究发现，SBE Ⅱb 活性的缺失导致胚乳淀粉中形成 SSS Ⅰ、SSS。将水稻胚乳淀粉合成过程中主要的淀粉合成相关酶氨基酸序列提交到 STRING 网站（http://string-db.org），发现 SSS、SBE 和 DBE 之间可能存在互作，但未得到验证（图 3-6）。近年来，对水稻胚乳中淀粉合成相关酶之间的互作，也已从体内和体外试验中得到证实。Bao 等（2012）对稻米淀粉直链淀粉含量（AAC）和糊化温度（GT）的研究发现，低 AAC 水稻具有高或低 GT，高 AAC 水稻具有中或低 GT；推测控制 AAC 的酶 GBSS Ⅰ 与控制 GT 的酶 SSS Ⅱa 之间可能存在互作，并假定了一个 SSS Ⅱa 和 GBSS Ⅰ 互作模型。Nakamura 等（2013）的研究证明，纯化的水稻 PHO1 与 SBE Ⅰ、SBE Ⅱa 或者 SBE Ⅱb 复合物具有功能互作。Nakamura 等（2014）在体外对水稻 SSS 和 SBE 酶促反应进行研究发现，SSS Ⅰ 酶促反应能被 SBE 所促进，SBE 活性也能被 SSS Ⅰ 所促进，说明 SSS Ⅰ 和 SBEs 具有互作。Crofts 等（2015）利用凝胶渗透色谱、免疫共沉淀等方法，对日本晴胚乳中淀粉合成相关酶进行分析发现，> 700 kD 的蛋白复合物中包括 SSS Ⅱa、SSS Ⅲa、SSS Ⅰ Vb、SBE Ⅰ、SBE Ⅱb 和 PUL，200~400 kD 的蛋白复合物中包括 SSS Ⅰ、SSS Ⅱa、SBE Ⅱb、ISA、PUL 和 PHO1，免疫共沉淀揭示 SSS-SBE、SBE Ⅱa-PHO1 以及 DBE-SBE Ⅰ 形成蛋白复合物。Chen 和 Bao 等（2016）研究发现，SSS Ⅰ 与 PUL，SS Ⅰ 与 SBE，PUL 与 SBE 具有互作，且日本晴和 93-11 胚乳中蛋白质互作模式不同。尽管水稻胚乳中淀粉合酶之间已确定能形成蛋白质复合物，但所起的作用还没有被完全了解。蛋白质复合物的形成提高了淀粉合成效率，因为一个反应的产物作为下一个反应的底物时，可以在复合物内部很快传递（底物运输通道），但是具体机制还有待进一步研究。

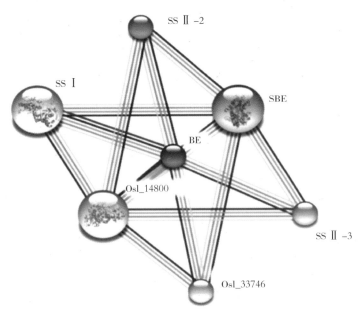

BE：淀粉分支酶Ⅰ；SBE：淀粉分支酶Ⅱb；
Osl_14800：普鲁蓝酶；Osl_33746：淀粉合成酶Ⅱc。

图 3-6　水稻中淀粉合成相关酶之间的关联

在催化淀粉合成过程中，与淀粉合成相关的几个关键酶还需经历磷酸化过程。Telow 等（2004）发现完整的质体经 γ-^{32}P-ATP 培养后，在检测出的质体可溶性磷酸蛋白中，造粉体的 SBEⅠ、SBEⅡa 与 SBEⅡb，叶绿体的 SBEⅠ与 SBEⅡa 均发生磷酸化反应，位点在 ser（丝氨酸）残基上；在颗粒结合磷酸蛋白中 SBEⅡ和两个 SSS（包括 SSSⅡa）也发生了磷酸化反应。磷酸化能提高造粉体与叶绿体 SBEⅡa 及造粉体 SBEⅡb 的活性，去磷酸化则降低这些酶的活性。但磷酸化与去磷酸化并不对所有与淀粉合成有关的酶起作用，如磷酸化与去磷酸化不影响造粉体与叶绿体 SBEⅠ的活性，去磷酸化也不对造粉体的颗粒结合型 SBEⅡa 与 SBEⅡb 起作用。他们还发现 SBEⅡb 与淀粉磷酸酶通过依赖磷酸化方式，均与 SBEⅠ产生共免疫沉淀，表明这些酶在造粉体中形成了一个蛋白复合体；共免疫沉淀蛋白复合体的去磷酸化能导致其解体。这些结果不仅证明了与淀粉合成有关的酶受蛋白磷酸化调节，而且也证明了磷酸化及蛋白间的互作，在调控淀粉合成与分解中起着更广泛作用。

References

参考文献

[1] 包劲松，夏英武.水稻淀粉合成的分子生物学研究进展 [J].植物学报，1999，16（4）：352－358.

[2] 蔡一霞，徐大勇，朱庆森，等.稻米品质形成的生理基础研究进展 [J].植物学报，2004，21（4）：419－428.

[3] 蔡一霞，朱智伟，张祖建，等.不同类型水稻支链淀粉理化特性及其与米粉糊化特征的关系 [J].中国农业科学，2006，39（6）：1122－1129.

[4] 程世军，王宗阳，洪孟民，等.水稻 bZIP 蛋白 REB 结合 Wx 基因启动子中的 GCN4 基序 [J].中国科学，2002，32（1）：23－29.

[5] 高振宇，曾大力，崔霞，等.水稻稻米糊化温度控制基因 ALK 的图位克隆及其序列分析 [J].中国科学，2003，33（6）：481－487.

[6] 葛鸿飞，王宗阳，洪孟民，等.糯性水稻中蜡质基因第 1 内含子的剪接活性 [J].植物生理与分子生物学学报，2000，26（3）：237－240.

[7] 贺晓鹏，朱昌兰，刘玲珑，等.不同水稻品种支链淀粉结构的差异及其与淀粉理化特性的关系 [J].作物学报，2010，36（2）：276－284.

[8] 金丽晨，耿志明，李金州，等.稻米淀粉组成及分子结构与食味品质的关系 [J].江苏农业学报，2011，27（1）：13－18.

[9] 金正勋，秋太权，孙艳丽，等.稻米蒸煮食味品质特性间的相关性研究 [J].东北农业大学学报，2001，32（1）：1－7.

[10] 李太贵，沈波，陈能，等.Q 酶在水稻籽粒垩白形成中作用的研究 [J].作物学报，1997，23（3）：338－344.

[11] 吕英海，李建粤.水稻蜡质基因及其利用研究进展 [J].西北植物学报，2005，25（11）：2 335－2 339.

[12] 彭小松，朱昌兰，王方，等.籼粳杂种后代支链淀粉结构及其与稻米糊化特性相关分析 [J].核农学报，2014，28（7）：1219－1225.

[13] 潘晓华，李木英.水稻发育胚乳中淀粉的积累及淀粉合成的酶活性变化 [J].江西农业大学学报，1999（4）：456－462.

[14] 孙业盈，吕彦，董春林，等.水稻 Wx 基因表达调控的研究进展 [J].遗传，2005，27（6）：1013－1019.

[15] 吴洪恺.水稻淀粉合成相关基因对稻米食味品质影响的研究 [D].扬州：扬州大学，2006.

[16] 严长杰，田舜，张正球，等.水稻栽培品种淀粉合成相关基因来源及其对品质的影响 [J].中国农业科学，2006，39（5）：865－871.

[17] 杨建昌，彭少兵，顾世梁，等.水稻灌浆期籽粒中 3 个与淀粉合成有关的酶活性变化 [J].作物学报，2001，27（2）：157－164.

[18] 朱昌兰，翟虎渠，万建民，等.稻米食味品质的遗传和分子生物学基础研究 [J].江西农业大学学报，2002，24（4）：454－460.

[19] 朱立楠.水稻超亲变异系胚乳 GBSS1 和 ISAs 基因表达特性及对氮素响应分析 [D].哈尔滨：东北农业大学，2015.

[20] ABEL G J, SPRINGER F, WILLMITZER L, et al.Cloning and functional analysis of a cDNA encoding a novel 139 kDa starch synthase from potato（Solanum tuberosum L.）[J].Plant Journal, 2010, 10（6）：981－

252

991.

[21] ANDERSON J M, HNILO J, LARSON R., et al.The encoded primary sequence of a rice seed ADP-glucose pyrophosphorylase subunit and its homology to the bacterial enzyme [J].Journal of Biological Chemistry, 1989, 264(21): 12238−12242.

[22] ANDERSON J M, LARSEN R, LAUDENCIA D, et al.Molecular characterization of the gene encoding a rice endosperm-specific ADPglucose pyrophosphorylase subunit and its developmental pattern of transcription [J]. Gene, 1991, 97(2): 199.

[23] ASANO T, KUNIEDA N, OMURA Y, et al.Rice SPK, a calmodulin-like domain protein kinase, is required for storage product accumulation during seed development: phosphorylation of sucrose synthase is a possible factor [J].Plant Cell, 2002, 14(3): 619−628.

[24] AYRES N M, MCCLUNG A M, LARKIN P D, et al.Microsatellites and a single-nucleotide polymorphism differentiate apparent amylose classes in an extended pedigree of US rice germ plasm [J].Theoretical & Applied Genetics, 1997, 94(6−7): 773−781.

[25] BABA T, TANAKA K.IIdentification, cDNA cloning, and gene expression of soluble starch synthase in rice (Oryza sativa L.)immature seeds [J].Plant Physiology, 1993, 103(2): 565−573.

[26] BALL, STEVEN, GUAN, et al.From Glycogen to Amylopectin: A Model for the Biogenesis of the Plant Starch Granule [J].Cell, 1996, 86(3): 349−352.

[27] BAO J S, ZHENG X W, XIA Y W, et al.QTL mapping for the paste viscosity characteristics in rice (Oryza sativa, L.) [J].Theoretical & Applied Genetics, 2000, 100(2): 280−284.

[28] BAO J S.Towards understanding of the genetic and molecular basis of eating and cooking quality of rice [J]. Cereal Foods World, 2012, 57: 148−156.

[29] BHATTACHARYA K R, SOWBHAGYA C M, SWAMY Y M I.Importance of insoluble amylose as a determinant of rice quality [J].Journal of the Science of Food & Agriculture, 2010, 29(4): 359−364.

[30] BLIGH S W A, CHOWDHURY A H M S, MCPARTLIN M, et al.Neutral gadolinium(Ⅲ) complexes of bulky octadentate dtpa derivatives as potential contrast agents for magnetic resonance imaging [J].Polyhedron, 1995, 14(4): 567−569.

[31] BURTON R A, BEWLEY J D, SMITH A M, et al.Starch branching enzymes belonging to distinct enzyme families are differentially expressed during pea embryo development [J].The Plant Journal, 1995, 7(1): 13.

[32] CAI X L, WANG Z Y, XING Y Y, et al.Aberrant splicing of intron 1leads to the heterogeneous 5' UTR and decreased expression of waxy gene in rice cultivars of intermediate amylose content [J].Plant Journal, 2010, 14 (4): 459−465.

[33] CHEETHAM NWH, TAO L.Variation in crystalline type with amylose content in maize starch granules: an X-ray powder diffraction study [J].Carbohydrate Polymers, 1998, 36(4): 277−284.

[34] CHRASTIL J.Enzyme activities in preharvest rice grains. [J].Journal of Agricultural & Food Chemistry, 1993, 41(12): 2245−2248.

[35] CRAIG J, LLOYD J R, TOMLINSON K, et al.Mutations in the Gene Encoding Starch Synthase II Profoundly Alter Amylopectin Structure in Pea Embryos [J].Plant Cell, 1998, 10(3): 413−426.

[36] CROFTS N, ABE N, OITOME N F, et al.Amylo -pectin biosynthetic enzymes from developing rice seed form enzymatically active protein complexes [J].Journal of Experimental Botany, 2015, 66(15): 4469−4482.

[37] DENYER K, CLARKE B, HYLTON C, et al.The elongation of amylose and amylopectin chains in isolated starch granules [J].Plant Journal, 2010, 10(6): 1135−

1143.

［38］DENYER K, SMITH A M.The purification and characterisation of the two forms of soluble starch synthase from developing pea embryos［J］.Planta, 1992, 186（4）: 609－617.

［39］DIAN W, JIANG H, CHEN Q, et al.Cloning and characterization of the granule-bound starch synthase II gene in rice: gene expression is regulated by the nitrogen level, sugar and circadian rhythm［J］.Planta, 2003, 218（2）: 261－268.

［40］DINGES J R, COLLEONI C, JAMES M G, et al.Mutational Analysis of the Pullulanase-Type Debranching Enzyme of Maize Indicates Multiple Functions in Starch Metabolism［J］.Plant Cell, 2003, 15（3）: 666－680.

［41］ERLANDER S R.A proposed mechanism for the synthesis of starch from glycogen［J］.Enzymologia, 1958, 19（5）: 273－283.

［42］FISHER D K, GAO M, KIM K N, et al.Allelic Analysis of the Maize amylose-extender Locus Suggests That Independent Genes Encode Starch-Branching Enzymes IIa and IIb［J］.Plant Physiology, 1996, 110（2）: 611－619.

［43］FLIPSE E, STRAATMAN-ENGELEN I, KUIPERS A G, et al.GBSS T-DNA inserts giving partial complementation of the amylose-free potato mutant can also cause co-suppression of the endogenous GBSS gene in a wild-type background［J］.Plant Molecular Biology, 1996, 31（4）: 731－739.

［44］FUJITA N, KUBO A, SUH D S, et al.Antisense Inhibition of Isoamylase Alters the Structure of Amylopectin and the Physicochemical Properties of Starch in Rice Endosperm［J］.Plant & Cell Physiology, 2003, 44（6）: 607－618.

［45］FUJITA N, TOYOSAWA Y, UTSUMI Y, et al.Characterization of pullulanase（PUL）-deficient mutants of rice（Oryza sativa L.）and the function of PUL on starch biosynthesis in the developing rice endosperm［J］.Journal of Experimental Botany, 2009, 60（3）: 1009.

［46］FUJITA N, YOSHIDA M, KONDO T, et al.Characterization of SSIIIa-deficient mutants of rice: the function of SSIIIa and pleiotropic effects by SSIIIa deficiency in the rice endosperm［J］.Plant Physiology, 2007, 144（4）: 2009－2023.

［47］FUSHAN L, MAKHMOUDOVA A, LEE E A, et al.The amylose extender mutant of maize conditions novel protein-protein interactions between starch biosynthetic enzymes in amyloplasts［J］.Plant Physiology & Biochemistry Ppb, 2014, 83（15）: 4423－4440.

［48］GAO M, WANAT J, STINARD P S, et al.Characte-rization of dull1, a Maize Gene Coding for a Novel Starch Synthase［J］.Plant Cell, 1998, 10（3）: 399－412.

［49］GENSCHEL U, ABEL G.The sugary-type isoamylase in wheat: tissue distribution and subcellular localisation［J］.Planta（Berlin）, 2002, 214（5）: 813－820.

［50］GREEN T W, HANNAH L C.Adenosine diphosphate glucose pyrophosphorylase, a rate - limiting step in starch biosynthesis［J］.Physiologia Plantarum, 2010, 103（4）: 574－580.

［51］HAN X Z, HAMAKER B R.Amylopectin fine structure and rice starch paste breakdown［J］.Journal of Cereal Science, 2001, 34（3）: 279－284.

［52］HARRINGTON S E, BLIGH H F J, PARK W D, et al.Linkage mapping of starch branching enzyme III in rice（Oryza sativa L.）and prediction of location of orthologous genes in other grasses［J］.Theoretical and Applied Genetics, 1997, 94（5）: 564－568.

［53］HIRANO H Y, SANO Y.Comparison of Waxy gene regulation in the endosperm and pollen in Oryza sativa L［J］.Genes & Genetic Systems, 2000, 75（5）: 245－

249.

[54] HIRANO H Y, SANO Y.Molecular Characterization of the waxy Locus of Rice（Oryza sativa）[J].Plant & Cell Physiology, 1991, 32（7）: 989−997.

[55] HIRANO H Y, TABAYASHI N, MATSUMURA T, et al.Tissue-Dependent Expression of the Rice wx+ Gene Promoter in Transgenic Rice and Petunia [J].Plant & Cell Physiology, 1995, 36（1）: 37−44.

[56] HIROSE T, TERAO T.A comprehensive expression analysis of the starch synthase gene family in rice（Oryza sativa L.）[J].Planta, 2004, 220（1）: 9−16.

[57] HUANG Y C, LAI H M.Characteristics of the starch fine structure and pasting properties of waxy rice during storage [J].Food Chemistry, 2014, 152（152）: 432−439.

[58] ISSHIKI M, NAKAJIMA M, SATOH H, et al.Dull: rice mutants with tissue-specific effects on the splicing of the waxy pre-mRNA [J].Plant Journal, 2010, 23（4）: 451−460.

[59] JIANG H, DIAN W, LIU F, et al.Molecular cloning and expression analysis of three genes encoding starch synthase II in rice [J].Planta, 2004, 218（6）: 1062−1070.

[60] JR P B F, ZHANG Y, PARK SY, et al.Genomic DNA sequence of a rice gene coding for a pullulanase-type of starch debranching enzyme [J].Biochim Biophys Acta, 1998, 1387（1−2）: 469−477.

[61] KAWASAKI T, MIZUNO K, BABA T, et al.Molecular analysis of the gene encoding a rice starch branching enzyme [J].Molecular & General Genetics Mgg, 1993, 237（1−2）: 10.

[62] KHARABIANMASOULEH A, WATERS D L E, REINKE R F, et al.SNP in starch biosynthesis genes associated with nutritional and functional properties of rice [J].Sci Rep, 2012, 2（8）: 557.

[63] KRISHNAN H B, REEVES C D, OKITA T W, et al.ADP-glucose Pyrophosphorylase Is Encoded by Different mRNA Transcripts in Leaf and Endosperm of Cereals [J].Plant Physiology, 1986, 81（2）: 642−645.

[64] KUBO A, RAHMAN S, UTSUMI Y, et al.Comple-mentation of sugary−1 phenotype in rice endosperm with the wheat isoamylase1 gene supports a direct role for isoamylase1 in amylopectin biosynthesis [J].Plant Physiology, 2005, 137（1）: 43−56.

[65] KUBO A.The starch debranching enzymes isoamylase and pullulanase are both involved in amylopectin biosynthesis in rice endosperm [J].Plant Physiology, 1999, 121（2）: 399−409.

[66] LEE S K, HWANG S K, HAN M, et al.Identification of the ADP-glucose pyrophosphorylase isoforms essential for starch synthesis in the leaf and seed endosperm of rice（Oryza sativa L.）[J].Plant Molecular Biology, 2007, 65（4）: 531−546.

[67] LI H, PRAKASH S, NICHOLSON T M, et al.The importance of amylose and amylopectin fine structure for textural properties of cooked rice grains [J] Food Chem, 2016, 196: 702−711.

[68] LIU F, AHMED Z, LEE E A, et al.Allelic variants of the amylose extender mutation of maize demonstrate phenotypic variation in starch structure resulting from modified protein-protein interactions [J].Journal of Experimental Botany, 2012, 63（3）: 1167−1183.

[69] LLOYD J R, LANDSCHÜTZE V, KOSSMANN J, et al.Simultaneous antisense inhibition of two starch-synthase isoforms in potato tubers leads to accumulation of grossly modified amylopectin [J].Biochemical Journal, 1999, 338（2）: 515.

[70] MARTIN C, SMITH A M.Starch biosynthesis [J].Plant Cell, 1995, 7（7）: 971.

[71] MIZUNO K, KAWASAKI T, SHIMADA H, et al.Alteration of the structural properties of starch

components by the lack of an isoform of starch branching enzyme in rice seeds [J] .Journal of Biological Chemistry, 1993, 268(25): 84-91.

[72] MIZUNO K, KIMURA K, ARAI Y, et al.Starch branching enzymes from immature rice seeds [J] .Journal of Biochemistry, 1992, 112(5): 643-651.

[73] MIZUNO K, KOBAYASHI E, TACHIBANA M, et al.Characterization of an isoform of rice starch branching enzyme, RBE4, in developing seeds [J] .Plant & Cell Physiology, 2001, 42(4): 349.

[74] MORELL MK, BLENNOW A, KOSARHASHEMI B, et al.Differential expression and properties of starch branching enzyme isoforms in developing wheat endosperm [J] .Plant Physiology, 1997, 113(1): 201- 208.

[75] MYERS A M, MORELL M K, JAMES M G, et al.Recent progress toward understanding biosynthesis of the amylopectin crystal [J] .Plant Physiology, 2000, 122 (4): 989-997.

[76] NAIR R B, BKIM K N.Two closely related cDNAs encoding starch branching enzyme from Arabidopsis thaliana [J] .Plant Molecular Biology, 1996, 30(1): 97.

[77] NAKAMURA S, SATOH H, OHTSUBO K, et al.Development of formulae for estimating amylose content, amylopectin chain length distribution, and resistant starch content based on the iodine absorption curve of rice starch [J] .Journal of the Agricultural Chemical Society of Japan, 2015, 79(3): 443-455.

[78] NAKAMURA Y, AIHARA S, CROFTS N, et al.In vitro studies of enzymatic properties of starch synthases and interactions between starch synthase I and starch branching enzymes from rice [J] .Plant Science An International Journal of Experimental Plant Biology, 2014, 224(13): 1-8.

[79] NAKAMURA Y, NAGAMURA Y, KURATA N, et al.Linkage localization of the starch branching enzyme I(Q-enzyme I)gene in rice [J] .Theoretical & Applied Genetics, 1994, 89(7-8): 859-860.

[80] NAKAMURA Y, ONO M, UTSUMI C, et al. Functional Interaction Between Plastidial Starch Phosphorylase and Starch Branching Enzymes from Rice During the Synthesis of Branched Maltodextrins [J] .Plant & Cell Physiology, 2012, 53(5): 869-878.

[81] NAKAMURA Y, SAKURAI A, INABA Y, et al.The fine Structure of Amylopectin in Endosperm from Asian Cultivated Rice can be largely Classified into two Classes [J] .Starch, 2002, 54(3-4): 117-131.

[82] NAKAMURA Y, UMEMOTO T, OGATA N, et al.Starch debranching enzyme(R-enzyme or pullulanase) from developing rice endosperm: purification, cDNA and chromosomal localization of the gene [J] .Planta, 1996, 199(2): 209-218.

[83] NAKAMURA Y, UTSUMI Y, SAWADA T, et al.Characterization of the reactions of starch branching enzymes from rice endosperm [J] .Plant & Cell Physiology, 2010, 51(5): 776-794.

[84] NAKAMURA YYUKI K.Changes in enzyme activities associated with carbohydrate metabolism during the development of rice endosperm [J] .Plant Science, 1992, 82(1): 15-20.

[85] NAKAMURA Y.Some properties of starch debranching enzymes and their possible role in amylopectin biosynthesis [J] .Plant Science, 1996, 121 (1): 1-18.

[86] OKAGAKI R J, WESSLER S R.Comparison of non-mutant and mutant waxy genes in rice and maize [J] . Genetics, 1988, 120(4): 1137.

[87] ONG M H, BLANSHARD J M V.Texture deter-m inants in cooked, parboiled rice I: Rice starch amylose and the fine stucture of amylopectin [J] .Journal of Cereal Science, 1995, 21(3): 251-260.

[88] RAHMAN A, WONG K, JANE J, et al.Characte
-rization of SU1Isoamylase, a Determinant of Storage
Starch Structure in Maize [J].Plant Physiology, 1998,
117(2): 425-435.

[89] RENZ A, STITT M.Substrate specificity and
product inhibition of different forms of fructokinases and
hexokinases in developing potato tubers [J].Planta, 1993,
190(2): 166-175.

[90] ROLDÁN I, WATTEBLED F, MERCEDES L M,
et al.The phenotype of soluble starch synthase Ⅳ defective
mutants of Arabidopsis thaliana suggests a novel function
of elongation enzymes in the control of starch granule
formation [J].Plant Journal for Cell & Molecular Biology,
2010, 49(3): 492-504.

[91] SATOH H, NISHI A, YAMASHITA K, et
al.Starch-Branching Enzyme I-Deficient Mutation
Specifically Affects the Structure and Properties of Starch
in Rice Endosperm [J].Plant physiology, 2003, 133(3):
1111-1121.

[92] SMITH A M, DENYER K, MARTIN C R.What
Controls the Amount and Structure of Starch in Storage
Organs? [J].Plant Physiology, 1995, 107(3): 673-
677.

[93] STARK D M, TIMMERMAN K P, BARRY G F,
et al.Regulation of the Amount of Starch in Plant Tissues
by ADP Glucose Pyrophosphorylase [J].Science, 1992,
258(50): 287-292.

[94] SULLIVANTD, Kaneko.The maize brittle1gene
encodes amyloplast membrane polypeptides [J].Planta,
1995, 196(3): 477-484.

[95] TAKEDA Y, HIZUKURI S, JULIANO B O,
Structures of rice amylopectins with low and high affinities
for iodine [J].Carbohydrate Research, 1987, 168(1):
79-88.

[96] TAKEMOTO-KUNO Y, SUZUKI K, NAKAMURA
S, et al.Soluble Starch Synthase I Effects Differences in

Amylopectin Structure between indica and japonica Rice
Varieties [J].Journal of Agricultural and Food Chemistry,
2006, 54(24): 9234-9240.

[97] TANAKA K, OHNISHI S, KISHIMOTO N, et
al.Structure, organization, and chromosomal location
of the gene encoding a form of rice soluble starch
synthase [J].Plant Physiology, 1995, 108(2): 677-
683.

[98] TANAKA Y, AKAZAWA T.Enzymic mechanism
of starch synthesis in ripening rice grains Ⅵ.Isozymes of
starch synthetase [J].Plant & Cell Physiology, 1971, 12
(4): 493-505.

[99] TANG X J, PENG C, ZHANG J, et al.ADP-
glucose pyrophosphorylase large subunit2is essential for
storage substance accumulation and subunit interactions in
rice endosperm [J].Plant Science, 2016, 249: 70-83.

[100] TETLOW I J, MORELL M K, EMES M J, et
al.Recent developments in understanding the regulation
of starch metabolism in higher plants [J].Journal of
Experimental Botany, 2004, 55(406): 2131-2145.

[101] TETLOW I J, WAIT R, LU Z X, et al.
Proteinphosesphorylation in amyloplas tsregulates starch
branching enzyme activityand protein interactions [J].
PlantCell, 2004, 16: 694-708.

[102] TIAN Z, QIAN Q, LIU Q, et al.Allelic diversities
in rice starch biosynthesis lead to a diverse array of rice
eating and cooking qualities [J].Proc Natl Acad Sci U S A,
2009, 106(51): 21760-21765.

[103] TUNCEL A, CAKIR B, HWANG SK, et al.The
role of the large subunit in redox regulation of the rice
endosperm ADP-glucose pyrophosphorylase [J].FEBS
Journal, 2014, 281(21): 4951-4963.

[104] UMEMOTO T, YANO M, SATOH H, et al.
Mapping of a gene responsible for the difference in
amylopectin structure between japonica-type and indica-
type rice varieties [J].Theoretical & Applied Genetics,

2002, 104（1）: 1−8.

［105］UTSUMI Y, UTSUMIC, SAWADA T, et al.
Functional Diversity of Isoamylase Oligomers: The
ISA1Homo-Oligomer Is Essential for Amylopectin
Biosynthesis in Rice Endosperm［J］.Plant Physiology,
2011, 156（1）: 61−77.

［106］VAND W M, D'HULST C, VINCKEN J P, et
al.Amylose is synthesized in vitro by extension of and
cleavage from amylopectin［J］.Journal of Biological
Chemistry, 1998, 273（35）: 22232−22240.

［107］WANG A Y, KAO M H, YANG W H, et al.
Differentially and developmentally regulated expression
of three rice sucrose synthase genes［J］.Plant & Cell
Physiology, 1999, 40（8）: 8007.

［108］WANG Z Y.Nucleotide sequence of rice waxy
gene［J］.Nucleic Acids Res, 1990, 18（19）: 5898.

［109］WANG Z, ZHENG F, SHEN G, et al.The
amylose content in rice endosperm is related to the post-
transcriptional regulation of the waxy gene［J］.Plant
Journal, 1995, 7（4）: 613−622.

［110］WANG Z Y, ZHENG F Q, SHEN G Z, et
al.Nucleotide sequence of rice waxy gene［J］.Nucleic

Acids Research, 1990, 18（19）: 5898.

［111］YAN C J, TIAN Z X, FANG Y W, et al.Genetic
analysis of starch paste viscosity parameters in glutinous
rice（Oryza sativa L.）［J］.Theoretical & Applied
Genetics, 2011, 122（1）: 63−76.

［112］YANG F, CHEN Y, TONG C, et al.Association
mapping of starch physicochemical properties with starch
synthesis-related gene markers in nonwaxy rice（Oryza
sativa L.）［J］.Molecular Breeding, 2014, 34（4）:
1747−1763.

［113］YANO M, OKUNO K, KAWAKAMI J, et al.
High amylose mutants of rice, Oryza sativa L［J］.
Tag.theoretical & Applied Genetics theoretische und
Angewandte Genetik, 1985, 69（3）: 253−257.

［114］ZEEMAN S C, UMEMOTO T, LUE W L, et al.A
mutant of Arabidopsis lacking a chloroplastic isoamylase
acumulates both starch and phytoglycogen［J］.Plant Cell,
1998, 10（10）: 1699−1711.

［115］ZHANG X, SZYDLOWSKI N, DELVALLÉ D, et
al.Overlapping functions of the starch synthases SS Ⅱ and
SS Ⅲ in amylopectin biosynthesis in Arabidopsis.［J］.
Bmc Plant Biology, 2008, 8（1）: 96.

第四章

稻米淀粉的理化性质

稻米是东亚、东南亚和南亚地区的主要食粮，而淀粉是稻米的主要成分，占其重量的 75%~85%。稻米虽然产量很大，仅我国就年产稻米约 1.8 亿 t，但由于价格较高，又是人的主要口粮，并且不能直接通过水磨法来提取淀粉，提高了加工成本，一般只在部分产量集中的地区才用于加工淀粉及其深加工产品。因此，与玉米淀粉、薯类淀粉相比，稻米淀粉的生产及其深加工相对比较落后。然而随着淀粉应用领域的不断拓展，研究者发现稻米淀粉具有一些特殊的物理化学性质，能够满足一些特殊应用行业的需求，如用于生产多孔淀粉、抗消化淀粉、模拟脂肪和明胶替代物等。因此，研究者正致力于研究稻米淀粉的理化性质，以便能开发出一些附加值较高的稻米淀粉及其深加工产品。

稻米的特性主要取决于淀粉，而淀粉特性因作物的来源、种类、品种、生长环境不同而存在较大差异（表 4-1、表 4-2）。淀粉颗粒大小、直/支链淀粉比、淀粉链长分布及其他非淀粉成分（如脂质、蛋白质、磷等物质），也会影响淀粉的特性。姚新灵（2001）研究报道，脂质会降低淀粉与水的结合能力，而影响淀粉的溶解度和溶解性。脂质与直链淀粉形成复合物，会影响淀粉糊、糊胶的结合力和增稠力，并使糊胶和膜不透明，降低糊胶和膜的质量。磷酸基团可以影响淀粉的糊胶黏性。

（1）稻米淀粉为高结晶性淀粉，属于 A 型 X 射线衍射图谱。

（2）稻米淀粉在偏振光下观察具有双折射现象，淀粉颗粒在光学显微镜图示偏光十字。

表 4-1　不同作物淀粉特性比较

作物来源	水稻	马铃薯	玉米	小麦	大麦
晶体类型	A	B	A	A	A
颗粒大小 /μm	3～8	1～2, 20～100	2～30	1～10, 10～35	2～3, 10～32
颗粒形状	正六面体形、不规则多角形	卵圆形、不规则形	多角形、圆形	碟形或菱形, 椭圆形, 多角形	不规则菱形
直链淀粉 /(%, 总淀粉)	5.0～28.4	20.1～30.0	22～33	18～30	21～24
自由脂肪酸 /(%, 干重)	0.22～0.50	—	0.30～0.53	0.78～1.19	0.03～0.05
蛋白质 /(%, 干物质)	6.3～7.8	0.06	0.35	0.4	—
膨胀力 /(g/g)	20～30(95℃)	1 159(95℃)	22(95℃)	18.3～26.6(100℃)	—
溶解性 /(g/g)	11～18(95℃)	82(95℃)	22(95℃)	1.55(100℃)	—
糊化温度 /℃	55～79	60～65	75～80	80～85	56～62
结晶度 /%	38～39	25～40	38～43	36～39	20～40

表 4-2　不同类型稻米淀粉的理化性质

淀粉类型	碘蓝值 /(OD/g)	特性黏度 η /(mL/g)	酶解力 /(OD/g)	最大吸收波长 λ /(max/nm)	晶体熔解温度 /℃	玻璃化转变温度 /℃
籼米淀粉	2.32	132.38	0.03	600～620	75.8	45
粳米淀粉	1.98	144.02	0.031	600～620	72	45
糯米淀粉	0.59	167.45	0.035	520	42.3	42

（3）稻米淀粉颗粒具有渗透性，水和溶液能够自由渗入颗粒内部，工业上应用化学方法加试剂于淀粉的悬浮液中，生产变性淀粉，就是利用颗粒的渗透性，水起载体的作用。淀粉颗粒内部有结晶和无定形区域，后者具有较高的渗透性，化学反应主要发生在此区域。

（4）稻米淀粉的吸水率和溶解度在 60℃～80℃缓慢上升，在 90℃～95℃急剧上升。

（5）稻米淀粉粒不溶于一般有机溶剂，能溶于二甲基亚砜（DMSO）和二甲亚酰胺，淀粉结构的紧密程度与酶的溶解度呈负相关。

（6）水结合力的强弱与淀粉颗粒结构的致密程度有关。籼米和粳米水结合力一般为107%～120%，糯米可达 128%～129%。

与此同时，由于胚乳中心部分的淀粉积累较早而外层部分较迟，稻米淀粉存在生理年龄的差异，即存在一种由内而外的生理梯度，表现在米粒淀粉结构、化学组成和理化性质也有层次的差异。米粒外层部分的淀粉粒径较中心部分淀粉的小 0.5～1.5 μm；直链淀粉含量比中心部分低 20%～30%；外层部分的淀粉含有较多的络合蛋白质，而含结合脂类较少；外层淀粉含油酸、亚油酸较多，而含十四烷酸、棕榈酸则较少。不同层次的淀粉在热力学特性和糊化特性方面也存在差别。①差示扫描量热仪测定表明，与中心部分的淀粉相比，外层部分淀粉的吸热开始较早，到达顶点时的温度较高，总糊化吸热量少，但在低中温区吸热较多。②淀粉糊化测定表明，外层淀粉表现为黏度开始上升的温度较低，峰值温度较高，各种黏度值也比中心部分的淀粉大。③外层淀粉的膨润力较小，并且溶出物中支链淀粉的百分比也比中心部分淀粉大。④采用糖化酶分解淀粉粒时，外层淀粉表现出的抵抗力较弱。

目前，我国对稻米深加工的研究还不够深入，特别是对稻米淀粉的晶体特性、热特性、分子特性和物系特性的研究较落后，对稻米特性与米制品加工的相关性还不很清楚，因而对食品加工的原料选择和工艺确定存在较大的盲目性。研究稻米淀粉的理化特性及其相关关系，对指导稻米食品的加工、食品品质的控制等都有较大意义。

第一节　稻米淀粉的理化性质

稻米的理化性质主要包括淀粉与碘结合的特性，淀粉的溶解特性、胶稠度、糊化特性、黏滞性、凝胶特性，以及回生性等。

一、淀粉与碘的结合

淀粉的分子是由葡萄糖基构成的链状结构，按链的长短及其分支情况，分为直链、支链淀粉。淀粉的链具有螺旋状结构，每 6 个葡萄糖基构成一螺旋圈，且羟基均指向内圈。当碘分子进入内圈时，羟基成为供电子体，形成淀粉－碘包合物（图 4-1）。淀粉与碘的结合性能可以用碘蓝值（Blue Value，BV）表示，即 680 nm 处的吸光值。

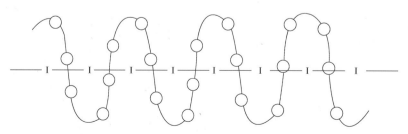

图 4-1　淀粉－碘包合物

　　直链淀粉遇碘呈蓝色，而支链淀粉遇碘呈紫红色，糊精与碘结合显色不同的主要原因是生成的淀粉－碘包合物不同。直链淀粉是由 D-葡萄糖分子通过 α-1，4 糖苷键连接的直链分子，卷曲成螺旋形，碘分子嵌入淀粉螺旋体的轴心部位，借助范德华力形成淀粉－碘包合物。淀粉与碘生成包合物的颜色，与淀粉糖苷链的长度、聚合度或相对分子质量有关。在淀粉中，每个碘分子跟一个螺旋中的 6 个葡萄糖基结合。当链长小于 6 个葡萄糖基时，不能形成一个螺旋圈，因而不能呈色。当平均长度为 20 个葡萄糖基时呈红色，大于 30 个葡萄糖基时呈蓝色。支链淀粉的相对分子质量虽然较大，但支链淀粉分支短链的长度只有 20~30 个葡萄糖基，碘分子进入长短不一的螺旋卷曲管内呈现不同颜色，支链淀粉遇碘呈紫红色正是蓝、红混合色。直链淀粉的链长超过 30 个葡萄糖基，所以与碘作用呈现蓝色。同时，在一定的聚合物或相对分子质量范围内，随聚合度或相对分子质量的增加，包含物颜色的变化由无色、橙色、淡红、紫色到蓝色（表 4-3）。例如，直链淀粉的聚合度是 200~980 或相对分子质量是 3.2万~16.0 万时，包合物是蓝色。分支很多的支链淀粉，在支链上的直链平均聚合度 20~28，这样形成的包合物是紫色的。对于糊精，聚合度为 4~6 的与碘作用呈无色，聚合度为 8~20的与碘作用呈红色，聚合度大于 40 的与碘作用呈蓝色。

表 4-3　淀粉的聚合度与生成碘包合物的颜色

葡萄糖单位的聚合度	3.8	7.4	12.9	18.3	20.2	29.3	34.7 以上
包合物的颜色	无色	淡红	红	棕红	紫色	蓝紫色	蓝色

　　近年来研究发现，不同稻米淀粉类型的碘蓝值也不相同，在籼米、粳米和糯米的淀粉中，籼米淀粉的碘蓝值最大，其次是粳米淀粉，糯米淀粉最小，正好反映了 3 种稻米淀粉中直链淀粉的含量，碘蓝值越大，直链淀粉含量越高。籼米淀粉和粳米淀粉的最大吸收波长比较接近，为 600~620 mm；糯米淀粉中直链淀粉含量几乎为 0，最大吸收波长为 520 nm 左右，与纯支链淀粉接近（赵明思等，2002）。

　　淀粉的碘蓝值与糊化程度和老化程度都有关系。程科等（2006）研究发现糊化温度、最低黏度与碘蓝值呈正相关，最终黏度、回升值与碘蓝值呈极显著正相关，这与 Cheng 等（1995）和 Kubota 等（1979）的研究结果有一致性。赵思明等（2001）研究了淀粉糊物系结构及其老化特性后发现，老化后的淀粉与碘的呈色反应会随老化程度的升高而减弱。朱雪瑜等（1981）在研究淀粉碘蓝值与淀粉糊化特性相关性的过程中发现，淀粉黏度与大米淀粉碘蓝值有显著的相关性，而大米食味与黏度有显著的相关性，因此，认为大米淀粉碘蓝值可以考虑作为一种贮粮品质指标。通过碘蓝试验，用碘蓝值来评定食味，比用黏度来评定食味的灵敏度更高。之后又有很多专家对碘蓝值和米饭的食味进行了相关性研究，熊善柏等（2002）研究表明，碘蓝值与大米香气、色泽、形态、食味评分呈正相关，但未达到显著水平。张欣等（2010）对 74 份粳稻品种的米饭碘蓝值进行研究发现，碘蓝值与米饭外观、黏度呈显著正相关，与硬度呈极显著负相关，与平衡和食味值呈极显著正相关。

根据淀粉与碘结合的特性，可以测定直链淀粉的含量。Herrero-martinez 等（2004）研究认为，利用直链淀粉和支链淀粉对碘吸附力的不同，也可用毛细管电泳快速准确地测定淀粉中直链淀粉和支链淀粉的比例。Juliano（1985）按淀粉 - 碘比色法测定结果对精米进行分类，直链淀粉含量占 1%~2% 的为糯米，2%~12% 的为极低直链淀粉米，12%~20% 的为低直链淀粉米，20%~25% 的为中度直链淀粉米。但是研究发现，直链淀粉最高含量为 20%，另外一部分碘是由支链淀粉的线型长链吸附的（Takeda，1987），使其测定值增大。因此，他们又把直链淀粉的比色值改称为"表观直链淀粉含量"。稻米品质与直链淀粉含量存在密切关系，总的来说，直链淀粉含量越高，米饭质地越硬；直链淀粉含量越低，米饭质地越软。但也有研究发现，直链淀粉含量相同的稻米品种，米饭质地相差较大，这可能与支链淀粉的链长分布有关。一般淀粉的长链越多，米饭质地越硬。

二、淀粉的溶解特性

淀粉的溶解特性常用吸水率、溶解度、溶解率和膨胀度（膨润力）来表示。吸水率是指每克淀粉（干基）在一定温度下吸水的质量；溶解度是指在一定温度下淀粉样品的溶解率；淀粉吸水膨胀能力在不同水稻品种之间存在差别。膨胀度的测定是分散一定质量的淀粉于水中，形成淀粉乳，置于离心管中，在一定温度下水浴加热 30 min，然后离心。膨胀度为湿淀粉重量与起始淀粉重量的比值。将上清液于 130 ℃烘干并称重，溶解率为上清液干重与起始淀粉重量的比值。

吸水率、溶解度、溶解率和膨胀度能够反映淀粉与水之间的相互作用强弱。一般随着加热温度的上升，淀粉样品的吸水率和膨胀度上升，同时淀粉的溶解度也增加（表 4-4）。稻米淀粉的水吸收率和溶解度在 60 ℃~80 ℃缓缓上升，在 90 ℃~95 ℃急剧上升。稻米淀粉粒不溶于一般有机溶剂，但能溶于二甲基亚砜（DMSO）和二甲亚酰胺，淀粉结构紧密程度与酶溶解度呈负相关。

表 4-4　普通稻米淀粉的吸水率、溶解度和膨润力

温度 /℃	吸水率 /（g/g）	溶解度 /（g/g）	膨润力
60	2.95	0.96	3.95

续表

温度 /℃	吸水率 /（g/g）	溶解度 /（g/g）	膨润力
70	4.53	1.74	5.53
80	10.01	4.26	11.01
90	13.15	9.25	14.13

　　淀粉分子含有众多的羟基，亲水性很强，但淀粉颗粒却不溶于水，这是因为羟基之间通过氢键连接的缘故。纯支链淀粉易分散于冷水中，而直链淀粉则相反，天然淀粉粒完全不溶于冷水。在 60 ℃～80 ℃ 热水中，天然淀粉粒由于氢键的断裂，晶体结构被破坏，水分子通过氢键连接到直链淀粉和支链淀粉暴露的羟基基团上，这会引起膨胀和溶解。在此过程中，直链淀粉分子从淀粉粒向水中扩散，分散成胶体溶液，而支链淀粉仍保留于淀粉粒中。当胶体溶液冷却后，直链淀粉即沉淀析出，不能再分散于热水中。若再对溶胀后的淀粉粒加热和搅拌，支链淀粉便分散成稳定的黏稠胶体溶液，冷却后也无变化。

　　纯直链淀粉与支链淀粉在水中分散性能不同，可从它们的分子结构与性质的关系来解释。从结构上讲，支链淀粉分子间在氢键作用下形成束状结构，不利于与水分子形成氢键；直链淀粉则结构较开放，水分子易形成氢键，有利于支链淀粉分散于水中。Madhusudhan 等（1995）的研究发现，稻米淀粉为典型的一段式膨胀，而且淀粉在水中的溶解度较小，但能在 60h 内完全溶解于 DMSO。

三、淀粉的胶稠度

　　胶稠度（Gel Consistency，GC）是评价稻米蒸煮食用品质的重要指标之一，是稻米淀粉胶的一种胶体特性，反映精米中 4.4% 冷米胶的软硬程度。稻米淀粉经稀碱热糊化成为米糊胶，冷却后在水平放置的试管中会有一定程度的延伸，延伸后的米糊胶长度，称为胶稠度。胶稠度是稻米胚乳中直链淀粉含量，直链淀粉和支链淀粉分子综合作用的反映，与米饭的柔软性、黏滞性有关。同时由于胶稠度和其他一些食用品质指标（如米饭感官试验），淀粉糊化特征曲线，以及米饭的硬度、口感等有直接的关系，因此，胶稠度指标对于快速评价稻米食用品质也具有重要意义。

　　通过米胶在平板上的流淌长度不同，通常将胶稠度分为硬（26～40 mm）、中（40～60 mm）、软（61～100 mm）3 个等级。软胶稠度的米饭湿润光滑且有弹性，冷却后保持柔软。一般糯米的胶稠度在 90 mm 以上；大多数粳米品种具有软胶稠度，少数为中胶稠度；籼米品种间的胶稠度差异较大，软、中、硬 3 种类型兼有。根据国家优质稻米标准，一级优质籼米的胶稠度要求大于 60 mm，一级优质粳米的胶稠度要求大于 70 mm。根据调查研究，我国籼米胶稠度为 20～170 mm，平均 65 mm，胶稠度为 35～90 mm 的品种超过 55%，意味着我国籼米基本上保持软硬适中的口感；粳米胶稠度基本为 20～145 mm，平均值 85 mm，意味着粳米松软可口。

稻米的胶稠度与结实期间的日均温度有着密切关系。程方民等（1996）对多个不同类型水稻品种进行多试点、多播期和人工气候箱模拟试验的结果表明，齐穗后 20 d 内的日均温度对稻米胶稠度有主要影响，认为可能是灌浆初、中期决定稻米胶稠度特性的支链淀粉急剧变化，最易受外界条件影响的缘故。在生产上，选择熟期适宜的品种或调整播插期，使水稻齐穗后 20 d 内温度有利于增加稻米胶稠度，可达到改良稻米食味品质的目的。据研究表明，稻米胶稠度与直链淀粉含量有一定的关系，一般直链淀粉含量越高，米胶平淌距离越短，胶稠度越硬；反之，则软。灌浆成熟期的温度越高，稻米的直链淀粉含量越低，这可能是较高温度条件下灌浆成熟的稻米胶稠度较软的主要原因。除温度因素外，抽穗灌浆期的大气相对湿度、光照时数对稻米胶稠度也有一定影响。

胶稠度的测定通常采用 100 mg 混合米粉法，只适用于品种分析，而不适用于遗传分析。由于单籽粒胶稠度测定的困难性，前人对这一性状的遗传研究较少。Chauhan 和 Nanda 最初研究认为，胶稠度是由一显性基因控制。汤圣祥（1992）采用 6×6 完全双列杂交和改良单籽粒分析法，对胶稠度的遗传和基因作用进行了研究，硬对中等或软胶稠度，中等对软胶稠度表现显性；通过亲子方差和协方差（Vr-Wr）分析，胶稠度受到包括一对主效基因和若干微效基因（修饰基因）的控制，基因为不完全显性。Khush 等（1993）也研究发现籼米的胶稠度受主效基因控制，若干微效基因进行修饰。何平等（1998）通过 QTL 定位方法检测到 2 个控制胶稠度的 QTL，分别在第 2、第 7 染色体上。包劲松等（1999）利用窄叶青 8 号和京系 17 为亲本杂交构建的 DH 群体及其分子连锁图谱，检测出第 2 染色体上的 $qGC22$ 和第 7 染色体上的 $qGC27$，以及第 5 染色体上的 $qGC25$。吴长明等（2003）以 Asominori/IR$_{24}$ 重组自交系为材料，对控制稻米胶稠度的 QTL 进行分析，检测出 4 个控制胶稠度的 QTL（$Ge1$-$Ge4$），分别位于第 2、第 7、第 9 染色体上，贡献率分别为 16.9%、13.2%、11.3%。

四、淀粉的糊化特性

天然淀粉颗粒不溶于冷水，因此，生活中很多食物的特性并不是天然淀粉表现出来的，如肉汁的口感，软糖和焙饼的质构等，它们都是天然淀粉在水中加热经过变化而具有的特性。当有过量水存在的情况下，将淀粉乳加热，开始颗粒可逆地吸水膨胀，加热至某一温度时颗粒突然膨胀，晶体结构消失，最后变成黏稠的糊，这种现象称为淀粉的糊化（图4-2）。淀粉的糊化作用，是淀粉转变成食品过程中存在的一种不可逆转的物理形式。糊化特性可用于评估淀粉在食品和工业产品中作为功能成分的适性，是淀粉加工处理过程中最重要的指标。

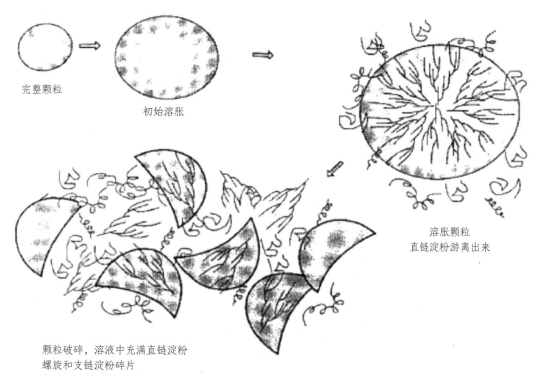

完整颗粒

初始溶胀

溶胀颗粒
直链淀粉游离出来

颗粒破碎，溶液中充满直链淀粉
螺旋和支链淀粉碎片

图4-2　淀粉糊化过程

　　淀粉要完成整个糊化过程，必须要经过可逆吸水阶段、不可逆吸水阶段和颗粒解体阶段。

　　1. 可逆吸水阶段

　　淀粉处在室温条件下，即使浸泡在冷水中，也不会发生任何性质的变化。存在于冷水中的淀粉经搅拌后，则成为悬浊液。若停止搅拌，淀粉颗粒又会慢慢重新下沉。在冷水浸泡的过程中，淀粉颗粒虽然由于吸收少量的水分体积略有膨胀，但却未影响到颗粒中的结晶部分，所以淀粉的基本性质并不改变。淀粉颗粒可以随着重新干燥而将吸入的水分子排出，恢复到原来的状态，称为淀粉的可逆吸水阶段。

　　2. 不可逆吸水阶段

　　淀粉受热加温，水分子开始逐渐进入淀粉颗粒内的结晶区域，便出现了不可逆吸水的现象。这是因为外界的温度升高，淀粉分子的化学键开始断裂。淀粉颗粒内结晶区域变得疏松，使得淀粉的吸水量迅速增加。淀粉颗粒的体积也急剧膨胀，达到原体积的 50～100 倍。如把淀粉重新干燥，水分也不会完全排出，故称为不可逆吸水阶段。

3. 颗粒解体阶段

淀粉颗粒随后进入第三阶段，即颗粒解体阶段。淀粉加热温度继续提高，淀粉颗粒仍在继续吸水膨胀，直至破裂，淀粉分子向各方向伸展扩散，溶出颗粒外。淀粉分子互相联结、缠绕，形成一个网状的含水胶体，这就是淀粉完成糊化后的糊状体。

Brabender 糊化仪黏度快速分析仪（RVA）、差示扫描量热仪（DSC）等均广泛用于测定稻米淀粉的糊化参数。一般用 DSC 来准确测定稻米淀粉的糊化起始温度（T_0）、中间温度（T_p）、终了温度（T_c），以及糊化焓（ΔH）等。稻米淀粉的糊化参数和糊化性质如表 4-5 所示，可以发现与普通稻米淀粉相比，糯米淀粉的起始糊化温度较低，特别是到达峰值黏度时的峰温度相对要低得多。糯米淀粉的峰值黏度、热糊黏度和冷糊黏度也均比普通稻米淀粉低，这些性质可能与稻米淀粉中直链淀粉含量的不同有直接关系。从 DSC 结果中可以看出，普通稻米淀粉和糯米淀粉的各参数值有细微差别，基本上是普通玉米淀粉的参数值稍大于糯米淀粉，说明含水量相同的情况下，糯米淀粉较普通稻米淀粉容易糊化。

表 4-5　不同类型稻米淀粉的糊化性质

淀粉类型	Brabender 黏度曲线					DSC 曲线		
	峰温度 /℃	峰值黏度 /RVU	热糊黏度 /RVU	冷糊黏度 /RVU	破损值 /RVU	T_0/℃	T_p/℃	T_c/℃
稻米淀粉	94.7	233	97	155	136	61.7	69.6	78.4
糯米淀粉	72.6	226	86	118	140	60.5	68.3	78.1

对淀粉糊化动力学的系统研究中，普遍认为淀粉的糊化较符合一级化学反应模型，淀粉的糊化能为 40～100 kJ/mol，与加热温度和含水量有关。随加热温度的升高，淀粉的糊化能有所下降。赵琳琳等（2015）研究发现，稻米淀粉的糊化温度和淀粉凝胶的硬度随贮藏温度升高而增加，淀粉的峰值黏度和最终黏度及淀粉凝胶的黏聚性随贮藏温度升高而降低。熊善柏等（2001）研究了不同初始粒径稻米淀粉的糊化进程，结果表明，在糊化温度以下，淀粉颗粒仅存在吸水膨胀，外部淀粉结构被酶水解；在糊化温度以上，随加热温度的升高，淀粉的糊化速度和糊化程度迅速增高，同时直链淀粉凝胶体也加速形成，从而形成了明显的糊化过程三阶段，说明加热温度对糊化特性的影响较大。

稻米淀粉糊化特性与稻米的食味品质存在密切关系，舒庆尧等（1998）的研究认为，食味品质较好的稻米品种，崩解值大多在 100RUV 以上，而消减值小于 25RUV，且多为负值；相反，食味差的品种崩解值低于 35RUV，而消减值高于 80RUV。吴殿星等（2001）对不同早籼稻品种研究发现，消减值和崩解值等黏滞谱特征值，能特异性区分不同品种表观直链淀粉含量的高低和鉴定中等表观直链淀粉品种食味品质的优劣，糯米和低表观直链淀粉品种的消减值为负值，中等表观直链淀粉品种消减值为正值；崩解值大的品种，胶稠度较好，消减值与米饭的质地和口感相关联。隋炯明等（2005）用 2 年分别对 114 个和 101 个水稻品种（系）的各项品质指标进行测定，结果表明，除最高黏度外，RVA 谱的其余特征值与食味品质的主要指标均呈极显著相关。包劲松等（1999）利用窄叶青 8 号和京系 17 为亲本构建的 DH 群体及其分子连锁图谱，检测到第 6 染色体上的 *alk* 主效基因，与第 6、第 7 染色体上的 QTL 位点 *qGT26b* 和 *qGT27*。吴长明等（2005）以 Asominori 和 IR24 为亲本杂交产生的 RIL 为材料，对控制稻米碱消值的 QTL 进行分析，检测出 2 个控制消碱值的 QTL（As_1 和 As_2），分别位于第 5、第 4 染色体上，贡献率分别为 17.5% 和 13.0%。

五、淀粉黏滞性

淀粉黏滞性可用黏度速测仪（RVA）测定，采用 RVA 测得的淀粉黏滞性图谱，称为 RVA 谱（图 4-3）。稻米淀粉 RVA 谱的测定条件模拟日常稻米蒸煮过程，是淀粉热物理特性的反映。RVA 图谱主要包括最高黏度（Peak Viscosity，PV）、最低黏度（Hot Paste Viscosity，HPV）、最终黏度（Cool Paste Viscosity，CPV）、崩解值（Breakdown Value，BD）、回复值或消减值（Setback Value，SB）、糊化温度（Gelatinization Temperature，GT）、最高黏度时间（Peak Time，PT）。糊化温度（GT）是稻米淀粉在热水或加热条件下失去结晶性，而发生不可逆膨胀，形成淀粉粉糊的温度，是稻米蒸煮品质的重要指标，与煮饭时间长短和吸收水分多少成正比。在稻米品质评价和育种选择中，常选用消碱值（Alkali Spreading Value，ASV）来间接表示糊化温度。随着温度的增加，淀粉的黏度逐渐增大，当淀粉颗粒膨胀速度和崩解速度相同时的黏度，称为最高黏度（PV）。最高黏度反映了淀粉膨胀的程度和结合水的能力，通常与成品的质量有关，因为淀粉颗粒的膨胀、崩解与熟淀粉的质构有关。当达到了最高黏度之后，淀粉颗粒崩解，黏度开始下降。崩解值是用来衡量膨胀淀粉颗粒被破坏的难易程度，表明米饭在蒸煮过程中的稳定程度（Adebowale & Lawal，2003）。最低黏度，也称为热糊黏度，指的是恒温阶段结束时的黏度。然后冷却阶段开始，淀粉黏度开始升高，这个过程叫淀粉的回生。消减值是评价产品质构的指标，与脱水作用和冻融过程密切相关。达到稳定时的淀粉黏度，称为最终黏度或者冷糊黏度，与淀粉在蒸煮冷却后形成黏稠的糊状物或凝胶的能力有关。淀粉基材料或添加物与淀粉相互作用过程，也会影响糊化特性。含二硫键的蛋白质也会影响稻米淀粉糊化过程中的剪切力和凝胶糊状物的刚性。

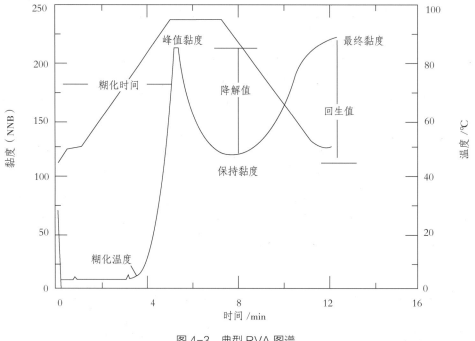

图 4-3　典型 RVA 图谱

　　Yu 等（2007）用 γ 射线处理了淀粉颗粒，测定了不同剂量下淀粉的 RVA 谱，结果表明，随着 γ 剂量的增加淀粉颗粒明显变小，6 个主要的黏度特征值（峰值黏度、热浆黏度、冷胶黏度、消减值、崩解值、到达最终黏度的时间）都显著降低，说明大米淀粉的糊化特性与粒度呈显著正相关。2003 年，Noosuk 等研究了泰国大米淀粉结构与黏度的关系，指出糯米淀粉由于加热过程中容易吸水膨胀，因此，糊化黏度较其他品种大米的淀粉高。Yue 等的研究也表明，加热期间淀粉颗粒膨胀能增加淀粉溶液的黏度，淀粉溶液在加热期间的浓度主要与淀粉颗粒体积分数有关，与大米的品种无关。当淀粉悬浮液的浓度较高时，淀粉颗粒的相互作用变大，也不利于膨胀糊化。

　　在大米黏度测试过程中，高温和机械对稻米淀粉溶液的作用，使直链淀粉从淀粉粒中游离出来并重排。淀粉承受高温和机械作用的能力，影响加热过程中淀粉粒的膨胀度，具有高膨胀体积的淀粉粒会具有较高黏度（Ragaee，2006）。在淀粉的各糊化特性参数，糊化起始温度反映了能量的消耗；最高黏度出现在淀粉粒体积最大时，反映了淀粉的膨胀力；热浆黏度出现在淀粉粒基本都破裂后，反映了淀粉在高温下耐剪切的能力；冷胶黏度反映了淀粉糊冷却后形成凝胶的能力；崩解值是最高黏度与最低黏度的差值，表示淀粉糊黏度热稳定性的变化，反映淀粉在高温下耐剪切的能力；回复值是冷胶黏度与热浆黏度的差值，反映了淀粉老化的难易；消减值是冷胶黏度与最高黏度的差值，在稻米淀粉测定过程中，反映了米饭质地的软硬（金正勋，2001；吴殿星，1998）。

目前，国内外有关稻米淀粉 RVA 谱特征值 QTL 定位的研究并不多。Bao 等（2003）利用 4 个初级分离群体，检测到 61 个与 RVA 谱特征值相关的 QTL，分布在水稻 9 条染色体上。包劲松等（1999）发现稻米的 RVA 谱特性主要受 *Wx* 基因控制，认为将粳稻 *Wx* 基因引入籼稻背景中，可改良稻米淀粉 RVA 谱。杨亚春等（2012）采用复合区间作图法，在 3 个不同生态环境下对 RVA 谱特征值（峰值黏度、热浆黏度、崩解值、冷胶黏度、消减值、峰值时间、起浆温度和回复值）的 8 个特征性状进行了 QTL 分析，共定位到 57 个 QTL 位点。其中，13 个 QTL 在 3 个不同环境中被重复检测到，*qCPV-3*、*qCPV-10b*、*qSBV-10b*、*qCSV-3b*、*qCSV-10b* 被 3 次检测到，稳定性较高。16 个 QTL 具有一因多效性，单个 QTL 位点控制的性状一般为 2~6 个，第 10 染色体 *RM25032-RM1375* 区段控制峰值黏度、热浆黏度、冷胶黏度、消减值、峰值时间和回复值等 6 个性状。张巧凤等（2007）用热研 2 号 / 密阳 23 构建重组自交系群体，对稻米淀粉 RVA 谱 8 个特征值进行了 QTL 定位，2 年试验共检测到 34 个 QTL，分别在第 1、第 2、第 3、第 4、第 6、第 7、第 8 共 7 条染色体上；2 年同时检测到的 QTL 共 8 个，其中，*Qhpv8*、*Qcpv6*、*Qcsv6*、*Qsbv6*、*Qbdv6* 位于第 6 染色体的 *Wx* 基因附近；*Qhpv2*、*Qcsv2* 位于第 2 条染色体 *RM341* 与 *RM475* 标记之间；*Qcpv2* 位于 *RM573* 与 *RM250* 标记之间。

六、淀粉凝胶特性

淀粉悬浊液加热到糊化温度时会产生不可逆的膨胀，直链淀粉从膨润的淀粉粒中渗析出去，形成凝胶体，包裹充分水化的淀粉粒。淀粉粒内为支链淀粉富集区。糊化使淀粉分子从有序态（半结晶态）变成无序态（高弹态）。随着温度的降低，无序化的淀粉分子和其他大分子物质一样，重新趋于有序化。淀粉的胶凝和回生就是淀粉分子有序化的结果。

关于淀粉凝胶的结构及其形成机制，许多学者一致认为，完全糊化后的淀粉在冷却过程中，由于淀粉链的相互作用和相互缠绕，可溶性直链淀粉形成连续的三维网状凝胶结构，溶胀的淀粉颗粒和碎片填充在直链淀粉网络中，从而形成具有一定黏弹性和强度的凝胶。

Biliaderis 等（1993）则认为淀粉凝胶是一个非平衡系统，淀粉凝胶在贮藏过程中会发生重结晶。Fredriksson 等（1998 年）研究认为，淀粉胶凝主要是直链淀粉分子的缠绕和有序化，即糊化后从淀粉粒中渗析出来的直链淀粉，在降温冷却的过程中以双螺旋形式互相缠绕，形成凝胶体，并在部分区域有序化形成微晶。

淀粉凝胶是影响稻米的蒸煮食味品质及其产品性质的重要因素。淀粉凝胶是一个不可逆过程，包括颗粒润胀、晶体溶解、双折射消失和淀粉溶解，伴随着就是黏度的变化。淀粉凝胶的弹性反映的是淀粉凝胶受到彻底挤压后，在一段时间内恢复变形的能力，受淀粉分子所形成网状结构的交联点数量和交联点密度的影响，有效交联点数目越多，凝胶弹性越大。淀粉凝胶的黏性表示分子间的内聚力，受淀粉分子链长的影响。长链淀粉分子含量越大，凝胶中的分子之间相互作用力也越大。凝胶弹性、黏性和回复性与凝胶的咀嚼性、凝聚力有很高的相关性。淀粉乳浓度、直链淀粉含量、颗粒大小和分布、溶胀程度、颗粒硬度，以及分子链缠绕状态等，都会影响淀粉凝胶的形成速度和黏弹性，如直链淀粉含量高的淀粉生成凝胶的过程极为迅速。Keetels 等（1996）研究认为，淀粉粒的膨胀能力可以反映水化膨胀后的淀粉粒强度，膨胀能力越大，则淀粉粒强度越小。

不同来源淀粉的凝胶特性也不相同（表 4-6）。各品种之间淀粉凝胶硬度差异显著（$P < 0.05$），以绿豆淀粉凝胶硬度最高（3 967 g），而大米淀粉凝胶硬度最小（159 g）。各品种之间淀粉凝胶的回复性差异显著（$P < 0.05$），以红薯淀粉凝胶的回复性最好（0.65），而大米淀粉凝胶的回复性最差（0.08）。其他淀粉凝胶质构指标差异显著的参数如下：弹性值，以红薯淀粉、马铃薯淀粉和玉米淀粉的弹性值较高，与绿豆淀粉和大米淀粉的弹性值均达到显著性差异，红薯淀粉与马铃薯淀粉和玉米淀粉无显著性差异；凝聚力，以红薯淀粉的凝聚力较好，与绿豆淀粉、大米淀粉、玉米淀粉达到显著性差异，与马铃薯淀粉无显著性差异；黏性和咀嚼性，以红薯淀粉的最高，与其他品种之间存在显著性差异。

表 4-6　不同来源淀粉的凝胶特性

凝胶特性	绿豆淀粉	红薯淀粉	马铃薯淀粉	大米淀粉	玉米淀粉
硬度	38.91±4.82a	14.16±3.45c	13.93±7.34d	1.56±0.57e	20.92±2.94b
弹性	0.84±0.11b	0.97±0.03a	0.96±0.01a	0.48±0.08c	0.96±0.003a
凝聚力	0.32±0.10c	0.83±0.01a	0.78±0.02a	0.29±0.05c	0.53±0.02b
黏性	1166±222.07ab	1244±119.60a	970±61.46b	46.26±8.79c	1139±106.22ab
咀嚼性	964±64.18bc	1206±133.47a	930±52.99c	22.45±7.47d	1093±104.08ab
回复性	0.19±0.10d	0.65±0.02a	0.53±0.02b	0.08±0.01e	0.43±0.02c

稻米淀粉在糊化后能够形成凝胶，形成凝胶的速度、黏弹性与稻米淀粉的理化指标有关。食品工业中常利用稻米淀粉的胶凝性质来得到较好质构的产品，比较典型的是米线生产。糊化成形的米线通过冷却胶凝，具有了一定的韧性和弹性。

七、淀粉的回生性

含淀粉的粮食加工成熟，是将淀粉糊化，而糊化了的淀粉在室温或低于室温的条件下慢慢冷却。经过一段时间，浑浊度增加，溶解度减少，溶液变得不透明甚至凝结而沉淀（在稀溶液中会有沉淀析出，如果冷却速度快，特别是高浓度的淀粉糊会变成凝胶体，好像冷凝的果胶或动物胶溶液），称为淀粉的回生，亦称淀粉的老化，俗称淀粉的返生。这种淀粉叫作"回生淀粉"或"老化淀粉"。新鲜淀粉糊是以直链淀粉溶液的连续相和支链淀粉团块的分散相为主要结构的两相体系，在存放过程中分散相产生凝聚，连续相产生胶体网络结构。在我们日常生活中，面包和馒头放置一段时间后变硬，添加了淀粉的汤放置一段时间后黏度会下降，都是淀粉回生所致。淀粉回生是相邻淀粉分子之间羟基基团形成氢键，而发生重结晶的过程。简单来说，淀粉的回生包括两个部分，氢键的形成和直链淀粉、支链淀粉侧链双螺旋的聚集，因此，与淀粉体系的黏弹性、硬度和质构都有关系。这些转变限制了淀粉的功能特性，对淀粉食品的品质和稳定性具有较大影响。

老化淀粉不再溶解，不易被酶消化，是形成抗性淀粉（Resistant Starch）RS_3 的主要部分，这种现象称为淀粉的回生作用，也称 β 化。因此，淀粉回生的实质是淀粉晶体的重新形成，淀粉糊化后，分子处于高度无序的高能态。由于分子间势能的作用，淀粉分子趋于重排结晶，即回生。在回生过程中，由于温度降低，分子运动减弱，直链淀粉和支链淀粉的分子都趋向于平行排列，通过氢键结合相互靠拢，重新结合为微晶束，使淀粉具有硬性的整体结构。淀粉的回生作用，在固体状态下也会发生，回生后的直链淀粉非常稳定，就是加热加压，也很难使它再溶解。如果有支链分子混合在一起，则仍然有可能加热恢复成糊。回生淀粉为结晶结构，不溶于水，具有 B 型 X 射线衍射图谱。

动态流变仪和差示扫描量热仪是检测稻米淀粉回生的有力工具。动态流变仪是通过测定贮藏模量 G 的变化和淀粉黏弹性，从而确定回生程度；差示扫描量热仪是通过测定在升降温过程中淀粉糊热熔的变化，来确定淀粉回生度的。

影响淀粉回生的因素很多，直链淀粉起到重要的作用。淀粉回生在早期阶段是由直链淀粉引起的，淀粉回生与直链淀粉含量、脂质结合程度和直链淀粉的分子量有关。直链淀粉含量对淀粉糊的黏弹性具有重要影响，直链淀粉含量越高，淀粉老化越快，淀粉糊的弹性逐渐升高，当直链淀粉含量为 80% 时达最大极限值。支链淀粉重结晶是引起淀粉回生的主要因素，且与支链淀粉链长分布关系密切。支链淀粉较长的支链可以相互结合，从而发生老化。支链淀粉在高浓度条件下更容易发生重结晶和回生，且形成的聚合物比直链淀粉回生形成的聚合物松散，因此，更容易发生酶解作用。

电解质对淀粉的回生也有很大影响，因为它们具有较强的水化作用，与淀粉分子争夺水分子，使淀粉脱水，缩小了淀粉分子的间距，更容易重新排列，加速淀粉的回生。不同电解质对淀粉回生的影响程度如下：$CNS^- > PO_3^{3-} > CO_3^{2-} > I^- > Br^- > Cl^- > Ba^{2+} > Sr^{2+} > Ca^{2+} > K^+ > Na^+$。此外，温度、水分和冷却时间对淀粉回生的速度都有影响。淀粉凝沉作用的最适温度为 2 ℃~4 ℃，> 60 ℃或 < -20 ℃都不易回生。水分含量为 30%~60% 时，淀粉容易回生；含有大量的水或含水量低于 10% 时，淀粉也不易回生。淀粉糊化后，冷却时间长容易回生。冷却速度慢，有利于增加分子内羟基形成氢键的机会，淀粉易回生；冷却速度快，淀粉不易回生。冷却速度不同，淀粉糊的结构也不同。

丁文平等（2002）研究了稻米淀粉糊化后环境贮藏温度对回生的影响，他采用 4 ℃和 25 ℃两个贮藏温度，分析了其阿夫拉米（Avrami）方程的 k 值和 Avrami 参数 n 的不同。在 4 ℃时，支链淀粉分子的重结晶度大于 25 ℃时的重结晶度（0.534 4 > 0.026 2）。在 4 ℃时，支链淀粉的重结晶生长为一次成核（$n < 1$），表明晶核在结晶开始时形成；25 ℃时的重结晶生长则为不断成核（$n > 1$），即晶核在结晶过程中逐渐形成。稻米淀粉的糊化和回生，除与温度密切相关外，水分含量也有显著影响。

还有人对稻米淀粉的老化过程进行研究，稻米淀粉糊具有假塑性流体的特性。在存放过程中，淀粉糊及其分散相和连续相的流变指数都逐渐增大，淀粉糊的刚性增大；淀粉糊中分散相产生凝聚现象，并在支链淀粉内部形成胶体网络结构。稻米淀粉中直链淀粉和支链淀粉的相互作用，会加剧老化。

直链淀粉的存在加速了支链淀粉的重结晶，但不影响支链淀粉的最终结晶度。直链淀粉是如何影响支链淀粉回生的，这个问题还有待进一步研究。有关淀粉分子量和分子结构上的差异是如何影响稻米淀粉回生的，这方面的研究报道还不多。

直链淀粉比支链淀粉更易回生，且只有分子量适中的直链淀粉才易于回生，直链淀粉聚合度 DP 为 100~200 时回生最强。玉米淀粉含直链淀粉 27%，聚合度 DP 为 200~1 200；马铃薯淀粉含直链淀粉 20%，聚合度 DP 为 1 000~6 000。玉米淀粉中直链淀粉长度接近此值，所以最易回生。相比于马铃薯淀粉，稻米淀粉的回生程度较小，而普通稻米淀粉和糯米淀粉的回生程度也有较大差别，糯米淀粉的回生程度比普通稻米淀粉小。普通稻米淀粉和糯米淀粉的主要区别就在于淀粉胶的温度稳定性（包括热稳定性和冻熔稳定性），而温度稳定性在很大程度上取决于淀粉的回生程度。糯米淀粉具有优于其他非蜡质和蜡质淀粉的冻熔稳定性。在一项研究中发现，干基含量5%的糯米淀粉糊经过20个冻熔周期也不会发生脱水收缩。相比之下，蜡质玉米淀粉或蜡质高粱淀粉仅在3个冻熔周期内表现稳定，玉米淀粉在1个冻熔周期后就出现脱水收缩，说明与其他类型淀粉相比，糯米淀粉回生程度较小。

淀粉回生后性质非常稳定，与生淀粉一样不易被消化。将糊化淀粉在80℃以上高温或在冷冻条件下迅速脱水至10%以下，加入一些具有表面活性作用的极性物质，如甘油-棕榈酸、甘油-肉豆蔻酸、甘油-硬脂酸等，可增强面包和其他淀粉食品的贮存性。此外，工业上采用化学方法将部分羟基用乙酰基、羟乙基等基团取代后，得到的变性淀粉不会回生。恰恰相反，粉丝、粉条、粉皮和凉粉等淀粉制品的加工，正是充分利用了淀粉回生后凝胶强度加强、性质稳定、不易被水溶解的特性。回生后的淀粉凝胶不仅要有足够的刚性，还要有一定的弹性，才能制得质量好的粉丝产品。

八、淀粉的晶体特性

在淀粉粒晶体片层中，支链淀粉分子的外侧链和部分直链淀粉分子之间能够形成双螺旋结构，再按照一定的规律排列组合，就构成了晶体结构。

淀粉的晶体性质与植物生长过程中基因控制和气候条件有关，支链淀粉分子的分支形式影响淀粉的结晶和晶体形式。然而植物生长过程中温度和水解条件也会引起晶体形式的变化，通常相对结晶度是评价淀粉结晶程度的主要指标，用晶体区面积与晶体区、非晶体区的面积和之比表示。

目前一般用X射线衍射来揭示淀粉颗粒的晶体结构及其特征，同大多数禾谷类淀粉一样，稻米淀粉显示A型衍射图谱。不同类型和品种的稻米，相对结晶度不同。根据赵思明等（2002）的研究发现，3种不同类型的大米淀粉具有相似的 X射线衍射图样（图4-4），且它们的晶体结构类型同大多数禾谷类淀粉一样，显示A型衍射图谱（A型主要是谷类淀粉，B型主要是块茎和基因修饰玉米淀粉，C型主要是块根和豆类淀粉）。稻米淀粉的结晶度可以通过用计算机分析 X射线衍射图谱上结晶区所对应的面积占总面积的比例来确定。3 种大米淀粉的结晶度分别为28.95%（籼米）、39.44%（粳米）和36.36%（糯米），其中籼米淀粉的结晶度较低，而粳米较高。

274

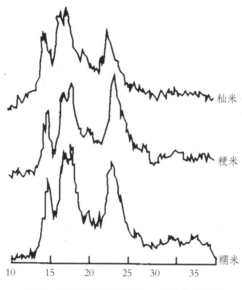

图 4-4　天然稻米淀粉的 X 射线衍射图谱

　　Hizukuri（1986）首次提出了支链淀粉的"簇型结构"（图 4-5），稻米淀粉颗粒的结晶区是由支链淀粉的侧链簇组成的，结晶区之间通过 C 链和长 B 链相连，而侧链簇与侧链簇之间为非结晶区。Dang 等（2003）用原子能显微镜（AFM）观察稻米淀粉颗粒发现，每一个单元簇为长 10 nm× 宽 10 nm，构成结晶区；簇间距离为 4 nm，也就是有 4 nm 宽的非结晶区。我们在光学显微镜下观察，也可看到淀粉粒是由晶体区和非晶体区交替排列的生长环组成，它们从淀粉的脐点同位生长，呈辐射状排列。通过碘–碘化钾染色发现，直链淀粉分子位于淀粉粒的核心部分，支链淀粉位于淀粉粒的外围。在天然的稻米淀粉颗粒中，直链淀粉不能形成结晶，而是以单螺旋结构渗入到支链淀粉分子中，形成疏密相间的晶体区和非晶体区，支链淀粉通常被认为在淀粉晶体区中起到框架作用。

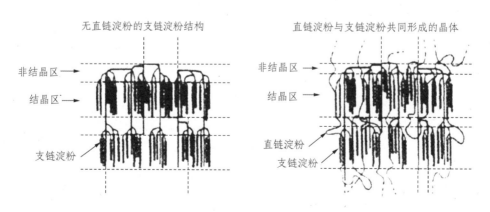

图 4-5　支链淀粉双螺旋链与直链淀粉形成的晶体结构机制（Jenkins and Donald，1995）

第二节　稻米淀粉品质与性状的相互关系

稻米淀粉的直链淀粉与支链淀粉的含量，与其他淀粉品质均存在一定的相互关系，涉及直链淀粉、支链淀粉、胶稠度与膨胀力、糊化温度、黏滞性之间的关系。

一、直链淀粉含量、支链淀粉结构与膨胀力的关系

膨胀力和水溶指数可以被用来评估淀粉链与淀粉颗粒中无定形区和晶体区之间相互作用的程度大小（Ratnayake et al.，2015）。淀粉的膨胀发生在增溶作用之前，并伴随着光学双折射性的消失（Singh et al.，2004），这与样品的直链淀粉含量、直链淀粉与支链淀粉的结构、粒化程度、淀粉的组成成分等其他因素都有关系。

根据 Tester & Morrison（1990）的研究发现，直链淀粉脂类复合物具有抑制淀粉膨胀的作用，谷物淀粉的膨胀主要与支链淀粉的结构有关，而直链淀粉具有稀释作用。对于糯稻和普通稻米淀粉，膨胀力是温度的函数（Vandeputte et al.，2003）。普通稻米的膨胀分为两个阶段，在膨胀的第一阶段里，55 ℃～85 ℃时直链淀粉并不影响普通稻米淀粉的膨胀，55 ℃～85 ℃时支链淀粉较短的侧链（DP6～9）能够促进膨胀作用；在膨胀的第二阶段，95 ℃～125 ℃时直链淀粉能够减弱膨胀作用。因此，在膨胀的第一阶段，主要受支链淀粉较短侧链的影响，在膨胀第二阶段主要受直链淀粉沥滤的影响。淀粉的膨胀力主要依赖于淀粉分子在氢键作用下的持水能力大小，在完全糊化后淀粉分子之间的氢键断裂，并被水分子中的氢键取代。直链淀粉含量和支链淀粉外部侧链所占的比例，被认为是通过保水作用增加凝胶结构稳定性的主要因素（Tang et al.，2005）。直链淀粉的不同分布形式，也会影响淀粉的膨胀作用。淀粉颗粒主要包含直链淀粉和支链淀粉，在糊化过程中，直链淀粉分子沥滤出来，而直链淀粉沥滤的量与通道、分子结构和氢键相关。此外，淀粉颗粒中直链淀粉和支链淀粉的分布也会影响淀粉的水溶性，直链淀粉浓缩在淀粉颗粒的中心区域，维持着淀粉的结构（Seguchi et al.，2003）。因此，直链淀粉的含量越高，淀粉颗粒的结构越紧实，淀粉越难以从颗粒内部逸出，水溶指数越低。

根据 Sodhi & Singh（2003）的研究可知，直链淀粉含量越低的稻米品种，膨胀力越高，水溶指数越低；直链淀粉含量越高，膨胀力越低。不同种类稻米淀粉的膨胀力和水溶指数也不同，可能与直链淀粉含量、黏度特征，稻米淀粉颗粒内部带负电荷的磷酸基团导致内部组织结构较弱等因素有关（Jane et al.，1996）。普通稻米淀粉颗粒更坚硬，膨胀性弱，不容易破裂。通常普通稻米淀粉沥滤的量更少，表明从淀粉颗粒中沥滤出来的主要成分是直链淀粉

（Mandala & Bayas，2004）；从糯稻淀粉颗粒中沥滤出来的量较大，主要是支链淀粉分子（Tester & Morrison，1990）。籼稻淀粉的水溶指数为0.287%（Sodhi & Singly，2003）~40.0%（Wang et al.，2010），而糯稻淀粉的水溶指数为0.6%（Chang et al.，2010）~69.16%（Yu et al.，2012）。

二、直链淀粉含量、胶稠度与糊化温度的相互关系

直链淀粉含量、胶稠度和糊化温度，是衡量稻米蒸煮加工和食用品质优劣的三项理化指标。蔡秀玲等（2002）的研究表明，三者呈线性关系。稻米中直链淀粉含量高，糊化温度升高，胶稠度降低，使饭质变硬、口感差。

水稻中负责稻米直链淀粉合成的是 Wx 编码的淀粉合成酶。Tan 等（1999）和包劲松等（2000）在直链淀粉含量、胶稠度和糊化温度的 QTL 分析中表明，这 3 个性状主要受 Wx 基因及其邻近座位的控制，从基因水平上说明 3 个性状具有遗传相关性。孙业盈等（2005）以 60 个籼稻品种或品系和 57 个（G46B/D 香 1B）B3F 株系为材料，通过检测 Wx 基因型，同时测定直链淀粉含量、胶稠度和糊化温度，探讨水稻 Wx 基因与直链淀粉含量、胶稠度和糊化温度的遗传关系，发现直链淀粉含量与胶稠度呈极显著负相关，且二者均与 Wx 基因型密切相关。Wx 基因的 GG 型材料具有较高的直链淀粉含量和较硬的胶稠度，而 TT 型材料具有中等的直链淀粉含量和较软的胶稠度。在全部 57 个 B3F5 代株系中，直链淀粉含量和胶稠度与 Wx 基因型同步分离，表明直链淀粉含量主要由 Wx 基因控制，胶稠度也由 Wx 基因或与其紧密连锁的基因位点控制。此外，在 60 个籼稻品种中，糊化温度与直链淀粉含量和 Wx 基因型均无明显相关性，推断控制糊化温度的基因位点不是 Wx 基因位点。

直链淀粉含量与胶稠度的相关性。汤圣祥（1987）的研究认为，籼／粳杂交稻米糊化温度与胶稠度的相关性不显著，而在所有籼型或粳型杂交稻米中，糊化温度与胶稠度呈明显正相关。陈能等（1997）对我国稻米蒸煮与食用品质的关系进行研究发现，直链淀粉含量、胶稠度、糊化温度三者组合丰富，籼米直链淀粉含量与胶稠度呈显著负相关，与糊化温度无明显相关，但粳稻的关系则相反，胶稠度与糊化温度在籼粳稻中均无明显相关。王丹英等（2005）对全国各地 8 390 份稻米样品按籼型常规稻、籼型杂交稻、粳型常规稻和粳型杂交稻分类分析，结果表明：籼稻直链淀粉和碱消值呈显著正相关，与胶稠度呈显著负相关，粳稻直链淀粉与消碱值和胶稠度的关系不明显。章显光等（1992）的研究发现，胶稠度、直链淀粉与结晶度之间亦存在一定的关联性。糯性品种皆为软质胶稠度（胶长 71~95 mm）；非糯性品种中，直链淀粉含量极低或低的品种，一般胶稠度为软质或中偏软型，而高直链淀粉含量品种常为硬

或中偏硬型的胶稠度。低糊化温度的品种，一般胶稠度较软；高糊化温度的品种，胶稠度或软
或中偏软；中等糊化温度的品种，胶稠度则可为任一类型。

三、直链淀粉含量、支链淀粉组分与黏滞性的相互关系

直链淀粉含量与RVA谱的关系，因亚种的差异有所不一致。舒庆尧等（1998）对23
个水稻品种的表观直链淀粉含量、RVA谱进行了研究，得出RVA谱的消减值和回复值与直
链淀粉含量呈极显著正相关。Gravois等（1997）发现中等直链淀粉含量与RVA谱值的关
系密切。包劲松（1999）研究了61个1997年度参加浙江省"9410"计划早籼新品系的淀
粉品质相关性，发现直链淀粉含量与胶稠度和崩解值呈显著负相关，与糊化温度、热浆黏度、
冷胶黏度减值和回复值呈显著或极显著正相关；糊化温度与最高黏度、冷胶黏度和消减值的相
关性达显著水平；除与崩解值呈显著正相关外，胶稠度与热浆黏度、冷胶黏度、消减值和回复
均呈极显著负相关。

隋炯明等（2005）用2年分别对114个和101个水稻品种（系）的各项品质指标RVA
谱的测定，研究了RVA谱特征值与外观品质、蒸煮理化指标、食味品质的相关性。结果表
明：RVA谱特征值与外观品质中的透明度、垩白率关系较密切。同一品种的稻米，有垩白比
无垩白的表观直链淀粉含量要高，热浆黏度、冷胶黏度、消减值、回值大；RVA谱特征值与
蒸煮理化指标中的表观直链淀粉含量、胶稠度呈相关极显著，糊化温度相关性不显著；除最高
黏度外，RVA谱的其余特征值与食味品质的主要指标呈极显著相关。以上结果表明，RVA
谱特征值可以作为优质稻米的辅助选择指标。

谢新华等（2006）分析了不同直链淀粉含量水稻的淀粉黏滞特性，结果表明，不同品种
具有不同特征性RVA谱。消减值和直链淀粉含量呈极显著正相关，相关系数为0.93，根据
消减值可以区分品种直链淀粉含量的高低，低或中低直链淀粉含量品种的消减值为负值或较
小的正值，中高或高直链淀粉含量品种的消减值是正值。消减值和崩解值胶稠度相关系数分别
为-0.91和0.81，由此可根据消减值和崩解值判断稻米食用品质的优劣。

蔡一霞等（2006）以不同类型水稻代表性品种为材料，采用Sephadex G75层析柱
分析支链淀粉分支链的链长分配，并分析与RVA谱特征值间的关系，发现支链淀粉短链部
分FrⅢ的比率与最高黏度和崩解值呈极显著正相关（$r=0.969$，$r=0.949$），而长链部分
FrⅠ、FrⅡ与最高黏度和崩解值呈极显著负相关（$r=-0.969$，$r=-0.949$）。

四、支链淀粉与糊化温度之间的相互关系

支链淀粉占总淀粉的 65%~85%。近年来，在支链淀粉结构与淀粉理化性质关系的研究中，发现支链淀粉的结构影响淀粉的糊化温度。

贺晓鹏等（2010）研究 5 个不同类型的水稻品种，发现支链淀粉不同链长范围的支链数量主要与淀粉的糊化温度相关，其中 DP6~11 分配率与最高糊化温度呈极显著负相关，而 DP12~24 分配率与最高糊化温度呈极显著正相关。Patindol 和 Wang（2002）的研究表明，对于一些不规则的 A 型淀粉，较长的支链淀粉（DP > 37）和糊化起始温度、糊化中间温度和终了温度呈正相关。Nakamura 等（2002）对 129 个不同起源的水稻品种进行分析，认为支链淀粉的结构与糊化温度具有很高的相关性，支链淀粉中 DP ≤ 10 和 DP ≤ 24 的链长比与糊化起始温度呈显著负相关。Vandeputte 等（2003）对 5 个糯米、10 个普通水稻品种进行研究，认为 DP6~9 的支链淀粉数量与糊化温度呈负相关，DP12~22 支链淀粉的数量则与糊化温度呈正相关，而 DP6~9 和 DP > 25 的支链淀粉链降低了支链淀粉终结糊化温度及糊化焓。Qi 等（2003）对 6 个糯性水稻品种的支链淀粉结构进行分析，也发现高糊化温度淀粉的长链比例也高，特别是 DP19 左右的淀粉表现出更高的糊化温度。

Nishi 等（2001）对 Kinmaze 及其 *ae* 突变体进行分析，认为支链淀粉的侧链对于水稻胚乳淀粉在碱溶液及尿素中的消化性起重要作用，支链淀粉中短链的降低导致糊化温度升高。Umemoto 等（2002）利用 Nipponbare/ Kasalath/Nipponbare BC_1F_1 群体分析，也得出同样结论。Fujita 等（2003）将反义异淀粉酶基因转入日本晴及 *sugary-1* 突变体 EM-935 中，发现转基因后代植株与对照相比，DP ≤ 12 的支链淀粉增加，糊化温度下降。Satoh 等（2003）的研究发现，水稻 *ae* 突变体中 DP ≥ 37 和 12 ≤ DP ≤ 21 的链长减少，而 DP ≤ 10（A 链）则显著增加。支链淀粉结构的改变，使得突变体中淀粉的糊化起始温度较正常水稻要低。

五、淀粉晶体特性与糊化温度的相互关系

植物淀粉具有晶体特性，可以分为 A 型如小麦、稻米，B 型块茎果实如马铃薯的根和种子淀粉，还有一类是 C 型，主要是直链淀粉与其他物质的复合体。稻米淀粉晶体属 A 型，晶体特性与淀粉粒形态解剖学特征和淀粉分子结构有关，对稻米的糊化特性具有重要影响。

淀粉颗粒形态、大小及其分布依品种而不同。淀粉糊化就是淀粉颗粒有序结构的破坏和双折射现象的丧失。因此，淀粉结晶度越低越容易被糊化。淀粉的结晶区主要由 A 链和 B_1 链组

成，短链的增加降低了水稻淀粉结晶层的有序性，长支链则在淀粉颗粒的结晶区内形成双螺旋结构，从而使糊化温度升高。较多的短支链会导致结晶缺陷，结晶度越大说明长支链淀粉越多；相反，短支链淀粉会降低结晶层的厚度和密度，导致结晶度下降，使淀粉的糊化温度下降。Vandeputte 等（2003）的研究表明，支链淀粉的链长比与糊化温度的关系，依赖于构成淀粉颗粒结晶层的方式，短支链淀粉会降低淀粉结晶层的稳定性。Vandeputte 等（2003）利用扫描电子显微镜和小角 X 射线衍射研究发现，5~7 nm 厚的结晶层主要由 DP15~20 的链组成。结晶度高的淀粉需要更高的温度，以破坏长链形成的双螺旋结构。结晶度高时，无定形区不易被水解，因而糊化和膨胀延迟。Vermeylen 等（2006）的研究发现，B 型淀粉丰富会阻碍结晶层内双螺旋结构的形成，降低淀粉的结晶度，从而导致糊化温度的降低。随着相对结晶度的增加，正常水稻淀粉的糊化起始温度、中间温度、终结温度也随之上升。

--- References ---

参考文献

［1］包劲松，何平.稻米淀粉 RVA 谱特征主要受 *Wx* 基因控制 [J].科学通报，1999，44（18）：1973.

［2］包劲松，夏英武.用淀粉黏滞性变化检测粮食辐照及其剂量的可行性研究 [J].浙江大学学报（农业与生命科学版），1999（3）：321-323.

［3］包劲松，徐惠英，谢建坤，等.稻米食用和蒸煮品质与不同发育阶段株高的遗传相关分析 [J].浙江农业学报，2000，12（1）：6-10.

［4］蔡秀玲，刘巧泉，汤述翥，等.用于筛选直链淀粉含量为中等的籼稻品种的分子标记 [J].植物生理与分子生物学学报，2002，28（2）：137-144.

［5］蔡一霞，王维，朱智伟，等.不同类型水稻支链淀粉理化特性及其与米粉糊化特征的关系 [J].中国农业科学，2006，39（6）：1122-1129.

［6］陈能，罗玉坤，朱智伟，等.优质食用稻米品质的理化指标与食味的相关性研究 [J].中国水稻科学，1997，11（2）：70-76.

［7］程方民，张嵩午，吴永常，等.稻米胶稠度与结实期温度间的关系 [J].西北农林科技大学学报（自然科学版），1996（5）：16-20.

［8］程科，陈季旺，许永亮，等.大米淀粉物化特性与糊化曲线的相关性研究 [J].中国粮油学报，2006，21（6）：4-8.

［9］丁文平，丁霄霖.温度对大米淀粉胶凝和回生影响的研究 [J].粮食与饲料工业，2002（12）：32-34.

［10］何平，李仕贵，李晶焰，等.影响稻米品质几个性状的基因座位分析 [J].科学通报，1998，43（16）：1747-1750.

［11］金正勋，秋太权，孙艳丽，等.稻米蒸煮食味

品质特性间的相关性研究 [J]. 东北农业大学学报, 2001, 32（1）: 1-7.

[12] 舒庆尧, 吴殿星, 夏英武, 等. 稻米淀粉 RVA 谱特征与食用品质的关系 [J]. 中国农业科学, 1998, 31（3）: 25-29.

[13] 隋炯明, 李欣, 严松, 等. 稻米淀粉 RVA 谱特征与品质性状相关性研究 [J]. 中国农业科学, 2005, 38（4）: 657-663.

[14] 孙业盈. 水稻 Wx 基因与稻米 AC、GC 和 GT 的遗传关系及育种中间选系稻米品质的综合评价 [D]. 成都: 四川农业大学, 2005.

[15] 汤圣祥, Khush GS. 稻米胶稠度的遗传研究 [J]. 中国水稻科学, 1991, 5（1）: 25-28.

[16] 汤圣祥, KHUSH GS. 籼稻胶稠度的遗传 [J]. 作物学报, 1993, 19（2）: 119-124.

[17] 汤圣祥. 我国杂交水稻蒸煮与食用品质的研究 [J]. 中国农业科学, 1987, 20（5）: 17-22.

[18] 王丹英, 章秀福, 朱智伟, 等. 食用稻米品质性状间的相关性分析 [J]. 作物学报, 2005, 31（8）: 1086-1091.

[19] 吴长明, 孙传清. 控制稻米脂肪含量的 QTLs 分析 [J]. 农业生物技术学报, 2000, 8（4）: 382-384.

[20] 吴殿星. 标记辅助选择改良稻米淀粉品质 [D]. 杭州: 浙江大学, 2001.

[21] 谢新华, 肖昕, 李晓方, 等. 不同直链淀粉含量的稻米淀粉黏滞特性研究 [J]. 食品科技, 2006, 31（7）: 62-65.

[22] 熊善柏, 赵思明, 李建林, 等. 米饭理化指标与感官品质的相关性研究 [J]. 华中农业大学学报, 2002, 21（1）: 83-87.

[23] 杨亚春, 倪大虎, 宋丰顺, 等. 不同生态环境下稻米淀粉 RVA 谱特征值的 QTL 定位分析 [J]. 作物学报, 2012, 38（2）: 264-274.

[24] 姚新灵. 内源淀粉特性比较研究 [J]. 世界科技研究与发展, 2001, 23（3）: 48-51.

[25] 张巧凤, 张亚东, 朱镇, 等. 稻米淀粉黏滞性（RVA 谱）特征值的遗传及 QTL 定位分析 [J]. 中国水稻科学, 2007, 21（6）: 591-598.

[26] 张欣, 施利利, 丁得亮, 等. 米饭理化指标与食味品质的相关性研究 [J]. 中国农学通报, 2010, 26（12）: 45-47.

[27] 章显光, 黄永楷. 稻米直链淀粉含量、糊化温度和胶稠度的初步研究 [J]. 湖北农学院学报, 1992（1）: 10-15.

[28] 赵琳琳, 吴高升, 豁银强, 等. 贮藏温度对稻米淀粉糊化特性的影响 [J]. 粮食与饲料工业, 2015, 12（4）: 1-3.

[29] 赵思明, 熊善柏, 张声华, 等. 淀粉糊物系及其老化特性研究 [J]. 中国粮油学报, 2001, 16（2）: 20-23.

[30] 赵思明, 熊善柏. 稻米淀粉的理化特性研究（注）I. 不同类型稻米淀粉的理化特性 [J]. 中国粮油学报, 2002, 17（6）: 39-43.

[31] 朱雪瑜, 徐一纯, 张菊英, 等. 大米黏度与碘蓝值相关性的研究 [J]. 粮食贮藏, 1981（3）: 43-46.

[32] ADEBOWALE K O, LAWAL O S. Microstructure, physicochemical properties and retrogradation behaviour of Mucuna bean（Mucuna pruriens）starch on heat moisture treatments [J]. Food Hydrocolloids, 2003, 17（3）: 265-272.

[33] BAO J, CORKE H, HE P, et al. Analysis of quantitative trait loci for starch properties of rice based on an RIL population [J]. Journal of Integrative Plant Biology, 2003, 45（8）: 986-994.

[34] BILIADERIS C G, JULIANO B O. Thermal and mechanical properties of concentrated rice starch gels of varying composition [J]. Food Chemistry, 1993, 48（3）: 243-250.

［35］CHANG Y H, LIN J H, PAN C L.Type and concentration of acid on solubility and molecular size of acid – methanol-treated rice starches differing in amylose content［J］.Carbohydrate Polymers, 2010, 79（3）: 762–768.

［36］DANG J, COPELAND L.Imaging Rice Grains Using Atomic Force Microscopy［J］.Journal of Cereal Science, 2003, 37（2）: 165–170.

［37］FREDRIKSSON H, SILVERIO J, ANDERSSON R, et al.The influence of amylose and amylopectin characteristics on gelatinization and retrogradation properties of different starches［J］.Carbohydr Polym, 1998, 35（3–4）: 119–134.

［38］FUJITA N, KUBO A, SUH D S, et al.Antisense Inhibition of Isoamylase Alters the Structure of Amylopectin and the Physicochemical Properties of Starch in Rice Endosperm［J］.Plant & Cell Physiology, 2003, 44（6）: 607–618.

［39］GRAVOIS K A, WEBB B D.Inheritance of long grain rice amylograph viscosity characteristics［J］.Euphytica, 1997, 97（1）: 25–29.

［40］HERREROMARTÍNEZ J M, SCHOENMAKERS P J, KOK W T.Determination of the amylose-amylopectin ratio of starches by iodine-affinity capillary electrophoresis［J］.Journal of Chromatography A, 2004, 1053（1）: 227–234.

［41］HIZUKURI S.Polymodal distribution of the chain-lengths of amylopectins, and its significance.Carbohydr Res, 1986, 147: 342–347.

［42］JANE J, KASEMSUWAN, CHEN J F, et al. Phosphorus in rice and other starches［J］.Gereal Foods Word, 1996, 41（11）: 827–832.

［43］JULIANO B O, GODDARD M S.Cause of varietal difference in insulin and glucose responses to ingested rice［J］.Plant Foods for Human Nutrition, 1986, 36（1）: 35–41.

［44］KEETELS C J A M, VLIET T V, WALSTRA P. Gelation and retrogradation of concentrated starch systems: 3.Effect of concentration and heating temperature［J］.Food Hydrocolloids, 1996, 10（3）: 363–368.

［45］KUBOTA K, HOSOKAWA Y, SUZUKI K, et al. studies on thegelatinization rate of rice and potato starches［J］.Journal of Food Science, 1979, 44（5）: 4.

［46］LAN W, XIE B J, SHI J, et al.Physicochemical properties and structure of starches from Chinese rice cultivars［J］.Food Hydrocolloids, 2010, 24（2）: 208–216.

［47］LII C Y, SHAO Y Y, TSENG K H.Gelation mechanism and rheological properties of rice starch［J］. Cereal Chemistry, 1995, 72（4）: 393–400.

［48］MADHUSUDHAN B, THARANATHANRN. Legume and cereal starches—why differences in digestibility? –Part Ⅱ.Isolation and characterization of starches from rice（O.sativa）and ragi（finger millet, E.coracana）［J］.Carbohydrate Polymers, 1995, 28（2）: 153–158.

［49］MANDALA I G, BAYAS E.Xanthan effect on swelling, solubility and viscosity of wheat starch dispersions［J］.Food Hydrocolloids, 2004, 18（2）: 191–201.

［50］NISHI A, NAKAMURA Y, TANAKA N, et al. Biochemical and Genetic Analysis of the Effects of Amylose-Extender Mutation in Rice Endosperm［J］.Plant Physiology, 2001, 127（2）: 459–472.

［51］QI X, TESTER R F, SNAPE C E, et al.Molecular Basis of the Gelatinisation and Swelling Characteristics of Waxy Rice Starches Grown in the Same Location During the Same Season［J］.Journal of Cereal Science, 2003, 37（3）: 363–376.

［52］RAGAEE S, ESM A A.Pasting properties of starch and protein in selected cereals and quality of their food products［J］.Food Chemistry, 2006, 95（1）: 9–18.

282

[53] RATNAYAKE W S, HOOVER R, SHAHIDI F, et al.Composition, molecular structure, and physicochemical properties of starches from four field pea (Pisum sativum L.) cultivars [J].Food Chemistry, 2001, 74(2): 189-202.

[54] RATNAYAKE W S, HOOVER R, WARKENTIN T.Pea Starch: Composition, Structure and Properties-A Review [J].Starch-Starke, 2002, 54(6): 217-234.

[55] SATOH H, NISHI A, YAMASHITA K, et al.Starch-Branching Enzyme I-Deficient Mutation Specifically Affects the Structure and Properties of Starch in Rice Endosperm [J].Plant Physiology, 2003, 133(3): 1111-1121.

[56] SEGUCHI M, HAYASHI M, SUZUKI Y, et al.Role of Amylose in the Maintenance of the Configuration of Rice Starch Granules [J].Starch-Starke, 2003, 55(11): 524-528.

[57] SINGH N, SANDHU K S, KAUR M.Characte-rization of starches separated from Indian chickpea (Cicer arietinum L.) cultivars [J].Journal of Food Engineering, 2004, 63(4): 441-449.

[58] TAKEDA Y, HIZUKURI S, JULIANO B O.Structure of rice amylopectins with low and high a flinities for iodine [J].Carbohydrate Research, 1987, 168: 79-88.

[59] TAN Y F, LI J X, YU S B, et al.The three important traits for cooking and eating quality of rice grains are controlled by a single locus in an elite rice hybrid, Shanyou63 [J].Theoretical & Applied Genetics, 1999, 99(3-4): 642-648.

[60] TANG H, MITSUNAGA T, KAWAMURA Y.Functionality of starch granules in milling fractions of normal wheat grain [J].Carbohydr Poly, 2005, 59(1): 11-17.

[61] TESTER R F, MORRISON W R.Swelling and gelatinization of cereal starches I: Effects of amylopectin, amylose, and lipids [J].Cereal Chemistry, 1990, 67: 551-557.

[62] UMEMOTO T, YANO M, SATOH H, et al.Mapping of a gene responsible for the difference in amylopectin structure between japonica-type and indica-type rice varieties [J].Theoretical & Applied Genetics, 2002, 104(1): 1-8.

[63] VANDEPUTTE G E, DERYCKE V, GEEROMS J, et al.Rice starchesII: Structural aspects provide insight into swelling and pasting properties [J].Journal of Cereal Science, 2003, 38(1): 53-59.

[64] VANDEPUTTE G E, VERMEYLEN R, GEEROMS J, et al.Rice starches I: Structural aspects provide insight into crystallinity characteristics and gelatinisation behaviour of granular starch [J].Journal of Cereal Science, 2003, 38(1): 43-52.

[65] VERMEYLEN R, GODERIS B, DELCOUR J A.An X-ray study of hydrothermally treated potato starch [J].Carbohydrate Polymers, 2006, 64(2): 364-375.

[66] YU S, M A Y, MENAGER L, et al.Physicoche-mical Properties of Starch and Flour from Different Rice Cultivars [J].Food & Bioprocess Technology, 2012, 5(2): 626-637.

[67] YU, WANG.Effect of γ-ray irradiation on starch granule structure and physicochemical properties of rice [J].International Journal of Food Science & Technology, 2007, 40(2): 297-303.

第五章

稻米食味品质的评价与检测

食味是来自人感官各种感觉的综合评价，食感的影响最大。影响稻米食味品质的因素，包括水稻品种、产地、种植措施、干燥方式和方法、贮藏条件、加工条件和蒸煮过程等。除此之外，稻米因素包括直链淀粉含量、蛋白质含量、矿质元素含量、含水量和脂肪酸度等。稻米食味品质检测评价技术的研究，可指导流通过程中稻米品质优劣的评定，且能对优质稻米的育种和推广起到重要作用。关于稻米食味品质检测评价，主要有感官评价法、稻米理化指标检测和无损检测法。

第一节　感官评价法

感官评价法是指稻米在规定条件下蒸煮后，品评人员通过眼观、鼻闻、口尝等方法，评价米饭的色泽、气味、滋味、黏性及软硬适口程度等。

一、感官评价指标

感官评价法主要品评米饭的色、香、味、外观、黏度和硬度等，以气味、外观、适口性和冷饭质地为主。

1. 气味

米饭气味是指米饭是否具有正常的清香味，若有特殊气味的需说明。

2.外观

米饭外观指色泽（白而有光泽）和外观结构（饭粒完整性、黏结性与松散性等）。

3.适口性

米饭适口性包括米饭的口味、黏度、硬度等。口味指米饭的味道。米饭咽下去时，感觉是否顺畅滑下，在咀嚼米饭时味道如何等。黏度是在咀嚼米饭时，上下牙齿感觉米饭的黏度。一般粳米饭比籼米饭黏度强，但黏度并非越强越好，应具有一定的松散性。

4.冷饭质地

冷饭质地指米饭冷却1 h后，籼米饭是否柔软、不结团，粳米饭和糯米饭是否柔软。

二、感官评价方法

品评感官各个指标，并将品评结果记录下来。

1.感官评价过程

（1）趁热鉴定米饭的气味。

（2）观察米饭的外观（包括米饭色泽、饭粒完整性，同时用筷子挑一下米饭，判断黏结性和松散性）。

（3）通过咀嚼，品评米饭的适口性（包括口味、黏度）。

（4）观察各品种米饭的冷饭质地。

（5）将各项得分相加，即得综合评分。

2.感官评价要求

（1）品尝地点：保证洁净卫生、宽敞明亮、空气流通、无异味的环境，做饭、盛饭与品尝隔离。

（2）品评人员：必须经过一定的鉴定筛选，挑选感官灵敏度高的人员作为评价员。

（3）每组品评份数：每组试验品评试样需包含一份标准样品和不超过4份测试样品。

（4）品评试验编号：将每组试样按照顺序编号，防止弄混。

3.品评结果

根据各个品评人员的综合评分结果计算平均值，品评误差大者（与平均值相差10分以上）可舍弃，再重新计算平均值。最后以综合评分的平均值作为该稻米食味的评定结果。评定结果在60分以下者，即为大多数消费者所不能接受的品种；60~65分者，说明该品种食味品质一般；66~75分者，说明该品种食味品质略好；76~85分者，说明该品种食味品质较好；85分以上者，说明该品种食味品质优良（表5-1）。

表 5-1　米饭感官评价评分规则和记录表

一级指标分值	二级指标分值	具体特性描述分值及样品得分
气味 20 分	纯正性、浓郁性 20 分	具有米饭特有香气，香气浓郁：18～20 分 具有米饭香气，香气清香：15～17 分 具有米饭特有的香气，香气不明显：12～14 分 米饭无香味，但无异味：7～12 分 米饭有异味：0～6 分
外观结构 20 分	颜色 7 分	米饭颜色洁白：6～7 分 颜色正常：4～5 分 米饭发黄或发灰：0～3 分
	光泽 8 分	有明显光泽：7～8 分 稍有光泽：5～6 分 无光泽：0～4 分
	饭粒完整性 5 分	米饭结构紧密，饭粒完整性好：4～5 分 米饭大部分结构紧密完整：3 分 米饭粒出现爆花：0～2 分
适口性 30 分	黏性 10 分	滑爽、有黏性、不黏牙：8～10 分 有黏性、基本不黏牙：6～7 分 有黏性、黏牙，或无黏性：0～5 分
	弹性 10 分	米饭有嚼劲：8～10 分 米饭稍有嚼劲：6～7 分 米饭疏松、发硬，感觉有渣：0～5 分
	软硬度 10 分	软硬适中：8～10 分 感觉略硬或略软：6～7 分 感觉很硬或很软：0～5 分
滋味 25 分	纯正性、持久性 25 分	咀嚼时，有较浓郁清香和甜味：22～25 分 咀嚼时，有淡淡清香和甜味：18～21 分 咀嚼时，无清香滋味和甜味，但无异味：16～17 分 咀嚼时，无清香滋味和甜味，但有异味：0～15 分
冷饭质地 5 分	成团性、黏弹性、硬度 5 分	较松散，黏弹性较好，软硬适中：4～5 分 结团，黏弹性稍差，稍变硬：2～3 分 板结，黏弹性差，偏硬：0～1 分
综合评分		

第二节 稻米食味理化指标检测

运用各种仪器设备对稻米的物理特性和化学性质进行测定，根据指标与食味的相关性分析得出稻米的食味品质。稻米食味品质与直链淀粉含量、糊化温度、胶稠度、蛋白质含量等因素有关。

一、直链淀粉含量检测

直链淀粉含量是评价稻米蒸煮食味品质的一个重要指标，所以检测稻米的直链淀粉含量是水稻品质育种的基本工作。直链淀粉是 D- 葡萄糖基以 $\alpha-1$，4 糖苷键连接的多糖链，分子中有 200 个葡萄糖基，分子量 $(1 \sim 2) \times 10^5$，聚合度 990，空间构象卷曲成螺旋形，每一回转为 6 个葡萄糖基。基本不分支，或分支很少。直链淀粉分子存在于淀粉的结晶区和无定形区。淀粉遇碘呈颜色反应，直链淀粉为蓝色，支链淀粉为紫红色。

自 1970 年首次提出碘比色法测定稻米直链淀粉含量值（Amylose Content，AC）以来，稻米 AC 测定技术有了突飞猛进的发展。对单波长比色法进行改进，提出了双波长比色法和多波长比色法，进一步发展出基于碘比色法的一系列新测定技术，如碘亲和力测定法、伴刀豆球蛋白法、自动分析检测仪。采用比较多的是标准碘蓝比色法（也称"常规法"），待测样本需要经过出糙、精白、粉碎等一系列破坏性前处理。经过处理后的水稻样品不能继续种植，而且操作步骤繁琐、测试周期长，无法满足育种工作者对早代进行筛选的要求。一些学者利用稻米理化特性，引进了新的检测仪器，开发出近红外光谱分析法、高光谱法、RVA 快速黏度分析法等检测手段；基于分子基团特性，开发出色谱分析法、差示扫描量热法、非对称流场流分离技术等。

如今直链淀粉检测仪是专业用于测定农作物中的直链淀粉含量。其中，采用激光光源的直链淀粉分析仪，CCD 稻谷外观品质图像分析与识别软件系统，属创新性成果，填补了我国仪器仪表在稻谷品质测试领域的空白，为国内首创，属国际先进水平。DPCZ- II 直链淀粉检测仪已通过农业部谷物品质监督检验测试中心的检验，在大米、玉米、小麦等农作物中应用广泛。

国外对直链淀粉的研究较早，尤其是美国，我国对直链淀粉的研究较晚，差距较大。目前对于玉米中直链淀粉含量和应用的测定较多，测定食物中直链淀粉的含量对我们了解食物特性起到很大作用，以下是测定食物中直链淀粉含量的方法。

1. 波长比色法

（1）单波长比色法：

1）标准法：单波长比色法是国际上认可的测定 AC 值的标准方法。目前，我国推荐测定稻米 AC 值的标准方法有 3 种，即国际标准 ISO 6647-2—2007《稻米直链淀粉含量测定第 2 部分常规方法》、国家标准 GB/T 15683—2008《大米直链淀粉含量的测定》、农业部标准 NY/T 83—1988《米质测定方法》。这 3 种标准方法的区别在于样品和标样是否进行脱脂处理，脱脂后的静置时间。国标法要求脱脂并静置 2 d，耗时最长。吴秋婷等发现脱脂处理的 AC 值显著高于未脱脂处理的测定值，不脱脂和脱脂处理之间 AC 测定值可用 "0.89" 比值进行转换。标准方法的主要技术局限性是前处理较麻烦，操作步骤较繁锁，技术性要求较高。

2）简易测定法：简易测定法是在标准法的基础上，经技术简化与改进而来的，基本原理与标准法相同。如对农业部标准（NY 147—1988）进行简化，以 10 mg 样品代替了标准中的 50 mg 样品，所用的试剂也相应按比例减少。梅淑芳等（2007）报道了农业部标准简易测定法，以梯度化 AC 的稻米样品进行简化测定方法的可靠性验证，并与农业部标准测定值相比较，结果发现简易法测定值与标准法测定值呈高度正相关（$r=0.9996$），两种方法测定值之间的绝对误差小于 1.2%。与标准法相比较，简易法具有简单易操作、样品量少等优点。

（2）双波长比色法：双波长比色法与单波长比色法相比，不同点在于分光光度计测定时选用了 2 个波长测定吸收值，因而可以同时测出直链淀粉和支链淀粉的含量。原理是利用溶液中某溶质对 2 个波长的吸光度差值与溶质浓度成正比，测定吸光度差值，可消减两类淀粉吸收背景的相互影响，因此，提高了测定的灵敏度和选择性。双波长法测定前需要绘制 Am 和 Ap 的标准曲线。戴双等（2008）用单波长法和双波长法测定小麦的 AC，结果双波长法优于单波长法。范明顺等（2008）以高粱为样品，用双波长法测定两类淀粉含量，结果显示，双波长法的重现性较好，相对标准偏差小于 1%。双波长比色法可以有效克服因长链 Ap 与碘形成的络合物，吸收光谱波长接近于 Am- 碘络合物的吸收波长，从而导致所测定的 AC 比真实值偏高的缺点，测定结果更为准确。双波长法可以同时获得总淀粉、Am 和 Ap 含量 3 个指标，工作效率高，缺点是需同时制备两类淀粉的标准曲线。

（3）多波长比色法：多波长比色法在比色时需测定 3 个或以上波长的吸收值。据报道，可同时测定 Am、Ap 和总淀粉含量的三波长比色法，结果更精确。由于所用的波长数目多，结果计算公式非常复杂。戴双等（2008）对单波长法、双波长法和多波长法进行比较，表明多波长法测定复杂、计算烦琐，认为双波长法更适于同时测定 Am 和 Ap 含量。

2. 基于碘比色法衍生的检测方法

基于碘比色法衍生的检测方法，不仅是标准方法，常用的 AC 测定方法都是利用直链淀粉与碘形成络合物的呈色反应。随着科学技术的发展，会在碘比色法的基础上，结合运用其他物理学或化学技术，创新衍生出新方法。

（1）碘亲和力滴定法：碘亲和力滴定法是在测定过程中用电物理学滴定代替了光比色技术。该方法包括安培滴定法和电位滴定法，原理是利用在碘与淀粉形成络合物期间电化学性质（如电位／电流可发生变化），对照先前绘制的标准曲线，推算出与碘结合的淀粉量。陈俊芳等（2010）以稻米为材料，比较碘比色法和电位滴定法测定 Am 和 Ap，结果电位滴定法直线回归方程的相关系数更加接近 1，测定结果的稳定性、重复性更好。由此可见，电位滴定法具有简便、快速、准确的优点，采用多函数拟合绘制的工作曲线，获得的数据更精确、重复性更高。

（2）横切浸染法：Agasimani 等（2013）报道了一种简单快速的单籽粒 AC 测定的横切侵染法。对低 AC（10%～20%）、中 AC（20%～25%）和高 AC（＞25%）的三类样品，用刀片横切成熟的籽粒中部，在横切面上滴 KI-I，淀粉与碘液发生染色反应，染色呈放射状扩散。这一扩散过程所需的时间因样品而不同，通过测定已知 AC 标准样品的碘浸染扩散所需时间，建立扩散时间与 AC 的计算表，可以估测出待测样的 AC 值。Avaro 等（2009）报道了用碘染色判断稻米 AC 的简易测定方法，前面的步骤与标准法相近，不同的是省去了分光光度计比色这一步，而是用自制的比色卡来粗略判断 AC 值。王跃星等报道了另一种与此方法原理相同的推测 AC 值范围研究，采用磨粉糊化后进行简易碘蓝染色，根据染色程度推测稻米的 AC 值，分别在马铃薯、豌豆、高粱、大麦 AC 检测方面开发了基于碘比色法的简易测定法。

（3）伴刀豆球蛋白法（Concanavalin A Method, Con A Method）：主要是利用支链淀粉可与 Con A 生成络合物，而直链淀粉不能与 Con A 生成络合物这一特性，开发出来的一种新 AC 测定法。经脱脂处理的稻米粉溶液在特定的温度、pH 和离子强度下，加入一定量的 Con A，Con A 与支链淀粉形成络合物。离心除去沉淀的络合物。加入 α-淀粉酶／葡萄糖淀粉酶水解上清液中的直链淀粉，形成葡萄糖。同时将另一份独立的脱脂米粉溶液样本，直接加入 α-淀粉酶／葡萄糖淀粉酶，水解成葡萄糖。最后用碘比色法测定两份样品中葡萄糖的含量，计算出直链淀粉和总淀粉含量，差值为支链淀粉含量。该法最早由 Yun 等（1990）和 Matheson 等（1990）提出，后经 Gibson 等（1997）对试验操作过程进行了改进。Gibson 等（1997）验证 Con A 法与碘比色法所测定值的相关系数达 0.933，结果的相对标准差（RSD）小于 5%，米粉样品则小于 10%。Con A 法的优点是不需要校准曲线，准确性高，无需昂贵仪器和预纯化过程，可以测定脱脂处理的米粉或纯淀粉样品。目前市场上有商品化的试剂盒出售，如 Megazyme 直链淀粉试剂盒。

（4）自动分析检测法：自动分析检测法是基于碘比色法，运用自动控制技术、信息技术、人工智能技术等研发的仪器，分析检测代替了人工操作与计算。自动分析检测仪是农作物品质鉴定的专用仪器。国外研究起步较早，已陆续推出有商业价值的一系列自动分析检测仪，如法国 Alliance 公司研制的 Futura Ⅱ全自动连续流动分析仪、荷兰 Skalar 仪器公司的 Skalarsan+ 化学自动分析仪、瑞典 Foss 公司的 FIA star 5000 型直链淀粉自动分析仪。这些仪器性能可靠、智能化程度高，但价格比较昂贵。在国内，研制测定自动分析检测仪的工作相对较晚。张巧杰等（2005）设计了一种类似的仪器，稳定性较好，目前已有中国农业大学研制的 DPCZ-2 型直链淀粉测定仪在商业化销售，很好地结合了计算机技术和分光光度技术，可以用于小麦、玉米、大米等多种谷物的 AC 值快速测定。刘卫国等（2009）、倪小英等（2009）分别比较了自动分析仪与国标法检测的 AC 值结果，相对标准偏差 1.9%，表明自动分析检测法具有很好的可靠性和可重复性。目前这一技术主要被专业的检测机构使用。

3. 基于理化特性的新检测方法

（1）近红外光谱法（Near Infrared Spectrometry，NIRS）：是近年来兴起的一种定量分析技术，最大的优点是无损检测。刘建学等（2000）用近红外光谱对不同粒度、不同类型的大米进行检测，建立了稻米 AC 值的检测模型，结果表明，对精米样品检测值与化学分析值的相关系数高达 0.95。陈峰等（2009）利用 NITS 和化学法测定了 54 个水稻表观 AC 值，两种方法的相关系数为 0.68。彭建等（2010）也得到了类似的结果。NIRS 对禾谷类种子的无损检测具有开创性的意义，对农作物品质育种研究尤其重要，但 NIRS 测定之前需要建模，所建模的优劣直接决定了测定结果的准确性，而且各机器间所建的模块不能相互通用，因此，需要耗费较大的人力和物力。

（2）高光谱分析法：利用高光谱遥感技术测定或监测作物生化组分或品质，是一项正在熟化的新技术。利用作物生化组分对 $0.4 \sim 2.4\,\mu m$ 光谱的吸收有微弱差异，可以直接进行生化组分的定量分析。刘芸等（2008）用高光谱仪扫描籼稻、粳稻和杂交稻米粉样品的反射光谱，经计算证实了原始光谱反射率和一阶导数光谱与米粉的粗蛋白质、粗淀粉和 AC 存在相关性，以相关系数较大的光谱变量建立 AC 值的估算数学模型，检验精度为 82.5% ~ 94.9%。薛利红等（2004）测定不同生育期水稻冠层高光谱反射率与总淀粉和 AC 值的相关性，结果存在显著或极显著相关，总淀粉含量在灌浆盛期的近红外波段达到了显著水平（$r > 0.74$）。谢晓金等（2012）进一步测定并建立了粗蛋白含量和 AC 的监测模型，运用独立数据检验模型准确度为 0.708~0.923。高光谱遥感技术在农作物的品质监测中具有明显优势，可以快速、低成本地检测稻米品质，发展与利用前景十分看好。

（3）快速黏度分析法：早期开发出 Brabender 黏滞淀粉谱仪，可测定米粉黏滞淀粉谱，后经改良推出快速黏度分析仪（Rapid Viscosity Analyzer，RVA），并于 20 世纪末引入稻米品质测定。RVA 可测定米糊的峰值黏度、热浆黏度、冷胶黏度、崩解值、消减值、回复值、峰值时间、起浆温度等特征值，这些特征值与稻米的外观品质、蒸煮品质和营养品质存在内在关联，因此，可以预测或判定稻米品质的优劣。李刚等（2009）测定了 106 份水稻 RVA 谱的特征值与外观品质、蒸煮品质的相关性，结果崩解值和消减值与垩白米率的相关系数为 -0.43 和 0.40，低 AC 品种和糯性品种的 AC 值与 RVA 谱特征值相关，糯性品种的相关系数达 0.87~0.99。隋炯明等（2005）分析了 215 水稻 RVA 谱特征值与品质的相关性，发现表观直链淀粉含量（ACC）与 8 项 RVA 谱特征值均呈显著或极显著相关。胡培松等（2004 年）利用此技术测定了稻米样品，分析结果发现，AC、GC 与 RVA 谱的 6 个特征值相关最明显，相关系数在 0.9 以上。这些结果表明，利用 RVA 特征值与 AC 或 AAC 的存在关联性，利用线性回归定量分析模型可开发出 AC 预测模型。利用 RVA 仪预测 AC 有很大的技术优势，具有样品用量少、测定时间短、可重复性高的优点，可以预测垩白率、胶稠度、糊化温度等蒸煮品质，最终给出样品的食味评价，因此，应用前景十分广阔，非常适合品种选育和大批量样品的快速测定。

4. 基于分子基团特性的新检测方法

（1）体积排阻色谱法（Size Exclusion Chromatography，SEC）：又叫凝胶渗透色谱法。原理是利用 Am 的最小分子量（一般在几万到几百万），Ap 的分子量最大（几百万到几亿），中间级分是介于 Am 和 Ap 之间的多糖成分。当淀粉在进入凝胶色谱后，会依据分子量的不同，进入或不进入固定相凝胶的孔隙中。支链淀粉分子量大，不能进入凝胶孔隙的分子，会很快随流动相洗脱；能够进入凝胶孔隙的直链淀粉，则需要更长时间的冲洗才能够流出固定相，从而实现对 Am 和 Ap 的分离。将淀粉样品通过体积排阻色谱柱，得到 3 个峰，分别代表 Am、中间级组分和 Ap。根据色谱图面积推算出各种淀粉的含量。蔡一霞等（2006）用 Sephadex G75 层析柱分析了稻米中支链淀粉分枝链的链长分配，经分离获得的 Fr Ⅰ 部分的链长平均聚合度＞100 GU（glucose unite），Fr Ⅱ 部分的链长的平均聚合度为 44~47 GU，Fr Ⅲ 部分的链长平均聚合度为 10~17 GU。Zhong 等采用二甲基亚砜等复配溶剂溶解稻米淀粉，经体 SEC 多角度激光光散法，分析稻米总淀粉、直链淀粉和支链淀粉的数均分子质量（Mw），结果表明直链淀粉的 Mw 为 300 万，支链淀粉的 Mw 为 4 000

万~5 000万。杨小雨等（2013）建立了稻米支链淀粉链长分子量分布的HPSEC分析方法，并测定了稻米支链淀粉的分子量分布，结果表明，该方法数据可靠、重复性好、简单易行。体积排阻色谱法具有操作简单、速度快、效率高、准确度高、无污染的优点，也可用于中间级组分的定性定量研究。

（2）场流分级法（Field Flow Fractionation，FFF）：场流分离技术是一项可分离、提纯和收集流体中悬浮物微粒的系列技术。液相中的场流分级即流场场流分级（Flow Field-Flow Fractionation，FlFFF），是利用样品的质量、体积、扩散系数、电荷等物理特性上的差异，将流体和外场分离，利用分离物质的特异性质确定样品颗粒粒径及分布、分子质量。FlFFF技术与SEC技术原理相似，对分离超高分子质量聚合物更具优点，能最大限度地减少大分子的降解或吸附；与SEC相比，FlFFF适用的分子质量范围更广，可以相对容易地调整流量、磁场强度等控制分离范围、分辨率和分析时间。

（3）差示扫描量热法（Differential Scanning Calorimetry，DSC）：测定AC值的原理是，溶血磷脂酰胆碱的极性端基团与淀粉的螺旋形结构相互作用产生络合物，该络合物所形成的放热曲线与淀粉中的AC值成比例。目前使用的DSC设备都配置自动取样装置，可进行自动分析，方法操作简单，应用便利。Polaske等（2005）对5种AC值的玉米淀粉样品，分别采用DSC法和碘比色法测定AC值，结果表明，两种方法测定值的相关系数达0.99，相关性很好。

二、支链淀粉含量检测

支链淀粉又称胶淀粉，分子量相对较大。支链淀粉则以α-D-葡萄糖为单位组成的高度分支葡聚糖，支链淀粉分支内以α-1，4糖苷键连接，分支间则以α-1，6糖苷键相连，一般由几千个葡萄糖残基组成，聚合度较高，分子量较大。支链淀粉难溶于水，分子中有许多个非还原性末端，但却只有一个还原性末端，故不显现还原性，支链淀粉遇碘产生棕色反应。在食物淀粉中，支链淀粉含量较高，一般为65%~81%。支链淀粉中葡萄糖分子之间除以α-1，4糖苷键相连外，还有以α-1，6糖苷键相连的。约20个葡萄糖单位就有一个分支，分支间的距离为11~12个葡萄糖残基，各分支也卷曲成螺旋结构。只有外围的支链能被淀粉酶水解为麦芽糖；在冷水中不溶，与热水作用呈糊状；遇碘呈紫色或红紫色。

目前关于稻米中支链淀粉含量的测定还没有相应标准。根据双波长比色原理，如果溶液中某溶质在两个波长下均有吸收，则两个波长的吸收差值与溶质浓度成正比。如果用两种淀粉的标准溶液分别与碘反应，然后在同一个坐标系里进行扫描（400~960 mm）或作吸收曲线，可以得到支链淀粉的含量。

关于支链淀粉含量的测定，还可以参照胡培松等（2004）发明的方法。取单粒稻谷用手工脱壳，糙米用刀片刮去种皮、糊粉层，然后精米横切成两个半粒；取没有胚芽部分的半粒，用研磨棒研磨成精米粉。称量 100 mg 精米粉，放入 10 mL 离心管，加入 60 mL 100% 色谱纯甲醇，沸水浴 10 min，12 kg 离心 5 min，倒去悬浮液。沉淀物重复此步骤 3 次。称取 20 mg 沉淀物，放于 2 mL 离心管，加入 0.4 mL 0.25 mol/L NaOH 溶液，50 ℃ 烘箱 2 h。混匀后，加入 80 μL 1.0 mol/L 醋酸钠溶液（pH=4.0），再加入 20 μL 异淀粉酶（酶活大于 250 U），于 40 ℃ 恒温水浴摇床反应 2 h。然后沸水加热 5 min，去异淀粉酶活，10 kg 离心 5 min，取上清液；加入 0.3 g 离子交换树脂 AG501-X8，于 50 ℃ 水浴摇床 30 min，16 kg 离心 10 min，过 0.45 μm PVDF 小柱，保持 40 ℃，进行凝胶渗透色谱测定。采用 TSK ge13000PWxl 和 4000PWxl 柱子，0.1 mol/L 磷酸氢二钠和 0.05 mol/L 磷酸二氢纳作为缓冲液，加入 0.02% 叠氮化钠，流速为 1.0 mL/min，柱温箱设置为 40 ℃，以及示差检测器。直链淀粉（第一出峰）面积与支链淀粉的长链（第二出峰）和支链淀粉的中短链（第三峰）总出峰面积之比，即为直链淀粉含量 / 支链淀粉含量之比。

三、糊化温度检测

淀粉的糊化（α化）是将淀粉与水混合并加热，达到一定温度后，淀粉粒发生溶胀、崩溃，形成糊状液体。

淀粉发生糊化时所需的温度，称为糊化温度，是指淀粉在热水中开始大量吸收水分，发生不可逆转的膨胀和显著增加黏度时的温度，也是双折射（偏光十字）消失时的温度。糊化温度不是一个点，而是一个温度范围。淀粉粒开始溶胀时的温度，称为糊化开始温度。形成淀粉糊时的温度，称为糊化终了温度。淀粉糊化温度必须达到一定程度，不同淀粉的糊化温度不一样。同一种淀粉，颗粒大小不一样，糊化温度不一样，颗粒大的淀粉先发生糊化，颗粒小的后发生糊化。

糊化温度是稻米淀粉的一个重要的物理性状，是衡量稻米蒸煮食味品质的重要指标之一。它决定米饭蒸煮时需要的水量和蒸煮时间，一般可分为 3 个等级，即高糊化温度（＞74 ℃）、中糊化温度（70 ℃~74 ℃）、低糊化温度（＜70 ℃）。高糊化温度稻米较低糊化温度稻米需要更多的水量和更长的蒸煮时间，一般食味较好的稻米品种糊化温度居中。目前许多国家的育种计划都将适宜的糊化温度列为优质米的评价标准之一。

依照农业部标准 NY 147—1988 测定糊化温度。取 6 粒成熟饱满的整精米，放置于方盒内，加入 10 mL KOH 溶液（籼稻 1.7%、粳稻 1.4%），用玻棒将盒内米粒排布均匀；加盖将方盒平移至 30 ℃恒温室内，保温约 23 h 后，逐粒观察米粒胚乳的分解情况，按表 5-2 分级记录，并按碱消值公式：碱消值 = $\sum$（每粒米的级别 × 同一级的米粒数）/ 总粒数，求出待测样品的糊化温度。

表 5-2　糊化温度碱消值的分级标准

级别	分解度	消析度
1	米粒无变化	米心白色
2	米粒膨胀	米心白色，有粉状环
3	米粒膨胀，环不完全或下狭窄	米心白色，环棉絮状或云雾状
4	米粒膨胀，环完整而宽	米心棉白色，环云雾状
5	米粒开裂，环完整而宽	米心棉白色，环清晰
6	米粒部分分散溶解，与环融合在一起	米心云白色，环消失
7	米粒完全分散	米心与环均消失

四、胶稠度检测

胶稠度是淀粉品质评价标准的一项重要指标，也是较难测定的指标。胶稠度是稻米胚乳中直链淀粉含量，直链淀粉和支链淀粉分子综合作用的反映。胶稠度通常以 4.4% 米胶经煮沸冷却后，在水平试管中的延伸长度来衡量，与米饭的柔软性、黏稠性相关，是一种简单、快捷、准确测定胶凝值的方法。

周少川等（2002）研究发现，胶稠度平均值为 28.07～30.47 mm 时，米饭食味品质差异不显著；随着胶稠度的提高，米饭食味品质显著提高，呈极显著正相关，相关系数达 0.57。从最新颁布的农业部食用稻品种品质标准（NY/T 593—2002）和国家优质稻谷标准（籼稻）（GB/T 17891—1999）分析，对影响米饭食味的重要品质指标之一的胶稠度提高了要求，定级标准提高 10 mm，一、二、三级的标准分别为 70 mm 以上、60～70 mm、50～60 mm。可见，胶稠度是评价稻米蒸煮食味品质的重要指标，必须加强遗传改良。

胶稠度（GC）测定依照国标 GB 22294—2008，利用大米淀粉经稀碱糊化、回生形成米胶，利用米胶流动性的差异，反映大米的胶稠度。称取精米粉样 100 mg（按含水量 12% 计，如含水量不是 12%，则进行折算，相应增加或减少试样的称量），置于内径 11 mm 的 10 mL 试管内，加入 0.2 mL 0.025% 麝香草酚蓝乙醇溶液，用振荡器振荡。准确加入 2 mL 0.2 mol/L 的氢氧化钾溶液，再次用振荡器振荡。混匀后，立即放入剧烈沸腾的水浴内，用玻璃球盖住试管口，使沸腾的米胶高度始终维持在试管长度的 2/3，糊化 8 min。糊化完毕后，在室温下冷却 5 min，再放入冰水浴中冷却 20 min。将试管水平放置在米胶长度测定箱或培养箱的样品架上，使试管底部与标记的起始线对齐，在室温 25 ℃±2 ℃条件下，1h 后立即测量米胶在试管内的流动长度（mm），即为该样品的胶稠度。

第三节　稻米食味品质的无损检测

稻米中直链淀粉含量、蛋白质含量、水分含量等与食味品质有很大的相关性，运用理化方法进行检测存在较大的误差，感官评价法存在一定的主观因素。无损检测即非破坏性检测，在不破坏待测物原来的物理状态、化学性质等前提下，运用各种物理学方法（光、电、声、图像视觉技术等）从外部给待测物一个能量。待测物受能量作用时，从输入和输出的关系可获得待测物的物理化学特性。近年来，很多学者都将无损检测方法运用于稻米的食味品质检测。

一、近红外光谱法

近红外光谱法（Near Infrared Spectrometry, NIRS），是 20 世纪 80 年代后期迅速发展起来的。原理是通过收集具有代表性的样品（组成及其变化接近于分析样品）建立定标模型。在分析未知样品时，先对待测样品进行扫描，根据光谱值利用建立的定标模型，就可以计算出待测样品的成分含量。这种技术具有速度快、操作方便、精度高及非破坏性的特点，应用前景十分广阔。大多数粮食国家标准检测方法较为复杂，检测时间较长，不能及时满足实际工作的需要。近红外谷物分析仪能够很好地解决这个矛盾，只需十多秒，产品的粗蛋白、水分等参数数据就检测出来，重复性好，使用十分方便快捷。

近红外光谱法是现代电子技术、光谱分析技术、计算机技术和化学计量技术的集合体，主要包括以下步骤：收集代表性样品，进行样品的光学数据采集；用标准化学方法对样品进行化学性质测定；运用数学方法将光谱数据与检测数据相关联，将光谱数据转换，与化学测定值进行回归计算，得到定标方程，建立数学模型；对未知样品进行检测时，先对待测样品扫描，再根据扫描光谱结合建立的数学模型计算出成分含量。

国内外学者利用近红外光谱法，对稻谷、糙米和精米的直链淀粉含量，氨基酸含量、蛋白质含量，透明度和碾磨精度等品质指标进行了相应研究。直链淀粉含量是评价稻米蒸煮食味品质的一个重要指标，直链淀粉含量与稻米硬度、黏度、色泽等食味品质密切相关。前人利用近红外光谱法，对测定稻米直链淀粉做了大量研究。Villareal 等（1994）同样运用近红外光谱法测定糙米和精米表观直链淀粉含量，结果表明，用精米测定的结果较好。蛋白质是影响稻米食味品质的重要因素，蛋白质含量高，米粒结构紧密，淀粉粒间空隙小，吸水速度慢，吸水量少，大米蒸煮时间长，淀粉不能充分糊化，米粒黏度低，较松散。测定稻米中蛋白质的含量，能够分析出稻米的食味品质。吴金红等（2006）运用近红外光谱法比较不同类型样品的水稻，建立水稻蛋白质近红外模型。结果表明，不同类型样品对建模效果有显著影响，品种模型和混合模型的适配范围显著大于群体模型，但是研究结果不支持背景变异较小样品建立较高精度回归模型的设想。舒庆尧等（1999）运用近红外光谱法测定糙米粉和精米粉中的蛋白质含量，所建模型相关系数高、标准差小。王传梁等（2007）利用近红外光谱法检测大米中脂肪含量，采用偏最小二乘法建立数学模型。唐绍清等（2004）利用粳米粉脂肪含量化学分析值及其近红外光谱法建立精米中脂肪含量数学模型，分别采用 4 种不同的预处理方式，发现不同光谱区和不同光谱预处理方法对所建模型有很大影响。康月琼等（2004）采用傅里叶变换近红外光谱法，建立了整粒稻谷种子的近红外预测模型，定标稻谷种子样品 87 个，水分含量为 11.6%~13.6%，所检验水稻真实值与预测值相关系数为 0.832 1，所建模型定标标准差为 0.184 7，预测值标准差为 0.221 2。

　　近红外光谱谷物分析仪具有检测结果记录功能，按照目前各粮库推广使用的粮食"一卡通"智能出入库系统输入统一编号，特别是对采用盲检的入库样品可以查询原始检测记录，避免了人为因素干扰检测结果，值得在大中型粮食贮备企业推广。

　　近红外光谱分析与常规理化分析技术相比，具有以下的优点：检测速度快、效率高，适合于多种状态的分析对象，能够实现在线分析，结果准确、重现性好，能够实现样品的无损检测与分析，检测分析成本低。为适应粮库智能化、信息化建设，建议尽快开发研制在线谷物水分、体积、质量等检测仪器设备，以满足目前推广使用的粮食"一卡通"智能出入库系统要求，实现入库粮食质量在线智能化检测，提高工作效率，降低劳动强度，减少人为因素对检测结果的干扰，保障粮食质量检测结果的真实性（齐龙等，2011）。

　　在美国，近红外光谱技术已经广泛应用于谷物直链淀粉含量和蛋白质含量等指标的检测。日本在大米食味理化性质研究方面一直处于世界领先地位。日本根据近红外光谱原理设计发明了食味计，食味计能够测得蛋白质、脂肪、水分和直链淀粉含量，最后得到稻米的食味分数。近红外光谱分析仪多为进口仪器，价格偏高，普及较为困难，应尽快开发研制国产产品，实现与粮库智能化系统平台联网的对接。

二、电子鼻、电子舌

电子鼻是一种气味扫描仪,是 20 世纪 90 年代发展起来的快速检测食品品质的新型仪器。原理是利用某种金属氧化物和生物膜,根据气味物质分子接触引起膜电位的微小变化,来判断气味有无和强弱。它以特定的传感器和模式识别系统快速提供被测样品的整体信息,指示样品的隐含特征。这种气敏传感器具有高灵敏度、可靠性、重复性等优点。

电子舌是以人类味觉感受机制为基础,用仿生物材料做成的一种新型现代化分析检测仪器。通过传感器阵列代替生物味觉味蕾细胞感受来检测对象,经系统的模式识别得到结果。电子舌中的味觉传感器阵列能够感受被测溶液中的不同成分。信号采集器就像是神经感觉系统,采集被激发的信号传输到电脑。电脑对数据进行处理分析,得出不同物质的感官信息。

胡桂仙等(2010)重点讨论了电子鼻检测技术在稻米香味检测方面的应用前景和发展趋势。目前我国对稻米霉变与否的检测还存在一定的滞后性。运用电子鼻技术检测稻米散发的气味,能够快速、准确地判断稻米是否发生霉变。该电子鼻对谷物进行检测,采用径向基函数神经网络对传感器反应曲线取得特征值,再进行分析。结果发现,对霉变水稻的识别率达到 100%。梁爱华等(2010)采用电子鼻技术分别检测 3 种不同品质的方便米饭,通过对主要成分的分析和气味指纹对比,结果表明,电子鼻能够识别不同香味的方便米饭。宋伟等(2012)利用电子鼻测定不同含水量(12.5%、13.5%、14.5%、15.5%)粳米,在不同温度(15 ℃、20 ℃、25 ℃、30 ℃)、氧气浓度(5%、10%、15%、21%)条件下贮藏过程中的品质变化。结果显示,贮藏初期 2 个月内粳米品质变化不大,气味变化不明显,随着贮藏时间增加,劣变加快,挥发物浓度增加。粳米在高温、高水分条件下,品质变化速度快,散发气味浓度高。因检测样品体积、密度、挥发物含量与浓度等因素的影响,不同受检样本所需的检测参数要求不完全相同。便携式电子鼻适宜于稻谷和精米状态的检测,糙米状态区分不灵敏,品种间的挥发性物质差别明显;对糙米状态,由于加工过程中挥发性成分的部分散发,使得差别较小;由于米饭含水量较高,同时冷却后检测不利于挥发性物质的散发,致使分析结果跟感官评价方式得出的结果有出入。另外,在电子鼻分析中,特征提取、模式识别方法的完善,是否应配置富集装置进行样品试验,也有待进一步确证。

三、食味仪的应用

食味是指人对米饭气味、外观、黏性、硬度和味道等的感觉。感官评价虽较为实际、客观,但因人而异,也不适于大量育种材料的筛选。

近年来，国外一些机构开发出稻米品质分析仪，能方便快速测定稻米食味值。食味仪主要用于大米食味品质评价，最早由日本研制。该仪器主要是以近红外光谱技术为基本原理，以大米中主要理化指标（蛋白质和直链淀粉，糙米还包括脂肪酸）与食味品质的相关关系为评价基础，预测大米的食味品质。食味仪不受操作人员的主观影响，操作简便快速，实现了原料的无损检测。

影响稻米食味的首要因素是理化特性，其次是淀粉糊化特性和化学成分，主要包括蛋白质和直链淀粉含量等。借助仪器测定稻米的理化特性较为简单、稳定，但与实际的蒸煮食味品质有一定的差距。食味性状是目前国内外水稻品质育种工作的重要研究方向，客观评价和发掘不同地域的优质粳稻资源尤为关键。虽然许多研究者认为，可以利用食味仪作为一种辅助工具筛选优良食味材料，但稻米食味特性最终还是要依赖于人的感官评价，因而在育种工作中最好将二者结合起来运用。马涛等（2007）利用近红外食味分析仪测定不同含水量的大米食味值，研究大米含水量与食味值的关系。结果表明，随着含水量下降，食味值总体上呈下降趋势，但下降趋势不明显。孙建平等（2008）将食味计测得的理化指标结果与标准方法测得的结果进行比较，不同食味仪对大米理化指标的测定结果差异显著。这表明现有食味仪能够对稻米理化指标进行准确测定，但对于理化指标与感官评分的一致性还需要进一步研究。

利用食味仪测定米饭方法具有样品用量少、样品无需处理和无损耗、多成分同步分析、无试验污染、操作简单、检测效率高等特点，而且采用数学模型量化处理的结果重现性好，与常规感官评价结果的一致性和相关性好。因此，利用食味仪评价大米的食味，方法简便可靠。但是，食味仪受碎米率、温度、湿度等条件制约，也影响到结果的精确度，难以对米饭和大米的气味（如异味）做出判定，而且食味仪价格较昂贵，适用范围受到限制。

第四节　稻米食味品质检测技术展望

稻米品质分析检测上的应用，除了主要的无损检测技术外，还包括色谱分析技术、扫描电镜技术、质构分析技术等。

色谱分析技术是利用试样中共存组分间的吸附、分配、交换、迁移速率，以及其他性能差异，先将它们分离，而后通过特定检测器或质谱仪按一定顺序进行分析测定。色谱分析技术及其液质、气质联用技术是稻米中物质成分定性定量检测必不可少的一种手段，尤其是糙米中生理活性成分的鉴定，如酚酸、黄酮、植物甾醇、菊糖等，也越来越受到关注。

扫描电镜技术是一种有效的、直观的检测手段。扫描电镜技术可以通过微观结构，描述因湿热、氧、虫等引起的稻米形态变化，不同地域、不同品种间细胞结构的微小差异，但目前仍无法定量地描述这一变化，还不能单纯从细胞结构变化来判定稻米的新鲜度与陈化度。

质构分析技术是对大米的感官评价，不仅需要专业的评审员，而且费时费力，结果受多种因素影响，重现性差。因此，能够多面剖析食品品质的客观评价方法，具有较大优势。

在稻米品质检测分析中，常规的理化分析虽然操作起来烦琐，试剂量大，但必不可少。大米的热物性也是研究热点，特别是差示扫描量热法（DSC）对淀粉糊化的研究，可根据吸热峰的情况判断淀粉的糊化程度。此外，随着人们对转基因食品安全性的关注程度越来越高，聚合酶链式反应（PCR）检测技术也应用到了转基因稻米及其加工品的检测中。

随着分析方法的改进和仪器设备的开发，无损检测技术在稻米品质分析中的作用将更加突出，开发性能稳定、精确度高、操作方便、小型化的稻米分析检测系统，在多方位系统化研究的基础上建立标准化的测量方法及分析方法，继而建立不同地域、多品种、具有代表性的稻米品质分析数据库，将会成为今后的发展趋势。目前稻米的品质分析检测多集中于生产加工和贮藏阶段的研究，而对于运输、销售等（如"北粮南运"过程）所导致的稻米品质变化（结露或出现裂纹等）研究较少。随着粮食物流过程品控追溯技术的研究，稻米物流环节的品质变化也备受关注，应综合利用各项检测技术，开发适用于稻米物流环节的简易型、通用性的检测设备。

我国水稻种植为南籼、北粳，早、中、晚稻籼粳交错，有常规稻和杂交稻，类型复杂、品种繁多，且各地居民食味习惯差异较大，因此，评价稻米的蒸煮食味品质应以感官评价为主，理化指标检测仪器检测为辅。建议结合中国品质检测技术的基础，加快稻米食味评价标准的统一，不断完善简便、实用、直接的感官评价技术；同时继续加强理化指标与食味品质间的相关性分析研究，开发出合适的理化分析方法；随着传感技术和信息采集与数据处理技术的发展，以电子鼻为代表的小型化、智能化传感技术有望用于稻米食味品质检测，所以还要研究开发可信性强、小型化、价格适中的稻米食味评价仪器或装置。

—————————— R e f e r e n c e s ——————————

参考文献

［1］蔡一霞.不同类型水稻支链淀粉理化特性及其与米粉糊化特征的关系［J］.中国农业科学，2006，39（6）：1122-1129.

［2］陈峰，孙公臣，张洪瑞，等.NITS测定稻米表观直链淀粉含量的研究［J］.中国稻米，2009（2）：38-39.

［3］戴双，程敦公，李豪圣，等.小麦直、支链淀粉和总淀粉含量的比色快速测定研究［J］.麦类作物学报，2008，28（3）：442-447.

［4］范明顺，张崇玉，张琴，等.双波长分光光度法测定高粱中的直链淀粉和支链淀粉［J］.中国酿造，2008，27（11）：85-87.

［5］胡桂仙.稻米食味品质检测评价技术的研究现状及展望［J］.中国农学通报，2010，26（19）：62-65.

［6］胡培松，翟虎渠，唐绍清，等.利用RVA快速鉴定稻米蒸煮及食味品质的研究［J］.作物学报，2004，30（6）：519-524.

［7］康月琼，郝风.傅里叶变换近红外光谱法检测种子水分和生活力的研究［J］.种子，2004，23（7）：10-12.

［8］李刚，邓其明，李双成，等.稻米淀粉RVA谱特征与品质性状的相关性［J］.中国水稻科学，2009，23（1）：99-102.

［9］梁爱华，贾洪锋，秦文，等.电子鼻在方便米饭气味识别中的应用［J］.中国粮油学报，2010，25（11）：110-113.

［10］刘建学，吴守一，方如明，等.大米直链淀粉含量的近红外光谱分析［J］.农业工程学报，2000，16（3）：94-96.

［11］刘卫国，余泓洁，姚江华，等.连续流动分析仪测定稻米直链淀粉含量的方法研究［J］.安徽农业科学，2009，37（32）：15669-15671.

［12］刘芸，唐延林，黄敬峰，等.利用高光谱法估测稻穗稻谷的粗蛋白质和粗淀粉含量［J］.中国农业科学，2008，41（9）：2617-2623.

［13］马涛，毛闯，赵锟，等.大米水分与食味品质和储藏关系的研究［J］.粮食与饲料工业，2007（5）：3-4.

［14］梅淑芳，贾莉萌，高君恺，等.一种稻米直链淀粉含量的简易测定方法［J］.核农学报，2007，21（3）：246-248.

［15］倪小英，刘荣，张晓燕，等.SKALAR SAN++化学自动分析仪在直链淀粉分析中的应用［J］.粮食科技与经济，2009，34（3）：42-43.

［16］彭建，张正茂.小麦籽粒淀粉和直链淀粉含量的近红外漫反射光谱法快速检测［J］.麦类作物学报，2010，30（2）：276-279.

［17］齐龙，朱克卫，马旭，等.近红外光谱分析技术在大米检测中的应用［J］.农机化研究，2011，33（7）：18-22.

［18］舒庆尧，吴殿星，夏英武，等.用近红外反射光谱测定小样本糙米粉的品质性状［J］.中国农业科学，1999，19（4）：92-97.

［19］宋伟，谢同平，张美玲，等.应用电子鼻判别不同贮藏条件下粳稻谷品质的研究［J］.中国粮油学报，2012，27（5）：92-96.

［20］隋炯明，李欣，严松，等.稻米淀粉RVA谱特征与品质性状相关性研究［J］.中国农业科学，2005，38（4）：657-663.

［21］孙建平，侯彩云，王启辉，等.食味仪评价

我国大米食味值的可行性探讨 [J]. 粮油食品科技，2008, 16（6）：1-3.

［22］唐绍清，石春海，焦桂爱，等. 利用近红外反射光谱技术测定稻米中脂肪含量的研究初报 [J]. 中国水稻科学，2004, 18（6）：563-566.

［23］王传梁，陈坤杰. 基于近红外漫反射技术的大米脂肪含量的研究 [J]. 粮油加工，2007（2）：62-64.

［24］吴金红. 水稻蛋白质含量 NIR 模型适配范围的研究 [J]. 中国农业科学，2006, 39（12）：2435-2440.

［25］谢晓金，李秉柏，朱红霞，等. 利用高光谱数据估测不同温度胁迫下的水稻籽粒中粗蛋白和直链淀粉含量 [J]. 农业现代化研究，2012, 33（4）：481-484.

［26］薛利红，曹卫星，李映雪，等. 水稻冠层反射光谱特征与籽粒品质指标的相关性研究 [J]. 中国水稻科学，2004, 18（5）：431-436.

［27］杨小雨，刘正辉，李刚华，等. 高效液相体积排阻色谱法测定稻米支链淀粉链长的相对分子质量分布 [J]. 中国农业科学，2013, 46（16）：3488-3495.

［28］张巧杰，王一鸣，吴静珠，等. 基于比色原理的直链淀粉测定仪设计与试验 [J]. 农业机械学报，2005, 36（7）：81-84.

［29］周少川，李宏，王家生，等. 华南籼稻晚造稻米蒸煮、外观和碾米品质与食味品质的相关性研究 [J]. 杂交水稻，2002, 28（3）：397-400.

［30］陈俊芳，周裔彬，白丽，等. 两种方法测定板栗直链淀粉含量的比较 [J]. 中国粮油学报，2010, 25（4）：93-95.

［31］AGASIMANI S, SELVAKUMAR G, JOEL A J, et al.A simple and rapid single kernel screening method to estimate amylose content in rice grains [J].Phytochemical Analysis, 2013, 24（6）：569-573.

［32］AVARO M R A, TONG L, YOSHIDA T A. simple and low-cost method to classify amylose content of rice using a standard colorchart [J].Plant Production Science, 2009, 12（1）：97-99.

［33］GIBSON T S, SOLAH V A, MCCLEARY B V A. Procedure to Measure Amylose in Cereal Starches and Flours with Concanavalin A [J].Journal of Cereal Science, 1997, 25（2）：111-119.

［34］MATHESON N K A. comparison of the structures of the fractions of normal and high-amylose pea-seed starches prepared by precipitation with concanavalin A [J]. Carbohydrate Research, 1990, 199（2）：195-205.

［35］POLASKE N W, WOOD A L, CAMPBELL M R, et al.Amylose Determination of Native High-Amylose Corn Starches by Differential Scanning Calorimetry（118-123）[J].Starch-Stärke, 2012, 57（3-4）：6.

［36］VILLAREAL C P, NMDELA C, JULIANO B O. Rice amylose analysis by near-infrared transmittance spectroscopy [J].Cereal Chemistry, 1994, 71（3）：292-296.

［37］WANG J P, YIN L, TIAN Y Q, et al.A novel triple-wavelength colorimetric method for measuring amylose and amylopectin contents [J].Starch/Stärke, 2010, 62：508-516.

［38］YUNSH, MATHESONNK.Estimation of amylose content of starches after precipitation of amylopectin by concanavalin-A [J].Starch/Staerke, 1990, 42：303-305.

第六章

稻米食味品质的遗传调控

稻米食味品质是指从稻谷生产到加工成直接消费品的整个过程中，作为粮食或商品各种特性的综合表现，通常分为碾磨品质、外观品质、蒸煮品质和营养品质。随着近年来分子生物学、数量遗传学等的发展和应用，稻米食味品质的遗传研究取得了很大进展。本章主要介绍影响稻米食味品质的主效因子遗传调控，结合我国水稻品质存在的问题，分别从常规育种、分子标记辅助选择和转基因等育种手段，深入剖析改良品种品质的可行之法。

第一节　稻米食味品质性状的遗传研究

稻米的食用部分为胚乳，胚乳是三倍体（3X），而提供营养物质的母体植株是二倍体（2X），遗传机制比较复杂。有研究认为，稻米品质性状有的受胚乳基因型控制，有的受母体基因型控制，还可能受细胞质基因控制。一般认为品质性状的遗传是受多基因系统共同控制的数量性状，也有研究认为品质性状的遗传是受一个或多个主效基因和多个微效基因系统控制的质量性状。

稻米食味品质性状的遗传主要包括淀粉品质性状、蛋白质以及香味3个方面，淀粉品质性状又可分为直链淀粉含量、胶稠度、糊化温度以及RVA谱等。

一、直链淀粉含量的遗传研究

直链淀粉含量（AC）是评价稻米品质的重要一项指标，直接影响稻米的蒸煮品质、食用品质和加工品质。直链淀粉的遗传普遍认为是受蜡质基因（Waxy gene，*Wx*）主效控制和若干个微效基因共同影响，这与 AC 由 *Wx* 编码的颗粒结合淀粉合成酶（Granule-Binding Starch Synthase，GBSS）控制合成相一致。黄超武等（1990）的研究表明，控制直链淀粉的遗传因子为不完全显性遗传，由 1 个主基因控制，少数基因进行修饰，且直链淀粉含量表现为非连续性变异，并存在一定数量上的超亲遗传类型。在水稻中，目前发现有四大类与直链淀粉含量相关的基因。

1.*Wx/wx* 基因

Wx 是发现最早且研究最多的控制直链淀粉含量的基因。非糯性基因 *Wx* 对糯性基因 *wx* 表现为不完全显性遗传，且存在较为明显的剂量效应。表达水平的不同是由 *Wx* 位点存在复等位基因引起的，从而产生不同 AC 水平的水稻品种。依据 AC 值的高低，目前已至少发掘出 5 种类型的 *Wx* 等位基因（Wx^a、Wx^{in}、Wx^b、Wx^{op}、*wx*），存在于普通籼稻、热带粳稻、温带粳稻、云南地方软米品种和糯稻中，分别对应高、中、低 AC 值及软米型和糯性品种。具有纯合 Wx^a 胚乳的颗粒，结合淀粉合成酶（GBSS）的能力是 Wx^b 的 10 倍。1971 年，Iwata 和 Omura 将糯性座位定位于西村氏第 I 连锁群的第 1 染色体，即现在的第 6 染色体。目前，糯性突变已成为理化诱变处理后最常见的胚乳突变。非糯性基因 *Wx* 对糯性基因 *wx* 表现为显性，存在较为明显的剂量效应。

Wx 等位基因序列内也存在丰富的外显子和内含子序列多态性，如位于上游引导区的（CT）n 重复、第一内含子的 G/T 碱基多态性、第 2 外显子的 23 bp 转座子的插入、第 6 外显子的 A/C 碱基转换等，这些 *Wx* 基因序列的多态性，都影响稻米 AC 值的变化。另外，转录后水平调控也引起 *Wx* 基因表达量的不同。特别是在低 AC 值的水稻品种中，淀粉合成相关基因的变化更加丰富。研究表明，AC 值越高，米饭越硬，黏性越小，饭粒干燥而蓬松，色暗；AC 值越低，米饭越软，黏性越大，饭粒光泽度较好。因此，AC 作为稻米品质改良研究的热点，需要进一步挖掘 *Wx* 复等位基因和表达调控基因变化的类型，以深入了解淀粉品质性状与 *Wx* 基因变化的内在联系，为稻米食味品质改良提供理论依据。

2. 暗胚乳基因 *du*

稻米暗胚乳突变体即低直链淀粉突变体，是由理化诱变而产生，受单隐性基因 *du* 基因控制。水稻暗胚乳（*dull*）突变体呈半透明或不透明，直链淀粉含量低，介于糯稻和粳稻之间，米饭外观油润有光泽，冷不回生，适口性较好。

dull 胚乳由独立于 *Wx* 的单隐性基因 *du* 控制，已经发现至少 13 个不同的 *du* 基因，如 *du-1*、*du-2*、*du-4*、*du-5*、*du*（*EM47*）、*du*（*2120*）、*du*（*2035*）、*du*（*EM47*）、*du*（*t*）、 *lam*（*t*）等，分别位于第 4、第 6、第 7、第 9 染色体上。与糯性和野生型品种相比，*Dull*突变中支链淀粉的短链含量显著增加。Zeng 等（2007）的研究认为，*Du11* 基因编码 Prp1家族蛋白，主要在穗中表达，通过影响 *Wx* 基因转录产物 mRNA 前体的有效剪接来影响淀粉酶基因的表达，从而调控淀粉生物合成。*Dull* 基因对 Wx^b 起着上游调控作用，根据与 *Wx* 基因等位性关系的不同，可将目前已报道的水稻低直链淀粉含量突变基因分为与 *Wx* 等位和非等位两大类，其中 Wx^{mq}、Wx^{op} 等属于与 *Wx* 等位的低直链淀粉含量基因，而 *du*、*lam*（*t*）等属于与 *Wx* 非等位的基因。此外，我国云南地区特有的软米品种，是野生稻中自然发生的低直链淀粉含量突变体，直链淀粉含量在 8%~15%。由于云南软米的低直链淀粉含量基因与*Wx* 的等位性关系未见报道，因此，尚无法归类。

3. 直链淀粉含量增效基因 *ae*

直链淀粉含量增效基因（amylose extender，*ae*）突变后，不仅直链淀粉含量成倍提高，支链淀粉的性质也发生了变化，长链的比例和长度增加，短链减少。已经发现 3 对非等位基因 *ae-1*，*ae-2* 和 *ae-3* 可导致该类突变。其中，*ae-1* 位于第 10 染色体上，该位点突变体直链淀粉含量达 29.4%~35.4%；*ae-3* 位于第 2 染色体上，该位点突变体直链淀粉含量达 26%~31%。

4. 粉质基因 *flo* 和糖质基因 *sug*

粉质胚乳突变体的整个胚乳呈白色粉质状，而糖质胚乳突变体中，高度分支的类糖原寡糖代替了直链淀粉的积累，直链淀粉含量大大减少，*sug-1* 突变体胚乳皱缩，而 *sug-2* 突变体胚乳不皱缩。粉质和糖质胚乳都是由隐性单基因控制的，已发现 3 个控制粉质胚乳的基因有*flo-1*、*flo-2* 和 *flo-3*，分别位于第 5、第 4、第 3 染色体上。*sug* 基因则位于第 8 染色体上。

二、胶稠度的遗传研究

有关胶稠度的遗传分析主要有两种不同的观点，一种观点认为胶稠度由一个主效基因控制，另一种观点认为胶稠度受微效多基因控制。汤圣祥等（1996）的研究发现，籼稻的胶稠度受一对主效基因和若干微效基因控制。万映秀等（2006）的研究发现，胶稠度主要受位于第 2、第 3 染色体的两对主效 QTL 控制。何平等（1998）通过 QTL 定位方法检测到 2 个控制胶稠度的 QTL，分别在第 2、第 7 染色体上。Tan 等（1999）在珍汕 97B/ 明恢 63 衍生的 F2: 3 家系和 F₉ 重组自交系中，将胶稠度定于第 6 染色体上与 *Wx* 位点共分离的一个区域。包劲松等（1999）利用窄叶青 8 号和京系 17 为亲本杂交构建的 DH 群体及其分子连锁图谱，检测出第 2 染色体上的 *qGC22* 和第 7 染色体上的 *qGC27*，以及第 5 条染色体上的

qGC25。吴长明等（2003）以 Asominori 和 IR24 为亲本杂交产生的 RIL 为材料，对稻米胶稠度进行了 QTL 分析，检测出 4 个控制胶稠度的 QTL（Ge1 ~ Ge4），分别位于第 2、第 7、第 9 染色体上，贡献率分别为 16.9%、13.2%、11.3%。孙业盈（2005）的研究发现 AC 主要由 Wx 基因控制，GC 也由 Wx 基因或与其紧密连锁的基因位点控制。然而黄祖六等（2000）的研究发现，稻米 GC 主要受第 3 染色体的 2 个连锁位点控制。

三、糊化温度的遗传研究

有关糊化温度的遗传分析，目前普遍认为是由一个主效基因和若干修饰基因共同控制的。He 等（1999）首次利用 RFLP 标记对糊化温度进行分子定位，在水稻第 6 染色体短臂的 Wx 基因附近检测到一个主效 QTL，可解释 82.4% 的表型变异，并认为该 QTL 与 alk（alkline degeneration）基因等位。Yan 等（2001）在 Balilla/ 南特号 //Balilla 的回交群体中，同样发现第 6 染色体上该主效 QTL 对糊化温度起显著作用，因此，认为糊化温度的遗传相对简单，通过对主效基因的操纵可望显著改良稻米的糊化温度。黎毛毛等（2010）发现碱消值在群体中呈正态连续分布，表现为由多基因控制的数量性状，并在第 3、第 5、第 11 染色体检测到 3 个与碱消值相关的 QTL 位点。He 等（1999）的研究发现糊化温度主要受第 6 染色体的 alk 主基因和第 6、第 7 染色体上的两个 QTL 控制。肖鹏等（2010）已经将 GT 相关基因定位在第 6 染色体的编码淀粉酶 II a（SSS II a）的 alk 基因位点。高振宇等（2003）的研究发现，除表 6-1 中列出的主效位点外，一些微效 QTL 位点也对糊化温度起着一定作用。

表 6-1　糊化温度的主效位点

群体	亲本（碱消值）	QTL（LOD）
RIL	KDML105（6）× CT9993（1）	C1478-RZ667（60.33%）
RIL	珍汕 97（2）× 明恢 63（6）	Wx 或 Wx 位点附近
汕优 63	珍汕 97（2）× 明恢 63（6）	Wx 位点
DH	珍汕 97（3.35）× H946（5.6）	RM276-RM121（46.2%）
DH	窄叶 8（3.2）× 京系 17（6.6）	CT506-C235（27.04%）
DH	IR64（3.0）× Azucena（3.0）	Amy2A-RG433（2.44%）
DH	WYJ2（4.5）× 珍汕 97B（7）	RM276-RM121（34%）
BC$_3$F$_1$	O.sati（Caiapo）（5.6）× O.glaberrima（IRGC103544）（7.0）	RM190-RM253（2.5%） RM253-RM287（10%）

续表

群体	亲本（碱消值）	QTL（LOD）
BC₁F₁	Balilla（5.3）× 南特号（3.2）	RM111–RM314（28.16%）
DH	窄叶青（3）× 京系17（7）	*alk*（CT506–C235）（12.54%）
DH	窄叶青（3.4）× 京系17（6.8）	CT201–RZ450（6.19%） CT506–C235（27.04%）
BC₁F₁	Nipponbare（5.9）× Kasalath（5.0）	*alk*
BCIL	Nipponbare（5.9）× Kasalath（5.0）	G200–C1478（26.2%）

吴长明等（2003）以 Asominori 和 IR24 为亲本杂交产生的 RIL 为材料，对控制稻米碱消值的 QTL 进行分析，检测出 2 个控制消碱值的 QTL（*As1* 和 *As2*），分别位于第 5、第 4 染色体上，贡献率分别为 17.5% 和 13.0%。包劲松等（2000）检测到第 6 染色体上的 *alk* 主效基因，和第 6、第 7 染色体上的微效位点 QTL *qGT26b* 和 *qGT27*。严长杰等（2001）用 119 个在双亲间具有多态性的 SSR 标记构建了全基因组的分子标记连锁图，采用区间作图法对控制碱消值的基因进行定位分析，发现位于第 6 染色体的 *qASV6-1* 为主效基因，贡献率高达 87.6%；其余 5 个 QTLs（*qASV2*、*qASV3*、*qASV6-2*、*qASV9*、*qASV1*）为微效基因，分别位于第 2、第 3、第 6、第 9 和第 11 染色体上，双亲中都带有增效和减效等位基因。

四、RVA 谱的遗传研究

近年来，人们通过黏度速测仪（Rapid Visco-Analyzer，RVA）测定稻米糊化过程中 RVA 谱的动态变化，来进一步鉴定稻米品质的好坏。RVA 谱包括最高黏度（Peak Viscosity，PKV）、热浆黏度（Hot Paste Viscosity，HPV）、冷胶黏度（Cool Paste Viscosity，CPV）、崩解值（Breakdown，BDV，最高黏度 - 热浆黏度）、消减值（Setback，SBV，冷胶黏度 - 最高黏度）和回复值（Consistence，CSV，冷胶黏度 - 热浆黏度）。PKV 为由微效基因控制的数量性状；HPV、CPV、BDV、SBV 和 CSV 可能是由 1 对主基因和微效多基因共同控制的数量性状；峰值时间可能由 2 对主基因控制，还受微效多基因的影响。在 PKV、HPV、CPV、BDV、SBV、CSV 等特征值中，亲本基因的加性效应对杂种一代起主导作用，而糊化开始温度的遗传变异主要来自基因的非加性效应。亲本 RVA 谱特征值与一般配合力效应密切相关，RVA 谱特征值高的，后代该特性的一般配合力效应也大；反之，则低。杂种一代 RVA 谱特征值小区平均值与亲本一般配合力效应间的相关系数均达极显著水平，利用亲本一般配合力效应可在一定程度上预测杂种一代 RVA 谱特性的表现。RVA 谱的中亲优势平均值介于双亲之间，分子标记遗传距离、F$_1$ 的 RVA 谱表现平均值与 RVA 谱之间呈极显著正相关，双亲 RVA 谱的平均值高，杂种 RVA 谱也高。

对稻米淀粉 RVA 谱的遗传研究已有一些报道。张巧凤等（2007）用热研 2 号／密阳 23 构建重组自交系群体，于 2005—2006 年对稻米淀粉 RVA 谱 8 个特征值进行了数量性状基因座 QTL 定位和分析，2 年同时检测到的 QTL 共 8 个。其中，*Qhpv8*、*Qcpv6*、*Qcsv6*、*Qsbv6*、*Qbdv6* 位于第 6 染色体的 *Wx* 基因附近；*Qhpv2*、*Qcsv2* 位于第 2 条染色体的 RM341 与 RM475 标记之间；*Qcpv2* 位于 RM573 与 RM250 标记之间。第 2 染色体上与支链淀粉合成有关的 2 个基因，与 RVA 谱特征值有密切关系。沈圣泉等（2005）对精米粉 RVA 谱的 5 个特征值（最高黏度、热浆黏度、冷胶黏度、崩解值、消减值）进行 QTL 联合分析，发现 5 个性状均检测到位于第 6 染色体 RM1972 与 RZ516 区间的主效应 QTL 位点，它们很可能为同一基因，且该基因还与 *Wx* 基因处于相同区域。舒庆尧等（1999）研究利用 DH 群体，除了在第 6 染色体 *Wx* 基因附近检测到贡献率较大的稳定 QTL，还在第 1、第 5 染色体上检测到贡献率大于 10% 的稳定 QTL 和微效 QTL。

五、蛋白质的遗传研究

稻米蛋白质含量（Protein Content，PC）为多基因控制的数量性状，主要受母体加性效应和直接加性效应的控制，以母体加性效应为主。同时，稻米的 PC 呈现显性效应和细胞质效应，而低 PC 对高 PC 呈部分显性，也观察到花粉直感现象。田孟祥等（2010）的研究表明，Indel-lgcl-A 和 Indel-lgcl-B 两对标记可以较好地用于低谷蛋白的鉴定和分子辅助育种选择。

易小平等（1992）的研究指出，不同品种或组合间蛋白质含量等性状的细胞核效应表现为极显著差异，细胞质效应和核质互作效应达到显著或极显著水平，但主要通过核质互作表达；杂种优势受种子、母体核基因和细胞质效应的影响。石春海和朱军（1995）研究认为，通过人为选择可以提高水稻的蛋白质含量。徐辰武等（1996）认为，低世代选择和以母体鉴定结果为依据，可获得预期效果。石春海和朱军（1996）研究表明，蛋白质含量和蛋白质指数同时受到母体、种子遗传效应的影响，但母体效应大于种子效应；何光华等（1995）、陈建国和朱军（1999）研究表明，蛋白质含量主要受到种子直接加性效应和母体效应的控制，而母体效应大于种子直接加性效应。

关于水稻蛋白质含量 QTL 定位方向的报道较少，主要都是在对水稻糙米蛋白质含量进行定位（Tan et al.，2001；Yoshida et al.，2002；吴长明等，2003；Li et al.，2004；Hu et al.，2004；Aluko et al.，2004；李晨等，2006；于永红等，2006）。鄢宝等（2012）对 2009 年、2010 年两年糙米的蛋白质含量进行了 QTL 定位和遗传基础分析研究，共定位到 3 个控制糙米蛋白含量的 QTLs，分别位于第 4、第 6、第 8 染色体上。水稻蛋白质含量在精米中的定位报道较少（翁建峰等，2006 年），将已报道的水稻蛋白质 QIL 进行比较，发现虽然不同遗传背景、不同环境下 QIL 存在较大的差异，但是也存在一定的相关性。据研究表明，位于第 7 染色体影响蛋白质含量的 QTL 在同一染色体区段（吴长明等，2003；Hu et al.，2004），第 1 染色体的 QTL 在同一染色体区段（Hu et al.，2004；李晨等，2006）；在位于第 6 染色体 Wx 区段的 QTL 在同一染色体区段（翁建峰等，2006；于永红等，2006；Tan et al.，2001）。

六、水稻香味的遗传研究

水稻香味的遗传较为复杂，国内外研究者都认为水稻香味是由细胞核基因控制的，与细胞质遗传无关，而且水稻香味的遗传主要受一个隐性基因控制，产生的香味物质是 2- 乙酸基 -1- 吡咯啉。Ahn 等（1992）和 Loreeux 等（1996）将其定位于水稻第 8 染色体的 RG1 和 RG28 两个标记之间。Bradbury 等（2005）的研究发现，该基因编码甜菜碱乙醛脱氢酶，香味物质 2- 乙酰基 -1- 吡咯啉积累的原因，可能是该基因的突变，造成功能缺失。任鄹胜等（2004）以 7 个香稻保持系和 1 个引进的香稻品种进行香味遗传和等位性分析，结果表明，微卫星标记 RM515 与香味基因连锁，标记 RM515 在 2 个定位群体中与香味基因的遗传距离分别为 4.3 cM 和 5.7 cM。Jin 等（2003）利用 SNP 标记 RSP04 的遗传距离是 2 cM。Chen 等利用 3 个香米材料配置的 4 个组合，最终将香味基因 fgr 定位在第 8 染色体的 69 kb 范围内。

我国地域广阔、自然条件复杂多样，许多省（区市）都有香稻分布（表 6-2）。稻米香味与土壤条件关系密切，尤其是我国的一些传统香稻品种，"乡土味"更重。有人将山西的晋祠香稻引种到汾河两岸，结果产量下降、香味尽失。如果将汾河收获的稻种重新种在晋祠土地上，则又恢复了原来的香味。香稻产地土壤的有机质、全氮、碱解氮、全磷、速效磷含量，铁、锰、铜、锌等微量元素含量，均高于非产地。其中，铁和锌的含量分别达显著和极显著水平。香稻产地土壤中的钒和镍含量和香稻茎叶中的镧、钛、钴含量，较非产地高。镧、钛可能是影响香稻香味形成的重要营养元素。在全氮、速效氮及锌含量较高的土壤中，香稻的香味会更浓些，因此锌是水稻香味产生的必需元素之一。

表6-2　中国部分香稻资源

地区	品种	地区	品种
陕西	洋县香米	广西	靖西香糯
四川	十八道香米	广东	增城丝苗、东莞齐眉
湖南	江永香米、永顺香米	福建	过山香米
江西	万年香米	山西	晋祠香米
山东	曲阜香米、明水香米	北京	京西香米
江苏	寿蒲香稻、常熟香米	云南	螃蟹谷、鸡血糯、八宝香米
上海	青浦香米	安徽	夹沟香米
浙江	龙泉香米、潮州香稻	台湾	RD_{15}、Leung Hawn
贵州	锡利油黏、从江细香米		

第二节　稻米食味品质的影响因素

稻米食味品质是指从稻谷生产到加工成直接消费品的整个过程中，作为粮食或商品的各种特性，包括碾磨品质、外观品质、营养品质和蒸煮品质。品种米质鉴别法不仅可以鉴定某一品种的米质，而且由于水稻品种的米质特性大多为品种的固有遗传特性，在一定环境下表现稳定，反过来，可以根据稻米品质鉴定不同水稻品种。

一、品种遗传因素

水稻是否好吃，主要是由遗传因素的好坏决定的。因此，在育种计划中必须有优质亲本参与其中，才可能创造出优质稻种。

稻米的整米率、粒长、垩白率、垩白度、直链淀粉含量及胶稠度6项指标，是影响稻米品质的主要因素。稻米品种不同，品质亦不同。研究表明，稻米中直链淀粉含量是受遗传力控制的，受生态环境因素影响较小，蛋白质含量受品种本身遗传力控制较弱，而受生态环境因素影响较强。不同成熟期的稻米品种，蛋白质含量变幅较大，通常在6%~14%。早熟和中熟水稻品种蛋白质含量比较高，中晚熟和晚熟品种蛋白质含量较低。

二、生态环境因素

地理生态环境主要包括经纬度、海拔、地貌特点以及土壤环境等因素，气象条件主要是温度、光照、雨量等。研究表明，同一个水稻品种栽培在不同年份相同生长区，稻米品质变化较大；同一个水稻品种栽培在相同年份的不同生长区，稻米品质差异也较明显。

1. 海拔高度因素

海拔高度能影响稻米的垩白大小和胚乳淀粉小细胞数量，影响程度因品种本身优劣而有所不同，稻米品质越优的品种，改善的幅度越大；反之，则改善较小。较为理想的稻米种植海拔高度在 $750 \sim 950$ m，在该海拔下稻米品质可得到较好的改善。

2. 环境污染因素

环境污染会直接降低稻米的卫生品质，例如，工业重金属污染、滥用农药和化肥、城市排放的废水等污染，都会使稻米品质变劣。研究表明，工业污染氯离子、硫离子、重金属汞、铅和镉均能污染农田，降低稻米卫生品质，增加食品安全风险。农药中的有机磷、砷、苯等衍生物将残留在稻米中，危害人类健康。

张仲良（1991）在研究稻／鱼生态系统中杀螟松的残留时发现，高剂量处理时，水体、上下层土壤、稻茎叶、糙米和鱼体中均有残留，以后三者最甚。土壤和稻株中结合态残留高达 $60\% \sim 90\%$，且有逐渐增加的趋势。

3. 土壤条件因素

土壤是水稻生长的基础条件，不仅影响水稻植株生长，而且对稻米食味品质也产生很大的影响。戴平安（1998）研究发现，土壤肥力水平、泥含量、水温高低、耕层深浅，均对米质有明显影响。较浅耕层对稻米品质和产量会产生明显的负效应，有利于提高早稻整精米率和改善蒸煮品质。降低泥含量和水温，虽有利于提高早稻整精米率和胶稠率，明显降低垩白粒率，但产量也随之降低。紫潮泥的精米率、直链淀粉含量较高，米胶最长，对晚稻的米质效应与早稻不尽相同；红黄泥具有最高的整精米率、精米率和胶稠度，整精米率与灰泥、黄泥间的差异达显著水平。

夏建国等（2000）发现稻米品质不同程度地受到海拔高度、土层厚度、耕层厚度、pH、土壤养分、质地等因素的影响，且糙米率、精米率、垩白米率、垩白大小、直链淀粉含量、胶稠度及糊化温度等性状受土壤生态因子影响较大。张玉烛等（1999）的研究表明，在灰泥田和紫潮泥田种植早稻，稻米垩白度较小；在黄泥田和灰泥田种植晚稻，有利于降低稻米垩白度。据研究表明，滨海盐碱土壤、质地较轻土壤、冲积层土壤、灰褐色土壤，富含有机质、磷、镁、硅、锌的土壤，生产的稻米食味较好。滨海盐碱土壤生产的稻米食味较好，主要原因是该稻田土壤曾长期受海潮侵袭，氯化镁含量较高，而镁对稻米蒸煮食味品质有重要影响。熊洪等（2004）的研究表明，不同类型土壤产出的稻米，直链淀粉和蛋白质含量差异较大，蛋白度含量差异更大。汤海涛等（2009）的研究了 6 种不同水稻土壤类型对稻米品质的影响，发现土壤有机质和氮、硫、钙、镁、锰、铜、钼及氯的含量与稻米品质存在显著相关。其中，氯素营养是增加稻米蛋白质含量的重要因素，土壤中交换性钙含量与稻米的蛋白质含量呈显著正相关，土壤中交换性镁含量与稻米的蛋白质含量呈显著负相关，土壤中有效钼和有效铜含量与蛋白质含量呈正相关。

土壤水分条件与水稻食味品质密切相关。有研究表明，在结实期低土水势下，稻米的垩白粒率显著增加。蔡一霞等（2002）的研究结果表明，在水稻籽粒灌浆结实期间，当水稻生长的土壤水势下降到 −30 kPa 以下时，会导致稻米的垩白粒率和垩白度大幅度提高。保持适当的水层，可以有效降低稻米的垩白率和垩白度，且垩白度随断水时间的延长而减少，郭咏梅等（2005）的研究证明了这一点。工业废水和生活污水大都含有镉、砷、汞等重金属，以及酚、氢硫化物等，一旦用于灌溉农田，便会降低水稻产量和品质，甚至有害物质超标不可食用。绿色食品稻米生产对灌溉水质的要求是：pH5.5~8.8，总汞 ≤ 0.001 mg/L，总镉 ≤ 0.005 mg/L，总铅 ≤ 0.001 mg/L，六价铬 ≤ 0.1 mg/L，氟化物 ≤ 2 mg/L。

4. 温度光照因素

水稻灌溉结实期温度是影响稻米品质的重要生态环境因子，贡献率可达 88.5%。程方民和张嵩午（1999）研究报道，灌浆结实过程中稻米品质形成的主要阶段是前期和中期，而不是贯穿灌浆结实期的始终。温度对稻米品质影响的关键时段是齐穗后 20 d 内，并对此后的米质变化产生延续效应。水稻灌浆结实期适宜气温为 21 ℃~26 ℃，气温过高会导致灌浆速度加快，籽粒充实度差，碾米品质降低；糙米率、精米率、整精米率下降，且垩白度、垩白率增高，致使蒸煮品质、营养品质变差。孟亚利等（1994）采用大田分期播种方法，研究结实期气候生态条件对稻米品质的影响，发现整精米率、垩白率、垩白度、透明度、糊化温度、直链淀粉含量及蛋白质含量等受气候生态条件影响大，糙米率、精米率、粒长和粒形所受影响较小。李雅娟等（1996）的研究发现，稻米的粒形（长／宽）、碱消值、糙米率、精米率等性状受结实期温度影响小，而垩白米率、垩白面积、直链淀粉含量、胶稠度等性状对结实期温度较为敏感，但因品种不同而异。朱碧岩等（1996）认为，水稻齐穗后 20d 是稻米粒重和整精米率形成，及其对环境因素影响反应的主要敏感时段。粒重和整精米率有效积累天数和积累速度对结实期温度影响的反应，存在相互补偿作用。据此估算出，籼稻、粳稻品种形成较高整精米率的适宜温度分别为 23.11 ℃~24.65 ℃和 21.61 ℃~23.48 ℃。孟亚利等（1997）的研究发现，稻米结实期 25 ℃~27 ℃日均温度区段对品质性状影响较大，27 ℃以上高温的影响很小，并且认为结实期较低温度对提高品质性状是有利的，如有利于提高整精米率，降低垩白米率，增加中低含量型品种直链淀粉含量，降低糯型品种直链淀粉含量，以及降低稻米糊化温度。同时认为蛋白质含量对温度的反应因水稻品种而异，既有二者呈正相关的品种，也有二者呈负相关的品种。姜维梅等（2002）的研究发现，高温是垩白形成的外因，不利于淀粉体的发育。金正勋等（2001）的研究发现，结实期温度与稻米的蒸煮和营养品质有一定的影响。随着结实期温度的升高，稻米的糊化温度和蛋白质含量提高，胶稠度变长，而直链淀粉含量下降。但张国发等（2008）的研究发现，结实期相对高温使武育粳 3 号和扬稻 6 号的淀粉黏滞性谱特征值发生改变，其中糊化开始温度、冷胶黏度、回复值和消减值升高，最高黏度、热浆黏度和崩解值下降。同时结实期相对高温还促进了米粉中镁、钾、氯含量的提高，特别是钾含量的大幅提高。

光照同样能够显著影响稻米食味品质，研究表明，水稻灌浆期如果光照不足，会导致碳水化合物积累减少，籽粒灌浆差，不饱满、不实粒多、千粒重下降，青米粒增多，加工品质变劣，精米率低，还会使蛋白质与直链淀粉含量增加，食味品质下降。尤其是生育后期光照不足，会导致光合作用减弱，碳水化合物形成受到抑制，影响有机物质积累，籽粒饱满度差，青粒增多，蛋白质和直链淀粉含量也会增加，使食味品质欠佳。灌溉期光照不足，会导致光合作用下降，因糖源不足而引起直链淀粉含量减少，糊化温度降低，胶稠度变硬，会直接影响米饭的适口性。李天（2005）分析指出，在灌浆结实期遮光条件下，ADPG 焦磷酸化酶、淀粉分支酶活性与淀粉积累速率呈显著正相关；淀粉合成酶活性的降低与淀粉合成量的下降有关，淀粉分支酶活性升高是直链淀粉比例减少的重要原因。

5. 栽培技术因素

播期、播种密度、插秧密度、肥料和农药种类、施肥时期、施肥量、灌水时期和收获时期，都对稻米的食味品质有很大影响。

（1）播期：播期对品质性状影响较大，且基因型和环境互作显著。早期有研究认为，早育苗、早插秧可提高精米率，降低整精米率，提高糊化温度、粗蛋白质含量，使胶稠度变硬。谢黎虹等（2007）的研究表明，随着播期的推迟，稻米总蛋白含量逐渐降低，16 种氨基酸含量在不同播期存在显著差异。随着播期推迟，除蛋氨酸外，其余氨基酸含量均有所下降。秦阳等（2004）的研究发现，垩白度较高的品种随着播期延迟垩白度显著降低。据分析，如果插秧过早，灌浆期易遇高湿，降低加工、外观、蒸煮食味品质，但提高了营养品质；反之，晚插秧结果恰恰相反。

（2）插秧密度：插秧密度对稻米食味品质亦有很大影响。插秧过密，每穴插秧基本苗数过多，株行距过小，会导致糙米率、精米率、整精米率下降，垩白率、垩白度有所增加，直链淀粉含量和胶稠度会有所提高，蛋白质含量下降，稻米品质较差。插秧科学、合理稀植，则有利于提高糙米率、精米率、整精米率，以及米粒透明度。王爱辉等（2013）的研究表明，插秧过密、株行距过小，会导致糙米率、精米率、整精米率下降，垩白率增加，直链淀粉含量、胶稠度有所提高，蛋白质含量下降而米质变差。潘圣刚等（2006）的研究表明，栽插密度对稻米品质的影响，主要是降低垩白粒率和垩白度。翟超群等（2007）的研究表明，精米蛋白质含量随播种期的推迟而先降后升；在同一播期，精米蛋白质含量随移栽密度的增加而先升后降。精米直链淀粉含量随播期的推迟而先升后降，精米直链淀粉含量随插秧密度的增加而先降后升。吴春赞等（2005）的研究结果表明，在一定的试验区间内，插秧密度与垩白米粒率、垩白度、直链淀粉含量呈显著线性负相关，与整精米率呈倒二次曲线分布关系，与蛋白质含量接近线性正相关。根据品种特性适当稀植，植株透光率好，有利于改善稻米品质。

（3）水肥管理：对稻米食味品质的影响也较大。水稻生育期间主要需要氮（N）、磷（P）、钾（K）、硅（Si）四大营养元素，其中对水稻产量和米质影响较大的是氮，其次是钾，再次是磷和硅。氮素对稻米的外观特性和食味影响最大。氮素对水稻的生长和提高产量具有重要的作用，但是氮肥施用过量或者施用偏晚，特别是抽穗灌浆期间施用氮肥，会增加垩白度和垩白粒率。在基肥中氮素含量过多，会增加裂纹米和垩白，降低稻米的透明度和米饭的黏性，提高直链淀粉含量，稻米中的粗蛋白含量随之增加。因此，在优稻米的栽培中要施用有机肥和生物化肥，避免氮素过量而引起蛋白质含量过高。磷肥既能提高稻谷的成熟度和千粒重，又能增加卵磷脂、还原糖、粗脂肪的含量。磷含量越高，稻米蒸煮食味品质越好。钾肥有利于提高水稻的抗病性、抗倒伏性和千粒重，但钾肥对稻米蒸煮食味品质有不利影响，钾含量越高，稻米的适口性越差。镁对提高稻米蒸煮食味品质有独特作用，据研究，稻米镁含量较高时，蒸煮食味品质较好。水稻含硅量达 10%～20%，土壤缺硅会加重水稻病害的发生，引起水稻倒伏和早衰，从而降低稻米品质和产量，因此，优质水稻高产栽培必须高度重视硅肥的施用。锌是使水稻反应敏感的微量元素，适量锌肥有利于提高水稻的抗寒性能和稻米品质。实践证明，土壤缺锌的土地，施用硫酸锌 1.5～2.5 kg/ 亩即可满足水稻生长发育的需要。但硫酸锌施用量过多会产生新叶缺绿，产生毒害等不利影响。黎泉（2013）研究发现，随着施氮量的增加，出糙率、精米率和整精米率增加，直链淀粉含量下降。杨泽敏等（2002）通过连续 3 年的试验发现，在齐穗期叶面喷施尿素溶液对碾磨品质的影响比较显著，出糙率、精米率和整精米率较对照均有所提高。随着喷施次数的增加，出糙率、精米率和整精米率依次提高。喷 1、2、3 次尿素处理的，出糙率分别比对照逐渐提高。对精米率的影响，以喷施 3 次尿素溶液较为显著，但喷施次数的差异不显著。对整精米率而言，喷尿素处理均比对照高，但未达显著水

平。同季种植的早籼稻，随施氮量的增加加工品质有优化的趋势，但不同季节增施相同的氮肥
用量产生的效应不一样，氮肥用量对整精米率的影响大于对出糙率和精米率的影响。氮肥用
量对早晚 2 季水稻出糙率和精米率的影响分别达到了 8.23% 和 2.38%。不同处理的出糙率
和精米率达到了显著或极显著水平，但变化幅度不大。陈新红等（2004）的研究表明，氮素
与土壤水分对出糙率、精米率无显著影响，但对整精米率有一定影响。节水灌溉下整精米率有
所下降，随氮素增加整精米率有提高的趋势。周勇等（1995）以原丰早为材料，进行了在水稻
不同种植时期施用植酸与氯离子的试验。在水稻抽穗到结实期间叶面喷施植酸，能抑制水解酶
类的活性，减弱淀粉酶分解淀粉的反应，提高淀粉合成酶的活性，有利于淀粉的合成，改善稻
米品质。水稻齐穗期叶面喷施 50 mg/kg、100 mg/kg 的植酸，碎米率的平均值比对照降低
2.8%～3.1%，整精米率上升 5%～7%。文铁桥等（1996）研究表明，在水稻抽穗期和齐
穗期使用植酸的糙米率均高于使用氯素的糙米率，而在灌浆期则相反，使用植酸后糙米率反而
下降。周勇等的研究表明，水稻品种植酸含量不同，稻米的碾磨品质、外观品质存在差异。在
早稻、中稻、晚粳类型品种和籼型杂交晚稻中，植酸含量与整精米率呈显著或极显著正相关；
与碎米率、垩白率、垩白度、乳白米率呈显著或极显著负相关，其中，籼型杂交晚稻的垩白
率、乳白米率未达显著水平。

（4）栽培条件：如种植季节和管理条件等，对稻米食味品质的影响也很大。董明辉等
（2005）研究表明，大多数品种在大田栽培条件下，精米率、整精米率、垩白粒率、直链淀
粉含量、胶稠度要显著或极显著高于水培条件，蛋白质含量和偏碱准温度则低于水培条件，但
栽培条件对糙米率和粒型等影响不大。荣湘民等（2004）研究发现，高蛋白高产栽培综合技
术体系与"三壮三高"栽培法、习惯栽培法相比，能明显改善水稻灌浆后期功能叶光合特性，
提高籽粒产量、糙米蛋白质、氨基酸总量、人体 7 种必需氨基酸的含量。刘凯等（2007）认
为，结实期土壤干旱程度影响稻米品质，在结实期轻度土壤落干或轻干湿交替灌溉可提高粒
重，改善稻米品质。收获时期和收获方法，同样会影响稻米的营养物质含量。从蜡熟期起，稻
米蛋白质含量随着收获时间的推迟而提高，至完熟末期达到最大值，之后下降。稻米直链淀粉
含量随收获时间的推迟而渐增。

三、收获加工因素

1. 收获时间

水稻收获时期过早或过晚都会降低稻米加工品质，适时收获能提高稻米品质。从腊熟期开
始，整精米率、蛋白质含量随着收获时间的延长而提高，到了黄熟期蛋白质含量和整精米率达

到最高值，之后又会下降。随着收获时间的延长，稻米直链淀粉含量亦会增加，反而米粒长度随着收获时间延长而降低。收割过早，稻谷尚未成熟，青谷秕谷多、出米率降低，过迟收割易消耗谷粒中的养分。一般以黄熟期谷粒含水量在20%以上收割为宜，不可在高温条件下晾晒。由于在高温下稻谷脱水太快，导致裂纹米率增多，整精米率降低。黄艳玲（2008）研究发现，随着收获期的推迟，早、中、晚稻的糙米率、精米率、整精米率和粗蛋白含量先升高后降低（早稻在始穗后35 d，中、晚稻在始穗后40 d），垩白粒率降低（除竹青外），垩白减小、碱消值增大、糊化温度降低、胶稠度变长、胶稠度变软、直链淀粉含量升高。淀粉RVA特征值最高黏度和崩解值，随着收获期先升后降（早稻始穗后35 d，中、晚稻始穗后40 d），而冷胶黏度、消碱值和回复值则先降后升。选择适宜的收获期（早稻在抽穗后30~35 d，中、晚稻在抽穗后35~40 d），可保持良好的稻米品质性状。姜萍等（2006）研究发现，随着收获时期的推迟，日平均温度逐渐下降，蛋白质含量也逐渐增加，到黄熟期时较高。说明黄熟期蛋白质的合成仍在进行，但蛋白质含量何时达到最高有待进一步研究。程建峰等认为，蛋白质含量在杂交稻生育期内存在一个峰值，即早熟品种在抽穗后25 d，之后降低。

2. 加工方式

加工方式对稻米加工品质也有一定的影响。张玉华（2003）研究发现，在稻米加工过程中，碾磨时间由30 s延长到150 s，米糠数量增多，精米率下降，主要与受到高温、机械压力、发热失水、米粒内产生异常压力有关，使裂纹米率增高。碾磨压力低时，整精米率较高，但碾压质量较差；当压力提高时，精米率下降、整米率降低。徐润琪等（2003）根据碜谷条件，分析了用砂辊碾米机加工国产杂交稻、常规稻和日本稻（对照）的碾米试验结果，初期爆腰率对总碎米率的影响最大，因此，必须在收获、干燥和贮藏运输等各个环节严格控制爆腰率；砂辊碾米比铁辊碾米的碎米率低，但用铁辊和砂辊对杂交稻碾米时，二者相差较大。铁辊碾米时即使初期爆腰率很低，但是总碎米率也不少。采用砂辊碾米时，只要保证较低的爆腰率，就可以最大限度地降低碎米率。所以，应尽量合理地搭配两种碾米方式，既保证有足够的碾白率，又保证有足够光洁度。徐庆国（1997）按6种不同精度处理4个籼稻品种，分析了稻米性状，结果表明，各碾磨精度处理对4个籼稻品种的碾米品质（包括精米率及整精米率）都有明显影响。随着精碾时间的增加，稻米碾磨精度的正相关都达到了极显著水平。稻米精米率、整精米率与碾磨精度都呈负相关，4个籼稻品种的负相关都达到了极显著水平。黄艳玲（2008）研究发现，在干燥箱50 ℃恒温干燥和水泥场地（35 ℃~60 ℃）干燥处理的方式，糙米率、精米率和整精米率显著低于土地场地（20 ℃~40 ℃）和室温（18 ℃~22 ℃）晾干处理方式。不同干燥方式对整精米率的影响最大，干燥箱50 ℃恒温干燥最低，室温干燥的最高。从外观品质来看，在干燥箱50℃恒温干燥和水泥场地干燥处理方式的垩白粒率和垩白大小，显著高于在干燥箱35℃恒温干燥和室温晾干处理方式。除竹青外（垩白粒率100%），在干燥箱50℃恒温干燥的垩白粒率和垩白大小最高，室温干燥的最低。从蒸煮和营养品质来看，在干燥箱50℃恒温干燥的，糊化温度、胶稠度、直链淀粉含量和粗蛋白含量最高，室温干燥的最低。

四、贮运保鲜因素

大米保鲜的目的是防止在仓贮、流通环节生虫、长霉，延缓品质劣变。目前，大米的贮藏技术包括常温贮藏、低温贮藏（自然和机械制冷）、气调（自然缺氧、充二氧化碳、充氮气、真空）贮藏、化学贮藏、涂膜保鲜技术等。在实际的保鲜应用中，通常采用两种以上的保鲜方法，遵守干燥、低温、密闭的原则，可较长时间保持稻米品质和新鲜度。

1. 贮藏和干燥方式

李小婉等（2014）研究了不同贮藏方式对稻米食味值的影响，大库真空米＞大库稻谷＞大库精米＞冷库精米＞冷库真空米＞冷库稻谷，即低温贮藏对稻米食味值的影响较小，并且以稻谷方式贮藏的大米食味值波动较小。徐泽敏等（2009）研究发现，干燥温度、初始含水率和真空度对稻米真空干燥食味品质的影响顺序为：干燥温度＞初始含水率＞真空度，且干燥温度和初始含水率与稻米食味值呈负相关，真空度与稻米食味值呈正相关。郑先哲等（2000）研究发现，高温干燥后稻米脂肪酸和直链淀粉含量升高，蛋白质含量变化不显著，内部结构由有序排列变得杂乱无序。稻谷初始含水率越高，临界干燥温度越低。为保证稻米干燥后的品质，宜采用先低温、后高温的变温干燥工艺。近年来，大米贮藏保鲜逐渐向管理系统化、消费群体操作简单化、放心化方向发展。

2. 包装材料及方式

大米作为最难保存的粮食之一，选用包装材料和包装方式尤为重要。张红建等（2017）通过模拟秋冬季大米从北方地区运输至海南岛期间的温度变化情况，研究了不同包装方式对大米质量的影响。结果表明，高阻隔袋真空包装的大米质量保持最好，普通塑料包装较差，编织袋包装最差。王立峰等（2017）对不同包装方式大米贮藏过程的食用品质（质构品质、糊化特性）和挥发性成分变化进行了研究，结果显示，3种包装方式对大米贮藏保鲜效果的优劣为：抽真空＞自然密闭缺氧＞编织袋，抽真空包装有益于大米贮藏，可有效延缓大米劣变。王颖等（2006）通过测定大米在贮藏阶段的霉菌数量，分析包装袋内挥发性气体成分和浓度、大米光透差等指标，在包装中加入竹炭，可以有效调节包装袋内环境相对湿度和氧气含量等，确保贮藏期间大米的品质。

五、蒸煮技术因素

评价米饭食味优劣的最直接方法就是感觉检验，米饭煮得好坏受到很多因素的影响。米糠中含有脂肪酸等产生异味物质，一般大米要淘洗5~7次后米糠才能除净，食味最佳。大米淘洗后必须用水浸渍，常温下30 min浸渍可以软化米粒，60 min则可以使水分子渗透到米粒淀粉中，效果更好。不过最佳浸泡时间，受温度和大米品种的影响也较明显。温度低，浸泡时间可以适当延长，质地较硬的籼米或者糙米浸泡时间可长一些。米饭煮熟时，应密封保温15~20 min后再食用，这时米饭的硬度和黏度正好，食味较好。如果保温超过40 min，米饭就会丧失水分，降低适口性。

第三节　稻米食味品质间的相互关系

国内外许多学者研究表明，稻米品质性状间存在着不同程度的相关性，据此可以对稻米品质性状进行间接选择，以提高选择效果和育种效率。

一、外观品质与碾磨品质的相关性

多数学者认为，谷粒粒长、粒宽和长宽比与糙米率、精米率、整精米率呈负相关。但经过不同的分析试验，粒长、粒宽与碾磨品质的相关性却有不同的结论。石春海等（1997）认为，谷粒宽与糙米率呈极显著正相关，谷粒长、长宽比与糙米率、精米率、整精米率有极显著负相关。李欣等（1999）的研究表明，糙米率与粒长和粒重呈显著正相关，与粒宽呈正相关，但未达到显著水平。李成荃等（1989）分析了南方稻区杂交稻组合及相应的不育系、同型的保持系、恢复系稻米品质的遗传后发现，糙米厚度、谷粒长宽比和千粒重与糙米率都呈正相关，而谷粒长和宽则呈负相关。武小金（1989）则认为糙米率与粒长呈极显著正相关，与粒厚呈显著正相关，与长宽比呈极显著负相关，与粒宽的相关性不显著。杨联松等（2001）对安徽省农业科学院水稻所育成稻米品种的谷粒形状与稻米品质进行相关性研究，结果表明，粒长、长宽比与碾磨品质均呈显著负相关，粒宽与加工品质呈显著或极显著正相关。垩白与碾磨品质呈显著负相关，这可能是由于稻米垩白部位淀粉和蛋白质颗粒排列疏松，致使米粒在加工过程中易断裂。只有长宽比适当、厚而充实的稻米品种，才能获得较高的整精米率。

二、外观品质与营养品质的相关性

关于外观米质和营养品质相关性的报道较少。Hussain 等（1987）研究表明，米宽、长宽比与蛋白质含量呈极显著负相关。石春海和申宗坦（1997）通过方差分析表明，粒长与蛋白质含量、赖氨酸含量的表型协方差和遗传协方差均达到显著或是极显著水平，呈显著负相关。张名位等（2002）研究表明，蛋白质含量与米长、长宽比的遗传为正相关，但不显著；蛋白质与粒宽的遗传呈显著负相关。杨联松等（2001）研究表明，粒长、长宽比与蛋白质含量呈不显著正相关，而粒宽、千粒重与蛋白质含量呈不显著负相关。

三、外观品质与蒸煮品质的相关性

通常认为外观品质与蒸煮品质有较为显著的相关性，但关系较复杂，研究结果很不一致。石春海和申宗坦（1997）在研究粗稻外观品质与其他品质性状的相关性时发现，粒宽与胶稠度性状间达到显著水平，对粒宽正向选择会明显降低胶稠度。王建林等（1992）建立了籼粳杂交组合，分析了稻米外观品质和蒸煮品质的相关性，结果显示，粒长与直链淀粉含量呈显著正相关，粒形则呈极显著正相关。杨联松等（2001）研究发现，粒长、长宽比与碱消值显著负相关，粒宽与碱消值、直链淀粉含量呈显著正相关。陈能等（1997）研究表明，籼稻食味与粒长、长宽比呈极显著正相关，与直链淀粉含量均达到极显著负相关，即粒形细长、直链淀粉含量较低的籼稻有较好的食味品质。稻米的垩白也与蒸煮食味品质之间存在显著、极显著水平的相关性。刘宜柏等（1989）研究显示，垩白指数与食味品质的相关性不明显，而与糊化温度却呈显著负相关。张亚东等（2006）也研究发现，稻米的水分含量和垩白粒率、垩白度对食味值没有明显影响。程方民等（2002）选用米质不同的早粳稻品种，研究垩白部位淀粉的蒸煮食味品质，发现淀粉的糊化起始温度、糊化峰值温度和糊化终结温度，在垩白米样中均比非垩白米样高，差异达到显著或极显著水平。这表明垩白的存在对淀粉糊化具有抑制作用，这可能就是我国广东潮汕地区人们喜欢用有垩白的稻米煮稀饭的原因。

四、碾磨品质与营养品质的相关性

稻米营养品质是指营养成分的含量，包括淀粉、蛋白质、脂肪、维生素、氨基酸等。石春海和朱军（1994）对籼稻多个杂交组合的研究表明，在胚乳直接加性相关方面，糙米重、精米重、精米率与蛋白质含量，精米率与蛋白质指数呈极显著或显著负相关；精米率与赖氨酸含量、赖氨酸指数分别呈显著或极显著正相关。在母体加性相关方面，糙米重、精米重、精米率与蛋白质含量，或精米率与蛋白质指数呈极显著或显著负相关。在胚乳直接显性方面，多数加工品质与蛋白质含量、蛋白质指数、赖氨酸含量、赖氨酸指数呈极显著负相关。在母体显性方面，糙米重、精米重、精米率与蛋白质含量均呈极显著负相关，糙米率与蛋白质指数呈极显著正相关；糙米重、糙米率与赖氨酸指数，糙米率与赖氨酸含量均呈极显著正相关。在细胞质相关方面，所有加工品质与蛋白质含量间的细胞质均呈极显著正相关，而除整精米率与蛋白质指数间的细胞质呈显著负相关，其他性状与蛋白质指数呈极显著正相关。糙米重、精米重、糙米率、精米率与赖氨酸含量、赖氨酸指数呈极显著正相关，整精米率则相反。Tan 等（2001）对珍汕、明恢及其后代的研究表明，蛋白质与糙米率、精米率和整精米率不存在显著相关性。张名位等（2002）对黑米品种的研究表明，蛋白质含量与糙米率呈极显著负相关，与精米率呈极显著正相关，遗传相关系数分别为 -0.420 和 0.734。

五、碾磨品质与蒸煮品质的相关性

碾磨品质对稻米食味品质的影响较大，直接影响到稻米市场和销售。Chauhan 等（1995）研究表明，糙米率与直链淀粉含量，精米率与直链淀粉含量，整精米率与直链淀粉含量均呈显著或极显著相关。稻米碾磨品质与蒸煮、营养品质性状的相关性因试验而异，以负值为主。朱碧岩等（1990）对水稻主要品质性状的遗传相关性分析表明，直链淀粉含量与碾磨品质，整精米率与蛋白质含量均呈显著负相关。周少川等（2003 年）通过对广东省 18 个县（市）77 个华南籼稻样品系的分析发现，出糙率平均值较高组（78.3%）食味品质显著优于最高组（80%），过高的出糙率反而导致食味品质下降。出糙率平均值为 74.7%~78.3% 时，食味品质差异不显著。黄建等（1998）对 150 个籼、粳、糯型水稻品种，在出糙率、精米率等 7 项品质指标方面进行分析，发现精米率与糊化温度高度相关，出糙率与直链淀粉含量也存在一定程度的相关性。张云康（1992）研究认为，糙米率、精米率都与胶稠度呈极显著正相关，直链淀粉含量、蛋白质含量、赖氨酸含量都与糙米率、精米率呈显著或极显著负相关。郭桂英（2017）认为，稻米碾磨精加工后食味值下降，食味品质相应变差，稻米碾磨品质与食味品质呈典型性相关。

六、营养品质与蒸煮品质的相关性

蒸煮品质与营养品质的相关性，研究结果不尽相同。蛋白质含量与食味品质呈负相关性，只是显著水平有所不同。张云康等（1992）的研究结果表明，赖氨酸含量与糊化温度呈显著负相关。但李贤勇等（2001）认为，胶稠度和碱消值与蛋白质含量无显著相关。吴长明等（2000）的研究发现，蛋白质含量与米饭光泽度、冷饭质地和碱消值呈显著负相关。在陈能等（1997）的研究中，两性状的负相关性不显著。孙平、张国民等（1998）认为，影响稻米食味的蛋白质主要是醇溶性蛋白，而其他蛋白质并不影响米饭的食味，游离氨基酸还能促进食味。李苏红等（2017）研究发现，粳米的水分、蛋白质、脂肪对食味品质均有显著影响，其中蛋白质与食味品质呈极显著负相关（$P \leqslant 0.01$），籼米水分与米饭外观、冷饭质地呈显著正相关（$P \leqslant 0.05$），蛋白质与食味品质呈极显著负相关（$P \leqslant 0.01$）。

第四节　稻米食味品质改良技术

在中国水稻育种过程中，稻米品质改良技术取得了较大进展，特别是两系法杂交水稻。但是，稻米品质改良仍存在以下问题：一是以常规育种技术为主，对目标性状（如 AC）的选择准确性差，导致育种进程偏慢或改良效果甚微。二是主流的水稻品种米质通常难以符合市场的要求。如三系杂交水稻中广泛应用的三系不育系天丰 A、冈 46A、岳 4A、粤泰 A 等，控制 AC 的主效基因为普通籼稻类型 Wx^a，而一些核心恢复系如明恢 63、华占、9113 等，AC 主效基因为温带粳稻类型 Wx^b，二者配组所得杂交组合的 AC 值表现为中等水平，但米饭质地硬而糙。究其原因，盛文涛等（2014）推测是品质基因控制位点杂合，造成稻米成为"混合米"，根据分离规律，更多米粒表现为母本 Wx^a 控制的米质性状。此外，生产上广泛应用的两系不育系 Y58S、广占 63S、新安 S 等，稻米品质主效基因为 Wx^b，与常见恢复系如 93-11、蜀恢 527、远恢 2 号等的等位基因相同，二者杂交选配的两系杂交稻品种表现 AC 值偏低，如 Y 两优系列品种，AC 值在 15% 上下，米饭偏软、黏性强，不太符合南方消费者的习惯。在早籼稻品种中，同样存在 AC 值过高或过低的问题，从而影响米饭的松软度和适口性。因此，目前生产上对适口性好且商品价值高的高档一级优质籼稻米品种（AC 值为 17%~22%、GC $\geqslant$ 70 mm、碱消值 $\geqslant$ 6）需求较为迫切。

研究者明确了影响稻米食味品质的因素，根据人们的需求进行稻米品质的改良。改良手段主要分为常规育种方法、分子标记辅助选择方法、转基因工程育种方法。

一、常规育种改良稻米食味品质

1. 杂交育种

杂交育种是水稻传统育种最重要的方法之一。国际水稻研究所于 1979 年发现，运用杂交育种技术，将高直链淀粉含量品种与低直链淀粉含量品种进行杂交，可以育出有中等直链淀粉含量的优良品种。李关士等（1994）的研究指出，当育种亲本中有一个是直链淀粉含量低的品种，通过杂交育种就可以获得直链淀粉含量相对较低的优良品种。武小金（1991）研究指出，亲本基因的显性互补决定了水稻杂种优势，也有研究者认为上位性效应在杂种优势中起决定性作用。李宏等（2014）利用美国稻 Lemont 和丰澳占杂交选育成了美香占 2 号，兼具软、弹、香、滑等优良性状，高食味品质且高产量的特点。他们还利用回交技术解决了美国稻 Lemont 杂交后代分蘖力弱、生长势差、生物产量不足，导致育种效果不明显的问题。总之，稻米特殊配合力和一般配合力在一定程度上受双亲遗传距离的影响，要改良稻米品质，必须加大双亲的亲缘差距，同时采用回交或复交技术，可使超显性效应和加性效应得到最大程度的累积，从而扩大遗传背景的差距。

在采用杂交育种方法改良稻米食味品质时，应遵循以下两个前提条件。

（1）充分利用优质资源：调查显示，东南亚、中东地区与我国华南地区人民的喜好相似，偏爱细长形米（籼米）。在日本、韩国、东欧等地区则跟我国长江流域及其以北地区人民的喜好相似，偏爱短圆形米（粳米）。因此，要提高我国大米品质，育种要以符合市场需求，改良这些性状作为选育优质米材料的主攻目标。目前，国内外有不少优质米材料，值得作为育种优质资源而研究和利用，再采用多种方法配制杂交组合，以期选育出产量和品质都优良的水稻新品种。

（2）加强对低世代材料的筛选：由于稻米品质性状间有一定的内在联系，故一个品质性状的改变，必会影响其他品质性状。分析表明，整精米率与垩白率呈负相关，选育无垩白或至白小的材料可提高整精米率，故为提高育成材料的碾米品质，在杂种低代时就要选出无垩白糙米，进行播种。同时又利用糙米率与精米率的正相关关系，通过测定糙米率间接选择精米率性状。

2. 系统育种

在水稻育种中，系统育种也是品质改良的重要方法之一。国际水稻研究所通过系统育种选育高直链淀粉含量的 14 个品种（系），并测定高直链淀粉含量，经多代留种后，高直链淀粉含量品种还有 4 个，其他 10 个品种原有的高直链淀粉含量种性丧失，成为低直链淀粉含量品种。

3. 诱变育种

在优良食味品质水稻培育方面，射线辐射诱变育种也能发挥重要作用。例如，舒庆尧等（2001）用 ^{60}Co-γ 射线辐射育成的多种颜色突变系，从中筛选到 1 个叶色黄的低糊化温度突变体，定名为 Mgt-1。利用近红外光谱技术可以检测不同样品稻米的直链淀粉含量，从而筛选出食味品质优良的种质资源材料，并为品质育种服务。随着科学技术的发展，近年来还出现了神经网络法等数据聚类，运用了人工神经网络理论，从而满足稻米品质科学评价的要求。黄丽苏等（2005）利用 RBF 神经网络模型，综合评价了 2004 年国家南方稻区晚籼优质稻区试验品种的品质。

二、分子标记辅助选择改良稻米食味品质

分子标记辅助作物育种要从质量性状和数量性状两个方面入手。在分离群体中表现为不连续性变异，能够明确分组的性状，称为质量性状。质量性状通常受一个或几个主基因控制，不易受环境的影响。作物中许多重要的农艺性状，如抗病性、抗虫性、能育性、植株颜色等都受到主基因的控制，因而常常表现为质量性状遗传的特点。然而，典型的质量性状其实并不很多，不少质量性状除了受少数基因控制之外，还受到微效基因的影响，表现出某些数量性状的特点，有时无法明确地从表现型推断其基因型。

寻找与质量性状基因紧密连锁的 DNA 标记，或者说对质量性状进行分子标记，是为了在育种中对质量性状进行标记辅助选择，再就是为了对质量性状基因进行图位克隆。利用近等基因系分析法和分离体分组混合分析法，是快速有效寻找与质量性状基因紧密连锁分子标记的主要途径。由于大多数植物基因组中 10 cM 的 DNA 序列包含大量基因，即使回交 20 代以上，仍能发现大量的与目标基因连锁的供体染色体片段。也有人认为，借助于饱和的分子标记遗传连锁图谱，结合分子标记辅助选择技术，首先对各选择单株进行整个基因组的组成分析，进而挑选出带有多个目标性状并且遗传背景良好的理想个体，这样回复到轮回亲本基因组的基因型也许只需要 3 代回交即可。

通过分子辅助选择育种的方法，一批育种家取得了许多实际成果。陈升等（2000）以 IRBB21（Xa21）为供体，以明恢 63 为轮回亲本，在 BC3F2 群体中就选育出带有纯合 Ka21 的改良恢复系 19。Hansen 等（1997）在 10 个 BC1F2 家系中，利用 4 个 RAPD 标记对 4 605 个单株进行筛选，获得了 906 个纯合单株。另有许多研究表明，分子标记辅助选择与回交选育结合，可快速、定向改良目标性状 2 122。另外，各种分子标记技术的发展，为高通量分子筛选技术的建立和应用提供了便利，也有助于高密度分子遗传图谱的建立。将复杂性状分解为单一的孟德尔遗传因子，应用于育种实践，则可大幅提高选择效率。传统育种方法是通过表型间接对基因型进行选择，这种选择方法存在周期长、效率低等许多缺点。分子标记辅助选择，是利用目标性状基因与分子标记的紧密连锁关系进行间接选择，是在分子水平上的选择，选择结果十分可靠。MAS 在育种的早世代完成，可大大缩短育种周期。

随着籼稻、粳稻两个亚种基因组测序的相继完成，提供了大量分子标记技术和检测手段。

目前对水稻的分子辅助选择主要体现在基因聚合、基因转移和数量性状的 MAS 3 个方面。由于大多重要的农艺性状都是呈数量性状分布，如产量、品质、抗逆性等，因此，数量性状的 MAS 是指对重要农艺性状的单个主效 QTL 或所有与性状有关微效位点的辅助选择性基因，已被证明与水稻直链淀粉含量密切相关。该基因第一内含子的碱基在不同品种间存在 G 和 T 差异，根据这些品种的差异，蔡秀玲等发现了用于筛选 AC 的 CAPS 分子标记 13。张士陆等（2005）利用基因的此标记进行定向选择，成功降低了三系籼稻恢复系 057 的 AC 值。

Zhou 等（2003 年）利用 Wx 基因的另外两个分子标记对杂交后代进行筛选，将明恢 63 的 Wx 区段导入珍汕 97 的基因组织中，成功降低了珍籼 97 的直链淀粉含量。王才林等（2009 年）利用分子标记辅助育种方法选择进行系谱法育种，将江苏省选育的优质、高产粳稻武香粳 14（母本）和日本引进的优质、抗条纹叶枯病粳稻关东 194（父本）进行杂交，并从 F5 开始，用与暗胚乳突变基因 Wx-mq 直接相关的 CAPS 进行分子标记选择，最终育成食味品质极佳的南粳 46。王才林等（2012）又利用优质、高产粳稻武粳 13（母本）和关东 194（父本）杂交，于 2005 年育成优质食味粳稻南粳 5055。倪晖（2013）在研究不同 Wx 等位基因在稻米食味品质改良中的具体价值时，将多个 Wx 复等位基因的不同遗传背景材料进行杂交和回交，并结合分子标记进行辅助选择，最终选育出不同遗传背景、含不同 Wx 等位基因的低世代回交材料。

三、利用转基因方法改良稻米食味品质

从世界上最早的转基因作物（烟草）1983 年诞生起，到美国孟山都公司食品研制的延熟保鲜转基因西红柿 1994 年在美国批准上市为止，转基因食品的研发迅猛发展，品种和产量也成倍增长。转基因技术必将在农产品改良过程中发挥更大的作用。

转基因技术可以将水稻基因库中不具备的基因转入水稻，从而实现水稻种质的创新。近年来，国内外研究者利用现代转基因工程技术，从降低直链淀粉含量角度改良稻米的食味品质。徐军望（2001）将正义 rbe I 基因转入明恢 86，使稻米的直链淀粉含量平均下降了 15%。

稻米品质的优劣在很大程度上取决于淀粉组成，即直链淀粉和支链淀粉的比例，因此，稻米品质的改良重点是淀粉品质。由于常规育种方法周期长、效率低，不能满足稻米品质改良的需要。随着对控制稻米淀粉合成相关基因的分子生物学研究不断深入，重要基因的克隆，水稻遗传转化体系的高效化和规模化，转基因技术在稻米淀粉品质改良方面将发挥越来越重要的作用。

水稻蜡质基因编码的颗粒结合淀粉合成酶（Granule-Bound Starch Synthase,

GBSS）可控制直链淀粉合成，有研究发现，直链淀粉由位于第 6 染色体短臂上的水稻基因控制，并受部分微效基因的影响。水稻 Wx 基因存在多个等位基因，如 Wx、Wx^a、Wx^b、Wx^{in}、Wx^{mw} 和 Wx^{mq}。不同 Wx 等位基因对直链淀粉含量的表达调控能力不同，如暗胚乳突变基因 Wx^{mq} 控制低直链淀粉含量，因此，可以通过转入不同的等位基因来调控水稻直链淀粉含量。在选育供试品种时，将不同供体品种中控制中低直链淀粉含量的 Wx 等位基因导入轮回亲本，来控制不同遗传背景材料的直链淀粉含量。Shimada 等（1993）用水稻 Wx 基因第 4~9 外显子中的一个 1 kb 片段与 $35S$ 启动子反向连接，然后导入水稻原生质体中，得到了几个直链淀粉含量明显减少的植株，这表明了水稻蜡质基因反义片段的遗传转化对改良稻米食味品质是有效的。Terada 等（2000）将 2.3 kb 的反向 Wx cDNA 与玉米乙醇脱氢酶（Adh1）启动子连接，构建载体，转化水稻基因，获得一批直链淀粉含量降低的转基因植株。

到目前为止，通过反义基因来调控稻米淀粉含量还未见相关报道，而更多的是将改造后的基因转入其他作物（如马铃薯）中来进行研究。Müller 等（1992）利用含有不同启动子和反向连接的 AGP 大、小亚基 c DNA 的融合基因构建表达载体，转化马铃薯基因。在 $35S$ 加上反向连接的 AGP 大亚基 cDNA 的融合基因转化植株中，叶片的 AGP 活性仅为野生型的 5%~30%，块茎中 AGP 活性降得更低，活性仅为野生型的 2%。分析转化植株淀粉含量，结果表明，转化植株块茎淀粉含量仅为野生型的 2.5%~3.5%。转反义 Wx 基因可以降低水稻植株的直链淀粉含量，同时转入其他淀粉合成相关基因也会达到相同的效果。刘巧泉等（2003）构建了由 $sbe1$ 启动子引导的反义 sbe-GUS 融合基因，通过农杆菌介导法将不同的融合基因导入水稻中，研究水稻基因启动子对外源基因在转基因水稻中表达的影响。结果表明，$sbe1$ 启动子可驱动反义 sbe-GUS 融合基因在转基因水稻植株的胚乳中高效表达，而在颖壳、胚和茎、叶等组织中的表达活性较弱。证实 $sbe1$ 启动子在驱动外源基因的表达上具有明显的组织特异性。Fujita 等（2003）首次报道了在植物中利用反义技术调控异淀粉酶基因，来改良支链淀粉的结构和特性。结果表明，在水稻胚乳的支链淀粉生物合成中，异淀粉酶的作用非常重要，调节其活性是改变淀粉理化性质和颗粒结构的一个有效方法。

转基因技术可以创造不同类型的淀粉突变体，为稻米淀粉生物合成途径的遗传操作打下了基础，使定向改良稻米淀粉品质成为可能。人们曾利用 T-DNA 和转座子插入突变方法、化学诱变剂或辐射诱变方法、反义 RNA 抑制方法等，产生功能缺失的突变体，进而从表型的变化来推测基因的功能，这些都是研究植物功能基因组比较直接的方法。反义 RNA 技术能够有效调节基因的表达，已有报道用该技术来调节某些淀粉合成相关基因的表达。然而在实际应用中，反义 RNA 抑制方法并不总是能造成相应基因的功能缺失。20 世纪 90 年代中期发现并

324

利用的 RNAi 技术，由于具有高度的序列专一性和有效的干扰活力，可以特异地使特定基因沉默，获得功能丧失或降低的突变体，已成为功能基因组学的一种强有力研究工具。RNAi 技术在植物功能基因组中的研究主要应用于拟南芥，有部分研究者曾尝试应用于水稻，该技术有望成为调控基因表达的手段之一。

稻米胚乳是三倍体性状，存在着剂量效应，而淀粉生物合成的遗传机制十分复杂，由一系列酶控制。到目前为止，虽然已经分离并克隆了大部分的淀粉合成相关酶基因，但是对于这些酶的种类、功能、比例及其相互作用，以及编码这些酶的基因还不完全清楚，尚无法为稻米的品质育种提供理论指导，今后还应进行深入研究。

20 世纪 70 年代以来，随着基因工程技术的建立与完善，转基因技术逐渐应用于作物品质改良，但随着转基因食品的增多，存在的安全问题日益加剧。人们对转基因产品中的抗性基因是否对环境和植物细胞分化造成不良影响，是否会降低转基因的预期效果等产生担心。为减少人们在这方面的担心，培育出来的转基因作物应避免带有抗性选择标记基因，从而促进转基因作物的推广应用。稻米食味是由糊化温度、直链淀粉含量和胶稠度 3 个指标决定，为获得较好的食味品质性状，在利用转基因技术改良稻米食味品质时要考虑转入多个基因。

综上所述，从事分子研究的科学工作者要与传统育种家和农业科学工作者紧密合作，把现代转基因技术、传统育种技术进行结合，才能培育出食味品质优良的转基因水稻。

―――――― References ――――――
参考文献

[1] 包劲松, 何平, 李仕贵, 等. 异地比较定位控制稻米蒸煮食用品质的数量性状基因 [J]. 中国农业科学, 2000, 33 (5): 8-13.

[2] 包劲松, 何平, 夏英武, 等. 稻米淀粉 RVA 谱特征主要受 Wx 基因控制 [J]. 科学通报, 1999, 44 (18): 1973.

[3] 蔡秀玲, 刘巧泉, 汤述翥, 等. 用于筛选直链淀粉含量为中等的籼稻品种的分子标记 [J]. 植物生理与分子生物学学报, 2002, 28 (2): 137-144.

[4] 陈建国, 朱军. 籼粳杂交稻米蛋白质含量的基因型与环境互作效应的分析 [J]. 作物学报, 1999, 25 (5): 579-584.

[5] 陈能, 罗玉坤, 朱智伟, 等. 优质食用稻米品质的理化指标与食味的相关性研究 [J]. 中国水稻科学, 1997, 11 (2): 70-76.

[6] 陈能, 罗玉坤, 朱智伟, 等. 优质食用稻米品质的理化指标与食味的相关性研究 [J]. 中国水稻科学, 1997, 11 (2): 70-76.

[7] 陈新红, 刘凯, 徐国伟, 等. 氮素与土壤水分对水稻养分吸收和稻米品质的影响 [J]. 西北农林科技大学学报 (自然科学版), 2004, 32 (3): 15-19.

[8] 程方民, 钟连进, 舒庆尧, 等. 早籼稻垩白部位淀粉的蒸煮食味品质特征 [J]. 作物学报, 2002, 28 (3): 363-368.

[9] 董明辉, 唐成. 不同栽培环境对稻米品质的影响 [J]. 耕作与栽培, 2005 (3): 20-22.

[10] 高振宇, 曾大力, 崔霞, 等. 稻米糊化温度控制基因 ALK 的图位克隆及其序列分析 [J]. 中国科学, 2003, 33 (6): 481-487.

[11] 郭桂英, 王青林, 马汉云, 等. 碾磨品质对籼稻食味品质的影响 [J]. 天津农业科学, 2017 (6): 40-44.

[12] 韩春雷, 侯守贵, 刘宪平, 等. 栽培技术对稻米品质的作用及其数量关系研究 [J]. 辽宁农业科学, 1997 (1): 18-21.

[13] 何光华, 袁祚廉, 郑家奎, 等. 水稻籽粒蛋白质含量及产量的遗传效应 [J]. 西南农业学报, 1995 (1): 4-9.

[14] 何平, 李仕贵, 李晶炤, 等. 影响稻米品质几个性状的基因座位分析 [J]. 科学通报, 1998, 43 (16): 1747-1750.

[15] 黄超武, 李锐. 水稻杂种直链淀粉含量的遗传分析 [J]. 华南农业大学学报, 1990 (1): 23-29.

[16] 黄建, 闵炜. 稻米品质的相关分析及数量分类 [J]. 江西科学, 1998 (3): 162-165.

[17] 黄丽苏, 姚跃华, 匡迎春, 等. 神经网络方法在综合评价籼稻品质中的应用 [J]. 作物研究, 2005, 19 (3): 182-184.

[18] 黄艳玲. 穗发芽、干燥方式及收获期对稻米品质的影响研究 [D]. 合肥: 安徽农业大学, 2008.

[19] 黄祖六, 谭学林, 徐辰武, 等. 稻米胶稠度基因位点的标记和分析 [J]. 中国农业科学, 2000, 33 (6): 1-5.

[20] 姜萍, 杨占烈, 余显权, 等. 不同收获时期对稻米品质的影响 [J]. 贵州农业科学, 2006, 34 (1): 62-63.

[21] 姜维梅, 李太贵. 早籼垩白米形成的形态解剖学的研究 [J]. 浙江大学学报 (理学版), 2002, 29 (4): 459.

[22] 金正勋, 秋太权, 孙艳丽, 等. 结实期温度对稻米理化特性及淀粉谱特性的影响 [J]. 中国农业气象, 2001, 22 (2): 1-5.

[23] 黎毛毛, 徐磊, 任军芳, 等. 粳米碱消值的数量性状基因座检测 [J]. 作物学报, 2010, 36 (1): 115-120.

[24] 黎泉. 施氮量对功能稻产量、品质与功能特性的影响 [D]. 南京: 南京农业大学, 2013.

[25] 李晨, 潘大建, 孙传清, 等. 水稻糙米高蛋白基因的 QTL 定位 [J]. 植物遗传资源学报, 2006, 7 (2): 170-174.

[26] 李成荃, 程岩, 袁勤, 等. 杂交粳稻品质性状的遗传研究: Ⅲ. 主要品质性状的配合力分析 [J]. 杂交水稻, 1989 (1): 35-39.

[27] 李关土, 董世钧, 李春寿, 等. 杂交早稻产量与品质性状的配合力研究 [J]. 浙江农业学报, 1994 (2): 71-75.

[28] 李宏, 周少川, 黄道强, 等. 水稻优质食味的认知及育种实践 [J]. 广东农业科学, 2014, 41 (4): 15-18.

[29] 李天, 大杉立, 山岸徹, 等. 灌浆结实期弱光对水稻籽粒淀粉积累及相关酶活性的影响 [J]. 中国水稻科学, 2005, 19 (6): 545-550.

[30] 李贤勇, 王元凯, 王楚桃, 等. 稻米蒸煮品质

与营养品质的相关性分析[J].西南农业学报,2001,14(3):21-24.

[31]李小婉,蒋洪波,马秀芳,等.不同贮藏方式对北方优质稻米食味值的影响[J].安徽农业科学,2014(16):5248-5249.

[32]李欣,莫惠栋,王安民,等.粳型杂种稻米品质性状的遗传表达[J].中国水稻科学,1999,13(4):197-204.

[33]李雅娟,崔成焕.稻米品质与结实或温度[J].东北农业大学学报,1996(3):223-230.

[34]刘巧泉,陈秀花,陆美芳,等.水稻sbe1启动子驱动的反义sbe-GUS融合基因在转基因水稻中的表达[J].分子植物(英文版),2003,29(4):332-336.

[35]刘宜柏,黄英金.稻米食味品质的相关性研究[J].江西农业大学学报,1989(4):1-5.

[36]孟亚利,周治国.结实期温度与稻米品质的关系[J].中国水稻科学,1997,11(1):51-54.

[37]孟亚利.影响稻米品质的主要气候生态因子研究[J].西北农林科技大学学报(自然科学版),1994(1):40-43.

[38]倪晖.水稻Wx基因不同等位变异的效应及其育种应用的初步研究[D].扬州:扬州大学,2013.

[39]潘圣刚,曹凑贵,蔡明历,等.栽插密度及方式对杂交水稻"红莲优6号"产量和品质的影响[J].江西农业大学学报,2006,28(6):845-849.

[40]秦阳,蒋文春,张城,等.不同水稻品种播期与品质的关系[J].沈阳农业大学学报,2004,35(4):328-331.

[41]任鄄胜.几个香稻保持系研究和香味遗传分析[D].成都:四川农业大学,2004.

[42]荣湘民,谢桂先,彭建伟,等.不同栽培法对水稻籽粒产量与蛋白质含量的影响[J].湖南农业大学学报(自然科学版),2004,30(4):328-331.

[43]沈圣泉,庄杰云,舒庆尧,等.稻米淀粉黏滞性QTL定位及其G×E互作分析[J].作物学报,2005,31(10):1289-1294.

[44]盛文涛,吴俊,姚栋萍,等.稻米食味品质的影响因素及中国籼稻食味品质改良存在的问题与策略[J].杂交水稻,2014,29(3):1-5.

[45]石春海,朱军.水稻植株农艺性状与稻米碾磨品质的遗传相关性分析[J].浙江大学学报(农业与生命科学版),1997(3):331-337.

[46]石春海,朱军.籼稻稻米外观品质的细胞质、母体和胚乳遗传效应分析[J].生物数学学报,1996(1):73-81.

[47]石春海,朱军.籼稻稻米外观品质与其它品质性状的相关性分析[J].浙江大学学报(农业与生命科学版),1994(6):606-610.

[48]石春海,朱军.稻米营养品质种子效应和母体效应的遗传分析[J].遗传学报,1995(5):372-379.

[49]舒庆尧,吴殿星,夏英武,等.稻米表观直链淀粉含量近红外测定校正群体的界定与样品选择[J].浙江农业学报,1999,11(3):123-126.

[50]舒庆尧,吴平.一个低糊化温度水稻突变体(Mgt-1)的培育与稻米品质特征研究[J].核农学报,2001,15(6):341-344.

[51]孙平.蛋白质含量多会降低稻米食味吗:试析日本产销界关于稻米食味和应否追肥问题的争议[J].中国稻米,1998,4(5):31-33.

[52]孙业盈.水稻Wx基因与稻米AC、GC和GT的遗传关系及育种中间选系稻米品质的综合评价[D].成都:四川农业大学,2005.

[53]汤海涛,马国辉,廖育林,等.土壤营养元素对稻米品质的影响[J].农业现代化研究,2009,30(6):735-738.

[54]汤圣祥,张云康,余汉勇,等.籼粳杂交稻米胶稠度的遗传[J].中国农业科学,1996,29(5):

51-55.

[55] 田孟祥, 陈涛, 张亚东, 等.两个低谷蛋白基因插入缺失标记的设计与验证 [J].分子植物育种, 2010, 8（2）：340-344.

[56] 戴平安, 周坤炉, 黎用朝, 等土壤条件对优质食用稻品质及产量的影响 [J].中国水稻科学, 1998（S1）：51-57.

[57] 万映秀, 邓其明, 王世全, 等.水稻 Wx 基因的遗传多态性及其与主要米质指标的相关性分析 [J].中国水稻科学, 2006, 20（6）：603-609.

[58] 王爱辉, 王勇, 耿文良, 等.水稻栽培技术措施对稻米品质的影响 [J].北方水稻, 2013, 43（6）：31-33.

[59] 王才林, 张亚东, 朱镇, 等.通过分子标记辅助选择培育优良食味水稻新品种南粳 46[J].中国水稻科学, 2009, 7（6）：25-30.

[60] 王才林, 张亚东, 朱镇, 等.优良食味粳稻新品种南粳 5055 的选育及利用 [J].农业科技通讯, 2012（2）：84-88.

[61] 王立峰, 陈静宜, 陈超, 等.不同包装方式下大米贮藏品质及微观结构研究 [J].粮食与饲料工业, 2014, 12（12）：1-5.

[62] 王立峰, 王红玲, 姚轶俊, 等.不同包装方式对大米贮藏品质及挥发性成分的影响 [J].中国农业科学, 2017, 50（13）：2576-2591.

[63] 王颖, 张蕾.不同包装方式对大米保鲜效果影响的研究 [J].包装工程, 2006, 27（5）：150-152.

[64] 文铁桥, 周勇, 宋国清, 等.植酸对稻米品质影响的研究（Ⅰ）[J].天然产物研究与开发, 1996（1）：55-57.

[65] 翁建峰, 万向元, 吴秀菊, 等.利用 CSSL 群体研究稻米 AC 和 PC 相关 QTL 表达稳定性 [J].作物学报, 2006, 32（1）：14-19.

[66] 吴长明, 孙传清, 付秀林, 等.稻米胶稠度、

碱消值与籼粳分化度的 QTL 及其相互关系的研究 [J].吉林农业科学, 2003, 28（1）：3-8.

[67] 吴长明, 孙传清, 付秀林, 等.稻米品质性状与产量性状及籼粳分化度的相互关系研究 [J].作物学报, 2003, 29（6）：822-828.

[68] 武小金, 陈跃进.籼稻垩白遗传性的研究 [J].湖北农学院学报, 1991（3）：10-14.

[69] 武小金.稻米蒸煮品质性状的遗传研究 [J].湖南农业大学学报（自然科学版）, 1989（4）：6-10.

[70] 夏建国, 邓良基, 谭宏, 等.影响稻米品质的主要土壤生态因子研究 [J].四川农业大学学报, 2000, 18（4）：343-347.

[71] 肖鹏, 邵雅芳, 包劲松, 等.稻米糊化温度的遗传与分子机理研究进展 [J].中国农业科技导报, 2010, 12（1）：23-30.

[72] 谢黎虹, 叶定池, 陈能, 等.播期和收获期对丰两优 1 号米饭食味品质的影响 [J].江苏农业学报, 2007, 23（3）：172-177.

[73] 熊洪, 唐玉明, 任道群, 等.不同土壤类型、不同气候条件与稻米品质的关系研究 [J].西南农业学报, 2004, 17（4）：445-449.

[74] 徐辰武, 张爱红, 朱庆森, 等.籼粳杂交稻米品质性状的遗传分析 [J].作物学报, 1996, 22（5）：530-534.

[75] 徐庆国.稻米品质的品种种性差异研究 [J].湖南农业大学学报（自然科学版）, 1995（4）：337-341.

[76] 徐庆国.稻米品质及测试方法研究：Ⅱ.碾磨精度对稻米品质性状的影响 [J].作物研究, 1997（3）：7-9.

[77] 徐润琪, 刘建伟, 张萃明, 等.降低杂交稻谷加工破碎率途径的研究Ⅱ：碾米条件下的碎米率结合砻谷条件的综合分析 [J].中国粮油学报, 2003, 18（4）：5-8.

［78］徐泽敏，吴文福，尹丽妍，等.真空干燥条件对稻米食味品质的影［J］.农业机械学报，2009，40（11）：115-118.

［79］鄢宝，王岩，高冠军，等.水稻糙米蛋白质含量QTL定位及上位性分析［J］.分子植物育种，2012，10（5）：594-599.

［80］严长杰，徐辰武，裔传灯，等.利用SSR标记定位水稻糊化温度的QTLs［J］.遗传学报（英文版），2001，28（11）：1006-1011.

［81］杨联松，白一松，张培江，等.谷粒形状与稻米品质相关性研究［J］.杂交水稻，2001，16（4）：48-50.

［82］杨泽敏，王维金，蔡明历，等.氮肥施用期及施用量对稻米品质的影响［J］.华中农业大学学报，2002，21（5）：429-434.

［83］易小平，陈芳远.籼型杂交水稻稻米蒸煮品质、碾米品质及营养品质的细胞质遗传效应［J］.中国水稻科学，1992，6（4）：187-189.

［84］于永红，朱智伟，樊叶杨，等.应用重组自交系群体检测控制水稻糙米粗蛋白和粗脂肪含量的QTL［J］.作物学报，2006，32（11）：1712-1716.

［85］翟超群.播期和移栽密度对淮北中粳稻两个品种产量形成及品质的影响［D］.扬州：扬州大学，2007.

［86］张国发，王绍华，尤娟，等.结实期相对高温对稻米淀粉黏滞性谱及镁、钾含量的影响［J］.应用生态学报，2008，19（9）：1959-1964.

［87］张红建，邹易，赵阔，等.包装方式对贮运过程中大米品质影响的研究［J］.粮食与饲料工业，2017（11）：5-8.

［88］张名位，郭宝江，彭仲明，等.籼型黑米粒形性状的遗传效应及其与矿质元素含量的遗传相关性［J］遗传学报，2002，29（8）：688-695.

［89］张巧凤，张亚东，朱镇，等.稻米淀粉黏滞性（RVA谱）特征值的遗传及QTL定位分析［J］.中国水稻科学，2007，21（6）：591-598.

［90］张三元，李彻，张俊国，等.吉林省水稻品种品质的研究Ⅳ.吉林省优质品种的系谱及品质聚类分析［J］.吉林农业科学，2000，25（5）：3-7.

［91］张玉华.稻米的碾磨品质及其影响因素［J］.中国农学通报，2003，19（1）：101-101.

［92］张玉烛，吴宏恒.栽培因素对食用优质稻垩白的影响［J］.作物研究，1999（3）：9-13.

［93］张云康，林榕辉，闵捷，等.浙江水稻品种资源的品质研究［J］.中国种业，1992（4）：23-25.

［94］张仲良，王化新，郭大智，等.$^{14}C-$杀螟松在模拟稻/鱼生态系统中的残留［J］.核农学报，1991，5（3）：163-168.

［95］郑先哲，赵学笃，陈立，等.稻谷干燥温度对稻米食味品质影响规律的研究［J］.农业工程学报，2000，16（4）：23-27.

［96］周少川，李宏.华南籼稻不同处理间早晚造品质变化规律研究［J］.作物学报，2003，29（2）：225-229.

［97］周勇，文铁桥，宋国清，等.植酸和氯离子对稻米品质的影响［J］.中国水稻科学，1995，9（4）：217-222.

［98］朱碧岩，程方民，吴永常，等.结实期温度对稻米粒重和整精米率形成动态的影响［J］.西北农业学报，1996，5（4）：31-35.

［99］AHN S N，BOLLICH C N，TANKSLEY S D.Rflp tagging of a gene for aroma in rice［J］.Tag.theoretical & Applied Genetics.theoretische and Angewandte Genetik，1992，84（7-8）：825.

［100］ALUKO G，MARTINEZ C，TOHME J，et al.QTL mapping of grain quality traits from the interspecific cross Oryza sativa × O.glaberrima［J］.Theoretical & Applied Genetics，2004，109（3）：630-639.

［101］BRADBURY L M T，FITZGERALD T L，

HENRY R J, et al.The gene for fragrance in rice [J].Plant biotechnology journal, 2005, 3（3）: 363-370.

[102] FUJITAN.Antisense Inhibition of Isoamylase Alters the Structure of Amylopectin and the Physicochemical Properties of Starch in Rice Endosperm [J].Plant and Cell Physiology, 2003, 44（6）: 607-618.

[103] HE P, LI S G, QIAN Q, et al.Genetic analysis of rice grain quality [J].Theoretical & Applied Genetics, 1999, 98（3-4）: 502-508.

[104] HU Z L, LI P, ZHOU M Q, et al.Mapping of quantitative trait loci（QTLs）for rice protein and fat content using doubled haploid lines [J].Euphytica, 2004, 135（1）: 47-54.

[105] HUSSAIN A A, MAURYA D M, VAISH C P.Studies On Quality Status of Indigenous Upland Rice（Oryza Sativa）[J].IndianJ.Genet, 1987, 47（2）: 145-152.

[106] JIN Q, WATERS D, CORDEIRO G M, et al.A single nucleotide polymorphism（SNP）marker linked to the fragrance gene in rice（Oryza sativa L.）[J].Plant Science, 2003, 165（2）: 359-364.

[107] LI J, XIAO J, GRANDILLO S, et al.QTL detection for rice grain quality traits using an interspecific backcross population derived from cultivated Asian（O.sativa L.）and African（O.glaberrima S.）rice [J].Genome, 2004, 47（4）: 697.

[108] LORIEUX M, PETROV M, HUANG N, et al.Aroma in rice: genetic analysis of a quantitative trait. [J].Theoretical & Applied Genetics, 1996, 93（7）: 1145-1151.

[109] SHIMADA H, TADA Y, KAWASAKI T, et al.Antisense regulation of the rice waxy gene expression using a PCR-amplified fragment of the rice genome reduces the amylose content in grain starch [J].Tag.theoretical & Applied Genetics.theoretische Und Angewandte Genetik, 1993, 86（6）: 665-672.

[110] TAN Y F, LI J X, YU S B, et al.The three important traits for cooking and eating quality of rice grains are controlled by a single locus in an elite rice hybrid, Shanyou63 [J].Theoretical and Applied Genetics, 1999, 99（3-4）: 642-648.

[111] TAN Y F, SUN M, XING Y Z, et al.Mapping quantitative trait loci for milling quality, protein content and color characteristics of rice using a recombinant inbred line population derived from an elite rice hybrid [J].Theoretical & Applied Genetics, 2001, 103（7）: 1037-1045.

[112] TERADA R, NAKAJIMA M, ISSHIKI M, et al.Antisense Waxy Genes with Highly Active Promoters Effectively Suppress Waxy Gene Expression in Transgenic Rice [J].Plant & Cell Physiology, 2000, 41（7）: 881-888.

[113] YAN C J, XU C W, YI C D, et al.Genetic analysis of gelatinization temperature in rice via microsatellite（SSR）markers [J].Acta Genetica Sinica, 2001, 28（11）: 1006-1011.

[114] ZENG D, YAN M, WANG Y, et al.Du1, encoding a novel Prp1protein, regulates starch biosynthesis thro [J].Plant Molecular Biology, 2007, 65（4）: 501.

[115] ZHOU P, TAN Y, HE Y, et al.Simultaneous improvement for four quality traits of Zhenshan97, an elite parent of hybrid rice, by molecular marker-assisted selection [J].Theoretical & Applied Genetics, 2003, 106（2）: 326-331.

第七章

稻米营养与人体健康

第一节　稻米营养

　　稻米营养品质是指稻米中含有的人体所必需营养成分的种类、数量和质量，包括蛋白质、脂肪、碳水化合物、矿物质、维生素等。稻米可提供人体摄取能量的 35%、蛋白质的 28%、脂肪的 3% 等，因此，稻米的营养品质直接关系到人体健康。

一、稻米营养种类

　　俗话说："世间万物米为珍。"在小小米粒中蕴藏着多种多样的人体所必需的营养物质。每一颗米粒由胚、种皮和胚乳三部分组成。稻米中 70%~80% 营养物质都富集在胚和种皮中，尤其是胚的营养物质更为丰富。稻米的胚乳占米粒体积的 90%，被大量的淀粉（碳水化合物）充实。经科学检测和分析，稻米营养可分为大量元素、微量元素、维生素和生理活性物质四大类。

　　1. 大量元素类

　　蛋白质、脂肪、淀粉和膳食纤维在稻米中的含量多，生理功能主要是提供人体蛋白质代谢、脂肪代谢的原料，是人体活动所需的能量来源。长期以来，营养专家认为膳食纤维的化学结构近似淀粉，但因不被人体吸收，故将其列为非营养物质类。尽管膳食纤维不能被人体所吸收，但是，膳食纤维在促进肠蠕动，防止便秘、预防癌症、减肥等方面具有重要的生理功能，主张把膳食纤维列入营养物质类，成为越来越多营养学家的共识。

2. 微量元素类

铁、钾、钠、镁、钙、硒、锌等在稻米中含量很少，常以毫克或微克计量，故称微量元素。微量元素作为酶、激素、维生素和核酸的成分，参与生命代谢过程，对人体健康起着重要作用。

3. 维生素类

维生素又名维他命，是人体维持生命活动必需的一类有机物质，也是保持人体健康的重要活性物质，稻米中几乎含有各种维生素，如维生素 B_1、维生素 B_2、维生素 B_3、维生素 B_5、维生素 B_6、维生素 B_9、维生素 B_{12}、维生素 A、维生素 C、维生素 E 等。

4. 生理活性物质类

生理活性物质类能调节人体生命活动，在稻米中含量甚微，可作用极大，分布在胚和种皮组织中。γ 氨基丁酸为非必需氨基酸，属神经递质一种，传递神经活动的信号，起抑制神经兴奋、降低血压的调节功能，并有健脑益智的生理功能。由于稻米的胚和种皮中富含 γ 氨基丁酸，若稻米经浸泡发芽处理，γ 氨基丁酸含量将成倍增加，应用这一原理开发的胚芽米（活性糙米）产品对预防高血压、改善睡眠有良好作用。谷胱甘肽含巯基的小分子肽类物质，属功能性活性肽，具有抗氧化消除体内自由基和解除体内毒素的作用。谷维素为各种阿魏酸酯混合物，可从米糠中浓缩提取出来，在人体中能调节植物神经系统和分泌中枢，从而改善植物神经，有助于改善睡眠。

二、影响水稻营养品质的因素

1. 遗传性状

不同水稻品种的营养品质不同，这主要是由水稻品种自身的遗传特性决定的。同一水稻品种的不同营养品质，受遗传力影响的程度也不同。稻米中直链淀粉含量主要受遗传力控制，受环境因素影响相对较小；蛋白质含量受遗传力控制较弱，受环境因素影响较大。水稻的直链淀粉主要由位于第 6 染色体上的 Wx 基因编码的淀粉合成酶（GBSS）控制合成，而淀粉分支酶（Q 酶）能将 α-1，6 糖苷键连接在 α- 葡聚糖上，控制支链淀粉的合成和精细结构。沈波等（2005）研究表明，水稻籽粒 Q 酶活性相关基因的表达，受环境因子的影响极大。因此，利用传统育种方法改良稻米蛋白质含量的效果不明显。随着水稻原生质体培养技术的成熟，筛选高氨基酸及其类似物的突变体，为改良稻米营养品质提供了一条新的技术途径。通过基因操作控制某一代谢途径的关键酶量和组成，从而修饰最终产物的含量及性能，即所谓代谢途径工程（Metabolic Engineering），这一技术已在提高作物游离氨基酸含量、改良作物淀粉品质方面取得了成功；导入异源的优质性状基因，达到改善稻米品质、增加附加值的目的。李建粤等（2007）研究表明，在水稻中导入反义蜡质基因不仅能够降低稻米的直链淀粉含量，还可提高稻米的蛋白质含量。牛洪斌等（2007）对水稻谷蛋白的一个新基因克隆及表达进行分析，发现通过筛选水稻胚乳 cDNA 文库得到的 *GluB27* 基因，为水稻谷蛋白家族又增加一新成员；对现有谷蛋白基因，结构特点和表达模式的分析结果，有利于深入研究谷蛋白基因的遗传进化规律和基因表达调控机制，也为利用转基因技术改良稻米品质提供了基因资源。

2. 环境因素

（1）温度：稻米蛋白质和氨基酸含量受温度的影响较大。蛋白质主要受温度和日温差影响，而人体必需氨基酸主要受温度和日照时数的影响，日照时数、日温差对蛋白质、人体必需氨基酸的动态影响具有很好的一致性。由于高温条件下水稻灌浆前期叶和籽粒中 FB Pase 活性高，籽粒淀粉积累快，粒重增长快，蛋白质含量也高。水稻结实前后需适宜的低温环境，但温度太低对提高蛋白质、氨基酸等营养品质也有影响，低温和高温都不利于提高蛋白质和氨基酸含量。盛婧等（2007）研究表明，灌浆结实期高温对直链淀粉的积累有促进作用；灌浆前期高温、后期低温，有利于籽粒中蛋白质的积累。

（2）光照：在水稻各生育期内，不同光照条件对水稻营养品质的影响不同。蛋白质主要受日照时数和最高温度的影响，氨基酸和人体必需氨基酸主要受日照时数和最低温度的影响。灌浆期光照不足，会导致水稻碳水化合物积累减少，同时，也会使蛋白质和直链淀粉含量增加，引起食味下降。结实期光照条件对蛋白质含量的影响较大，太阳辐射强时蛋白质的含量较低。李天（2005）分析指出，灌浆结实期遮光条件下，ADPG 焦磷酸化酶、淀粉分支酶活性与淀粉积累速率呈显著正相关；淀粉合成酶活性的降低与淀粉合成量下降有关，淀粉分支酶活性升高是直链淀粉比例减少的重要原因。

（3）土壤类型和质地：水稻蛋白质含量受土壤类型的影响较大。研究表明，不同类型土壤产出的稻米，直链淀粉和蛋白质含量差异较大，蛋白度含量差异更大。其中，灰棕紫泥土、紫泥土、灰色冲积土、紫色冲积土（代表沱江流域）和红紫泥土产出的稻米，蛋白质含量较其他土壤高。

3. 栽培措施

（1）播期：播期对品质性状影响较大，且基因型与环境互作显著。研究表明，推迟播期对早熟或中熟水稻的产量影响较小，但可明显降低总蛋白含量，改善稻米品质，因此，可适当推迟播期和移栽期。

（2）栽培密度：栽培密度对水稻营养品质的影响较大。栽培密度对直链淀粉含量有明显影响，直链淀粉含量随密度降低、单穴营养面积变大而增大。栽培密度对蛋白质含量影响较小。栽培密度和方式对水稻生长的影响，主要表现为影响水稻群体叶面积指数、单株光合速率、群体内部光环境，最终影响水稻的产量和品质。在同一播期，精米蛋白质含量随栽培密度的增加呈先升后降的趋势。播期和栽培密度的互作效应差异均达极显著水平或显著水平。精米直链淀粉含量随播期的推迟而呈先升后降的趋势，精米直链淀粉含量随移栽密度的增加呈先降后升的趋势。

（3）栽培方式：栽培条件（如种植季节和管理条件等）对蛋白质含量的影响很大。水培方式下稻米的蛋白质含量明显高于大田栽培，且差异均达极显著水平，这可能是两种栽培方式中有机成分含量、生长环境的差异共同作用的结果。旱种条件与水种条件相比，水稻的支链淀粉含量减少，蛋白质的含量增加。灌水、施肥、使用生长调节剂等栽培措施和综合技术体系，不仅对水稻的产量影响较大，而且还极大程度影响了氨基酸含量。与传统栽培法相比，水稻高蛋白高产栽培综合技术体系能明显改善稻米中氨基酸总量、人体必需氨基酸含量和必需氨基酸含量。

（4）肥料：肥料对水稻营养品质的影响，主要包括肥料的种类、施用量及施用时期。增施氮肥可提高稻米蛋白质含量，降低直链淀粉含量和胶稠度。在一定范围内，氮肥用量越高，蛋白质、微量元素（铁、猛、铜、锌）含量越高，但超过一定量，蛋白质、微量元素含量反而下降；多数研究认为，氮肥施用量可调节籽粒中淀粉分支酶活性，直链淀粉含量随氮肥施用量的增高逐渐降低，且追肥越迟降幅越大，从而改善了稻米的营养品质。田秀英等（2005）研究表明，增施氮肥可明显提高稻米中氨基酸含量，但维生素 C 含量有所降低。施氮条件下配施磷、钾肥，能改善水稻的营养品质。氮、磷、钾对稻米品质的影响程度，依次为氮＞钾＞磷。氮肥和磷肥的互作对糙米中蛋白质含量的影响较大。施用高磷、低氮肥和低磷、高氮肥都可提高糙米的蛋白质含量，而高磷、高氮肥效果更好。

（5）水分：土壤水分对糙米蛋白质含量有明显影响，据测定，陆稻较水稻蛋白质含量高30%；旱地陆稻比水田陆稻的蛋白质含量高39%；旱地水稻比水田水稻的蛋白质含量高25%。随着土壤水分的减少，糙米中蛋白质含量增加，但灰分含量如磷、钾、镁、锰等均有减少，锰减少量最多，旱地栽培仅为水田栽培的1/3，其次为钾、磷、镁。磷和锰含量降低是因为土壤水分减少后，土壤从还原态向氧化态转化，引起这两种元素活性降低，吸收减少。磷的吸收量减少，可引起镁的吸收量相应减少，因为镁的吸收量与植物体中磷的状态有关。土壤水分降低，对糙米中铁含量的影响不大，因为铁、锰间存在拮抗作用。水分胁迫（-30 kPa）处理对精米中直链淀粉含量没有明显影响，但提高了粗蛋白含量，改善了营养品质。灌溉对水稻营养品质的影响集中体现在水稻生育后期，如抽穗后期排水落干能有效提高蛋白质含量。在相同氮素水平下，节水灌溉的蛋白质含量较水层灌溉低，直链淀粉含量的变化与蛋白质相反；在氮素水平为 $300\,kg/hm^2$ 和 $450\,kg/hm^2$ 时，节水灌溉与水层灌溉的产量无显著差异；节水灌溉的结实率和收获指数均高于水层灌溉。结实期轻度土壤落干或轻干湿交替灌溉可提高粒重，改善稻米品质。

（6）收获时期及方法：从蜡熟期起，蛋白质含量随着收获时间的推迟而提高，至黄熟期达到最大值，之后下降。直链淀粉含量随收获时间的推迟渐增。

三、糙米营养

所谓糙米，即稻谷收割后，把最外面的一层稻壳去掉剩下的稻米，属颖果，是由果皮、种皮、糊粉层、胚乳和胚构成的完整果实。糙米包括 92% 胚乳、3% 胚芽和 5% 米糠层。糙米营养成分含量非常丰富，含有 75% 糖类，7%～8% 蛋白质，24%～26% 脂肪，并含有丰富的 B 族维生素及铁、钙、锌等矿物质。

糙米约 64% 的营养元素，集中在占糙米重量 8% 的米糠层和胚芽中。胚芽米既保留了糊米分层和胚芽，又因发芽而激活富化了各种营养成分，尤其是利用糙米自身酶的转化产生了大量 γ 氨基丁酸，这是一种对人体大脑、血管、神经、脏器等有多种药理作用的生理活性成分。因此，胚芽米比普通白米更具有营养保健功能，同时口感更好。

糙米虽然营养价值高，可口感较差，且含有较多的粗纤维，不易被消化，因此，使用价值较低，限制了糙米在食品工业中的应用。为了充分利用糙米中的营养成分，可将糙米发芽或得到胚芽米。发芽过程中除形成淀粉酶和蛋白酶外，还有脂肪酶、纤维素分解酶等，在这些酶的作用下，淀粉、蛋白质、脂肪和纤维素等贮藏性大分子物质部分水解成容易被人体消化吸收的小分子物质。胚芽米不仅含有更丰富的维生素和矿物质元素等，而且还含有多种促进人体健康和防治疾病的成分，如 γ 氨基丁酸、谷胱甘肽、谷维素和阿魏酸等。可见糙米经发芽后，能提高人体对它的吸收率和吸收量。

1. 糙米具有丰富的营养因子

（1）谷胱甘肽（GSH）：谷胱甘肽具有氧化作用，能有效提高脑细胞的活力；能激活各种酶，参与体内三羧酸循环及糖代谢，使人体获得高能量；参与高铁血红蛋白的还原作用和促进铁的吸收，可组织 H_2O_2 氧化血红蛋白保护巯基，防止溶血；与体内有毒化合物等结合，并促进排其出体外。

（2）γ 谷维素：谷维素的分子结构中存在阿魏酸集团，阿魏酸集团中的酚羟基和共轭体系具有抗氧化活性，这可能是 γ 谷维素具有抗氧化生理功能的原因。γ 谷维素具有降血脂、抗氧化、抗衰老、去自由基等作用。

（3）γ 氨基丁酸：γ 氨基丁酸是广泛分布于动植物中的一种非蛋白质氨基酸，由谷氨酸经谷氨酸脱羧酶催化而来，是存在于哺乳动物脑、脊髓中的抑制性神经传递物质，在人与动物体内参与脑循环生理活动。有研究表明，γ 氨基丁酸是一种生理活性物质，具有降血压、抗惊厥、营养神经、改善脑功能、促进长期记忆、促进激素分泌、活化肾功能和肝功能等功能。糙米中 γ 氨基丁酸含量约为 3.8 mg/100 g。

（4）米糠脂多糖：脂多糖（Lipopolysaccharide，LPS）分为细菌脂多糖和植物脂多糖两类。细菌脂多糖是从革兰阴性菌中提取得到的，对机体有很强的毒副作用，主要表现为致热性、致死性、损伤线粒体膜及损伤溶酶体膜等。与细菌脂多糖相比，植物脂多糖毒副作用较弱，对一些疑难顽症如糖尿病、高血压等有一定的抑制和治疗作用。研究证明，米糠脂多糖是从米糠中提取得到的，是一类具有多种生物活性的大分子物质，具有良好的增强人体免疫作用。

（5）神经酰胺：神经酰胺系神经鞘糖脂中的一种。由糙米制取的神经酰胺与人体角质细胞间脂质的神经酰胺极其相似，能很快渗透皮肤，与角质层中的水相结合，强化皮肤板状结构。神经酰胺具有改善皮肤保湿和屏障，提高皮肤弹性，抑制黑色素的生成和美白皮肤的功能，且无副作用，可作为安全的功能性食品原料。

（6）米糠纤维：米糠纤维可促进肠道蠕动，预防肠癌，改善消化道有益菌的生存环境，促进体内毒素的排出，预防和改善便秘病症。多摄取纤维素对血糖平稳、血脂浓度调整有效果。平时以五谷米、糙米、胚芽米取代白米，可以使血糖平衡，而且纤维素可吸取食物残渣和有害菌，降低患大肠癌或直肠癌的概率。

（7）矿物质：糙米中钙、镁含量比较高，锌和铁等微量元素的含量也较高。钙是维持人体细胞正常生理活动的必需物质。例如，维持心脏的正常搏动，维持肌肉、神经正常兴奋性的传导和感应性。镁对糖代谢有重要影响，可预防糖尿病。铁可提高人体的免疫力。锌与蛋白质代谢和胰岛素生成、免疫功能都有密切关系，缺锌时容易发生发育不良、糖尿病等。糙米含丰富的钙、镁、锌，对于抗忧郁、失眠，促进神经系统代谢有帮助。

2. 糙米有保持人体血糖水平稳定的功能

经常食用含淀粉较高的精米，在饭后往往会引起血糖迅速升高，胰腺会分泌过量的胰岛素，将血糖吸收到机体细胞中贮存起来，导致机体脂肪组织过多形成，产生肥胖症。糙米与薯类、精白米、精面相比，淀粉含量大大降低，食用后血糖不会迅速升高，不易使人体产生更多脂肪而发胖。

3. 糙米的不利作用

糙米虽有较高的营养保健功能，但也有一定的营养缺陷，会使胰岛素分泌相对减少，如天天食用糙米，对糖尿病患者会有一定程度的不利影响。糙米中磷过多，属酸性食品，如果长期单一地吃糙米，不利于人体酸碱平衡。此外，糙米的外围被一层粗纤维组织包裹，密度极高，人体难以消化吸收，经过长时间的蒸煮营养成分会流失不少。

精米基本上就是胚乳，加工后的精米维生素 B_1 损失约 60% 以上，赖氨酸、苏氨酸也大大损失。如果长期吃精米，又没有摄入足够的副食品，就会造成 B 族维生素缺乏，而产生脚气病、神经炎、唇炎、角膜炎等。

四、精米营养

精米是由糙米碾去种皮、糊粉层和胚被制成的，口感好、易消化，在我国的膳食结构中占主导地位。相对于普通大米，精米含糠更少，含其他杂质也更少。精米的外观亮度更高，制成的米饭更白，口感一般好于普通大米。由于精米在加工过程中，富含蛋白质、脂肪、维生素和矿物质的米胚、皮层去掉得更多，因此，精米的营养含量要明显低于普通大米和糙米（表7-1）。

表 7-1　精米与糙米营养成分的比较

成分	精米	糙米
热量	100	96
蛋白质	100	109
脂质	100	231
纤维	100	333
钙	100	165
铁	100	220
维生素 B_1	100	450
维生素 B_2	100	200
磷	100	200
尼古丁酸	100	323
维生素 E	100	625

五、胚芽米营养

1. 胚芽米的功效

糙米在一定温度下会发芽，是内部酶活化后再生长，这都是水稻从种子孕育成苗所需的营养物质（图7-1）。胚芽米中含有丰富的抗活性氧植酸、阿魏酸等，可以抑制人体黑色素的产生，使皮肤保持白净，并能促进新陈代谢，预防动脉硬化、内脏功能障碍和癌症等。大量的 γ 氨基酸存在于人脑和脊髓中，有改善血液循环，增加氧气供应量，抑制自律神经失调和老年性痴呆症等功效。此外，胚芽米还保留着更多的镁、钾、钙、锌和铁等必需微量元素（表7-2）。

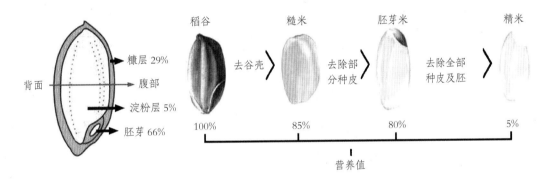

图 7-1　大米的结构和营养分布

表 7-2　胚芽米所含营养元素的种类及其功效

营养元素种类	功效
γ 氨基丁酸	降低血压稳定神经，提高肾脏与肝脏功能
食物纤维	减肥、排毒、防止便秘、高脂血症、大肠癌
阿魏酸	促进胰岛素分泌
生育三烯酚类	降血脂
γ 谷维素	缓和神经失调及更年期障碍
镁	预防心脏病
钾	预防高血压
钙	预防骨质疏松病
锌	防止生殖功能低下，预防动脉硬化
铁	预防贫血
维生素 E	抑制活性氧的活动，防止紫外线保护肌肤，抑制胆固醇增加

续表

营养元素种类	功效
肌醇六磷酸（IP-6）	降低血脂浓度；防止产生肾脏结石；能抑制癌细胞组织，减小肿瘤体积；保护心肌细胞，避免发生心脏病猝死，防止动脉硬化；抗氧化、抑制并杀死自由基

2. 胚芽米的营养特征

胚芽米的芽长为 $0.5\sim1\,mm$ 时，营养价值最高，超过糙米，胜于白米（表7-3）。

表7-3　胚芽米与白米营养价值的比较

营养素	倍数	白米	胚芽米
糖类	0.93	75.5 g	69.9 g
蛋白质	1.07	6.8 g	7.3 g
脂肪	2.23	1.3 g	2.9 g
维生素 B_1	2.5	0.12 mg	0.3 mg
维生素 E	4.25	0.4 mg	1.7 mg
γ 氨基丁酸	11	1.5 mg	16.5 mg
IP-6	4.56	99.1 mg	452 mg
食物纤维	3.78	0.74 g	2.8 g
镁	2.24	33 mg	74 mg
铁	2.2	0.5 mg	1.1 mg
钙	1.35	6 mg	8.1 mg

胚芽米有别于精米的营养特征主要有6个：

（1）糙米64%的营养成分集中在占糙米重量10%的糊粉层中，胚芽米既保留了糊粉层，又因发芽而富化了各种营养成分，尤其是利用糙米自身酶的转化，产生了大量 γ 氨基丁酸。γ 氨基丁酸有助于改善人脑部的血液循环，增加氧气的供给，改善大脑的代谢，能够使脑代谢（脑内的物质处理）亢进；对改善肝脏、肾脏的功能有作用；有促进乙醇代谢的作用，改善高脂血症，防止肥胖，消除体臭的效果。脑内的 γ 氨基丁酸不足时，会引起人精神不安症状，或者老年期痴呆。IP-6具有强力的抗氧化能力，能帮助治疗肾脏结石，降低胆固醇和血脂肪。各种试验结果也证明了IP-6对于前列腺癌和乳腺癌的成长有抑制作用，科学家已经发现癌细胞在IP-6中可恢复成正常细胞，所以IP-6又有防癌的作用。

（2）胚芽米含有较多的生育酚、三烯生育酚。它可防止皮肤氧化损伤，保持皮肤细胞中维生素E的正常水平，抗血管硬化。最近有报告称，三烯生育酚可抑制癌细胞增殖，将生育酚与其他酚类物质合用，对抑制癌细胞增殖有协同作用，可用于治疗乳腺癌。

（3）胚芽米含有较多的食物纤维，比糙米多0~15%，是精米的3.7倍。食物纤维能增加肠胃的蠕动，改善消化道有益菌群环境，帮助消化清理肠胃，促进体内毒素排出。长期进食糙米，有助于将毒素（如食物添加剂、农药及放射性物质等）排出体外，对改善便秘有效。糙米能净化血管，促进新陈代谢。此外，糙米能平衡血糖，防止尿酸过高。

（4）胚芽米含有丰富的抗脂质氧化物质，如阿魏酸、植酸、谷维素、三烯生育酚等。当今人们比较注重保养颜容，然而肌肤产生损伤、衰老的原因是活性氧，它能促进皮肤细胞的老化。阿魏酸、植酸、生育酚这些抗氧化成分能在体内有效捕捉活性氧，清除其毒性，促进皮肤的新陈代谢，预防和减轻老人斑的出现。

（5）胚芽米含有丰富的微量元素，如镁、钾、钙、锌、铁等。镁有预防心脏病的作用，钾有降低血压的作用，钙是壮骨成分，锌有防止生殖功能低下、动脉硬化的作用，铁可防止贫血。胚芽米中这些元素的含量超过精米，也优于糙米。

（6）胚芽米具有发芽力，即具有生命力。通常胚芽米宜在冷藏条件下贮存，以控制生长。

第二节　功能型水稻（稻米）

一、功能型水稻（稻米）的定义和发展趋势

1.何谓功能型水稻

在普通稻米中含有近40多种营养元素，品种不同营养元素含量略有差异，但同一品种基本上是恒定不变的。普通稻米一般能保障人体正常生长发育和能量需求，不至于患营养元素缺乏症。这种能有效补充营养元素的水稻，称为功能型水稻。目前功能型水稻分为九大类，包括功能性蛋白质、活性多糖、功能性油脂、功能性纤维素、必需微量元素、功能性黄酮化合物、自由基清除剂、功能性肽和人体必需氨基酸等水稻。

功能型水稻适宜普通人群食用，除了具备基本营养功能和感官功能（色、香、味、形）外，还新增添了普通稻米所没有的生理调节功能，即调节人体生理节律、预防疾病、促进健康的第三种功能，但功能型水稻又不同于以治病为目的的药品。

国内外已经开发的功能型水稻，主要包括保健型、辅助疗效型及其他特种功能等类型。其中，保健型功能型水稻富含纤维素、人体必需氨基酸和微量元素等；辅助疗效型功能型水稻是通过育种改良水稻功能性成分比例，以达到预防肾脏疾病、糖尿病、"三高"、肥胖、动脉硬化、骨质疏松等的目的；此外，还有以大豆异黄酮、ovokinin类似物、乳铁传递蛋白、共扼亚麻酸、功能性小肽等为活性成分的特种功能型水稻，以及作为生物反应器、预防杉类花粉病过敏性反应等的特种功能型水稻。

2. 国内外功能型水稻的发展趋势

（1）功能型水稻育种的社会需求。营养平衡食品具有提高免疫力、延缓衰老、促进发育等功能，已引起营养学家的高度重视。随着水稻育种技术的发展，已选育出具有营养保健功效的功能型水稻品种，并且形成了与其配套的生产加工技术，进一步实现了"医食同源"的功效。

（2）加强功能型水稻种质资源创新。种质资源在育种工作中具有不可替代的作用，功能性品质育种在很大程度上依赖于种质资源的优劣。中国是水稻起源中心之一，种质资源十分丰富，收集、整理、评价并系统分析这些种质资源，有助于选育功能型水稻品种。加快相关突变体及其相关材料的鉴定与创新工作，定位和克隆与水稻各种生理活性成分代谢有关的基因，获得自我知识产权，并探索其遗传规律、功能和调节机制，加强与功能型水稻相关各种生理活性成分的鉴定和分析，是研究和开发功能型水稻品种的关键。

（3）开发复合型、安全性功能型水稻研究。利用传统遗传杂交方法结合分子标记育种技术，培育从单一性功能向综合型、复合型功能型水稻，是今后研究的发展方向。筛选具有富含多种营养成分（包括铁和锌等微量元素、维生素及氨基酸等）的水稻新品种，对于提高公众的营养水平十分重要。研究表明，食物中同时增加铁、锌的含量，能够使人体对铁、锌的吸收量增加50%。低谷蛋白水稻品种虽然可以满足有肾功能障碍糖尿病患者的特殊要求，但是对于降低高血糖还无能为力，而不易被健康人体小肠所吸收的抗性淀粉饮食，可以有效延缓糖尿病人餐后血糖上升，同时还具有预防高血压、高血脂、肥胖和动脉硬化功能。因此，有必要通过常规育种、远源杂交育种、诱变育种等综合改良方法，进一步选育具有多种功能活性成分的功能型水稻。

（4）加强与功能型水稻相关的生理活性物质作用机制的研究。这是高效、合理地利用营养物质，达到增进公众健康、降低疾病目的的保障。研究显示，通过增加或降低影响营养物质吸收的相关物质，从而达到提高营养元素吸收的目的，是解决营养匮乏的新途径。据报道，增加特定氨基酸（如赖氨酸、蛋氨酸、半胱氨酸等带有巯基的氨基酸）含量，可以有效增加铁、锌等微量元素的吸收。降低水稻植酸含量，可有效增加人体对铁的吸收。目前国内外一些研究小组利用转基因技术形成富含铁、热稳定性植酸酶（可以降解植酸酶）和半胱氨酸（增加铁吸收）的转基因水稻，转基因水稻中铁含量增加了2倍，植酸酶含量增加了130倍，半胱氨酸含量增加了7倍。

二、高抗性淀粉稻米

随着人们生活水平的日益提高，生活方式发生了转变，各种慢性疾病发生率也随之上升。以糖尿病为例，中国糖尿病患者人数已达到了9 240万人，仍有增高趋势。目前治疗糖尿病、高血脂等慢性疾病主要通过药物治疗和饮食治疗，但药物治疗有一定的副作用，且费用比较高。科学家通过对人体和大鼠试验，显示稻米抗性淀粉具有控制血糖指数、降血脂、改善肠道环境等重要生理功能。如果选育出高抗性淀粉水稻种子资源，将有利于提高人们的健康水平。

国际水稻研究所利用水稻品种"Kinmaze"经过化学诱变获得的 ae 突变体，与IR36杂交，得到富含抗性淀粉水稻突变体 AE，抗性淀粉含量达到8.25%。浙江大学培育了首个高抗性淀粉早籼稻浙辐201，抗性淀粉含量为3.6%，经航天搭载诱变，筛选出了富含抗性淀粉的突变体 $RS111$。采取优化蒸煮方法，热米饭中抗性淀粉含量可达到10%。上海市农业科学院利用常规杂交和小孢子培养工程技术，选育得到国内首个高抗性淀粉含量的粳稻新品系降糖稻1号，抗性淀粉含量可达到14.86%。

"优糖米""宜糖米"等，都是富含抗性淀粉的功能型水稻品种。一般普通大米中抗性淀粉含量低于1%，极个别水稻品种抗性淀粉含量接近3%，市售优质大米的含量则低于0.5%。经检测，优糖米的抗性淀粉含量高达16.2%，而宜糖米的抗性淀粉含量也超过普通优质粳稻品种的10倍。

虽然制备稻米抗性淀粉生产工艺比较多，但与发达国家相比，我国的抗性淀粉存在获得率较低、生产成本高、生产规模小，伴随环境污染等问题。对此，我们在稻米抗性淀粉制备方面要敢于创新，特别是利用现代生物技术，加大稻米抗性淀粉生产规模，推动我国稻米深加工和综合利用发展。

在高抗性淀粉水稻品种选育方面，水稻子代抗性淀粉含量除受基因型控制外，还受非加性效应和细胞质的影响。抗性淀粉的形成，不仅受直链淀粉含量影响，而且受支链淀粉的链长分布影响，同时合理的群体密度和增施氮肥可以提高水稻中抗性淀粉含量。因此，通过合理的品种改良和种植技术，有望普遍提高稻米中的抗性淀粉含量。

三、富硒大米

硒是人体必需的微量元素之一，有着抗氧化、抗衰老，保护、修复细胞，提高红细胞的携氧能力，提高人体免疫力，解毒、排毒、抗污染，预防癌变，保护心脑血管等多种功能，40多种疾病都与人体缺硒有关。硒能提高稻米产量和品质，增强抗病能力。富硒大米具有抗氧化，提高人体免疫力等营养功能。

我国72%的地区存在低硒和缺硒情况，居民每天硒的摄入量不到40 μg，国家禁止在食盐中添加硒以后，硒的摄入量每天减少6~10 μg。大米是我国人民的主食，每天从主食中的硒获取量占总膳食硒获取量的60%以上，但我国大米平均含硒量仅为0.025 mg/kg，每天只能获取6.25~12.5 μg，仅占推荐摄入量（50 μg）的12.5%~25%。当前需要开发生产富硒大米，把含硒量平均提高6倍以上，达到国家富硒大米的标准要求，人们每天可以从大米中获取约40 μg以上的硒，占推荐摄入量的80%以上。

生产富硒水稻时，硒肥以叶面喷施为主，包括有机硒肥和无机硒肥。在齐穗期和抽穗期，有机富硒叶面肥施用量超过20 g/hm^{2}时（以硒量计），可造成水稻一定程度的减产。叶面喷施有机富硒肥料，水稻增产−3.09%~18.77%，平均增产5.55%；大米硒富集量在0.04~0.78 mg/kg，平均硒含量为0.24 mg/kg。施用无机亚硒酸钠可使水稻增产−7.20%~20.00%，平均增产7.36%；大米硒富集量为0.09~53.39 mg/kg，平均含量为4.04 mg/kg。研究表明，仅有38.96%施用无机硒肥的样本大米硒含量符合DB34/T 847—2008的规定。因此，在生产富硒水稻时，要优先考虑使用有机硒肥，少用并且慎用无机亚硒酸钠硒肥。

四、高蛋白米和低蛋白米

1. 高蛋白米

大米蛋白的营养价值很高，必需氨基酸构成完整，过敏性低；近年来研究发现，大米蛋白还具有重要的保健功能，如抗糖尿病、抗胆固醇、抗癌变等。日本用^{60}Co射线照射3个品种作变异株的原株，获得变异植株，得到蛋白质含量13.3%以上的高蛋白米，比非照射水稻蛋白质含量6%~8%增加50%以上，使大米兼有人体必需的碳水化合物和蛋白质。

2. 低蛋白米

日本学者设计用^{60}Co射线照射"日本优"品种，定向筛选低谷蛋白质含量的突变体，后定名为"LGC-1"，即低谷蛋白质水稻品种。通常稻米蛋白由谷朊和醇溶朊两种蛋白组成，前者易被人体吸收，后者难以被消化。"LGC-1"稻米中谷朊含量降低，此种稻米可被人体吸收的蛋白明显减少，不会增加患者的肾脏功能负担，适于肾病和糖尿病患者食用。

上海师范大学董彦君教授研究团队利用从日本引进的"春阳"与上海主栽水稻品种"秀水128"杂交，历经7年育成能辅助治疗肾病的优良粳稻品种——益肾稻1号等系列。经农业部谷物及制品质量监督检验测试中心分析，该品种与上海普通大米品种相比，食味、产量相仿，但总谷蛋白质含量下降61.7%，对肾病患者不利的易消化吸收蛋白可下降60.8%，可辅助食疗。

日本将低过敏稻米列为第一功能食品，人食用后能防过敏。采用基因重组技术培育而成，变应原蛋白质可减少80%。也可利用蛋白酶反应，将导致人体（特别是小孩）过敏性皮炎、皮疹等发生的过敏原蛋白除去。据临床试验，1 000名米过敏患者中有900名患者症状得以改善。

References

参考文献

---

[1] 李建粤，毛万霞，范士靖，等. 导入反义蜡质基因改良水稻稻米的食味品质和营养品质[J]. 植物研究，2007，27（1）：94-98.

[2] 李天，大杉立，山岸徹，等. 灌浆结实期弱光对水稻籽粒淀粉积累及相关酶活性的影响[J]. 中国水稻科学，2005，19（6）：545-550.

[3] 刘海，赵欢，何佳芳，等. 稻米营养品质影响因素研究进展[J]. 贵州农业科学，2013，41（6）：85-89.

[4] 牛洪斌，覃怀德，王益华，等. 水稻谷蛋白的一个新基因克隆及表达分析[J]. 作物学报，2007，33（3）：349-355.

[5] 沈波，庄杰云，樊叶杨，等. 水稻籽粒淀粉分支酶活性的遗传分析[J]. 植物生理与分子生物学学报，2005，31（6）：631-636.

[6] 盛婧，陶红娟，陈留根，等. 灌浆结实期不同时段温度对水稻结实与稻米品质的影响[J]. 中国水稻科学，2007，21（4）：396-402.

[7] 田秀英，石孝均. 定位施肥对水稻产量与品质的影响[J]. 西南大学学报（自然科学版），2005，27（5）：725-728.

第八章

稻米溯源保障体系

第一节　稻米溯源保障体系的发展

中国是个农业大国，有超过 60% 的人以大米为主食。随着人们生活水平的提高，消费者越来越关心大米的质量问题。在食品供应链中，可追溯常常认为是用来确保食品安全，减少食品突发事件的影响，以及建立责任制管理的一种方法。

食品可追溯体系的研究与应用，起因于 20 世纪 90 年代后期英国的疯牛病和丹麦的猪肉沙门菌污染事件。一般食品可追溯体系是可靠的、连续的信息流，在供应链和生产过程中可追溯或追踪，找出问题，并实施召回的食品安全体系，基本功能是使市场消费者可以通过视频得到食品的质量和安全信息，以确保食品安全。

可追溯包括追踪（Tracking）和追溯（Tracing）两个方面。追踪是指供应链的上游到下游，顺着符合一个特定的单元或一批产品运行路径的能力。追溯是从下游到上游的供应链找到一个特定的单元或一批产品来源的能力，即在物品流通过程中获取来源，定位具体位置的能力。

作为一种食品安全保障体系，迄今为止，追溯系统的研究已有将近 20 年。1999 年为了促进追溯制度的建立，法国制定了农业指导法以消费法典。2001 年欧盟试行渔产品追溯计划，2003 年便制定了将转基因（GMO）食品可追溯与表示捆绑的法规。2003 年 7 月，由联合国粮农组织和世界卫生组织联合成立的食品标准委员会发布"生鲜水果、蔬菜卫生管理规范"的 CAP 标准。与此同时，美国通过"生物反恐法案"，规定自 2003 年起，输入到美国的生鲜类食品必须提供能在 4 h 内回溯的产品档案信息，否则就有权就地销毁。

一、我国农产品安全可追溯系统现状

我国农产品安全可追溯系统研究起步较晚，但随着近年来环境污染、工业污染、食品卫生事件等问题增多，食品安全追溯系统的研究也因此提到议事日程上来。北京、河北于 2002 年共同承担了国家农业部关于进京蔬菜产品质量追溯试点项目，对河北六个县级市级试点基地的蔬菜添加统一的产品标签信息码并且进行统一外包装后，再为北京的新发地和大洋路两个大型批发市场供货。

2004 年 4 月，国家食品药品监督管理局等八个部门统一确定以生肉类行业作为食品安全信用体系建设试点为开端，开始了我国肉类食品追溯制度和系统建设，其包括制定适合我国基本国情的技术标准和管理规范，制定《肉类制品跟踪与追溯应用指南》和《生鲜产品跟踪与追溯应用指南》，从而建立我国肉类制品和生鲜肉食品追溯系统，并且还制定了肉食品追溯应用解决方案等。2004 年 9 月，国务院发布了《进一步加强食品安全工作的决定》。其中一条关于"建立统一规范的农产品质量安全标准体系，建立农产品质量安全例行监测制度和农产品质量安全监管追溯制度"，已充分明确地提出了对农产品可追溯的要求。

肉类食品可追溯系统主要采用射频识别技术（Radio Frequenoy Identification，RFID）和条码技术，动物的标识技术、PDA 智能识读技术、CPRS 技术、Intranet 和 Internet 等，结合中国《畜禽标识和养殖档案管理办法》，研发基于 web 猪肉质量溯源平台，最终实现从生产源头向消费终端的跟踪和反方向的可追溯。在 RFD 方面，利用 RFID 技术建立一个畜产品供应链的可追溯安全控制系统，通过在畜产品供应链上的养殖场、屠宰场、批发市场、超市等关键节点上设置监管子系统，来实现对畜产品的追踪与溯源。

虽然我国从事大米追溯系统研究时间较短，但发展迅速。现有的大米追溯体系中，湖南金健米业表现显著，安徽的倪俍米业也于 2008 年完善追溯体系硬件设备，2008—2011 年销售追溯大米 1.25 万 t，利润较非追溯大米增长 145 万元。黑龙江省五常市作为全国水稻五强县之一，稻米种植面积、产量居全省首位，享有"贡米"之称。为确保人们能够吃上放心的五常大米，五常市决定从 2010 年开始，用 3 年建立稻米质量安全与查询体系，详细记录稻米生产加工各阶段的信息。2013 年，辽宁盘锦大米集团（有限公司）成为国内第一家通过网络联通，能让地方政府直接掌控大米追溯信息的企业。

二、食品安全追溯体系国际现状

当前，国外都在积极有效地实施食品安全追溯体系，应用技术也各有侧重。美国虽然不是以大米为主食的国家，但却是大米出口量最大的，因此，针对出口的粮食产品，美国农业部制定了大米标准。美国食品追溯技术主要应用在畜牧业，在 2009 年美国推出 NAIS（National Animal Identity System）项目，保证牛肉的可追溯性。澳大利亚从 2001 年开始建立和实施国家牲畜追踪体系和计划（National Livestock Identification Scheme，NLIS）。在亚洲，日本作为唯一一个以大米为主食的发达国家，也开发了"从农田到餐桌"的牛肉追溯体系。于 2005 年底建立了粮农产品认证制度，申请认证的农产品必须正确地标明生产者、产地、收获和上市日期，使用的农药和化肥名称、数量和日期等。2008 年 12 月，日本农林水产省（MAFF）发出了拟建立大米的可追溯系统的通报，并提供了一些关于水稻配料等原产地的信息系统，要求国内所有的大米经销商、水稻加工商，以及水稻种植人员保存交易记录。

三、食品安全追溯体系的应用前景

在过去几十年中，全球食品供应链变得复杂化，也变得更为脆弱。食品原料在世界范围内广泛种植并运输到加工企业。中国由于食品质量安全问题，在加入世界贸易组织后遭遇了前所未有的贸易壁垒。大米质量问题，也使得国内消费者对粮食安全的信心降低。大米是中国在贸易自由化过程中唯一受益的粮食产品。随着农产品和食品质量安全法律法规体系逐步健全，大米安全追溯体系的研究与实施已经慢慢步入正轨，但仍存在一些薄弱环节，有待今后深入研究。

1. 收集水稻种植信息

追溯系统的始发点就是稻田信息，食品可跟踪到产地信息，如产地环境和种植加工等信息，包括种子质量、水体和土壤环境、农药化肥的使用和突发的污染事件。

2. 专题培训

2004 年以来，由农业部组织，每年举办一次追溯技术培训班。提高垦区主管人员和试点企业技术骨干的操作技能等。在企业中，种植工人和散户农民相对而言知识水平较低，面对信息收集仪器设备同样需要经过系统学习。

3. 落实任务

一旦农产品出现质量问题，很容易造成集体惩罚效应，所以在建立质量追溯体系中要加强组织化管理。重点扶持产业化龙头企业、农业专业合作组织，有利于在体系内部形成责任追究制度。

4. 从消费者角度出发

消费者期待可追溯的，应该是简单的质量和来源等信息标识，而不是纯科学的复杂信息。尤其是国内关于消费者对可追溯食品的认知、态度与支付意愿的实证研究较少，要加强这方面的工作。

第二节　农产品溯源体系组成

一、信息采集

农产品可追溯信息采集，如表 8-1 至表 8-5 所示。

表 8-1　种植环节信息采集

项目	内容
基地信息	基地名称、基地负责人、基地技术员、联系电话、地址或者组织机构代码、地块信息（位置、编号、面积、种植品种及数量）； 基地资质认证、基地编号、基地面积、基地平面图、基地人员出入情况、业务培训情况、水质及土壤检测报告。
种植信息	种植品种、播种时间、种植者； 种植方式、生长周期内异常的天气变化。
灌溉和施肥信息	灌溉和施肥日期、灌溉和施肥人、时间、肥料品种、肥料生产商； 肥料使用方式、使用人、肥料成分、使用时天气状况、肥料产品批号、肥料购入时间、灌溉水质来源及水质状况。
病虫草害和用药	植保产品名称、植保产品生产商、植保产品生产许可证号、植保产品批次号、植保产品使用日期； 病虫草害名称、发病时间、植保产品使用方式、使用人及资质、植保产品成分、植保产品施用浓度、植保产品施用时间，施用量和施用面积、植保产品施用设备、植保产品登记证号、植保产品安全间隔期、植保产品的购入时间。
采收信息	采收日期及时间，采收的基地编号； 产品认证信息（如良好农业规范产品、有机食品、绿色食品或无公害食品等）、采收量、采收人、产品的编码与标识。
采收后处理信息	处理方式、数量、处理时间、温度、湿度、卫生状况。
运输信息	运输工具卫生状况、运输方式；运输起止时间、运输起止地点、运输途径、运输工具、运输人员。

表 8-2 购点环节信息收集

项目	内容
收购商信息	名称、地址、联系人、联系方式； 营业执照、代码证书、许可证、ISO9000 证书、ISO14000 证书、ISO22000 证书等资质信息。
供应商信息	名称、地址、联系人、联系方式。
产品	产品名称、数量、质量等级、收购日期； 产品描述、质量证明、产地、农药残留、有关部门质量检测信息。
收购产品的整合信息	产品名称、数量、分级、并批、包装、新产生的批号； 产地、加工处理方式、贮存条件。

表 8-3 加工环节信息采集

项目	内容
生产基地信息	企业名称、法人、联系电话、地址或者组织机构代码，企业资质。
原料来源信息	生产基地、产品名称，生产日期；产品质量情况、规格、数量、产品检验报告。
原料出入库和仓储信息	入库时间、流向、原料批号、检验报告； 产品质量状况、入库单号、入库数量、检验方式、原料检验单号、出库单号、出库时间、出库数量、仓库温度和湿度、仓库卫生状况、仓贮过程中使用的防护剂名称及其来源。
加工过程信息	加工起止时间、产品名称、加工负责人、辅料及添加剂名称、使用量、加工方式、加工工艺、加工后半成品或成品数量、产品质量情况、原料用量、辅料及添加剂产品批号、辅料及添加剂登记证号、产量、检验人员、加工机械、加工机械卫生状况、操作人员的健康和卫生状况、产品保质期。
产品信息	产品名称、生产日期、批号、产品的唯一性编码与标识； 产品质量情况，产品认证信息，产品数量、规格、保质期，产品检验报告。
包装信息	包装负责人、产品批号、包装时间；包装人员、包装方式、包装材料及卫生状况。
加工品出入库和仓储信息	入库时间、流向、产品批号、检验报告、仓库温度和湿度； 产品质量状况、入库单号、入库数量、检验方式、加工品检验单号、出库单号、出库时间、出库数量、仓库卫生状况。
运输信息	运输工具卫生状况、运输方式；运输起止时间、运输起止地点、运输途径、运输工具、运输人员。

表 8-4　流通环节信息采集

项目	内容
流通企业信息	企业名称、法人、联系电话、地址或者组织机构代码、企业资质。
产品来源	生产厂家、产品名称、生产日期； 产品质量情况、产品数量、规格、保质期、产品认证信息、产品检验报告。
产品信息	产品名称、生产日期、批号、产品的唯一性编码与标识； 产品质量情况，产品认证信息，产品数量、规格、保质期，产品检验报告。
包装信息	包装负责人、产品批号、包装时间、包装人员、包装方式、包装材料及卫生状况。
产品配送出入库和仓储信息	出入库时间、流向、仓储温度和湿度； 产品质量情况、产品认证信息、产品数量、规格、保质期、产品质量报告、仓储过程中使用的防护剂名称及其来源。
运输信息	运输工具卫生状况、运输方式；运输起止时间、运输起止地点、运输途径、运输工具、运输人员。

表 8-5　销售环节信息采集

项目	内容
经销商企业信息	经销商名称、法人、联系电话、地址或者组织机构代码；经销商资质、销售点。
产品来源	生产厂家、产品名称，生产日期；产品质量情况、规格、数量，产品检验报告。
产品信息	产品名称、生产日期、批号、产品的唯一性编码与标识； 产品质量情况，产品认证信息，产品数量、规格、保质期，产品检验报告。
包装信息	包装负责人、产品批号、包装时间； 包装人员、包装方式、包装材料及卫生状况。
产品配送出入库和仓储信息	出入库时间、流向、仓储温度和湿度； 产品质量情况、产品认证信息、产品数量、规格、保质期、产品检验报告、仓储过程中使用的防护剂名称及其来源。
运输信息	运输工具卫生状况、运输方式；运输起止时间、运输起止地点、运输途径、运输工具、运输人员。
零售信息	零售负责人、零售时间、零售店名称及地址； 零售数量，零售区域环境卫生状况、温度、湿度，零售方式。

二、信息管理

1. 信息整理

对采集的信息进行归类、分析、汇总，保持信息的真实性。

2. 信息存储

企业（组织或机构）应建立信息管理制度。对纸质记录应及时归档，电子记录应每 2 周备份一次，所有信息档案应保存 2 年以上。

3. 信息传输

及时通过网络、纸质记录等以代码形式传递给下一个环节，企业编辑后，将质量安全追溯信息传输到指定机构。

4. 信息查询

建立以互联网为核心的追溯信息发布查询系统，信息分级发布。建立质量安全追溯的短信、语音和网络查询终端，至少包括种植者、产品、产地、加工企业、批次、质量检验结果、产品标准等。

三、追溯标识

农产品经过生产、加工、包装等过程后形成最终产品，同时形成追溯标识。追溯标识是质量追溯信息的载体或查询媒介，包括农产品追溯码、信息查询渠道、追溯标志等。追溯标识载体根据包装特点，采用不干胶纸制标签、锁扣标签、捆扎带标签等形式，标签规格由企业（组织或机构）自行决定。

四、溯源体系运行自查制度

应建立追溯体系的自查制度，定期对农产品质量追溯体系的实施计划和运行情况进行自查，以确定计划的可操作性、完善性与实施程度，测评追溯信息的真实性、及时性、有效性。检查结果形成记录，必要时提出追溯体系的改进意见。

五、质量安全应急制度

企业应对农产品的生产、加工、流通各环节进行验收，对追溯信息进行核实。如发现问题，按相关规定对该批次产品采取召回或销毁等措施。农产品出现质量问题时，企业应依据追溯体系，迅速界定产品涉及范围，提供相关记录，确定农产品质量问题发生的地点、时间、追溯单元的责任主体，为问题处理提供依据。要定期组织开展稻米追溯体系质量安全应急演习演练，检验和强化应急准备和应急响应能力，不断完善溯源体系。

第三节　农产品安全溯源体系的关键技术

一、二维码技术

二维码又称二维条码，常见的二维码为 QR（Quick Response）Code，是近年来移动设备上流行的一种编码方式，它比传统的 Bar Code 条形码能存更多的信息，也能表示更多的数据类型：如字符、数字、日文、中文等。

二维码是采用某种特定的几何图形，按一定规律在平面（二维方向上）分布的黑白相间图形记录数据符号信息的。在代码编制上，巧妙地利用构成计算机内部逻辑基础的 0、1 比特流概念，使用若干个与二进制相对应的几何形体来表示文字数值信息。通过图像输入设备或光电扫描设备自动识读，以实现信息的自动处理，黑色表示 0，白色表示 1，当然并不是说只能是黑白色，彩色也可以，但黑色辨识度最高。

二维码一共有 40 个尺寸，有多个版本（Version）。Version 1 是 21×21 的矩阵，Version 2 是 25×25 的矩阵，Version 3 是 29×29 的矩阵，每增加一个版本，就会增加 4 的尺寸，公式是：（V-1）×4+21。V 是版本号，最高是 Version 40，（40-1）×4+21＝177，所以最高是 177×177 的正方形。

二维码大致可以分为 5 部分，如图 8-1 所示。

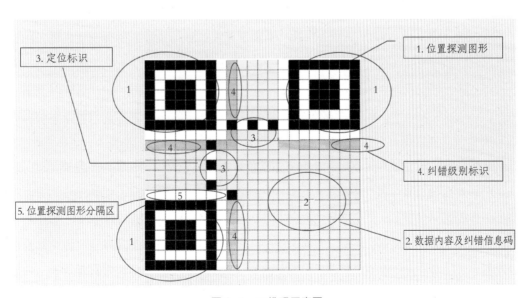

图 8-1　二维码示意图

1. 部分 1

如图 8-1 中的 3 个回字，专业术语叫位置探测图形，对每个 QR 码来说，位置都是固定存在的，只是大小规格会有所差异；利用这些黑白间隔的矩形块，很容易进行图像处理的检测。

当扫描 QR 码时，可能会同时采集到条码周围的图像。这些干扰图像会增加图像处理的复杂度，因此，可以裁切去除。校正后，直接对正方形 A、B、C、D 外的区域裁切，就可以去除其余背景。QR 码符号中有 3 个位置探测图形，分别位于符号图像 4 个角中的 3 个角，每个探测图像都是由固定深浅颜色的模块组成。模块颜色顺序为，深色—浅色—深色—浅色—深色，各元素宽度的比例为 1：1：3：1：1，这个值是固定的，无论二维码大小。

2. 部分 2

图中的黄色部分，表示该二维码的数据区域和纠错信息码，使用黑白的二进制网格编码，8 个格子可以编码一个字节。数据信息存放有效信息，如 url 链接，纠错信息码用于修正二维码损坏带来的错误。

3. 部分 3

就是连接回字的 2 条黑白相间的线，专业术语叫定位标识，这些小的黑白相间的格子就好像坐标轴，在二维码上定义了网格。

4. 部分 4

图中的蓝色部分，表示该二维码的纠错级别，级别分为 L、M、Q、H。

level L: 最大 7% 的错误能够被纠正。

level M: 最大 15% 的错误能够被纠正。

level Q: 最大 25% 的错误能够被纠正。

level H: 最大 30% 的错误能够被纠正。

5. 部分 5

就是回字边上横竖 2 行空白，专业术语叫位置探测图形分隔区，作用和部分 1 一样。

二维码支持编码的内容包括纯数字、数字和字符混合编码、8 位字节码和包含汉字在内的多字节字符。其中，数字：每 3 个为一组压缩成 10 bit；字母数字混合：每 2 个为一组，压缩成 11 bit；8 bit 字节数据：无压缩直接保存；多字节字符：每 1 个字符被压缩成 13 bit。

我们拿第一版本举例，第一版本的二维码图形大小为 21×21，图中只有黄色区域允许存储数据，那只有 208（$21 \times 21 - 8 \times 9 \times 3 - 8 - 9$）个存储数据的数空间，即 208 bit。根据 1 个汉字 =2 Byte=16 bit，换算后就是 13 个汉字，当然现在版本都已经发展到 40 了，存储数据的空间越来越大。

二、RFID

RFID 即射频识别技术（Radio Frequency Identification），又称电子标签、无线射频识别，是一种通信技术，可通过无线电讯号识别特定目标并读写相关数据，而无须识别系统与特定目标之间建立机械或光学接触。

最初在技术领域，应答器是指能够传输信息回复信息的电子模块，近年来，由于射频技术发展迅猛，应答器有了新的含义，又被叫作智能标签或标签。RFID 电子电梯合格证的阅读器（读写器）通过天线与 RFID 电子标签进行无线通信，可以实现对标签识别码和内存数据的读出或写入。典型的阅读器包含有高频模块（发送器和接收器）、控制单元以及阅读器天线。

RFID 是一种非接触式的自动识别技术，通过射频信号自动识别目标对象并获取相关数据，识别工作无需人工干预，可在各种恶劣环境中工作。RFID 可识别高速运动物体并可同时识别多个标签，操作快捷方便。

RFID 的基本工作程序：标签进入磁场后，接收解读器发出的射频信号，凭借感应电流所获得的能量发送出存储在芯片中的产品信息（Passive Tag，无源标签或被动标签），或者由标签主动发送某一频率的信号（Active Tag，有源标签或主动标签）。解读器读取信息并解码后，送至中央信息系统进行有关数据处理。

一套完整的 RFID 系统，是由阅读器（Reader）与电子标签（TAG）［也就是所谓的应答器（Transponder）］及应用软件系统三部分所组成，其工作原理是阅读器发射一特定频率的无线电波能量给应答器，用以驱动应答器电路将内部的数据送出，此时阅读器便依序接收解读数据，送给应用程序做相应的处理。

以 RFID 卡片阅读器、电子标签之间的通信及能量感应方式来看，大致可以分成感应耦合（Inductive Coupling）和后向散射耦合（Backscatter Coupling）两种。一般低频的 RFID 大都采用第一种方式，而较高频的大都采用第二种方式。

阅读器根据使用的结构和技术不同，可以是读或读/写装置，是 RFID 系统信息控制和处理中心。阅读器通常由耦合模块、收发模块、控制模块和接口单元组成。阅读器和应答器之间一般采用半双工通信方式进行信息交换，同时阅读器通过耦合给无源应答器提供能量和时序。在实际应用中，可进一步通过互联网或局域网等实现对物体识别信息的采集、处理及远程传送等管理功能。应答器是 RFID 系统的信息载体，大多是由耦合原件（线圈、微带天线等）和微芯片组成的无源单元。

354

三、低功耗广域网

从人与人之间的通信发展到人与物、物与物的交流，远距离、低功耗的通信需求催生了低功耗广域网（LPWAN），具有覆盖范围广、服务成本低、能耗低的特点，能够满足物联网环境下广域范围内数据交换频率低、连接成本低、适用复杂环境的需求（图8-2）。

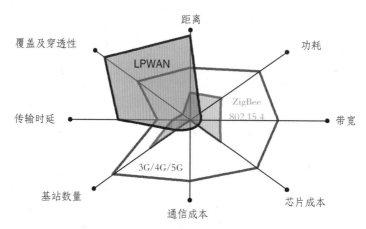

图8-2 低功耗广域网（LPWAN）

在复杂的城市环境中，低功耗广域网（LPWAN）技术的传输距离可以超过传统蜂窝网络，空旷地域甚至高达15 km以上，且穿透性较强；支持窄带数据传输，网络通信成本极低；由于低数据传输速率，加上网络节电技术，设备功耗极低，电池供电可以支撑数年，甚至十多年。低功耗广域网具有以下4个特点：①超低功耗。海量的物联网终端由于无法实现电源持续供电，只能通过电池供电，要求10年以上的电池寿命，通信芯片和网络需要做到超低功耗。②覆盖更广。相对于目前的2G/3G/4G网络，单基站的覆盖范围提升数十倍，通过增强覆盖，在很多恶劣的环境下可以实现较好的信号穿透，增加终端通信有效性。③超大连接。为满足海量物联网设备连接的需求，单个基站需要拥有数万个连接容量，相对于传统蜂窝网络该容量大大提升。④低成本。相对于其他蜂窝网络芯片，LPWAN终端芯片设计大大简化，从而大幅度降低成本，模组、终端的成本也随之大幅降低，使得设备接入门槛降低。

1. LPWAN主要技术

基于无线频谱的授权与否，低功耗广域网技术可以分为授权频谱技术和非授权频谱技术两大阵营，前者主要包括 NB-IoT、eMTC、EC-GSM，后者的技术较多，包括LoRa、SigFox等（表8-6）。

表 8-6　低功耗广域网的授权频谱和非授权频谱技术

阵营	技术	标准制定企业或组织
授权频谱	NB-IoT	
	eMTC	3GPP
	EC-GSM	
非授权频谱	LoRa	LoRa 联盟
	LoRaWAN	
	Semtech	3GPP
	eLTE-IoT	Sigfox
	Sigfox	Ingenu
	RPMA	纵行科技
	ZETA	Link Labs
	Symphony Link	
	Weightless-N	Weightless SIG
	Weightless-W	
	Weightless-P	
	NWave	NWave
	Telensa	Telensa
	Platanus	M2COMM
	Cynet	Cyan
	WAVIoT NB-Fi	Waviot
	Amber Wireless	Amber Wireless
	Accellus	Accellus

全球参与低功耗广域网技术研发的企业和组织非常多，但基于授权频谱的技术主要还是由通信标准化组织 3GPP 来推动的；非授权频谱技术由大量分散的企业和组织来完成，各自拥有知识产权并各自推动商用。

2.LPWAN 的主要应用领域

对于物联网未来的市场规模，大量的市场研究机构都发布过相关的预测报告，比如 IDC、Gartner、麦肯锡、思科、Machina Research、IHS Markit、Strategy Analytics、Analysys Mason 等，联网的物联网设备数量为 200 亿～1 000 亿个，直接和间接产生的经济效益都在万亿美元的级别。这些设备呈现广泛、碎片化分布，数据传输也具有低频率、小数据的特点，17%~20%的设备需要低功耗广域网来连接。

（1）长时间免维护：如对环境监测需要大量部署传感器，但传感器数据传输设备供电不方便；建筑、桥梁、大坝的震动倾斜监测，设备部署后没法经常更换和维护；井盖盗窃和水位监测也不方便市电供电，也无法经常人力维护，这就需要低功耗广域网的协助。

（2）对广泛分布设备的统一管理需求：大量设备分布范围非常广泛，用户需要对这些设备有统一管理，广域网就非常合适。有不少是通过传统蜂窝网连接，大部分没有高带宽和高实时性的要求，因此，更多使用低功耗广域网连接（占70%以上）。

（3）低频使用但保持在线的需求：有一些资产联网后，并不需要时刻保持着数据的交互，仅仅在需要的时候以非常低频次、小数据包的交互即可解决问题，这也是低功耗广域网存在的必要。典型的如资产跟踪、宠物防丢、抄表等，只是按需提供网络服务即可。

四、物联网平台

物联网平台面向行业客户和设备厂商，提供万物互联的平台，向下接入各种传感器、终端和网关，向上通过开放的 API，帮助客户快速集成多种行业应用。物联网平台提供联接管理、设备管理、应用使能等部件。

1. 联接管理

实现多类型终端的接入，支持终端设备直接接入 IoT 平台，也可以通过网关的接入。网关或智能设备可以通过内嵌 Agent 的 SDK 将设备接入 IoT 平台，解决了终端设备接入协议复杂多样、定制困难的问题，极大提升了设备集成接入的效率。

2. 设备管理

主要针对 IoT 设备的接入、数据的收集、设备状态的监控和维护等。业界典型的设备云玩家，主要就是提供这部分功能。比如帮助智能硬件厂家快速将其产品接入网络。华为的物联网平台为端侧提供 IoT Agent，帮助 IoT 设备快速接入 IoT 平台。

3. 应用使能

即帮助 IoT 应用开发者能够快速开发、部署需要的 IoT 应用。如 IoT 大数据能力，规则引擎，第三方支撑能力的集成（比如 GIS、E-mail 等），应用市场等。

五、大数据技术

大数据平台构建了大数据存储、查询、分析，能够快速构建海量数据信息处理系统，通过对巨量信息数据实时与非实时的分析挖掘，发现数据价值点。大数据平台提供高效的大数据存储和处理能力，能够对相关结构化、非结构化大数据资源池进行有效监测、调度和管理，提供对海量数据的可视化展示工具，能够线性扩展计算和存储能力，并提供简便通用的开发接口。

（1）结构化大数据资源池。采用大规模并行处理数据库（MPPDB）技术，建设结构化大数据资源池，对海量的结构化数据进行分布式存储、分布式计算，提升公共信息中心快速存储、处理海量结构化数据的能力。

（2）非结构化大数据资源池。以分布式文件系统、分布式计算为框架，搭建高效、高性价比的非结构化、半结构化数据的存储体系，提供对非结构化数据、半结构化数据进行分析挖掘的计算框架，用以应对不同的应用场景。

大数据平台利用数据仓库中的数据，是能够快速建立数据分析和管理的决策支持应用系统。数据分析系统能够基于海量过程信息，帮助决策者管理庞杂的数据，从爆炸级信息中迅速挑选出有用信息，为各级部门的决策提供强有力的智能化技术支持。

第四节　稻米溯源体系

一、数字化农产品云大数据建设

基于数字化农产品大数据支撑平台，使用数字化农产品大数据智能工具，汇聚农产品全方面数据，进行数字化农产品云大数据建设。

1. 气象大数据

农业气象大数据预测分析系统通过分析海量气象站监测数据，同时将外接区域的短中长临期天气预报进行综合气候分析，为用户提供精细化天气预报产品，为农作物种植园区提供高频率的气象服务，基于气象潜势，指导未来的农事操作、作物长势、病虫害扩散趋势评估，保证现代农业产业园区的高效运转。

2. 智能作物生长模拟系统

智能作物生长模拟系统基于一系列作物生长模型，并同化气象预测、土壤传感数据、遥感作物长势等，即"时、地、空、作物"的监测数据，预测未来作物长势、产量预期、土壤水分和养分动态过程，提出不同农企的农事决策建议，并估算出园区的化肥和农药等对土壤和水体的污染程度，控制农业点源和面源污染，并提供给政府用于监督，保证当地良好的农业生态环境。

3. 精准种植大数据

精准种植大数据通过建立农作物生长态势、产量评估、农作物品质、节能灌溉、土壤元素调节、灾损评估等模型，帮助优化农作物的种植，并帮助实现差异化灌溉，最终促成农作物增收。

4. 智能工厂大数据

实现对农产品生产加工环节的智能化生产排程、能耗分析、品质分析管控等。

5. 流通大数据

实现农产品流通数据统计分析，并形成农产品流通轨迹 GIS 地图。

6. 食味大数据

建立农产品食味大数据系统，并形成全国食味大数据 GIS 地图，实现不同地区对农产品的食味偏好、需求分析。

7. 图像识别算法模型构建

结合高清摄像头、无人机巡航图像、种植管理人员上传图像，进行图形识别，解决作物的病虫害识别、作物生长态势识别，农产品成品包装监测识别等问题。

二、稻米溯源平台

建设稻米溯源平台，一旦发生食品安全问题，可以有效追踪到食品的源头，及时召回不合格产品，将损失降到最低。对于稻米溯源来说，更重要的意义在于原产地防伪，提高品牌知名度和产品附加值。

1. 种植区分级管理

集中对所有地块进行指标评估，指标评估包括并不限于土壤有机含量、板结评估、历史产量和质量等，做出量化评分。通过数学建模（可参考标准正态建模、平均加权建模等），将总体样本分为特级、A$^+$级和 A 级 3 个等级，参考比例分别为 30%、65% 和 5%。

2. 为种植区地块绑定唯一标识

将地块 GIS 坐标作为唯一标识的主要组成部分，可以确保此地块是唯一编码。

3. 部署物联网传感设备（对应唯一标识编码）

在整个作物生长周期（从插秧算起），都可以实时采集各阶段的气象、长势数据，在线查看或者作为阶段历史影像储存，并在区块链所有节点进行运算共识操作下将生长数据打包至区块内。

4. 部署图像采集设备（对应唯一标识编码）

在整个作物生长周期（从插秧算起），都可以实时采集图像数据，在线查看或者作为阶段历史影像储存。根据采集的图像进行病虫害、长势等识别，当出现异常情况时进行告警，相关信息进行阶段历史影像储存，并在区块链所有节点进行运算共识操作下将生长数据打包至区块内。

5. 提供文字、影像、认证等产品证明材料的平台入口

据此可提供记录产品生长过程中种子、投入品等关键阶段的关键数据，可提供认证证明等第三方检验证明等。

6. 改进加工生产线，避免不同等级、不同地区、不同地块的稻米混合

通过改进稻米加工生产线，保证按顺序加工、包装，同时完成产品数据与生产数据映射，并在区块链所有节点进行运算共识操作下将生产数据打包至区块内。生成溯源二维码，包含了溯源请求查询地址，销售时将溯源二维码贴在产品包装上。

7. 建设稻米溯源门户网站、手机 App、外部访问接口

通过建设稻米溯源门户网站，用户可以直接查询产品的溯源信息，也可以通过手机端扫描条码来实现溯源查询，可查询到产品的生产、打包、物流等全过程的数据信息以及照片和产地定位信息，实现端到端的产品溯源。

第九章

优质稻米生产技术管理规程

第一节　生产风险评估报告

对水稻生产基地进行风险评估，并形成报告。

报告包括潜在物理、化学（包括过敏原）和生物危害，场所历史（对于新加入农业生产的场所，建议了解其 5 年的历史，最少应了解 1 年的历史），拟建生产基地对邻近的作物／环境的影响。

风险评估应考虑相关物理、化学与微生物危害，农场操作类型和农场产出最终将以何种方式被使用。

1. 合法性

（国家或地方）法规可能限制农场操作，首先检查地方法规以验证对法律的合规性。

2. 之前使用的土地（表 9-1）

表 9-1　之前使用的土地的风险评估

考虑因素的例子	可能涉及风险的例子
以前的作物	某些作物（如棉花生产）通常会涉及对可残留除草剂的大量使用，这一点可能对谷类作物具有长期影响。
以前的用途	工业或军事用途可以通过残余物、石油污染和垃圾贮存等导致土地污染。 垃圾填埋场或采矿现场可能在其下层土壤中含有不可接受的废物，可以污染后续的作物。这些地方有可能出现突然的地层下陷，危及地上工作的人员。

3. 土壤（表 9-2）

表 9-2　土壤的风险评估

考虑因素的例子	可能涉及风险的例子
土壤结构	对于预期用途的结构适宜性（包括对侵蚀的易发性）和化学/微生物一致性。
侵蚀	由于水/风造成的表层土流失情况，可能影响作物产量和/或影响土地和下游水系。
对洪灾的易发性	可能发生洪灾和由洪水带来的土壤污染。
风蚀	过大的风速可以导致作物损失。

4. 水（表 9-3）

表 9-3　水的风险评估

考虑因素的例子	可能涉及风险的例子
水可利用量	全年有足够水量，或者至少在建议的种植季节其供水量应至少与计划种植作物的消耗相匹配。 可以持续性地获取水。
水质	风险评估应确定水质是否"适用"，"适用"的含义可以由地方当局来规定。 评估上游污染（污水、畜禽养殖场等）的概率，该污染可能需要高昂的治理费用。 对某些申请，种植者应了解由官方规定的水质最低微生物指标。
使用水的授权	使用水的权利或许可：有时地方法律或习俗可能认为其他使用者的需求先于农业使用。环境影响：尽管合法，但是某些抽水率可能对与水源相关或依赖于水源的动植物带来不利影响。

有害污染物可通过洪水（如有毒废弃物、粪便、动物尸体等）沉积在作物种植点，直接或通过土壤、河道、设备等污染间接影响正在生长的作物（表 9-4）。雨水、破裂灌溉管道等产生的汇集水不被视为洪水。

表 9-4　有害污染物的缓解替代措施

危害来源（示例）	缓解替代措施（示例）
作物季节时期的洪水（作物很可能被生吃的情况下，即未经有效热处理的情况下）	●被洪水淹没区域的作物不适合收获后生吃（FDA 认为，任何与洪水接触的作物是"掺假的"商品，不能被销售用于人类食用）。 ●在发生洪水后，灌溉水（井水、河流、水库水等）应经过测试，以证明水中不存在因洪水导致的人类病原体的显著风险。
种植前土壤已被洪水淹没	●在洪水退去和播种/种植，建议至少间隔 60 d。

续表

危害来源（示例）	缓解替代措施（示例）
交叉污染	●对可能已与先前被洪水淹没的土壤接触的任何设备，通过清洁或消毒来预防交叉感染。 ●在作物季节被洪水淹没的区域，不得用于贮存农产品或包装材料。
因疏浚活动导致的沉积物或损坏物	●沉积物可能包含微生物污染，因此，损坏物不应存放在生长或处理区。

5. 过敏原

欧盟已确认 14 种主要过敏原，如芹菜、含有谷蛋白的谷物、鸡蛋、鱼类、羽扇豆（一种豆科的豆类）、牛奶、软体动物、芥末、花生、芝麻、甲壳类、大豆、二氧化硫（作为一种抗氧化剂和防腐剂，如在干果中）以及木本坚果，都受到标签法规管制（表9-5）。尽管过敏原控制也是一个初级生产者应该考虑的。

表9-5　过敏原的风险评估

考虑因素的例子	可能涉及风险的例子
轮作前作物	与花生（地下生长的豆科植物）轮作作物的机械采收，可能带来花生遗落。 如果车辆没有获得足够清洁，使用运输过属于主要过敏原产品的车辆运输农产品，可能带来交叉污染。
产品处理	在有主要食物过敏原的设施里包装和/或贮存其他产品时，可能发生交叉感染。

6. 其他影响因素（表9-6）

表9-6　其他风险评估

考虑因素的例子	可能涉及风险的例子
对周边的影响	由于农业机械操作造成的灰尘、烟雾和噪声问题。 含淤泥或化学品径流对下游场所带来污染。 喷洒物的漂移。
对农场的影响	邻近农事活动的类型。 来自附近工业或运输设施，包括交通繁忙的道路的烟雾、废气和/或灰尘。 由作物、废弃产品和/或使用粪肥而引来的昆虫。 来自附近自然或保护区域害虫的破坏。

第二节　优质水稻品种的选择与处理

一、水稻品种的选择

选择适当的水稻品种，可降低肥料和植保产品的使用量。选择适当的水稻品种，是确保作物生长良好和产品质量的前提。

首先应选择注册的水稻种子。水稻品种注册是为种植者、加工者、零售商和政府提供一种监督办法。有适用文件（如空的种子包装，或植物证件，或包装清单或发票）至少说明品种名称、批号、种子供应商，以及（如适用）关于种子质量的附加信息（发芽、遗传纯度、物理纯度、种子健康状况等）。种子质量应符合 GB 4404.1 的规定。

使用的水稻种子应按照适用的知识产权法获得。

选择水稻品种，应根据适当的当地可接受的农艺要求。生产者必须通过官方试验（品种列表）、种子供应商信息或顾客需求，来确保种植品种满足这些要求。

购买的水稻种子，要附带品种名称、批次号、供应商、详细的种子证书，以及种子的处理记录。

二、水稻种子的处理

购买的种子，应附带供应商对其使用的化学品名称记录。如保留记录/种子包装、使用过的植物保护产品（PPP）名称清单等。

种子繁殖期间，应有包括可见病虫害监控体系在内的质量控制系统，对使用的植保产品有记录，包括场所、日期、商品名和有效成分、操作者、批准人、数量和使用的机械。

水稻种子在生长过程中极易感染和携带许多病原菌。一部分病原菌属于田间发病的第一侵染源，预防措施是对种子消毒。有些病害发生在水稻幼苗期，救治已无可能，所以，只有对种子进行预处理，才可以有效预防病菌对稻苗的侵害。

1. 晒种

充足晾晒可以提高种子活性，增加成活率。只需要将种子放在充足的阳光下晾晒几天即可，简单高效。一定要将种子摊铺均匀，不断翻动。注意翻动时不要把谷壳弄破，不要把不同种类的种子弄混。晒种可以提高种子的通透性，促进种胚酶的活性，将淀粉转化为可溶性糖，以增加成活率。晒种还可以使种子内部的发芽抑制物质浓度减少，加快种子的成长速度。更重要的是，晒种进行杀菌消毒，减少种子的病菌感染率。

2. 选种

采用比重法选种。将 50 kg 清水放入 15~20 kg 黄泥或 10 kg 盐中，充分搅拌，成为黄泥水或盐水。用美式比重计，测其比重 1.08~1.1 为合适。采用筛选、风选、清水选、糯稻或其他有芒的种谷，比重为 1.08。用盐水、黄泥水选种后，要冲洗干净，以免阻碍发芽。选取饱满充实、无病虫、无杂质的优良种子。

3. 浸种消毒

浸种能够避免病菌危害，降低苗株的发病率，从而提高种子的成活率。一般有流水浸种和静水浸种两种，可以让种子浸透水分，膨胀软化，从而提高种胚酶的活性，将淀粉转化为可溶性糖，增加种子成活率。浸种处理时，要严格控制浸种药剂量、水量以及水稻种子量的配比，不能随意更改药液的浓度；浸种时间充足；先配好药液，再投入稻种，切记不能先浸种子再加药剂，保证药液全淹没稻种；浸种最好在室内进行，室外则要进行遮光处理，避免水温过高而影响种子成活率；浸种后不需要淘洗。

浸种时间的长短，要根据天气情况和谷种的皮壳厚度来定。在气温高、品种皮壳薄的情况下，浸种的时间相对较短；反之，浸种时间要长。如果浸种时间太短，种子就会吸收不够足够的水分，发芽慢，萌芽不齐；如果浸种时间太长，则会将种子的养分浸出，反而会降低种子的成活率和幼苗的健壮程度。一般浸种时间为 1~2 d。

4. 催芽

种子发芽条件是保证足够的水分和适宜的温度。种子在催芽之前，一定要做好选好种、消毒等处理，还要充分浸种，吸足水分，这样才可以催芽。一般催芽有高温破胸、适温催芽、常温炼芽这三个阶段。催芽就是让种子能够快速发芽，幼芽能够长得快、齐、壮。

第三节　水稻栽培管理技术

一、适期播种，培育壮秧

1. 播种

水稻育苗要求连续 5 d 日平均气温达到 5 ℃，才可以播种。播种不要过早，吉林省水稻育苗在 4 月 10 日至 4 月 20 日，高峰期在 4 月 10 日至 4 月 15 日。注意水稻育苗不是越早越好，播种过早立枯病发生重，秧龄过长，错过插秧期，壮苗变成弱老苗，不利于机械插秧；育苗过晚，秧龄短，育不出壮秧，水稻产量低。

2. 育秧

水稻育秧方式比较多，有水育秧、旱育秧和湿润育秧 3 种方式。其中，水育秧耗水量比较大，易出现秧苗烂芽情况，培育出来的秧苗存活率比较低，所以目前已经不使用。湿润育秧主要是用水整地、用水做床，然后湿润播种。我国使用比较广泛的是旱育秧技术，可以节省用水量，操作简单。但是旱育秧时要控制温度，用薄膜覆盖，以防止温度过低导致水稻幼苗生长慢或冻死。要及时浇水，以保持育秧土壤湿润，同时可加入农药，以防止病虫害的发生。

二、适时移栽，合理密植

水稻密度合理与否，对产量影响极大。长期以来，国外对高产栽培密度的研究颇多。日本松岛主张"密植"，多穗、株高；桥川湖推崇"稀植"，以发挥水稻个体优势，依靠大穗增产。丁颖早在 20 世纪 50 年代初就提出了水稻合理密植问题，50 年代末人们开始对是以主茎穗为主增产，还是以分蘖为主增产的密植问题进行讨论。王天锋发表了关于水稻合理密植的论文。60 年代陈水康提出了小株密植高产理论，崔竹松也推出三角形栽插方式，创造了北方寒地水稻高产纪录。

随着水稻生产不断发展，栽插密度与方式也不断改进。20 世纪 80 年代，蒋彭炎等提出基本苗要"稀"、肥料要"少、平"的高产栽培法。凌启鸿等研究水稻时龄模式，在提出"基本苗计算公式"后，又提出了"扩行、控苗"等措施，以实现高产群体质量。90 年代东北地区引进旱育稀植技术。

近年来，随着生产条件的改善与水稻新品种的推出，栽插密度正向稀植、超稀植演变，促进了水稻群体理论的发展。扩行、降苗，改善生育中后期群体质量等措施，已全面推广，近年来水稻机插秧行距有所扩大（行距由 23.33 cm 扩大到 30 cm），不仅增强水稻抗逆力和提高了产量，也促进了机械插稻生产的迅速发展。

1. 种植密度

合理密植是水稻高产的基础，目前水稻高产的密植途径有增穗、增粒和穗粒兼顾 3 种。增穗靠增加穗数来提高产量。增粒是在播田肥、穴、水等条件都比较好的情况下，采取适当稀植，促进个体发育，提高单株分蘖成穗，促大穗、粒多、粒重，提高单株生产率，夺取高产。穗粒兼顾是在生产条件较好、管理水平高的情况下，保持一定密度，适当增加群体发展，从而具有足够穗数和一定的实粒数，从而获得稳产、高产。

2. 移栽

育苗后需要进行移栽，要掌握秧苗秧龄、移栽时间、移栽规格。

（1）移栽时间：水稻秧苗达到 40 d 就可以进行移栽，杂交水稻可以提前 4 d 进行移栽。常规的水稻可以延后 7 d 移栽。不管是杂交水稻，还是常规水稻，都要在秧苗 60 d 前进行移栽，否则，会影响成活率和产量。移栽的最佳时间是雨季之前，一般是 4 月中旬，这时温度适宜，能促进稻穗分蘖。如果水稻移栽的地块比较平整，水位也比较浅，就可以抛秧移栽，能节省人力和物力。抛秧移栽一般是在风力较小时进行，且一块地的抛秧间隔时间不能太久，最多 3 次抛秧就要完成一块地的移栽，否则，会影响水稻的生产均匀性，对以后的田间管理不利。

（2）移栽规格：水稻移栽时，对于横面或纵面都有距离要求，最佳效果是横纵和斜面都可以呈一条直线。所以，移栽时需要用规范化的拉线方式来衡量一下水稻移栽位置的合理性。这种均匀性可以促进水稻生长过程中的光照，有利于通风，防止病虫害的发生，使水稻收割时省时省力。一般杂交水稻横向距离为 20 cm，纵向距离为 15 cm；一般常规水稻横向距离为 20 cm，纵向距离为 11 cm。

三、科学肥水管理

生长基质或土壤为作物提供营养，通常施肥也很有必要。遵循正确的优化措施施用肥料，以避免损失和污染。由有能力和资质的人员提出科学施肥建议。

1. 施肥记录

所有施用的土壤肥料和叶面肥（有机和无机）记录，应包括以下内容：

（1）耕地的信息，包括所在地理区域及耕地。

（2）施肥日期。

（3）施用量：记录施肥的重量或体积，单位面积或植株数量，每个灌溉施肥单位的时间。

（4）施用方法：如果方法/设备始终相同，可以只详细记录一次。如果有不同设备单元，则需要单独记录。方法可能是通过灌溉或机械施用。设备可能是手动或机械等。

（5）操作人员的情况：如果同一人进行了所有的施肥，可以只记录操作员一次。如果是一组工人进行施肥，应列出所有人员。

2. 有机肥

生产者应避免使用人类生活排放的污水淤泥。使用前对有机肥进行风险评估，考虑有机肥的来源、特性和预期用途。有文件化证据证明进行了有机肥料使用方面的食品安全和环境风险评估，并且至少考虑到了下列因素：有机肥料的类型；获得有机肥料的处理方法；微生物污染（植物和人类病原菌）；杂草/种子含量；重金属含量；施用时间、有机肥料的施肥位置（如直接接触作物的可食用部分，作物间的地面等），同样适用于来自沼气工厂的物质。

有机肥应以适当方式贮存在指定区域，以降低环境污染风险。了解施用的无机肥料的主要营养成分（N、P、K），有文件化证据/标签详细说明所有过去2年在水稻种植上使用肥料的主要营养含量（或公认的标准值）。购买的无机肥带有化学成分（包括重金属）含量的文件说明。

3. 用水管理

稻田灌溉前，通过合理预测做好计划，使用节水的灌溉设备。

通过风险评估，来识别水源、输送系统、灌溉和作物清洗用水的环境影响。当已知信息可用时，风险评估应考虑自身农业活动对于农场外环境的影响，风险评估应是完整的且完全可实施的。

建立用水管理计划，明确水源和确保使用效率的措施，应包括下列一项或多项：识别水源、永久固定装置和水系流动（包括持水系统、水库或任何其他截留供再使用的水的地图）、照片、图纸（可以接受手绘图纸）或其他方式。

永久固定装置（包括井、闸门、水库、阀门、返回装置和其他构成完整灌溉系统的地上特征）应以合适方式记入文件，以便可以在田地中对其定位。计划还应评估维护灌溉设备的需求。对负责监督或实施相关职责的人员进行培训和/或再培训，包括改进的长短期计划，连同对不足之处的改进时间表。

保留水稻灌溉/施肥灌溉的用水记录，之前单个作物周期总用水量的记录。根据用水管理计划和年度总用水量，保留每月更新的作物灌溉/施肥灌溉用水记录，包含日期、周期时长、实际或预计流量和体积（按照水表或按照灌溉单元）。或是定时流量系统的运作小时数。

根据风险评估证明在稻米收获前使用的处理后的污水是合理的，禁止使用未经处理的污水进行灌溉/施肥。

如使用处理后的污水或回收水，水质应符合农田灌溉水的要求。若有理由怀疑灌溉用水可能来自受污染的水源（如上游有村庄等），生产者应通过分析证明水质符合关于灌溉用水的法规要求。

完成对于收获之前的用水（如灌溉/施肥灌溉、清洗、喷洒）的物理和化学污染的风险评估，评估应至少考虑到下列因素：水源的确认和（如适用）历史检测结果；应用方法；用水时机（作物生长阶段）；灌溉用水与作物的接触；作物特征和生长阶段；用于植保产品（PPP）使用水的纯度。植保产品（PPP）必须与不得影响使用效力的水进行混合。水中有任何溶解的土壤、有机物质或矿物质，都可以中和化学物质。生产者必须从产品标签、化学品生产商提供的说明或向合格农学家咨询，以获得所要求水的标准。

每年进行风险评估评审，且当系统发生变化或发生污染时，及时更新评估。风险评估应确定配水系统中潜在物理（如过多的泥沙通量、垃圾、塑料袋、瓶子）和化学危害，以及危害控制程序。

稻米收获之前的用水水质分析频率应符合风险评估的要求，要考虑现行部门的特定标准。水质检测应成为用水管理计划的一部分，包括取样频率、取样人员、取样地点、样本收集方式、测试类型和可接受标准等。

根据风险评估和现行部门特定标准，实验室应分析化学和物理污染，并且由获得ISO17025认可的实验室或由国家主管机关认可的实验室进行水质检测。如果根据风险评估和现行部门特定标准，存在污染的风险，实验室应分析提供已识别的物理和化学污染物的记录。

根据风险评估的不利结果，在下次收获周期前应有纠正措施和文件资料，作为水质风险评估和现行部门特定标准管理计划的一部分。

当法律有要求时，所有农场的水抽取、蓄水基础设施、农场用水和向河道或其他环境敏感区域排水，均应有主管当局发放的许可证。

四、防治病虫草害

有害生物综合治理（IPM）包括对有害生物的控制技术和防止有害生物繁育的综合措施。如果不同区域的有害生物发育自然变异，应在考虑当地物理的（气候、地形等）、生物的（害虫群、自然界的天敌等）和经济状况的条件下，执行IPM系统。

如是由外聘人员指导IPM，应有培训和技术能力证明材料，可以是正规学历证书、特定的培训课程等，除非此人出于相同目的受雇于一个有资质的单位（如正规的咨询服务机构）。如是由生产者作为技术负责人负责IPM，工作经验应与技术知识（如使用IPM技术文献、参加的特定培训课程等）和/或工具（软件、农场监测方法等）的使用互补。

生产者应能证明实施了下列活动："预防性"措施，包括采用能够降低有害生物侵袭的发生率和强度的生产操作；"观察和监测"措施；"干预"措施。只有在有害生物的侵袭已影响到作物的经济价值时，才采用特定的害虫控制措施。如有可能，应考虑非化学方法。为维持所用植保产品的效果，应遵循了植保产品标签上或其他来源推荐的防抗药性建议。当虫害、病害和草害的发生水平要求在作物上重复控制时，应有证据表明已遵循了防抗药性建议（如果适用）。

当有害生物侵袭危害到作物的经济价值时，可能必须采用特定的有害生物控制措施，包括植保产品（PPP）的使用。必须正确使用、处理和贮藏植保产品。保留目前使用的植保产品的名单（包括有效成分组成或有益有机体），这些产品被中国批准用于水稻作物上。生产者应只使用当前中国批准的允许在水稻上（即当有植保产品官方注册方案时）使用的植保产品。植保产品的使用目的与产品标签推荐的一致。生产者超出标签范围使用了植保产品，应有证据证明该产品在中国水稻上使用已得到正式批准。如果选择植保产品的技术负责人是一个来自外部的有资质的顾问时，应有正式的学历或特定的培训课程参加证书来证明其技术能力，来自顾问、政府等方面的传真和电子邮件都可接受。当植保产品记录表明，生产者或指定员工作为技术负责人选择植保产品时，工作经验应与技术知识互补，技术知识可通过技术证据（如产品技术文献、参加的特定培训课程等）予以证实。

保留所有植保产品使用记录，包括作物名称和/或品种、使用地点、使用的日期和结束时间、产品的商品名和有效成分、安全间隔期、操作人员、使用理由、使用的技术批准、产品的使用量、施用机械、使用时的天气情况等。

生产者应避免杀虫剂漂移到邻近的生产地块，也应避免杀虫剂从邻近地块漂移过来的风险，如通过与邻近地块生产者签署协议和沟通，以消除杀虫剂漂移的风险；在作物田边缘栽种植物缓冲带；增加在此类田地上杀虫剂的取样。如果未被识别为风险，则不适用。

生产者应通过植保产品的使用记录和水稻收获日期，证明所有水稻上使用的植保产品都遵守了安全间隔期的要求。尤其是在连续收获稻米的情况下，采取适当措施（如警示标识、施用时间等）确保遵守安全间隔期。

生产者应能证明已经获得了水稻在中国的最大残留限量（MRL）的信息。

生产者应完成了覆盖水稻作物的风险评估，以决定产品是否会符合中国的 MRL 要求。风险评估应覆盖水稻作物并评估植物保护产品（PPP）使用和潜在 MRL 超标风险。风险评估应确定检测的次数、取样时机和位置，以及分析类型。

有对水稻当前植保产品残留分析结果的书面证据或记录，或者加入了可追溯到农场的植保产品残留监控体系。当由于风险评估而要求进行残留检测时，必须遵循与取样程序、认可实验室等相关规范。分析结果必须可以追溯到样本来源的具体生产者和生产场所。

有书面化证据证明遵循了适用的取样程序。

残留检测实验室应通过国家主管部门依据 ISO17025 或等同标准实施的认可。

有明确的书面规程，规定当植保产品的残留检测结果显示超过 MRL（如果不同，无论是生产国的还是收获产品拟销售国家的）时，应采取补救措施（包括与顾客沟通、产品追踪演练等）。

除肥料和植保产品外的其他所有物质，包括农场自制并在水稻和/或土壤中使用的物质，应有这些物质的使用记录。对于自制或采购的制剂，如在水稻上使用的植物增强剂、土壤调节剂或其他类似物质，应进行记录并保留。包括物质名称（如来源于何种植物）、作物、地块、日期、施用数量。如为采购产品，还应记录该物质的贸易或商品名，有效物质或成分，或主要来源（如植物、藻类、矿物质等）。如果生产国有该物质的注册体系，则该物质应已获得批准。当生产国不要求该物质登记注册使用时，生产者应确保其使用不会影响食品安全。

这些记录须包含可获取的成分相关信息，当有超出最高残留限量 MRL 的风险时，应采取措施满足中国最高残留限量的要求。

对食品安全敏感的设备（如植保产品喷雾器、灌溉/施肥灌溉设备、收获后产品应用设备）应处于良好状态，定期校验，至少每年校准 1 次，并保存所有维修、换油等的最新维修证据。例如，在最近 12 个月中，植保产品应用设备（自动和手动）应经过校验，以确保有效运行；有校准证书或者文件证明，或者通过参加官方的校准方案（如果有的话）或由已证实能力的校验人员进行检验。

如使用不能单独确认的小型手持型量具，则平均性能应已经通过验证且文件记录，至少每年 1 次将所有此类器具与标准量具进行比较。对于所有灌溉/施肥灌溉机械/技术方法，至少应保留年度的维护记录。

对环境敏感的设备和其他农业活动使用的设备（如施肥机、用于称重和温度控制的设备）应定期校验，至少每年校准 1 次。如施肥机，至少提供过去 12 个月内由专业公司、施肥设备供应商或农场技术负责人员对其进行校准验证的记录。

如使用不能单独确认的小型手持型量具，则平均性能应已经通过验证且文件记录，至少每年将此类器具与标准量具进行一次比较。

植保产品设备应以避免产品污染的方式进行存放。施用植保产品过程中使用的设备（如喷雾器罐体、背包）应安全存放，避免产品污染或其他可能接触水稻的材料。

第四节　稻米收获与贮藏管理

一、适时收获

稻米适时收获是确保产量和品质，提高整精米率的重要措施。稻米收获太早，籽粒不饱满，千粒重降低，精米率增多，产量降低、品质变差；稻米收割过晚，掉粒断穗增多，撒落损失过重，水分含量下降，加工整精米率偏低，外观品质下降，商品性能降低，丰产不丰收，同时对小春作物的适时播种造成严重影响。

在米粒失水硬化、变成透明实状的完熟期及时收获。收获机械、器具应保持洁净、无污染，存放于干燥、无虫鼠害和禽畜的场所。田间卫生设施，应按照能减少产品污染的潜在风险，便于使用的方式进行设计、建造并布局。固定的或移动的卫生间（包括坑厕）应由易清洁的材料建造，并保持良好的卫生状态。卫生间和工作区域有合理的距离（500 m 或 7 min 路程）。仅当收获时（如机械收获），收获工人不直接接触销售产品时，才不适用。

1. 水稻收获的最佳时期

水稻收获的最佳时期，是稻米的蜡熟末期至完熟初期。即全穗失去绿色，稻穗颖壳95%基本变黄，米粒开始转白，手压谷粒不变形；稻谷的含水量在20%～25%。

2. 水稻的收获方式

水稻收获后含水量往往偏高，堆放会发热、霉变，产生黄曲霉。通常稻谷要求抢晴天收获、边收边脱。

（1）人工割捆机脱：一般在9月20日左右（即秋分过后）开始人工收割，枯霜前结束。采用此种收获方式用工量大，劳动强度大，稻谷水分降到16%～17%时，为脱谷适期。往往会因自然条件使脱谷期拖后，受雨雪的影响，使稻谷造成裂纹粒、霉变粒、红变粒、谷外糙，从而影响稻谷品质，由于收获时间长，稻谷上市晚，价格受到制约，加之鸟食鼠盗，自然损失大，采用此种收获方式有利于清理田间，进行秋整地工作。

（2）半喂入式直收：稻米收获时间与人工收割同步，此方式对水稻秸秆水分要求不严格，所以，稻谷早上市，价格好。该收获方式的机型脱粒性能好，无破碎，损失小，最适于种子收获，收获后有利于清理田间，能及时进行秋整地，对水稻的株高要求严格，株高低于60 cm的穗粒脱不着，所以，要求水稻晚生分蘖少，穗层结构要齐，株高一致。枯霜后不宜用此法收获，因为枯霜后稻穗勾头，植株缩短，秸秆、枝梗干脆，造成脱谷部分杂余大，清选分离不好，且收获的稻米水分含量大，必须晾晒。

（3）机割机拾：机割时间与人工割、半喂入直收同步进行。枯霜前结束，割后晾晒3~5 d，待水分含量降到16%～18%时，进行机械拾禾。此方式收获期短，损失小，自然落粒少，稻谷整粳米率高，品质好，收获提前，稻谷上市早。经晒铺后，秸秆干，地表水分低，利于清理田间，进行秋整地，但此方式对晒铺要求严格。

（4）全喂入式直收：收获期是在下枯霜后，最适时期是在下枯霜3~5 d后开始，7 d内收获效果最佳。如果延长收获期，将会出现损失大，自然落粒、落穗，木翻轮在拨禾时掉粒、掉穗，枯霜后秸秆完全脱水造成杂余多，不易分离裹粮；品质差，由于过熟，糙米率高，经雨水骤冷骤热，整精米率低；稻谷上市比机割机拾、半喂入直收晚，由于立秆收获，茬高，田间水分蒸发慢，秸秆潮湿，清理田间困难，不利于秋整地工作。

二、晾晒

收割后的稻谷水分含量较高，要及时选择好场地晒谷。晒谷时要经常翻动，上下稻谷层受热才能均匀，晾晒效果好。

1. 及时晾晒

刚脱粒后的稻谷含水量较高，若不及时晾晒容易生芽、发霉。采用竹席或三合土晒场，多日间歇晒干或阴干、风干，以降低碎米率，提高整精米率。早晨晒种也不可过早，因为场地与受热种子温差大，发生水分转移，导致晒种不充分，直接影响晒种效果。稻谷含水量在13%以下即可安全贮藏。

2. 不宜暴晒

谷壳和内部糙米的成分与结构不同，二者的膨胀系数有差异，新稻谷壳薄，受热快，若暴晒极易因受热不均而发生暴腰现象，导致加工后的大米裂纹粒多，碎米多，影响商品米的价格和食用品质。稻谷要以晾晒为主。如在日光下暴晒稻谷，要摊稍厚一些，特别是在水泥地晾晒要勤翻动，以防局部稻谷受温过高，而影响稻谷品质。

3. 场地干净

晾晒场地要清扫干净，避免杂质（如杂草、泥块、石沙等杂物）混入，不能在公路旁或其他有污染物（如沥青等）的地面晒谷。

三、贮藏

种子贮藏是否得当直接影响水稻品质的好坏，因此，科学的贮藏方法显得极为重要。

及时将晒好的稻谷装入无毒口袋或直接进入仓库贮藏。稻谷要单收单运单贮。稻谷贮藏时必须要做好消毒、除虫、灭鼠等工作，贮藏期间应该确保仓库环境的清洁、干燥、通风、无虫害。所用药剂必须符合国家有关食品卫生安全的规定。确保基地生产出来的稻米经过权威部门的抽样检测，达到无公害优质稻米质量标准。

1. 做好备仓工作

粮食入库前，应对仓库进行清洁、清仓、消毒，防止杂质或其他品种混杂问题，并按照相关要求对入库种子进行熏蒸，空仓杀虫，完善仓房结构（主要是仓墙、地坪的防潮结构和仓顶的漏雨）等。

2. 确保入库稻谷达到"干、饱、净"要求

（1）干：影响水稻种子贮藏的因素主要是温度和水分，水稻种子含水量为6%、贮藏温度为0℃时，可以长期贮藏；水稻种子含水量低于13%可安全过夏，出芽率基本不下降；水稻种子水分高于14%，种子贮藏到翌年6月出芽率有下降趋势；水稻种子水分在15%以上入库，到翌年8月出芽率几乎为0。因而在稻谷入库前确保水分含量在13%以下。表9-7是在不同温度下稻谷的安全水分贮存标准。

表9-7　稻谷的安全水分标准

稻谷温度	籼稻水分		粳稻水分	
	早籼	中籼、晚籼	早粳、中粳	晚粳
30℃	13%以下	13.5%以下	14%以下	15%以下
20℃	14%左右	14.5%左右	15%左右	16%左右
10℃	15%左右	15.5%左右	16%左右	17%左右
5℃	16%以下	16.5%左右	17%以下	18%以下

（2）饱：籽粒饱满，无病害。

（3）净：干净，无杂质。由于自动分级现象，稻谷中的杂质聚积在粮堆的某一部位，形成明显的杂质区。杂质区的有机杂质含水量高，吸湿性强，带菌量大，呼吸强度高，贮藏稳定性差。糠灰等细小杂质可降低粮堆孔隙度，使粮堆内湿热不易散发，也是贮藏的不安全因素。

严禁"高水、高杂、高不完善粒"的稻谷入仓。稻谷入仓前要经扬风或过筛，以除去稗子、杂草、糠灰等杂质和瘪粒，通常将杂质含量降至0.5%以下。稻谷入库时要坚持做到"五分开"，品种、等级、水分、新陈、有无害虫分别存放，提高贮粮的稳定性。

3. 做好贮藏管理工作

所有稻谷贮存、堆放或接收设施的墙壁、地板和水平面都应保持清洁，适当使用前要经过清洗和杀虫剂处理，包括通风地板上方和输送带下方的所有区域残留物都要清理干净。

当牲畜圈舍准备用作稻谷贮存或临时堆放设施时，该圈舍至少在准备贮存前5周，已经经过彻底清洁和高强度冲洗。

稻谷贮存区域已采取虫害诱捕措施，用以证明清洁操作是成功的。通过诱捕结果和详细的监控记录，来证明清洁过程是彻底的，但不能使用果仁类诱饵。

4. 劣变指标的测定

（1）测定脂肪酸值。高温可导致稻谷脂肪酸值增加，品质下降。表9-8是不同含水量的稻谷，在不同温度下贮藏3个月后脂肪酸含量的变化情况。

表9-8　高温对稻谷脂肪酸值的影响

水分 /%	原始脂肪酸值 /（KOH ng/100 g 干基）	3 个月后脂肪酸值 /（KOH ng/100 g 干基）		
		15 ℃	25 ℃	35 ℃
13.2	13.8	21.1	21.7	23.7
15.2	14.6	22.1	23.3	23.3
17.2	16.9	24.4	23.5	44.5
19.6	18.9	24.6	46.8	43.3

（2）贮藏时间与稻谷品质的变化。稻谷在贮藏过程中，陈化主要表现在酶活性降低，黏性下降，发芽率降低，盐溶性氮含量降低、酸度增高、口感和口味变差等。表9-9是稻谷贮存3年的相关指标变化情况。

表9-9　贮藏期间稻谷品质变化

指标	籼稻				粳稻			
	原始	1 年	2 年	3 年	原始	1 年	2 年	3 年
发芽率 /%	97.5	93	47	0	97.5	89	4	0
脂肪 /%	2.93	2.47	2.02	1.9	3.83	3.03	2.6	2.39
脂肪酸值 /（KOH mg/100 g 干基）	15	16.4	18.2	45.5	43.8	182.9	195	255
盐溶性氮 /%	0.344	0.211	0.219	0.166	0.254	0.217	0.193	0.143

5. 防治贮粮害虫

防治贮粮害虫，同样要贯彻"以防为主，综合防治"的原则，做好仓库、加工厂和其他有关场所的预防工作，使贮粮害虫无藏身之地。

入库的稻谷应首先做到干、饱、净和无虫，贮藏期间注意防止感染；一旦发现或发生害虫，积极采取有效的灭杀措施，要治早、治彻底。

（1）检疫防治。目的在于严禁"检疫对象"在国际间或地区间的相互传播。

（2）习性防治。主要是根据各种贮粮害虫的生活习性，采取简单易行的方法来消灭害虫。

（3）卫生防治。主要包括清洁、消毒、改善仓房环境和隔离工作等方面。

（4）物理防治。主要是利用高温或低温，破坏害虫的生理功能，使其死亡或抑制其生长与繁殖。

（5）机械防治。利用人力或动力机械设备来防治贮粮害虫。适用于基层粮库的防治方式是风车除虫和筛子除虫。

（6）化学防治。利用杀虫药剂防治贮粮害虫的方法，优点是杀虫力强、见效快。但由于大量使用化学药剂，可污染粮食和带毒，以及增加害虫抗药性。因此，化学防治应该少用药或选用高效低毒的药剂。

图书在版编目（CIP）数据

袁隆平全集 / 柏连阳主编. -- 长沙 : 湖南科学技术出版社，2024. 5.

ISBN 978-7-5710-2995-1

Ⅰ. S511.035.1-53

中国国家版本馆 CIP 数据核字第 2024RK9743 号

YUAN LONGPING QUANJI DI-SI JUAN

袁隆平全集 第四卷

主　　编：柏连阳

执行主编：袁定阳　辛业芸

出 版 人：潘晓山

总 策 划：胡艳红

责任编辑：任　妮　欧阳建文　张蓓羽　胡艳红

特约编辑：孙雅臻　于　军　周建辉

责任校对：王　贝　赵远梅

责任印制：陈有娥

出版发行：湖南科学技术出版社

社　　址：长沙市芙蓉中路一段 416 号泊富国际金融中心

网　　址：http://www.hnstp.com

湖南科学技术出版社天猫旗舰店网址：

　　　　　http://hnkjcbs.tmall.com

邮购联系：本社直销科 0731-84375808

印　　刷：长沙超峰印刷有限公司

　　　　　（印装质量问题请直接与本厂联系）

厂　　址：湖南省宁乡市金州新区泉洲北路 100 号

邮　　编：410600

版　　次：2024 年 5 月第 1 版

印　　次：2024 年 5 月第 1 次印刷

开　　本：889mm×1194mm　1/16

印　　张：25.25

字　　数：508 千字

书　　号：ISBN 978-7-5710-2995-1

定　　价：3800.00 元（全 12 卷）